国家职业技能等级认定培训教材——合编版

中式烹调师

（初级 中级 高级）

人力资源社会保障部教材办公室　组织编写

中国劳动社会保障出版社

图书在版编目（CIP）数据

中式烹调师：初级　中级　高级／人力资源社会保障部教材办公室组织编写．--北京：中国劳动社会保障出版社，2020

国家职业技能等级认定培训教材：合编版

ISBN 978-7-5167-4614-1

Ⅰ.①中… Ⅱ.①人… Ⅲ.①中式菜肴-烹饪-职业技能-鉴定-教材 Ⅳ.①TS972.117

中国版本图书馆 CIP 数据核字（2020）第 199740 号

中国劳动社会保障出版社出版发行

（北京市惠新东街 1 号　邮政编码：100029）

*

北京市鑫霸印务有限公司印刷装订　新华书店经销

787 毫米 ×1092 毫米　16 开本　25.5 印张　453 千字

2020 年 12 月第 1 版　2025 年 8 月第 7 次印刷

定价：42.00 元

营销中心电话：400-606-6496

出版社网址：http://www.class.com.cn

版权专有　　侵权必究

如有印装差错，请与本社联系调换：（010）81211666

我社将与版权执法机关配合，大力打击盗印、销售和使用盗版图书活动，敬请广大读者协助举报，经查实将给予举报者奖励。

举报电话：（010）64954652

前　言

为贯彻落实中共中央、国务院《关于分类推进人才评价机制改革的指导意见》精神，推动烹调师、面点师职业培训和职业技能等级认定工作的开展，在烹饪专业从业人员中推行职业技能等级制度，推进实施职业技能提升行动，人力资源社会保障部教材办公室组织有关专家对原烹调师、面点师国家职业资格培训教程进行了优化升级，组织编写了国家职业技能等级认定培训教材——合编版。

本套教材依据相关《国家职业技能标准》（以下简称《标准》）、结合岗位工作实际编写，内容上体现"以职业活动为导向、以职业能力为核心"的指导思想，突出职业技能等级认定培训特色；结构上针对烹调师、面点师职业活动领域，按照职业功能模块分级别编写。针对《标准》中的"基本要求"，还专门编写了中式烹调师、中式面点师、西式烹调师、西式面点师4个职业各个级别共用的《烹饪基础知识》，包括职业道德、饮食卫生、饮食营养、成本核算、厨房安全生产等方面的内容。

本书是国家职业技能等级认定培训教材——合编版中的一种，适用于初级、中级、高级中式烹调师的培训，是国家职业技能等级认定培训推荐用书。

  本书由高山、王瑞秋、孟祥萍、苑树堂、王国培、王新国、于康、刘总路、恽嘉林、张晨、于杰、臧纯跃编写，高山主编统稿，毛坤审稿。由于时间仓促，不足之处在所难免，欢迎提出宝贵意见和建议。

人力资源社会保障部教材办公室

目 录

第一部分 中式烹调师初级

第一章 原料知识（一） ... 3
- 第一节 原料品种的分类 ... 3
- 第二节 蔬菜 ... 5
- 第三节 畜类 ... 17
- 第四节 禽类 ... 19
- 第五节 水产动物类 ... 21
- 第六节 调料（一） ... 25

第二章 原料加工技术（一） ... 30
- 第一节 鲜活原料初步加工技术 ... 30
- 第二节 畜类原料分割加工技术 ... 38
- 第三节 干货原料加工技术（一） ... 40

第三章 原料切配加工技术（一） ... 44
- 第一节 切配加工器具 ... 44
- 第二节 刀工操作技术 ... 49
- 第三节 配菜（一） ... 61

第四章 菜肴制作工艺基础（一） ... 64
- 第一节 火候的掌握 ... 64
- 第二节 前期热处理 ... 71

  第三节 着衣处理 78
  第四节 调味（一） 86
  第五节 菜肴盛装 104

第五章 冷菜的烹调方法
  第一节 拌与炝 106
  第二节 糟、醉、腌、泡 110
  第三节 白煮、盐水煮 115
  第四节 炸收与卤浸 117
  第五节 卤、酱、熏、酥 120
  第六节 酥炸、脱水与糖粘 126
  第七节 卷与冻 129

第六章 热菜制作工艺（一）
  第一节 热菜烹调方法概述 134
  第二节 临灶工作 136
  第三节 生炒和熟炒 143
  第四节 汆法和羹法 148
  第五节 蒸法 152

第二部分 中式烹调师中级

第七章 原料知识（二）
  第一节 原料的品质鉴定 161
  第二节 原料的储存方法 163
  第三节 植物性原料（一） 167
  第四节 动物性原料（一） 180
  第五节 食用菌藻类原料 190
  第六节 果品 192
  第七节 调料（二） 200

第八章　原料加工技术（二）

    第一节　鲜活原料加工技术（一） ... 209

    第二节　动物性原料的分割加工 ... 212

    第三节　干货原料加工技术（二） ... 218

第九章　原料切配加工技术（二）

    第一节　刀工美化 ... 221

    第二节　配菜（二） ... 227

第十章　菜肴制作工艺基础（二）

    第一节　烹调过程中的热传递 ... 231

    第二节　烹调基础汤制作工艺（一） ... 234

    第三节　芡汁增稠处理 ... 237

    第四节　调味（二） ... 243

第十一章　冷菜装盘工艺

    第一节　冷菜装盘意义和造型原则 ... 253

    第二节　冷菜装盘的基本要求 ... 255

    第三节　冷菜装盘的步骤和手法 ... 256

    第四节　冷菜装盘的类型和式样 ... 259

    第五节　花色冷盘的装盘工艺 ... 263

第十二章　热菜制作工艺（二）

    第一节　热菜制作工艺概述 ... 267

    第二节　炒、爆、炮、熘 ... 268

    第三节　炸和烹 ... 286

    第四节　煎、塌、贴、摊 ... 294

    第五节　烧、扒、熠、爝 ... 299

    第六节　焖、煨、烩 ... 306

    第七节　炖、熬、煮、灼 ... 308

    第八节　火锅 ... 311

    第九节　烤和焗 ... 312

第十节　甜品类 ……………………………………………………………………… 314

第三部分　中式烹调师高级

第十三章　原料知识（三） …………………………………………………………… 321
　　第一节　植物性原料（二） ………………………………………………………… 321
　　第二节　动物性原料（二） ………………………………………………………… 327
　　第三节　调料（三） ………………………………………………………………… 341
　　第四节　原料中的组织成分 ………………………………………………………… 349
　　第五节　原料在储存过程中的变化 ………………………………………………… 356

第十四章　原料加工技术（三） …………………………………………………… 359
　　第一节　鲜活原料加工技术（二） ………………………………………………… 359
　　第二节　干货原料涨发实例 ………………………………………………………… 361

第十五章　菜肴制作工艺基础（三） ……………………………………………… 364
　　第一节　烹调基础汤制作工艺（二） ……………………………………………… 364
　　第二节　调味（三） ………………………………………………………………… 369
　　第三节　烹饪过程中的理化知识 …………………………………………………… 376

第十六章　食品雕刻与烹饪实用美术 ……………………………………………… 382
　　第一节　食品雕刻 …………………………………………………………………… 382
　　第二节　图案的造型规律 …………………………………………………………… 385
　　第三节　食品造型图案的制作原理 ………………………………………………… 390
　　第四节　图案构成的色彩规律 ……………………………………………………… 392

第一部分 中式烹调师初级

第一章

原料知识（一）

第一节　原料品种的分类

一、烹饪原料

烹饪原料是指能够通过烹饪工艺加工等活动制作成食品的原材料。

二、烹饪原料的基本属性

1. 安全性

原料的安全性是不容忽视的属性，它相对于营养价值、色泽和口味来说更为重要，有些原料在良好的口味、色泽和外观形态的掩盖下，却潜伏着巨大的危害性，如原料自身固有的毒素（河豚毒素、鱼卡毒素、龙葵素、秋水仙素、贝类毒素等）、传染性病毒（口蹄疫病毒、疯牛病病毒、新城疫病毒等）、寄生虫（旋毛虫、肝吸虫、肺吸虫、猪囊虫和弓形虫等）、致病菌（大肠杆菌、李斯特杆菌、肉毒性杆菌、黄曲霉素等）以及药物残留（有机磷、有机氯、二氧化硫以及其他药物残留等）、工业污染（有害重金属离子物质：锡、铅、铬、镉、砷、铜、锌、汞）等。使用不安全的原料，会使人致病危及健康，严重的甚至能致人死亡。

2. 营养性

人们饮食活动的目的是为了获取维持人体正常代谢足够数量和品种的营养物质，维持人体代谢能量、代谢物质的转换。品种各异的原料所含有的营养素包括碳水化合物、蛋白质、脂类、矿物质、维生素、水等。

3. 经济性

能够持续开发利用的食物资源才是具有经济价值的食物原材料。

4. 审美性

良好的口味口感、美丽的外观形态和色泽，是人们对食物进行审美评价的基本标准。人们通过饮食活动过程不仅摄取一定的营养物质，而且还要得到良好的味觉、视觉和触觉的审美感受。

5. 文化性

不同国家、不同民族、不同宗教信仰和不同地域的人们，有着不同的饮食习惯和风土人情，在历史的长河中形成了绚丽多彩的饮食文化。人们的饮食活动和方式可以充分展现其民族、国家的文化渊源。

6. 应用性

随着现代社会饮食生活节奏的不断加快，以及现代技术在食物原料方面的广泛应用，许多方便的原料使烹调师从烦琐的手工操作中解放出来，越来越多的原料加工制品被应用于烹饪活动之中。

三、原料品种的分类方法

对原料进行品种分类的目的是为了准确、系统、规范地认识原料，从而做到合理使用原料。根据分类指标的不同，原料品种常见的分类形式有以下几种。

1. 按原料的自然属性分类

原料品种包括植物性原料、动物性原料、矿物性原料、人工合成原料。

2. 按原料的加工状况分类

原料品种包括鲜活原料、冷冻原料、冷藏原料（冷却）、干货及加工性原料。

3. 按原料在菜肴中的用途分类

原料品种包括主料、配料、调料、装饰料。

4. 按原料商品学分类

原料品种包括粮食类、蔬菜类、水产品类、畜肉类、禽肉类、乳品类、蛋品类、调料类。

5. 按原料资源的不同分类

原料品种包括农产品、畜产品、水产品、林产品。

6. 按原料来源分类

原料品种包括外购原料和自制加工原料（主要指调料）。

7. 其他分类

随着科技在食品生产加工方面的应用，出现了许多新的食品种类，如绿色食品、有机天然食品等。绿色食品的基本标准：一是原料产品的产地具有良好的生态环境；二是原料产品的生长过程符合无公害控制标准；三是产品生产加工与包装运输过程符合《中华人民共和国食品卫生法》的要求，并经过检测合格才准出售。有机天然食品必须符合国家食品加工生产卫生各项标准，符合IFOAM（国际有机农业运动联盟）基本标准，不受任何污染，不使用人工合成添加剂。

第二节 蔬 菜

人体能够从蔬菜中摄取较多的维生素C和作为维生素A源的胡萝卜素，以防止维生素缺乏症的发生。同时大量的钠、钾、钙、镁等矿物元素的存在使蔬菜成为碱性食品，在人体生理活动中起着调节体液酸碱平衡的作用。蔬菜中所含的糖和有机酸可以供给人体热量，并能形成可口的风味。其中的膳食纤维素虽不能被人体消化，但能刺激胃液分泌和大肠蠕动，增加食物与消化液的接触面积，因而有助于人体对食物的消化吸收，以及体内废物的排泄，从而避免废物久留于消化道内所造成的毒害作用。有些蔬菜还含有挥发性芳香油，不仅构成产品的独特风味而且还具有杀菌和防治疾病的医疗保健作用。蔬菜在烹饪活动中，既可以作为菜肴的主料，也可以作为配料。某些蔬菜因为含有芳香成分或辛辣物质还具有调味作用，所以蔬菜是很重要的烹饪原料。

一、蔬菜的分类

蔬菜的分类方法有三种，即植物学分类、农业生物学分类和按食用部位分类。

1. 蔬菜的植物学分类

蔬菜植物学分类是根据植物的形态特点，按照科、属、种、变种进行分类。我国

蔬菜植物共有2 000多种,其中绝大多数属于种子植物,而重要的蔬菜又多包括在十字花科、豆科、葫芦科、伞形科、菊科及单子叶植物的百合科和禾本科等科中。

2. 蔬菜的农业生物学分类

(1) 根菜类。根菜类包括萝卜、胡萝卜、大头菜、芜菁甘蓝、芜菁、根用甜菜等。根菜类主要以其膨大的直根作为食用部位。

(2) 白菜类。白菜类包括白菜、芥菜及甘蓝等,均用种子繁殖,以柔嫩的叶丛或叶球作为食用部位。

(3) 绿叶蔬菜类。这是一群在分类上比较复杂,而都是以其幼嫩的绿色叶柄作为食用部位的蔬菜,如芹菜、菠菜、茼蒿、苋菜等。

(4) 葱蒜类。葱蒜类包括洋葱、大蒜、大葱、韭菜等,有的叶鞘基部形成鳞茎,如洋葱、大蒜等。

(5) 茄果类。茄果类包括茄子、番茄及辣椒等。

(6) 瓜类。瓜类包括南瓜、黄瓜、冬瓜、丝瓜、苦瓜等。

(7) 豆类。豆类包括菜豆、豇豆、毛豆、刀豆、扁豆、豌豆及蚕豆等。

(8) 薯芋类。薯芋类是具有可供食用的肥大多肉的块根、块茎的蔬菜,如马铃薯、山药、芋、姜等。

(9) 水生蔬菜。这是一类生长在沼泽地区的蔬菜,主要有藕、茭白、慈姑、荸荠、菱和水芹菜等。

(10) 多年生蔬菜。多年生蔬菜如竹笋、金针菜、石刁柏、百合等。

3. 蔬菜按食用部位分类

蔬菜按食用部位可分为根菜类、茎菜类、叶菜类、花菜类、果菜类。

(1) 根菜类。根菜类是以变态的肉质根部作为食用部位的。根可分为储藏根、气根、呼吸根、支持根和吸根五种类型。作为食用蔬菜的根多为储藏根,它的主要功能是储藏养分。储藏根可分为两种:一种是由胚轴及主根的肥大而形成的肉质根,如萝卜、芜菁、芥菜头、胡萝卜、紫菜头,以及作为调料的辣根、牛蒡、山榆菜等;另一种是完全由主根或侧根膨大而形成的肉质块根,多呈纺锤形,如豆薯等。

(2) 茎菜类。茎为地上部分的主干,连接根和叶。茎菜是以肥嫩而富有养分的变态茎作为食用部位的蔬菜。茎菜种类之多仅次于叶菜和果菜。有的生于地上,有的生于地下,形态多种多样,容易与根菜混淆,识别较为困难。茎菜的形态有多种变种,其基本特征是顶端有顶芽,有着生叶的节和节间,有叶或叶痕,在叶腋中有叶芽。茎菜按其生长状况的不同可分为地上茎和地下茎两类。地上茎,其食用部位生长于地上,其中包括地上嫩茎(如莴笋、菜薹、蒜苗、茭白、香椿芽等)和地上肉质茎(如榨菜、茎蓝等）。地下茎，其食用部分生长于地下，其中包括地下嫩茎（如竹笋、石刁柏等），地下块茎（如马铃薯等），地下球茎（如慈姑、芋头、荸荠）和地下根茎（如藕、姜等）。茎菜的营养价值大，用途广泛。

（3）叶菜类。叶菜类是以叶片及肥嫩的叶鞘和叶柄作为食用部位的一大类蔬菜。其中包括生长期短的快熟蔬菜，如小油菜、小白菜、大白菜、圆白菜等，还有具有调味作用的葱、韭菜等。

1）叶菜类具有多种形态，但它们供食用的部位都属于蔬菜植物的叶器官或叶的一部分，因而都具有植物叶的基本特征。

①在形态上，叶器官生长在植物茎上，一般由叶片、叶柄和叶托组成。属于单子叶的蔬菜品种，则缺少叶柄，而是由叶片基部扩大成叶鞘状，并包着在茎上，或是由许多筒状的叶鞘形成假茎。由于叶菜类多是一些两年生的蔬菜，所以叶子生长在短缩的茎上，叶柄、叶片密集丛生。

②在构造上，叶片和叶柄有所不同。叶片由上表皮、下表皮和叶肉三部分构成。叶肉占比例最大。有栅栏组织和海绵组织的薄壁细胞是供食用的主要部位，叶脉含有较多的纤维素，纤维素过多则影响食用质量。叶柄由表皮和皮层构成，皮层又有后角组织、维管束和薄壁细胞，而供食用的主要是薄壁细胞，厚角组织增多则叶柄嫩度降低，食用质量差。

2）叶菜类按照产品的形态特点可分为普通叶菜、结球叶菜、鳞茎叶菜、香辛叶菜四种。

①普通叶菜以幼嫩的绿叶、叶柄和嫩茎供食用，主要品种有小白菜、油菜、菠菜、芥菜、苋菜、蕹菜、冬寒菜、花叶生菜、木耳菜等。

②结球叶菜，叶片大而圆，叶柄肥宽，在生长末期包心而形成紧实的叶球，由于产品收获后处在休眠状态而耐储藏，主要品种是大白菜、结球甘蓝。

③鳞茎叶菜，其鳞茎并非真茎，而是叶的变态，是由于叶鞘基部膨大形成的鳞叶，生长在短缩的鳞茎盘上，其中央有顶芽，叶腋间有腋芽，主要品种有葱头、大蒜、胡葱、百合等。鳞茎叶菜容易发芽，这是造成储藏损失的主要原因。

④香辛叶菜为绿叶蔬菜，但在叶片和叶柄中含有挥发油的成分，具有调味作用，如大葱、韭菜、香菜、茴香等。

（4）花菜类。花菜是以幼嫩的花器官作为食用部位的蔬菜，主要品种有花椰菜、金针菜、霸王花等。

（5）果菜类。果菜类供食用的部位是果实和幼嫩的种子。由于果实的构造特点，可将果菜类分为瓠果类、茄果类和荚果类。

瓠果类：果皮肥厚而肉质化，如黄瓜、冬瓜、南瓜、丝瓜、苦瓜等。

茄果类：茄果是蔬菜中茄科植物的果实，其果皮肉质化或果肉呈浆状，主要品种有番茄、茄子、辣椒等。

荚果类：果荚呈长刀形状，蔬菜中豆科植物的鲜嫩豆荚均属此类，主要品种有菜豆、豇豆、豌豆、刀豆、毛豆、蚕豆等。荚果类蔬菜均含有丰富的蛋白质和糖类。

二、常见蔬菜品种

1. 萝卜

萝卜又名紫花菘、莱菔，属于十字花科。

萝卜按生长季节可分为秋萝卜、春萝卜、夏萝卜和四季萝卜四类。

（1）秋萝卜。秋萝卜按皮色可分为青萝卜、白萝卜和红萝卜。按用途又可分为生食萝卜、供熟食萝卜、供腌制加工萝卜。生食萝卜，其特点是木质部薄壁细胞组织直径较短，细胞间隙小，含糖分高，味甜，肉质细嫩多汁，代表品种有北京心里美、山东青圆脆等。供熟食萝卜，其特点是木质部薄壁细胞直径较长，细胞间隙大，含糖分低，组织松，味淡薄，肉质多为白色，代表品种有北方的大红袍、北京的农大红、兰州的冬萝卜、陕西的胭脂红等。供腌制加工的萝卜，其肉质坚实而致密，含水分较少，代表品种有北京的露八分、北方的象牙白、浙江的小长萝卜等。

（2）春萝卜。春萝卜多生长在春季和夏季，形小，多为红皮白肉，质地细嫩，适于熟食或幼嫩时带缨生食，主要品种有北京四缨萝卜、杭州大缨萝卜等。

（3）夏萝卜。夏萝卜形小，耐热性强，主要品种有杭州的小钓白、南京红萝卜、北方的象牙白等。

（4）四季萝卜。四季萝卜为圆形或扁圆形小萝卜，生长期短。此类萝卜多为红皮白肉，细嫩而味甜，可熟食或带缨生食，主要品种有北京樱桃萝卜、上海小红萝卜、南京杨花萝卜等。

萝卜肉质脆嫩多汁，除含有较多的碳水化合物、矿物质、维生素及少量脂肪、蛋白质外，还含有活性很强的糖代谢酶类，因而生食时有助于食物的消化。此外，在萝卜的含氮物中有胆碱、葫芦巴碱、腺嘌呤及其他腺嘌呤碱，其香精油中有莱菔子素内脂、烯丙芥子油、甲硫醇、白芥子甙等，这些是构成萝卜风味耐储藏的微量成分。

2. 胡萝卜

胡萝卜又名金笋、甘笋等，属伞形科胡萝卜属。

胡萝卜的品种，按颜色可分为红、黄、白、紫等数种。我国栽培最多的是红胡萝卜和黄胡萝卜。按形态可分为锥形和圆柱形，北方以锥形比较普遍，南方以圆柱形为多。代表品种有山东的鞭竿红、山西的二金红、北方的三寸黄等。

胡萝卜含水量低于萝卜，但其含糖量较高。胡萝卜中含有多种维生素，其中胡萝卜素特别丰富；此外还含有各种酶、香精油以及具有杀菌作用的有机酸，这是胡萝卜具有特殊风味和耐储藏的主要原因。

3. 根用芥菜

根用芥菜又名大头菜、芥疙瘩、辣疙瘩等，属于十字花科。根用芥菜是芥菜的一个变种，是我国特产蔬菜之一。以云南、四川、广东、浙江、江苏、山东等地栽培较多，主要用于腌制酱菜。

芥菜按其肉质根的形状可分为圆锥形和圆筒形两种类型。圆锥形的品种有济南疙瘩菜、绍兴大头菜、北京二道眉等；圆筒形的品种有成都大头菜、昆明大头菜等。

4. 芜菁

芜菁又名蔓菁、根芥等，属于十字花科，原产于我国，除可作熟食外多作腌制原料。芜菁肉质根的干物质中约有一半是糖，主要是葡萄糖和蔗糖，还有淀粉、果胶物质等。抗坏血酸含量较多，并含有芜菁甙以及活性高的转化酶类，但不含多酚氧化酶类。代表品种有浙江温州的盘菜，华北和西北的紫顶白圆蔓菁，山东的紫蔓菁和白蔓菁等。

5. 芜菁甘蓝

芜菁甘蓝又名瑞典芜菁、苤蓝、洋大头菜，属于十字花科，是内蒙古多数地区一年四季和浙江东南沿海各地秋冬的主要根菜。芜菁甘蓝的肉质根呈球形或纺锤形，有青皮和紫皮两种，除熟食外还可腌制加工。

6. 根甜菜

根甜菜又名紫萝卜头、紫菜头，属于藜科。肉质根分为长圆形和扁圆形两种。根皮呈暗紫红色，肉质脆嫩，味甜，略带土腥味。可供生食、熟食，制羹汤或雕刻用。根甜菜所含成分主要是糖，其次含有特有成分甜菜碱和较多的花青素。

7. 辣根

辣根又名山葵，属于十字花科。供食用的根部顶端肥大，下端分若干支根，皮粗糙呈淡黄色，根肉呈白色。辣根含有较多的香精油及黑芥甙，具有强烈的辣味和特殊的香味，还含有少量的糖、含氮物和丰富的抗坏血酸。辣根可单独供食品调味之用。

8. 山药

山药又名山芋、淮山、白山药等，属于薯蓣科薯蓣属植物。块根肥大，呈头小尾大的棍棒状，表面棕色，断面白色，有黏滑的汁液。山药原产亚洲热带地区，我国为原产地之一。块根含有大量的淀粉,并含有胆碱、黏液质、尿囊素等。山药按形状可分为扁块、长筒和长柱三个变种。扁块变种形似脚掌并有褶皱,如江西南城的脚板薯,山东安丘的脚板薯等。圆柱变种有圆柱形或不规则的团块,如浙江的薢药。长柱形变种主要分布在华北各地。山药代表品种有河南怀山药、山东米山药、北京白货山药、河北麻山药等。

9. 莴笋

莴笋又名生笋、茎用莴苣、青笋等,属菊科莴苣属植物。莴笋是我国由叶用莴苣经选择培育而成的,所以莴笋也可以说是叶用莴苣的一个变种。莴笋的食用部位是肥大的嫩茎(属于花茎基部),嫩叶也可食用。其营养价值主要是为人体提供多种维生素和必需的矿物元素,尤以维生素 E 最为丰富。莴笋还含有萝科植物所特有的菊粉和苦味莴笋素及生物碱天仙子胺成分。在其白色的乳汁中含有橡胶、糖、甘露醇、树脂、蛋白质、莴苣素和各种矿物盐及微量的香精油。莴笋按其叶的形状分为圆叶种和尖叶种;按其颜色可分为白笋和青笋。圆叶莴笋的特点:叶倒卵形,叶面略皱,叶簇较大,节间较密,叶淡绿色;茎粗大,中下部较粗,两端渐细,形似鲫瓜状,故名"鲫瓜笋"。这种莴笋早熟,品质好,代表品种有济南白笋、陕西圆叶白笋、山西鲫瓜笋。尖叶莴笋的特点:叶披针形,叶簇较小,节间稀,叶面平滑,叶绿色或紫色;茎似棒状,下端粗而上端渐细,肉质致密、嫩脆,水分较少,品质中等。莴笋主要品种有北京紫叶莴苣、陕西尖叶白笋、上海尖叶莴笋等。

10. 菜薹

菜薹是以一年生或两年生叶菜生长的幼嫩花茎供食用的,其顶端多带花蕾和梢叶。产品肥嫩多汁,含粗纤维少,很适于炒食,主要种类有芥菜薹和油菜薹。芥菜薹是芥菜中的薹芥菜抽出的浅绿色花茎,多产于四川、浙江、广东、上海等地,代表品种有浙江的早长蕻、广东的晚长蕻。油菜薹按花茎的色泽不同又有紫菜薹和青菜薹两种。紫菜薹花茎深紫色,叶片鲜绿带紫晕,为我国特产蔬菜,湖北、四川栽培较多,如武昌洪山的大股子红菜薹、胭脂红菜薹,成都的尖叶子红油菜薹、二早子红油菜薹等。青菜薹又名菜心,叶及花茎均为绿色,广东栽培较多,如广州的三月青、青梗柳叶、大茎菜心等。

11. 茭白

茭白又名茭瓜、茭笋等,属于禾木科宿根性水生蔬菜。原产于我国及东南亚地区,我国南方栽培较多,以江苏无锡的茭白最著名。茭白的肉质茎(花茎)呈乳白色,含有较多的糖分,粗纤维少,适宜炒食或做汤菜,但它含有草酸,有碍人体对钙的吸收。茭白的肉质茎是由于黑穗菌寄生于茭白植株内,分泌生长素吲哚乙酸刺激其细胞增生而形成的肥大嫩茎。因此，黑穗菌的生长发育状况影响茭白产品的形成和质量的高低。茭白以花茎膨大，无黑色孢子，肉质洁白为佳。茭白发青者质地粗糙且老，质量较差。茭肉变黑，即"灰茭"，质量最差，严重者完全失去食用价值。茭白按生长季节不同可分为一熟茭和二熟茭两类。一熟茭又名单季茭，春季栽种，当年秋季收获，主要分布在我国北方地区，主要品种有小黄苗、大青苗等。二熟茭又名双季茭，一般春季栽种，秋季采收一次"秋茭"，第二年再采收一次"夏茭"，多在南方栽培，代表品种有苏州的"两头早"和"小蜡台"、无锡的"中芥茭"等。

12. 竹笋

竹笋是竹的根茎尚未纤维化的嫩芽或嫩茎。我国长江流域以南广大竹区均有竹笋出产，竹笋组织鲜嫩，富有养分，鲜食、干制、腌制和加工罐头均可。竹子是禾木科植物，约有一百多种，但能生产竹笋的主要有毛竹、刚竹、早竹、哺鸡竹、淡竹、石竹、刺竹、麻竹、绿竹等九类。竹笋按照其生成季节的不同可分为冬笋、春笋和夏笋三类。冬笋是寒冷冬季在土中形成的嫩芽，个小，产量低，但质量和风味最佳，为竹笋的上品，主要由毛竹生成。春笋是4~5月出土的嫩芽（嫩茎），个大，产量高，品质次于冬笋，主要由毛竹、刚竹、早竹、哺鸡竹、石竹等生成。其中，毛竹的笋，在竹箨上长有茸毛，故名"毛竹"，一般为2~2.5 kg；刚竹、哺鸡竹的笋较小，重约500 g。此外，毛竹在夏季出土的幼嫩根茎亦可食用，称为鞭笋。

13. 苤蓝

苤蓝又名球茎甘蓝，属于十字花科芸薹属，是甘蓝类蔬菜的一个变种，由羽花甘蓝变异而生。原产于地中海沿岸，目前以我国北方栽培较多，是高寒地区的主要蔬菜之一。苤蓝的品种按其成熟期不同分为早熟种和晚熟种两类。早熟种又叫小型种，球茎呈扁圆形，皮较薄为白绿色，肉白色，肉质细嫩，为苤蓝的优良品种，代表品种有北京早白、天津小缨子等。晚熟种又叫大型种，球茎呈高桩扁圆形，皮较厚，色青绿，肉白色，质地细嫩，代表品种有北京苤蓝、陕西大苤蓝等。

14. 青菜头

青菜头又名包包菜、大头芥，是芥菜的一个变种，属于十字花科芸薹属茎用蔬菜，主产于四川、浙江、上海等地，是我国特产蔬菜之一。青菜头地上短缩茎形成的肥茎是供食用的部分，靠叶柄基部生长许多瘤状突起物，呈螺旋状或球状排列，成为膨大的肉质茎。青菜头的品种按其用途不同可分为榨菜品种群和笋子菜品种群两类。榨菜品种群主要用于加工榨菜，其肥茎短粗，呈扁圆形、圆形或短圆形，节间生长各种形状的突起物。笋子菜品种群主要用于鲜食，肥茎细长，上小下大，主要品种有成都的笋子菜、羊角菜、湖南浏阳青菜等。

15. 香椿

香椿为楝科香椿属，是以嫩叶嫩梢供食用的多年生木本植物，我国华北地区种植较多。香椿每年4~5月间萌发幼芽，叶梢初为紫红色，展开后为深绿色，叶脉着生褐色茸毛，叶柄为红色。叶互生为偶数羽状复叶，每片复叶对生8~9对小叶。香椿萌发的幼芽在未木质化之前，一般可采收三次。初次芽短而粗壮，呈紫红色，质嫩香浓，品质最佳；二次芽长，呈绿紫色，品质尚佳；三次芽更长，呈绿色，品味下降。

16. 石刁柏

石刁柏又名芦笋、龙须菜，为百合科天门冬属，多年生宿根草本植物，原产于欧洲地中海东岸及小亚细亚一带。石刁柏按其产品颜色可分为白石刁柏和绿石刁柏两种。白石刁柏，嫩茎洁白，埋在地下的嫩茎是加工罐头的良好原料。绿石刁柏，嫩茎顶呈嫩绿色，是嫩茎露土光照的结果，主要供鲜食。石刁柏嫩茎中除含有很高的蛋白质、碳水化合物、脂类、灰分、纤维素以外，还含有特殊成分天门冬酰胺、天门冬氨酸，以及甘露醇、苹果酸等，使其具有鲜美的味道。

17. 草石蚕

草石蚕又名甘露、地蚕、宝塔菜等，属唇形科。草石蚕原产于我国，供食用的部分是地下的匍匐枝成熟时顶端膨大成螺旋状的肉质块茎。因其是草，枝顶端膨大有节似蚕，生于土石之上，故名草石蚕。草石蚕块茎一般有5~7个环节，节部凹陷，并残存小鳞片叶。草石蚕根据形状和大小可分为甘露、麻露、地龙三种。甘露形似螺蛳，外皮洁白光滑，肉质细嫩；麻露表皮粗糙且厚，水分少，肉质粗；地龙外形细长，表皮粗糙且老。

18. 银苗

银苗又名银条、银根、高粱根，唇形科多年生植物。银苗原产于我国，供食用部位是地下匍匐茎尖端形成的鞭形肥大茎，长约50 cm，最粗横茎宽约1 cm，断面近方形，上有10~18个环节，节处着生小鳞片叶及侧芽，皮肉洁白，质细嫩，稍有纤维，味淡，品质仅次于草石蚕，主要用作酱制原料。

19. 马铃薯

马铃薯又名洋芋、土豆、山药蛋，属于茄科草本植物。马铃薯原产于美洲，以北方地区种植最多。马铃薯薯块在形态上相当于缩短枝，它是由地下的匍匐茎尖端12~16节短缩膨大而成。块茎与匍匐茎相连的一端称尾，另一端称顶，块茎表面分布着许多芽眼。按其色泽可分为白皮种、黄皮种、红皮种。白皮种多为圆块形，表面光滑，为乳白色，芽眼深而少，以南方栽培为主。黄皮种薯块大，呈椭圆形，皮光滑呈暗黄色，表面眼浅而少，肉质疏密适中，色白，水分少而软，味美，淀粉含量高。红皮种是早熟品种，薯块为圆球形，个不大，外皮呈红色，眼深，肉浅黄，肉质疏密适中，水分适中。马铃薯含有大量的淀粉和一定数量的蛋白质，还含有维生素 B_1、维生素 C、尼克酸等。马铃薯除含有淀粉酶以外，还含有较多的酪氨酸酶，块茎切开容易发生酪氨酸氧化而产生酶褐变。没有经过脱毒处理的马铃薯含有茄科植物特有的毒性成分茄碱甙（龙葵甙），主要分布在皮层和幼芽周围的组织中，当块茎萌芽或块茎经日照皮层发绿时，则茄碱甙含量迅速增加，因而影响其品质。

20. 芋头

芋头又名芋艿，为天南星科多年生草本植物，原产于印度东南部和马来西亚等热带地区，在我国主要分布于华南、西南及长江流域，代表品种有广西荔浦槟榔芋、杭州白梗芋等。芋头品种按生态可以分为旱芋和水芋两种。水芋主要品种有湖南长沙的鸡婆芋、浏阳红芋等。按球茎分蘖性可分为多子芋和多头芋两种。多子芋分蘖性强，子芋多且与母芋分离，其母芋个小，肉质略粗，而子芋肥大，肉质细嫩，滋味好。鸡婆芋、浏阳红芋、莱阳毛芋头属于此类。多头芋分蘖性更强，子芋和母芋结合生长在一起，难于分离，球茎含水分较少，味美似栗子，品质最佳，主要品种有四川红芋、上海狗蹄芋等。

21. 慈姑

慈姑又名燕尾草、白地栗、剪刀草、茨菰等，为泽泻科多年生宿根草本植物。慈姑原产于我国，主要分布于长江以南各省，以江苏、浙江、成都、昆明、广东较普遍。慈姑靠球茎无性繁殖，变异少，品种不多，代表品种有江苏的苏州慈姑和圆慈姑，广东的沙姑和肉姑。

22. 荸荠

荸荠又名马蹄、地栗等，属沙草科多年生草本植物，主要分布于长江以南各省。荸荠的品种有多种分类方法。行业内一般划分为干荠和湿荠两种。干荠是指表皮干爽的，又称马蹄，其特点是个大、汁少、肉粗、味甘，代表品种有广西马蹄、广东马蹄、福建马蹄、浙江马蹄，好者为广西马蹄。湿荠是指带泥荸荠，又称地栗，特点是个小、水分大、质嫩、味淡，代表品种是浙江大红袍。

23. 菊芋

菊芋又名洋姜，属菊科多年生宿根草本植物，原产于北美洲。菊芋的品种不多，我国栽培的按其块茎的色泽可分为白菊芋和红菊芋两种。白菊芋，其块茎皮和肉皆为白色，形状大而整齐，产量多。红菊芋，块茎的外皮是紫红色，肉白色，个小而凹凸不平。

24. 姜

姜又名生姜，为姜科多年生宿根植物，是重要的香辛蔬菜，原产于印度、马来西亚，供食用的部分是地下根茎。姜的品种按颜色可分为白姜、黄姜、红姜。白姜根茎较大，呈微黄色，外皮光滑，肉黄白色，水分较大，辣味淡，纤维少。黄姜根茎中等大小，皮呈淡黄色，节间缩短，根茎嫩芽呈黄白色，肉质细密，水分小，辣味强。红姜根茎大，节间长，皮淡黄色，嫩芽淡红色，肉色黄，纤维少，辣味强。我国著名的生姜品种有山东莱姜、泰安片姜、安东白姜、陕西黄姜、浙江红姜、湖北刺阳姜、遵义大白姜、广东肉姜等。其所含特殊成分是香精油，属于辛辣成分的主要是姜油酮、姜油醇；属于芳香成分的有姜香油烯、樟脑萜、柠檬醛、水茴香萜、里哪醇等。

25. 藕

藕又名莲藕，属睡莲科多年生草本植物。根茎最初细如指，称为莲鞭，鞭上有节，节上再生鞭，节下生须根，节上抽叶和花梗，夏秋为生长期，鞭膨大成藕。藕的品种很多，按其花可分为红花藕、白花藕、麻花藕。红花藕为晚熟种，藕瘦长，一般3~4节，外皮褐黄色，较粗糙，并带有红锈状，肉质含淀粉量大，水分小，质地较粗。白花藕为早熟种，藕块肥大，一般为2~4节，外皮细嫩光滑，呈银白色，肉质脆嫩，水分大，甜味浓，品质好。麻花藕为红、白藕杂交而成，形似白花藕，色似红花藕，质量介于两者之间。

26. 大白菜

大白菜又名结球白菜、黄芽菜、包心菜等，属十字花科草本植物。大白菜原产于我国，供食用部位是叶器官形成的肥嫩叶球。大白菜按其生长期可分为早熟、中熟、晚熟三大类。其中早熟品种的特点是叶球较小，叶肉薄，质细嫩，纤维少，汁多味浓，食用品质中等。中熟品种的特点是叶球中等大小，食用品质优于早熟品种。晚熟品种的特点是叶球大，叶肉厚，组织紧密，韧性大，经储藏后，口味变甜，食用效果增强。

27. 小白菜

小白菜属于白菜品种，十字花科。植株不结球，叶脉明显，叶直立稍展开，花为黄色。小白菜原产于我国，其特点是生长期短，适应性强，质地脆嫩，常见的品种有小白口、青白口、青口三种。

28. 结球甘蓝

结球甘蓝又名洋白菜、卷心菜等，为十字花科芸薹属甘蓝类的一种。结球甘蓝原产于地中海沿岸，按其叶球形状和颜色可分为白球甘蓝、紫球甘蓝和皱叶甘蓝三种。

白球甘蓝又名普通甘蓝，是我国种植的主要品种，而紫球甘蓝和皱叶甘蓝在我国仅有少数地区种植，如广东等地，它们的营养价值比白球甘蓝高。白球甘蓝按其叶球形状又可分为三个类型：尖头类型叶球较小，形似牛心，中心柱（短缩茎）较高，多为早熟栽培品种；圆头类型叶球呈圆球形，包心紧实，球形整齐，中心柱短，成熟期集中，多为早熟或中熟品种，种植比较普遍；平头类型叶球呈扁圆形，个形大，结球紧实，中心柱最短，多为晚熟的大型品种或中熟品种。结球甘蓝的肉质脆嫩，除含有较多的糖分和维生素外，还含有芸薹属植物所特有的含硫葡萄糖苷，经酶作用分解为芥子油和糖分，使产品具有特殊的气味。

29. 菠菜

菠菜又名菠棱、赤根菜等，属于藜科，主根粗壮，色红，基部出叶椭圆或箭形，深绿色，叶柄长而多肉。菠菜原产于波斯，按叶的形状其品种可分为尖叶和圆叶两类。尖叶型属有刺种，叶呈箭头形，叶片薄，叶柄细长，叶面光滑，根粗壮且含有较多的糖分，抗寒性强，代表品种有黑龙江的双城尖叶、青岛菠菜、广州大乌叶菠菜等。圆叶型属无刺种，叶呈圆形，叶片肥大而肉厚，多皱缩，叶柄短润，比较耐热，晚熟，代表品种有东北和西北栽培的法国菠菜、陕西的春不老菠菜，以及东北和华北栽培的美国大圆叶菠菜等。菠菜按播种期不同可分为越冬菠菜、春菠菜、夏菠菜、秋菠菜，其中以秋菠菜的质量最好，叶片多，肉质肥厚，菜棵大。菠菜含有丰富的钙、磷、铁等矿物质和胡萝卜素，其供食用的叶及叶柄含纤维素少，因而组织柔嫩易于消化。但菠菜中含有较多的草酸成分，食入体内会影响对钙的吸收，所以食用时必须做适当的处理或进行合理的搭配。

30. 油菜

油菜又名青菜，属于十字花科，植株一般都比较矮，茎短缩，叶面多数无茸毛，叶片呈匙形、圆形、卵形、椭圆形，有浅绿、深绿、黑绿、紫红等颜色。油菜原产于我国，以南方栽培较多。油菜按其植物形状可分为直立种、塌地种和菜薹种三个变种。直立种油菜，叶柄直立或稍展开或抱合成筒状，叶片浅绿、绿色或深绿色，叶柄有白色和浅绿色，有的肥厚呈圆形，有的扁平基部向内弯曲呈匙形，代表品种有青帮油菜、上海四月慢、南京矮脚黄等。塌地品种，叶片肥厚，呈深绿色或黑绿色，塌地而生，耐寒性强，植株经霜打后具有特殊的美味，代表品种有南京瓢菜、上海塌棵菜等。

31. 蕹菜

蕹菜又名空心菜、通心菜、通菜，属旋花科一年生草本植物。茎蔓性，中空有节，节上生不定根，叶柄长，叶片呈心脏形，质柔嫩。蕹菜原产于我国，大致可分为白花

种、紫花种、小叶种三个品种。白花种青梗、叶长、质嫩。紫花种与白花种的区别在于其茎、叶背、叶柄均为紫色。小叶种的特点是棵小、质嫩。

32. 芹菜

芹菜又名旱芹、药芹、蒲芹等，属伞形科，基出叶为二回羽状复叶，叶柄发达，中空或实，原产于地中海沿岸及瑞典的沼泽地带。芹菜是一种脆嫩而具有特殊风味的香辛蔬菜，其供食用部位是粗大肥厚的叶柄。芹菜按食用部位不同可分为根用、叶柄用、叶用三个类型。我国栽培的主要是叶柄用芹菜。芹菜按季节可分为春芹、夏芹、秋芹、冬芹四种。我国栽培芹菜品种有本芹和西洋芹两种。本芹主要特征是叶柄细长，香味浓，按叶柄颜色又可分为青芹、白芹、棒芹、春芹四种，其中以白芹和春芹的质量最好。白芹叶柄矮小，叶片少，叶柄光滑，腹沟浅而窄，纤维少，组织充实，质地脆嫩。春芹短粗直立，叶少，叶柄光滑，腹沟浅，叶基宽，纤维少，质地脆嫩。青芹和棒芹叶柄粗糙，叶多筋突出，腹沟深，纤维多。质量优良的芹菜，其叶柄维管厚壁组织及厚角组织不发达，含粗纤维少，在其维管束附近的薄壁细胞中分布着油腺，能分泌挥发油，使芹菜具有芳香气味，主要成分是芹菜油内酯、芹菜油酸酐。另含有芹菜甙、甘露醇、天门冬酰胺等。

33. 香菜

香菜又名芫荽、香茜，属伞形科。香菜原产于地中海东部。香菜品种有早春小香菜、春季老香菜和秋季大香菜。早春小香菜，棵细小，梗发白，根细，味比较淡。春季老香菜，根长，梗粗短，色浓绿，味道比较浓。秋季大香菜，棵大浓绿，叶稍发红，味浓。香菜是一种营养价值很高的蔬菜，除含有较多的钙、铁和维生素外，还含有独特的芫荽油脂。

34. 茴香

茴香又名香苗、香丝菜等，属于伞形科，原产于地中海。茴香的品种有烤茴香、盖茴香、风障茴香、露地茴香等。茴香有特殊的芳香气味，含有香精油成分，茴香中还含有大量的钙。

35. 茼蒿

茼蒿又名蓬蒿、春蒿、蒿子秆等，属于菊科，原产于我国。茼蒿依叶子的大小可分为大叶种和小叶种，大叶种茼蒿叶大肥厚，质柔嫩，风味浓厚。

第三节 畜 类

畜类原料是我们生活中主要的肉食品种，我国不仅是畜肉生产的大国，同时也是畜肉消费的大国。目前我国主要的商品畜类品种是猪、牛、羊。

一、畜类品种

1. 猪的品种

在我国，猪的养殖有着悠久的历史，我国在生猪品种方面已经形成了许多商业品种类型，在猪肉制品方面已成为猪肉生产和消费大国，虽然猪肉在我国总体畜肉消费结构中的比例呈明显下降的趋势，但是猪肉制品仍然保持着在畜肉产品中的主导地位。根据传统养殖地区的不同，猪的类型可分为东北型、华北型、华中型、华南型、西南型、华东型；根据血统分为地方型、引进型、改良型；根据瘦肉与脂肪的比例分为瘦肉型、普通型，瘦肉型的商品猪已渐渐发展成为养殖业的主导类型。

2. 牛的品种

高品质的牛肉不仅成为现代肉类加工产业的重要标志，而且已成为现代饮食生活高质量的象征，牛肉是世界范围内生产消费最大的肉类品种，目前世界上牛肉的主要生产国家是美国、澳大利亚、中国、法国、巴西、阿根廷、新西兰。根据其用途不同可以将肉牛分为专门饲养和育肥的肉牛、改良淘汰的奶牛、淘汰的传统役用牛。各个国家的牛肉因为地域、牛种、气候、饲料、生长周期等不同，品质上也存在差异。按地域血统不同，比较著名的肉牛品种有利木辛、海福特、西门塔尔、鲁西黄牛、瘤牛。

在本土肉牛系列中，黄牛是我国北方分布最广的牛种，已经发展成为主导我国牛肉市场的主要商品肉牛。此外在我国南部和西南部地区分布着水牛，西北地区分布着牦牛。

3. 羊的品种

羊是主要的畜肉品种，目前世界上羊肉主要生产国有中国、俄罗斯、美国、澳大利亚、新西兰、土耳其。在羊肉加工方面，由于羊的用途不同，羊可以分为毛皮肉兼

用品种和肉用品种，相对而言，肉用品种羊肉的品质最好。根据羊的类型不同分为绵羊和山羊。我国绵羊品种主要有蒙古小尾寒羊、肥尾绵羊、藏绵羊、哈萨克羊、高加索羊、湖羊，以及改良的细毛羊；我国山羊品种主要有新疆哈密山羊、蒙古阿白山羊、四川成都麻羊、安徽同羊、海南东山羊、山东菏泽青山羊、四川南江黄羊、湖北马头山羊、河南槐山羊、河北承德无角山羊、陕西关中奶白山羊，以及引进的瑞士萨能山羊、体形较大的南非波尔肉用山羊。

二、畜肉类制品

对畜肉类制品进行加工，不仅可以增添宜人的美味，还可以延长保质期。畜肉类制品一般可分为腌腊制品、卤酱制品、脱水制品、熏烤制品、肉糜制品、罐头制品、灌肠制品，目前我国市场上的畜肉制品既有国际新型产品也有传统风味类型的产品。

1. 火腿

传统火腿以猪后腿加工制成，我国长江流域的不同地方有着各自特色的火腿，其中产量较大，品牌著名的是浙江金华火腿、云南宣威火腿、江苏如皋火腿。浙江金华火腿又叫南腿、金腿，主要产于浙江金华的东阳、义乌、浦江、兰溪等地；云南宣威火腿又叫云腿，主要产于宣威、腾越、楚雄等地；江苏如皋火腿又叫北腿，主要产于如皋、泰兴、江都等地。

2. 腊肉

传统腊肉的制作季节主要是在农历的腊月，因此制作的腌肉制品习惯上冠以腊肉名称。我国南方到北方的腊肉品种很多，根据动物的品种不同分为猪腊肉、牛腊肉、羊腊肉等；根据加工程度不同有带骨和不带骨之分。代表性的品种有湖南腊肉、四川腊肉、江西腊肉。

3. 香肚

传统的香肚以南京香肚最为著名，制作方法是：将七成瘦猪肉、三成肥猪肉切成大小为 1 cm³ 的小肉丁，用食盐、白酒、硝水、香料、白糖等腌制调匀，选用猪的膀胱包裹调好口味的猪肉馅料，用绳捆扎成圆球状，经过 1 个月冷风干燥脱水制成。食用前洗刷干净，用清水煮 1 小时，冷却后去皮切片即可食用。

4. 香肠

制作传统香肠，先要选择好肠衣，将羊肠子或猪小肠用盐水洗干净，猪肉一般选用七成瘦肉、三成肥肉，切成小长条或小方丁，用食盐、白酒、生抽、硝水、香料、砂糖、姜汁等腌制调匀，然后灌入肠衣中，间隔15~20 cm分节用绳捆扎好（广东小香肠），悬挂晾晒使之脱水风干，或用烟雾熏制肠衣发柔。食用前蒸煮加热，冷却后食用，或配在其他食物中一起烹调。

5. 酱肉

我国酱肉的传统代表品种有北京月盛斋的酱牛肉、北京天福号的酱肘子、苏州酱肉、无锡酱骨头、上海五香酱肉。

第四节 禽 类

根据自然属性不同，目前我国人工饲养的肉用禽类品种主要有鸡、鸭、鹅、鸵鸟、鹌鹑、鸽子等，以及肉用珍禽养殖品种珍珠鸡、山鸡、鹧鸪、榛鸡、绿头鸭等；根据用途不同禽类分为蛋用型、肉用型、肉蛋兼用型、特殊型；按血统分为本地种、外来种、杂交种。

一、禽类品种

1. 鸡类品种

目前我国肉用鸡的品种很多，既有本土传统品种又有引进的外国血统，还有杂交混血品种，具体品种有：九斤黄鸡、狼山黑鸡、寿光鸡、上海三黄鸡、浙江萧山鸡、绍兴越鸡、桃源鸡、惠阳鸡、清远三黄鸡、海南文昌鸡、白洛克鸡、澳洲黑鸡、北京油鸡、科尼什鸡、江西泰和乌鸡、竹丝鸡。

（1）九斤黄鸡。九斤黄鸡是良种肉用黄鸡，原产于山东，主要分布于山东、安徽、江苏等地区。体形较大，背部短阔，胸部肌肉发达，羽毛为黄色，胫趾有毛，肉色淡黄。

（2）狼山黑鸡。狼山黑鸡是良种肉用鸡种，原产于江苏，主要分布于山东、安徽、江苏等地区。体形高大，背部宽阔，胸部肌肉发达，羽毛腿爪均为黑色，并带有绿色荧光。

（3）寿光鸡。寿光鸡原产于山东寿光，为肉蛋兼用型良种鸡种。体形较大、羽毛色泽主要有黑色和褐色。

2. 鸭类品种

我国由于地域的不同，培育出了不同类型的鸭子品种，驰名中外的北京鸭，令人赞誉的海南嘉积鸭，以及江苏高邮湖的麻鸭、娄门麻鸭、广东东莞的麻鸭等。

（1）北京鸭。北京鸭又名京白鸭、油鸭，是世界上著名的优质肉用鸭品种之一，历史上多产于北京东郊潮白河流域。北京鸭体形较大，一般体重达 3~5 kg，胸部发达，皮下脂肪大量沉积，羽毛为洁白色，喙、趾、蹼为淡黄色，腿短，腹部下垂，经过烤制的鸭子皮色红润酥脆，肉质细嫩，是制作北京烤鸭不可替代的绝妙原料。

（2）麻鸭。麻鸭是典型的肉蛋兼用型品种，广泛分布于山东、江苏、安徽、浙江等地的江河湖泊之中。以江苏高邮湖的麻鸭最为著名，产双黄蛋的比率较高。江苏娄门麻鸭、广东东莞麻鸭也比较有名。成鸭体形较大，颈小，腿短，体长，羽毛为棕灰色，有少量黑色斑点，似麻雀的羽毛，故称麻鸭，脂肪较少，瘦肉率较高。

二、禽类制品

禽类制品根据加工方法主要分为腌腊制品、卤酱制品、熏烤制品、肉糜制品等，有的可以直接食用，有的则需要再加工；根据工艺类型分为传统制品和现代制品。

1. 腌腊制品

腊鸭是最为传统的腌腊制品，因为其肉质紧密板实故名板鸭，在我国的长江流域，就有许多有名的品种，如江苏南京板鸭、四川白市驿板鸭、江西南安板鸭、湖南乾州板鸭、福建建瓯板鸭。

风鸡是我国南方人在气候干燥寒冷季节里用整只鸡制作的一种腊味食品，加工过程为：宰杀整理洗涤，腌制增味固色（腌制用料有硝酸盐、食盐、胡椒、花椒、草果、八角、小茴香等），晾挂风干。

2. 卤酱制品

卤酱制品一般需要经过宰杀、整理、洗涤、腌制、定型、炸制（有的不用）、卤酱等方法加工而成。著名的传统品种有河南滑县道口烧鸡、安徽符离集烧鸡、河北石家庄烧鸡、山东德州扒鸡、广东白切鸡和卤鹅肉、北京酱鸭、南京盐水鸭等。

3. 熏烤制品

熏烤制品一般需要经过宰杀、整理、洗涤、腌制、定型、熏烤等方法加工而成，主要品种有熏鸡、北京烤鸭、四川樟茶鸭、广东烧鹅和烧鸭等。

4. 肉糜制品

肉糜制品主要有鸡肉香肠、火鸡肉香肠、鸡肉酱、鸡肉火腿、鸭肝酱、鹅肝酱等。

第五节 水产动物类

种类繁多的动物水产品，以其鲜美独特的味道、奇异的外观形态、优质的营养成分深受人们的喜爱。动物水产品可以概括地分为鱼类、虾蟹类和贝类。

一、淡水鱼类品科

1. 鲤鱼

鲤鱼为硬骨鱼纲鲤形目鲤科鲤鱼属，淡水中下层中型经济养殖鱼，我国淡水渔业中的主要鱼种。目前，鲤鱼也是世界范围内的重要养殖鱼类品种。我国经过多年的人工孵化与优化育种，已培育出多个品系种群。鲤鱼的形态特征：身体侧扁，鱼脊隆凸，背鳍较长，鳞片较大，有两对须，尾柄较粗壮，头部较小，尾鳍呈叉形。我国主要的品种有河南黄河鲤鱼，四川岩鲤，广东珠江鲤鱼、镜鲤、散鳞镜鲤，江西兴国红鲤。

2. 草鱼

草鱼为硬骨鱼纲鲤形目鲤科草鱼属，淡水底层草食性中型经济养殖鱼，我国淡水渔业中的主要鱼种。草鱼的形态特征：体态呈纺锤形，身体的断面呈亚圆形，鱼体长，鱼脊平直，鳞片较大，尾柄粗壮，头部较小，尾鳍呈叉形，鱼体侧线较平直，背鳍较小。肉质洁白厚实，出肉率高。

3. 鳙鱼

鳙鱼为硬骨鱼纲鲤形目鲤科鲢鱼属，又名黑鲢、大头鱼、胖头鱼，淡水上层以浮游生物为食的中型经济养殖鱼，我国淡水渔业中的主要鱼种。鳙鱼的形态特征：鱼头鳃盖大，接近鱼体的三分之一，鱼体侧扁，鱼体较长，鱼脊隆起，鳞片小，尾柄较细，尾鳍呈叉形，鱼体侧线较平直，背鳍较小，腭肉组织较大。肉质薄而细嫩，鱼刺细而多，出肉率较低。鳙鱼比鲢鱼头大、嘴圆、色黑。

4. 鲢鱼

鲢鱼为硬骨鱼纲鲤形目鲤科鲢鱼属，又名白鲢，淡水上层以浮游生物为食的中型经济养殖鱼，我国淡水渔业中的主要鱼种。鲢鱼的形态特征：鱼头鳃盖大，接近鱼体

的四分之一，鱼体侧扁、稍高，头较大、略扁，背部较薄，腹面狭窄，侧线明显下弯，鳞细小而密。体背面灰色，腹部为银白色，鳍均为灰白色。

5. 青鱼

青鱼为硬骨鱼纲鲤形目鲤科青鱼属，淡水底层以小型水生动物为食的中型经济养殖鱼，我国淡水渔业中的主要鱼种。青鱼的形态特征：体背呈青灰色，鱼体长，身体的断面呈亚圆形，鱼脊平直，鳞片大，尾柄粗壮，头部较小，尾鳍呈叉形，鱼体侧线较平直，背鳍较小。肉质洁白，弹性较强，出肉率较高。

6. 鲫鱼

鲫鱼为硬骨鱼纲鲤形目鲤科鲫鱼属，淡水上层以小型浮游生物为食的小型养殖鱼。鲫鱼的形态特征：鱼体侧扁、较短，鱼脊隆起，鳞片较小，尾柄较细，尾鳍呈叉形，鱼体侧线较平直，背鳍较长。肉质薄而细嫩，鱼刺细而多，出肉率较低。

7. 鲂鱼

鲂鱼为硬骨鱼纲鲤形目鲤科鲂鱼属，又名武昌鱼，淡水中下层中小型草食性养殖鱼。鲂鱼的形态特征：鱼体侧扁、较短，近似方型，头部尖小，鱼脊隆起，腹部较圆，鳞片较小，尾柄较细，尾鳍呈叉形，鱼体侧线较平直，臀鳍较长。肉质薄而细嫩，鱼刺较少。

8. 黄鳝

黄鳝为硬骨鱼纲鳃鳝目合鳃鳝科，又名长鱼、鳝鱼，淡水底层小型杂食性珍贵经济养殖鱼，稻田池塘养殖较为普遍。鳝鱼的形态特征：鱼体呈圆桶状，鱼体细长，头尖而圆，鱼体背部青黑色，腹部黄白色，无角质化的硬鳞，尾部尖细，鱼体表有黏液，无鱼鳍，无硬棘。鳝鱼的肉质弹性较强，细嫩鲜美，无尖细刺和硬皮，出肉率高。

二、海洋鱼类品种

1. 大黄鱼

大黄鱼为硬骨鱼纲鲈形目石首科，又名大鲜、大王鱼、大黄花，为我国主要海洋中大型经济鱼，具有暖水洄游习性。大黄鱼的形态特征：鱼体侧扁圆，体长40~60 cm，鱼头较大而圆，鱼唇呈橘红色，背部较隆凸，鱼体上部呈黄褐色，腹部呈淡黄色，鱼体的侧线稍弯曲，鱼的鳞片较小，背鳍长并与尾柄相连，鱼尾呈楔状。大黄鱼的肉质色泽洁白，呈蒜瓣状，刺少肉多，细嫩鲜美，鱼的脑部有一块状硬石。我国的主要产区集中在温热带海域，有江苏吕泗渔场、长江口外渔场、浙江舟山渔场、山东沿海渔场、广东南澳岛水域，品种有吕泗大黄鱼、浙江宁波大黄鱼、福建宁德黄鱼、广东南海黄鱼，捕获季节主要集中在 9~12 月。

2. 带鱼

带鱼为硬骨鱼纲鲈形目带鱼科，又名裙带鱼、海刀鱼、净海龙，为我国主要海洋中大型经济鱼类，具有暖水洄游习性。带鱼的形态特征：鱼体侧扁，体长 60~100 cm，鱼头尖，口大，牙齿尖利，侧线平直，脊背部平直，鱼体无角质硬鳞，但有一层银灰色的脂肪细鳞，腹部为白色，较为平滑，无臀鳍，背鳍长并与尾鳍相连，鱼的尾鳍呈尖细的鞭状。带鱼的肉质色泽洁白，质地坚实，刺少肉多，滋味鲜美。我国的主要产地是山东烟台和青岛、江苏连云港、浙江舟山、福建平潭、广东湛江，捕获季节主要集中在 11~12 月。从国外进口的带鱼品种主要来自非洲东部海域以及红海和印度洋。

3. 鲐鱼

鲐鱼为硬骨鱼纲鲈形目鲭科，又名鲭鱼、花鲐鱼、青花鱼，为我国主要海洋中大型经济鱼类，具有暖水洄游习性。鲐鱼的形态特征：鱼体稍侧扁，呈纺锤形，体长 40~60 cm，鱼头尖，口大，牙齿尖利，侧线平直，脊背部宽厚，鱼体无角质硬鳞、表面为青蓝色，有深蓝色波状花纹，腹部为白色，尾柄尖细，尾柄上下各有数个脂鳍，臀鳍较小，背鳍较小，鱼的尾鳍呈燕尾形。鲐鱼的肉质色泽微红，质地坚实，刺少肉多，滋味鲜美。我国的主要产地是山东烟台和青岛、江苏连云港、浙江宁波、福建厦门，捕获季节主要集中在 9~10 月。

4. 鲅鱼

鲅鱼为硬骨鱼纲鲈形目鲭科，又名燕鱼、蓝点马鲛、蓝点鲅，为我国主要海洋中大型经济鱼类，具有暖水洄游习性。鲅鱼的形态特征：鱼体稍侧扁，呈纺锤形，体长 40~60 cm，鱼头较尖，口大而斜裂，牙齿尖利，侧线较弯曲，脊背部宽厚，鱼体无角质硬鳞、表面为青褐色，有深蓝色斑点，腹部为白色，尾柄较细，尾柄上下各有数个小脂鳍，臀鳍较小，背鳍较长，鱼的尾鳍呈燕尾形。鲅鱼的肉质色泽微红，质地坚实，刺少肉多，滋味鲜美。我国的主要产地是河北秦皇岛、山东烟台和青岛、江苏连云港、浙江宁波、福建厦门和平潭，捕获季节主要集中在 9~10 月。

5. 鲳鱼

鲳鱼为硬骨鱼纲鲈形目鲳科，又名平鱼、镜鱼、车片鱼，为我国主要海洋中小型经济鱼类，具有暖水洄游习性。鲳鱼的形态特征：鱼体侧扁，呈卵圆形的片状，体长 20~40 cm，鱼头与鱼体成为一体，头小、嘴小、鳃小，牙齿尖利，侧线较弯曲，脊背部宽厚隆凸，鱼体无角质硬鳞、表面有银灰色、金黄色、黑色等，无臀鳍，胸背鳍长并与尾柄相连，尾柄较细，鱼的尾鳍呈燕尾形。鲳鱼的肉质色泽洁白，质地坚实，刺

少肉多,滋味细嫩鲜美。根据颜色的不同,其品种有银鲳、金鲳、黑鲳等。我国的主要产地是山东青岛、浙江宁波、福建晋江,捕获季节主要集中在9~10月。

三、虾类品种

河虾为节肢动物门甲壳纲十足目的虾类品种,淡水性集群生活于河湖的沙质底部。河虾是我国淡水养殖的重要品种,具有重要的经济价值。河虾甲壳较厚,体长一般为4~8 cm,头胸部较粗大,前两对步足呈钳状。河虾产区主要为华东地区的微山湖、太湖、洪泽湖、阳澄湖、巢湖,池塘养殖为主,以4~5月、9~10月为出产旺季。河虾的主要品种有米虾、白虾、沼虾,其中罗氏沼虾为体形较大的河虾品种,虾壳为青绿色,虾壳较硬,虾头较大。

四、蟹类品种

1. 三疣梭子蟹

三疣梭子蟹为节肢动物门,甲壳纲十足目,海洋性品种,是我国海洋性水产品种中的珍贵品种,具有重要的经济价值。三疣梭子蟹体背表面被有角质化坚硬的甲壳,体分头胸和腹部,头胸部背面盖以头胸甲,左右两侧具长棘,略呈菱形,头胸甲表面有3个起伏不平的瘤状隆起,左右对称,并分别与内脏的胃区、心区、肝肠区、鳃区相对应。三疣梭子蟹栖息于近海或浅海的泥沙海底之上,主要产于我国南北各海域,每年4~7月为产卵期,肉质最为肥美,春秋两季为捕获旺季。

2. 青蟹

青蟹为节肢动物门,甲壳纲十足目,海洋性品种,是我国淡水驯化养殖的重要品种,具有重要的经济价值。其外形似梭子蟹,螯足大,甲壳隆起而光滑,呈青绿色,体形比梭子蟹小,最后一对脚足呈桨状,栖息在温暖、盐度较低的浅海泥中生活。我国的浙江、福建、广东等沿海地区均有出产,每年8~10月为捕获旺季。习惯上将含有蟹黄的青蟹称为膏蟹,不含蟹黄的称为肉蟹。

五、贝类品种

1. 扇贝

扇贝为软体动物门,瓣鳃纲扇贝科的统称,是我国海上养殖的珍贵品种,扇贝中常见的有栉孔扇贝和日月贝。栉孔扇贝（华贵栉孔扇贝）是我国黄海、渤海水域中最常见的一种，壳略呈扇形，前端具有足丝孔，壳顶前后有耳，前大后小，右壳较平，放射肋细而多，左壳稍凸，放射肋主肋粗，约10条，肋上有棘状突起，壳面呈灰褐色，有灰白至紫红色彩纹，栖息于水流较急而水质澄清的浅海底，以足丝附着于岩礁上。日月贝的特征是左壳为淡褐红色，右壳为洁白色，壳表无明显凸起的放射肋，产地为我国的渤海、黄海沿岸地区，以烟台、青岛、荣城、大连等地为主，6~10月为出产旺季。

2. 贻贝

贻贝又名海红、青口、壳菜，为软体动物门瓣鳃纲贻贝科，是我国海上水产养殖的重要品种。壳略呈三角形，壳有厚有薄，壳顶向前，壳面有细密的放射状细纹，壳有黑褐色、青绿色，内面白色带青紫色光，以足丝附着于澄清的浅海海底岩石上，渤海、黄海、东海、南海等沿海地区均有出产，6~10月为出产旺季。

第六节　调　料（一）

调料是烹调过程中使用最为频繁的原料，是菜肴的重要组成部分，调料不仅可以调理菜肴的口味，还能调理菜肴的色泽、形态、质地。根据调料的主要呈味特点，可以将调料分为以下几种类型。

一、咸味调料

1. 食盐
作为百味之首的食盐，其呈现咸味的主要物质成分是氯化钠。

2. 普通酱油
普通酱油是由植物蛋白和淀粉水解成氨基酸和糖类后经酿造而制成的汁液。酱油是一种历史悠久、用途广泛的调料，它不仅可以调理口味，还能调理色泽。普通酱油的滋味具有咸、甜、香、鲜、酸、苦、涩等多种味型。酱油的制作工艺分为天然发酵和人工发酵，制作原料是豆饼或大豆、麸皮、食盐和水。

3. 大豆酱

大豆酱又称黄酱、大酱、豆酱，是我国北方以及韩国、日本人最为钟情的传统调料。大豆酱是以大豆为主料配以小麦面粉、米粉、食盐、水，经过浸泡、蒸煮、接种（米曲霉菌）、发酵、灭菌、粉碎等工艺制成的酱类调料，制作周期大约3~12个月。大豆酱色泽有红褐色、淡黄色。口味咸鲜醇厚，有着浓郁的酱香味。从形状分有豆粒状、豆瓣状、膏状等品种。

二、鲜味调料

普通味精是日常普遍使用的鲜味调料，其主要成分为谷氨酸钠，由玉米、大米、木薯加工制成。普通味精是一种稳定性较强、无毒无害的化合物，无色无味，结晶颗粒状或粉末状，有鲜味和咸味。普通味精按谷氨酸钠与食盐氯化钠的比例高低可分为100度鲜（谷氨酸钠100%、氯化钠0%）、95度鲜（谷氨酸钠95%、氯化钠5%）、90度鲜（谷氨酸钠90%、氯化钠10%）、80度鲜（谷氨酸钠80%、氯化钠20%）、60度鲜（谷氨酸钠60%、氯化钠40%）。

普通味精在溶液中使用最好，溶解度随温度的升高而升高。普通味精在酸性溶液的条件下离解度最大，在碱性条件下可转化为谷氨酸二钠而失去鲜味，故不宜在碱性溶液中使用。由于人体对鲜味的感觉较弱，因此普通味精只有在咸味的作用下才能够显出魅力，但不宜在过酸、过辣及鲜味较重的菜肴和甜食中使用。超高温长时间在脱水的情况下加热会有微量的焦谷氨酸钠生成，会失去鲜味。过多地使用味精会产生一种不良的涩腻感觉，会增加菜点的咸味程度。

三、甜味调料

1. 蔗糖

蔗糖是最常用的甜味调料，由甘蔗或甜菜加工制成。品种按颜色可分为红糖、黄糖、白糖。按形态特征可分为细绵糖、砂糖、冰糖、片糖、方糖。蔗糖的熔点为160~186 ℃，单独加热当温度达到150~160 ℃时融化为葡萄糖和果糖的无水物，具有蔗糖结晶性，易出现翻砂现象，融化的糖液可以拉成具有伸展性呈金黄色的糖丝，还可以加工其他糖类制品，当温度达到170~220 ℃时，生成褐红色的焦糖色或碳化后的黑色。

2. 麦芽糖

麦芽糖又名饴糖、糖胶，是淀粉经水解酶的作用形成的糊精和麦芽糖混合物，因最初用发芽的麦种制作因而得名麦芽糖。麦芽糖色泽淡黄，质地黏稠，口味较甜，其中糊精占三分之二，麦芽糖占三分之一。麦芽糖的甜度只是蔗糖甜度的三分之一，麦芽糖的黏度源于糊精。麦芽糖的熔点为 102~108 ℃，单独加热当温度达到 150~160 ℃ 时可以变成褐红色或枣红色，且不碳化，有发色、生脆的作用，适宜调制烧烤用的皮水。

3. 蜂蜜

蜂蜜又名蜂糖，是一种透明淡黄色、黏稠状、甜度很大的糖浆，其成分主要是葡萄糖、果糖、花粉、蜡质。因为葡萄糖有吸湿性，制作甜品糕点可以使其绵柔回软，防止风干硬化，高温会破坏花粉的效价。

四、酸味调料

1. 山西老陈醋

山西老陈醋以高粱为主要原料，经过蒸煮加热、糖化发酵、酒精发酵、醋酸发酵等工艺流程，以"夏伏晒，冬捞冰"的浓缩工艺制作而成。特点是色泽深重、汁液澄清、酸醇浓厚、绵软回甜、酸而不涩，易储存不霉变。总酸度每百毫升 16 g。

2. 保宁麸醋

四川保宁麸醋以小麦、大米及其麸皮为主要原料，采用酿造、制醅、淋醋等工艺酿制而成，用白豆蔻、母丁、砂仁等香料调理香味。特点是色泽黑褐、汁液澄清、酸味厚重芳香，易储存不霉变。

3. 镇江香醋

江苏镇江香醋以大米为主要原料，经过蒸煮加热、糖化发酵、酒精发酵、醋酸发酵等工艺酿制而成。特点是色泽褐红浓重、汁液澄清、醇香回甜、酸而不涩，清香淡雅。

五、辣味调料

1. 干辣椒

辣椒又名番椒、海椒、辣茄，原产于美洲，属于茄科植物成熟的果实。辣椒中的重要呈味物质是辣椒素（辣椒碱），具有极强的灼烧刺激特性。干辣椒是红辣椒经过自然晾晒、人工脱水等过程而形成的辣椒产品。

2. 辣椒粉

辣椒粉又称辣椒面、海椒面，是用成熟的尖头辣椒经晾晒干后磨成的粉末状制品。

3. 辣椒酱

辣椒酱又称辣椒糊，用腌制发酵三个月以上的红辣椒研磨成糊状制成。口味咸辣，红色艳丽，用油炒制后味道更加完美。

4. 大蒜

大蒜是最常用的调料之一。大蒜中辛辣味的形成源于大蒜组织破裂后蒜氨酸在蒜酶的作用下迅速分解为蒜素，然后生成具有辛辣味的二硫化物（大蒜酮、大蒜酚）、具有甜味的硫醇类化合物，形成美味，刺激唾液、胃液的分泌，增强食欲。一定数量的二硫化物具有杀灭人体内的流感病毒、大肠杆菌、伤寒杆菌、痢疾杆菌、金黄葡萄球菌和强身健体、开胃防病的特殊功效。但过量食用大蒜对人体也会有害，会加重糖尿病、心脏病、高血压病症，会影响对维生素的吸收。用浓茶漱口或咀嚼茶叶可以除去口中残留的蒜味。由于蒜酶不受酸性的影响，经过醋酸溶液浸泡的腊八蒜依然保持着独特的辛辣味。加热会使蒜酶的作用消失，二硫化物失去辛辣味，形成更多的硫醇类化合物，甜味加重。

5. 大葱

大葱是最常用的调料之一。大葱中呈辛辣味的物质是二硫化物，呈甜味的是硫醇类化合物。由于二硫化物的含量比大蒜少，因此辛辣味相对较弱，甜味较重，在油中加热，具有辛辣味的二硫化物产生香味，辣味减少，而更多的硫醇类化合物则使甜味加重。用浓茶漱口或咀嚼茶叶可以除去口中残留的葱味。

6. 姜

姜是最常用的调料之一，黄姜中的辛辣呈味物质是姜酮、姜醇、姜酚。生姜之中含有具有嫩肉作用的蛋白酶，可使肉质保持嫩度。霉烂的生姜会产生一种毒性很强、名为黄樟素的有机化合物，它能诱发肝细胞变性坏死和癌症。姜酚在油中加热会散发出强烈的清香，姜醇能够产生鲜味，姜酮不仅有辛辣味还有着淡黄的色泽，具有生热发汗、除湿祛寒、健胃的作用。

六、香味调料

1. 豆油

豆油是以脂用性大豆为原料，经过压榨以及高温蒸馏精炼加工制成的油脂。我国东北、华北地区产量较大。由于加工方法不同，有冷压油（色浅豆腥味重）和热压油（色重豆腥味弱）之分。豆油的颜色呈淡黄色，澄清透明，营养价值高，不含胆固醇，富含人体必须脂肪酸——亚油酸、油酸以及磷脂成分。豆油是加工纯正色拉油以及人造黄油的主要原料，不适宜高温长时间加热。

2. 花生油

花生油是以花生豆为原料，经过压榨和高温蒸馏精炼加工制成的油脂。我国华东、华北地区产量较大。花生油的颜色因为加工的方法不同而呈不同的色泽，生炼的一般呈淡黄色，熟炼的一般呈棕红色，清香浓郁无异味，营养价值高，不含胆固醇，富含亚油酸和油酸，适用的烹调方法较多。

3. 菜籽油

菜籽油是以油菜籽为原料经过压榨、高温蒸馏精炼加工制成的油脂。我国华南、华东、西南地区产量较大。菜籽油澄清透明，颜色为深黄色，营养价值高，不含胆固醇，芥酸含量最多，富含亚油酸和油酸，适用的烹调方法较多。

第二章 原料加工技术（一）

烹饪原料加工是烹饪工艺的基础环节，是一项集知识性、技术性和经验性于一体的复杂工作。烹饪原料的加工主要包括鲜活原料加工和干货原料加工两个方面。

第一节　鲜活原料初步加工技术

鲜活原料主要包括活鲜、冰鲜（冷却冷藏）和冻鲜原料。鲜活原料的初步加工是原料加工的重要内容，其加工过程主要包括宰杀、整理和洗涤，是原料由毛料向净料转变的过程。

一、鲜活原料初步加工的基本要求

1. 加工原料要符合法律要求

做好此项工作既要合情合理更要合法，合法加工原料就是依据国家有关动植物保护法、食品卫生法等，合理选择加工原料。

2. 确保原料清洁卫生

清洁卫生是人们对食物最基本的安全需求和健康需要，在鲜活原料的初步加工过程中，应最大可能地清除不洁的、不健康的、对人体有害的部分，防止二次交叉污染，对可疑的原料应及时处理。

3. 保持原料中的营养成分

营养是决定原料使用价值的基本要素,在鲜活原料的初步加工过程中,应当最大限度地减少营养物质的损失。

4. 保持原料的色香味形

尽可能保持原料自然优美的色香味形,避免因加工不当而损坏原料中美好的色香味形。

5. 符合切配烹调特殊要求

初步加工为的是方便适应切配烹调,因此初步加工原料时一定要考虑好后面的环节,根据不同的具体要求,最大限度地使初步加工方法适宜烹调过程中的每个环节。

6. 勤俭节约,合理使用原料

珍惜原料就是珍惜人们自己的劳动,提倡因材施艺,量材而用,合理使用,物尽其用。

二、蔬菜原料初步加工的基本要求

蔬菜是原料中品种最为丰富的一类,它是既能作主料又能作配料,同时还可以兼作调料的原料,蔬菜的丰富多彩、品种各异也使得初步加工方法趋于多样化。

1. 根据蔬菜规格品种进行加工

由于蔬菜食用部位的不同,初步加工的要求也有所不同,如有的需要去皮,有的需要去掉老根老叶,有的需要去瓤。

2. 合理清洗确保清洁卫生

温室及无土栽培的无公害新鲜蔬菜,用清水清洗干净即可食用。然而在夏季,由于泥沙、虫卵、致病细菌、农药等污染,尤其是直接可以生食的蔬菜,一定要清洗干净。蔬菜的清洗方法有冲洗、漂洗和刷洗,有清水洗涤、洗涤剂溶液洗涤和消毒溶液洗涤。消毒溶液的品种有食盐水溶液、高锰酸钾水溶液、84消毒水溶液、过氧乙酸水溶液、尤氯净水溶液、次氯酸水溶液等,一般需要按比例配置浸泡一定时间才能达到杀菌消毒的功效,用消毒溶液洗涤后还要用清水洗净。提倡先洗后切,防止营养物质尤其是维生素的沥滤流失。

3. 要注意合理保存

暂时不用的蔬菜需要及时储存,防止褐变。尤其是糖类成分含量较多的茎类蔬菜,经过去皮加工之后,由于外皮的保护作用消失,极易引起蔬菜品质的变化。如酶促褐变,就是在酶的作用下,原料组织中的鞣酸物质与铁离子结合成紫褐色的鞣酸铁物质,

使原料的表层形成褐色,改变了原料的颜色。密封或酸性溶液可以防止酶促褐变。防止冰冻,由于蔬菜中的水分主要是自由水,冻结的情况下,组织中的水分会受到破坏,发生分离形成冻伤,所以蔬菜存放时的温度一般应控制在4~10 ℃的范围内,分别密封保存,防止水分蒸发和气味挥发,从而造成相互交叉污染。

三、蔬菜品种的初步加工

1. 大白菜的加工

去掉外层的老帮、老叶、黄叶、烂叶,在大白菜和其他叶菜类蔬菜加工过程中,一定要清除腐烂的叶子(由于细菌的作用,腐烂的叶子容易形成大量对人体有害的亚硝酸氨物质),然后切去硬质的菜根,将叶片分别清洗干净,控净水分即可。

2. 油菜的加工

去掉外层的老帮、老叶、黄叶、烂叶,留取一层细嫩的帮叶,去掉较老的叶尖,用小刀将菜根部削至平滑,较粗大的可以在根部切上十字刀口,将根部分开,先用清水浸泡洗涤,再用清水冲洗干净,控净水分即可。

3. 生菜的加工

去掉生菜中的老帮、老叶、黄叶、烂叶,去掉菜根,直接食用的生菜用清水先洗一次,再用杀菌消毒的溶液浸泡,然后用清水清洗干净即可,注意密封保存,防止再次污染。

4. 胡萝卜的加工

用刮刀将胡萝卜外层表皮须根轻轻刮掉,挖去斑痕,切掉硬根,清洗干净,控净水分即可。

5. 马铃薯的加工

将马铃薯外层表皮刮去或刷掉,必须用刀尖挖去砂眼、斑痕以及变青和发芽部位(因为变青和发芽部位容易潜伏龙葵素毒素物质),清洗干净,暂时不用时一定要用塑料薄膜密封,或放在清水中浸泡存放,水中可以加少量的食盐、柠檬酸或白醋,以防止去皮的马铃薯氧化发生酶促褐变,存放在温度为4~10 ℃的环境中。

6. 冬笋的加工

将新鲜冬笋较硬的外表皮削去,因为鲜笋中有少量的氢氰酸(属于毒素物质),不宜生食,一定要用清水煮透,清洗干净,暂时不用时一定要用塑料薄膜密封,或放在清水中浸泡存放,水中可以加少量的食盐、柠檬酸或白醋,以防止去皮的冬笋氧化酶促褐变,存放在温度为4~10 ℃的环境中。

7. 茭白的加工

将茭白外层较硬的表皮刮去，切去较硬的根部，清洗干净，暂时不用时一定要用塑料薄膜密封，或放在清水中浸泡存放，水中可以加少量的食盐、柠檬酸或白醋，以防止氧化酶促褐变，存放在温度为4~10 ℃的环境中。

8. 葱头（洋葱）的加工

用刀切去葱头的根部及顶尖部，撕去外层老皮，因为葱头中含有易挥发性的油类物质，对眼睛有刺激作用，可先将葱头浸泡在水中，加工之后清洗干净，注意密封存放，防止污染其他原料。

9. 芥蓝、菜薹的加工

去掉外层的老叶、黄叶、烂叶，留取细嫩的帮叶，去掉较老的叶尖，用小刀将菜的茎部外皮削去，修整平滑，清水浸泡洗涤干净。

10. 四季豆（扁豆）的加工

主要是撕去豆尖、蒂部和豆筋，豆尖中含有豆角皂素（属于毒素物质），一定要去掉，蒂部和豆筋较粗老，影响食用。四季豆用清水浸泡洗涤干净即可。

11. 冬瓜的加工

用刀削去外皮，切去瓜蒂，挖去斑痕，剖开刮去瓜瓤，用清水浸泡，洗涤干净。

12. 花椰菜的加工

去掉粗大的叶茎，用刀刮去花蕾上的锈斑，将花蕾茎部切开，去掉花托，分割成大小一致的块状，清洗干净即可。

四、畜禽类原料初步加工的基本要求

根据有关规定，国家实行畜禽定点屠宰制度，畜禽定点屠宰厂（场、点）应当对畜禽屠宰活动和畜禽产品质量安全负责。目前，国内大中城市市场供应的家禽都是由畜禽定点屠宰厂（场、点）宰杀后提供的，但乡镇餐饮经营单位，特别是农家乐等餐饮单位因其经营特色，一些家禽还是由厨师进行宰杀。宰杀前的活禽需要通过卫生检疫部门的检疫许可，或在确保禽类机体健康无传染性疾病的情况下方可自行宰杀，作为商品出售时则需要接受食品卫生检疫。禽类原料的初步加工环节主要包括宰杀、煺毛、开膛去内脏、洗涤。

1. 宰杀方法要得当

根据禽类不同的品种以及饮食文化传统选择适合的宰杀方法。

2. 放尽血液

因为血液之中可能潜伏病毒，所以在宰杀时应放尽血液。同时血液中的腥味和红色会影响禽肉的品质。

3. 煺净绒毛

由于禽类品种、大小等性质的不同，要掌握好煺毛的方法，既要煺净绒毛还要保持形态的完整无损。

4. 合理摘取内脏

根据不同的烹调方法、不同禽类品种，采用相适应的剖口方法开膛去内脏，主要有腹开、背开、腋开等方法。

5. 合理使用原料

畜禽类初步加工可产生一系列下脚料，如头、颈、肝、心、爪、胗、皮、肠、脂肪等。充分利用这些原料，可以制作出许多风味特别的美味菜品，不要轻易丢弃造成浪费，同时注意清洗干净，将肉上的血污洗净，控净水分。

6. 合理存放

在 4~6 ℃的环境下冷藏可以保存 48 小时，在 −10~−5 ℃环境下冷冻可以保存 1 个月，在 −18~−15 ℃环境下冷冻可以保存 6 个月。

五、畜类品种的初步加工

1. 牛尾的加工

带皮的整条牛尾，先用火烧去残存的茸毛和表皮，用热水浸泡后，刮洗干净，顺着骨节斩切成块状即可。

2. 牛蹄筋的加工

撕去附在牛蹄筋上面的皮膜，用清水浸泡洗净即可。

3. 牛（猪）舌的加工

将牛（猪）舌清洗干净，放在加有葱、姜、白酒的水中，用小火焖煮约 1 小时，取出迅速刮除牛（猪）舌上的苔膜，再次用水清洗干净。

4. 猪脊髓的加工

将猪脊髓的血筋轻轻撕去，清水漂净血污即可。

5. 猪肘的加工

用火将带皮的整只猪肘外皮烧煳，去掉残存的茸毛和表皮，用热水浸泡后，将表皮刮洗干净即可。

6. 五花肉的加工

选择五花硬肋，修整成方块形，用明火烧燎残留在皮上的毛根，用热水浸泡后，刮洗干净即可。

7. 猪心的加工

将附在猪心上的筋膜清除，用刀将猪心剖开成扇形，将内部的血块筋膜清除，用清水洗净即可。

8. 猪肺的加工

从气管中灌入水后，用手反复搓揉，将污物清洗掉，沥干水分即可。

9. 猪腰的加工

撕去腰子外面的皮膜，将猪腰子平放在案板上，用刀片成两片，将腰臊片去，剔除筋膜，清洗干净即可。

10. 猪肠的加工

将猪肠外部的黏液用明矾、食盐、醋或食碱搓洗除掉，将猪肠翻转后再用搓洗的方法清洗干净，控净水分即可。

11. 猪肝的加工

撕去猪肝上的筋膜，用清水浸泡洗净，控净水分即可。

12. 猪肚的加工

将猪肚放在盆中，加入明矾、食盐、醋或食碱等反复搓洗除掉黏液污物，将猪肚翻转后再用搓洗的方法清洗干净，控净水分即可。

六、禽类品种的加工

1. 禽类开膛方法

开膛的目的是为了清除内脏，但开膛要根据烹制菜肴的要求采用不同的方式。开膛的方法通常有腹开、背开和脓开三种。下面以鸡为例进行讲解。

（1）腹开。先用刀在鸡颈右侧靠近嗉囊处开一小口，轻轻取出嗉囊、食道和气管。再在鸡腹部与肛门之间开一刀口，长约6 cm，左手掌用力托住背脊，右手两指伸入刀口处，轻轻用手掏出全部内脏，注意不要拉破苦胆与肝脏，割断肛门与肠连接处，清洗干净。此方法适用于一般的烹调方法，应用广泛。

（2）背开。左手稳住鸡身，使鸡背向右，右手用刀顺着鸡的背脊骨从尾部至头切开，取出全部内脏（注意拉出嗉囊、食道和气管时用力要均匀适度），下刀时要注意刀口要直、浅，过深的刀口会使刀尖刺碰苦胆，影响口感。最后用清水冲洗干净。此

开膛方法大多适用于扒、清炖、蒸等烹调方法。

（3）腋开。将鸡身侧放，右翅向上，左手掌根稳住鸡身，手指勾起鸡翅，用右手持刀在鸡右翅膀下开一刀口，长度约5 cm，再用右手中指和食指伸入，将全部内脏轻轻拉出（注意拉出嗉囊、食道和气管时用力要均匀适度），用清水反复冲洗干净。此开膛方法一般用于烤的烹调方式，其特点在于可使菜肴在烤制时不漏汤汁，以保持烤制后有肥厚、鲜嫩的特色。

2. 禽类各部位的加工

（1）鸡爪的加工。将鸡爪平放在案板上，切掉趾尖，刮掉掌中硬皮，用刀尖顺着骨纹划开，将鸡爪中的趾骨揪出拆掉，用清水洗净。

（2）鸡油的加工。将鸡油上的筋膜撕去，清洗干净，切成小块，放入适量的葱、姜、绍酒蒸制熔化，过滤澄清即可。

（3）鸡鸭血的加工。将加盐后初步凝固的鸡血或鸭血块放入热水之中，用小火加热煮至凝固变硬。煮的时间过长，会起孔，影响口感；煮的时间过短，则凝结不实，易破损。取出后放在冷水中浸泡，低温存放。

（4）鸭肠的加工。将鸭肠理直，撕去附在肠壁上面的油脂，将肠子用剪刀剖开，用水清洗除去污物，再用明矾、食盐或醋搓洗除掉黏液异味，开水烫制后用清水冲洗干净。

（5）鸭胗的加工。将附在鸭胗上面的油脂筋膜撕去，用刀剖开，用水清洗除去污物，用刀将鸭胗内部坚硬的硬皮和外部的皮膜片掉，再用食盐和醋搓洗除掉黏液异味，用清水洗净。

（6）鸭心的加工。将附在鸭心上面的筋膜撕去，用刀剖开，用水清洗除去血污，再用食盐和醋搓洗除掉黏液异味，用清水洗净。

（7）鸭肝的加工。将附在鸭肝上面的筋膜、苦胆撕去，用清水洗净。

（8）鸭舌的加工。将鸭舌放入开水中用小火焖煮约5分钟，取出后及时揪去鸭舌的硬膜，用清水洗净。

（9）鸭掌的加工。将鸭掌放入开水中用小火焖煮约5分钟，取出后剥去鸭掌的外皮，去掉趾尖，用盐搓擦洗去黄渍，用刀尖沿着骨纹划开，从鸭掌的背面将掌骨分节揪出拆掉，用清水洗净即可。

七、动物性水产品原料初步加工的基本要求

动物性水产品的品种繁多，每种原料的加工方法也有所不同。动物性水产品原料

的初步加工方法主要有刮鳞、去鳃、去内脏、褪沙、剥皮、泡烫、摘洗、去壳。

1. 刮鳞是大部分鱼类品种需要进行的基础加工。但是对于鲥鱼，传统的加工方法是不去鳞的，因为在鳞与皮间存有较多的脂肪。大量新鲜的鱼鳞可以熬制鱼鳞胶冻，不要轻易丢弃。

2. 去鳃是整鱼制作时要注意的加工环节。淡水鱼中的鲤鱼、草鱼鳃下的鱼牙应同时除掉。

3. 去内脏一定注意不要弄破苦胆。淡水鱼的苦胆一般比海水鱼的苦胆大，苦胆中的胆汁素可以制药，但胆汁有毒性不宜生食。一般鱼类是从腹部、脊部剖口摘除内脏，还可以从鳃部摘除内脏。

4. 褪沙是某些鲨鳐类鱼的加工方法，因为鱼体表面披有沙粒状的盾鳞，加工时必须清除。

5. 剥皮适用于体形较大的鱼类以及虾类、鱿鱼、墨鱼等，因其皮硬粗老，不能食用，故要剥除。

6. 泡烫多用于那些鱼体分泌较多黏液或长有较厚皮膜的动物性水产品，以便去除黏液和易于剥皮，如鳗鱼、鳖。贝类的开壳有的也需要泡烫加工。

7. 摘洗的方法主要用于章鱼、墨鱼、鱿鱼、带子、赤贝的加工。

8. 去壳适用于虾类、贝类、鳖等。

八、动物性水产品的初步加工

1. 黄鱼的加工

刮去鱼鳞，修整鱼的尾鳍，斩去臀鳍、背鳍，在鱼的肛门处横割一个刀口，切断鱼肠，挖去鱼鳃，从鳃孔处插入两根筷子将鱼膛中的内脏交结在一起抽出，用清水将鱼膛及外表清洗干净，控净水分即可。

2. 青鱼的加工

刮去鱼鳞，修整鱼的尾鳍，斩去臀鳍、背鳍，挖去鱼鳃和鳃牙，剖开鱼腹，将鱼膛中的内脏取出，刷去鱼膛中的黑膜瘀血，去掉上颚软骨，去掉鱼体侧线，用清水将鱼膛及外表清洗干净，控净水分即可。

3. 鳜鱼的加工

凡加工带有硬棘的鱼类品种尤其是海洋鱼类品种时一定要注意安全操作，因为鱼棘中含有毒素。刮去鱼鳞，修整鱼的尾鳍，斩去臀鳍、背鳍的硬棘，在鱼的肛门处横割一个刀口，切断鱼肠与肛门的连接处，挖去鱼鳃，从鳃孔处插入两根筷子将鱼膛中

的内脏交结在一起取出,及时用清水将鱼腔及外表清洗干净,控净水分即可。

4. 墨鱼的加工

将墨鱼的头部与体腔分离,撕掉墨鱼体腔的边裙,摘除墨鱼的墨囊、石灰质骨骼、眼球,挑出墨鱼蛋留用,用刀刃将墨鱼头须和体腔上的黑膜轻轻刮掉,用少量的食盐、食醋搓洗除去黏液,用清水洗净,控净水分即可。

5. 章鱼的加工

将章鱼的头部与体腔分离,撕掉章鱼体腔的边裙,摘除章鱼的墨腺、眼球,用刀刃将章鱼头须和体腔上的黑膜轻轻刮掉,用少量的食盐、食醋搓洗除去黏液,用清水洗净,控净水分即可。

第二节 畜类原料分割加工技术

畜肉分割出肉加工是鲜活原料加工的一部分。分割出肉加工就是将不同的肉类组织根据畜肉组织结构从带有骨骼的胴体(特指牲畜屠宰后,除去头、尾、四肢、内脏等剩下的部分)或分体上分割取下。

一、分割出肉加工的作用和要求

1. 分割出肉加工的作用

分割出肉加工的作用是便于切配烹调使用,提高原料使用价值,便于保管存放。

2. 分割出肉加工的基本要求

要熟悉原料的骨骼组织结构,了解肌肉组织的部位分布,落刀准确,行刀稳定,熟悉加工器具的使用方法,能够鉴别原料的品质特征,熟练掌握安全操作技术方法。

二、猪的分割出肉

1. 猪的肌肉骨骼组织分布

做好猪肉的分割出肉加工工作关键在于熟悉猪的肌肉组织和骨骼结构的具体分布。猪体躯干上的骨骼分布,从前至后主要是头骨、颈椎骨、肩胛骨(扇甲骨)、胸骨、肋骨、胸椎骨、腰椎骨、荐骨、尾椎骨、脊骨、髋骨；猪体四肢上的骨骼，前腿由上至下主要是臂骨、腕骨、掌骨、趾骨；后腿由上至下主要是股骨（大腿骨）、小腿骨、跗骨、腕骨、掌骨、趾骨。猪胴体肉组织的分布，颈肉附在颈椎骨上，夹心肉附在肩胛骨上，胸肉附在胸骨上，肋肉附在肋骨上，上脑附在第一胸椎至颈椎间，通脊附在第一胸椎至第一腰椎之间，里脊附在第一腰椎至荐骨之间，臀肉附在荐骨、尾椎骨、髋骨之上，坐臀、弹子肉附在股骨和小腿骨上。

2. 胴体猪的分割出肉加工

目前市场上出售的猪肉品种除了分割肉之外，还有二分体和四分体。二分体就是带皮带骨的整形肉片，因此猪肉的分割出肉加工，仍然有着实际的意义。对于二分体肉片的分割出肉加工，首先要进行的是部位分割，先将分体猪肉放在案板上，将片猪上的残毛、污物、蓝色检疫印痕用刀刃刮去，在胴体的前部找到臂骨与肩胛骨的连接处，用刀尖将关节连接处的结缔组织割断，将前腿从猪的胴体上分割下来。在胴体的后部找到股骨与髋骨连接处，用刀尖将关节连接处的结缔组织割断，将后腿从猪的胴体上分割下来，剩下的便是腹背部分，接下来就是出肉加工。

前腿的出肉加工：前腿的骨骼主要是臂骨和腕骨。选择前腿的内侧中间用刀尖将皮肉划开深至骨骼，将附在骨骼上的结缔组织割断，将皮肉一同剔下。

后腿的出肉加工：后腿的骨骼主要是股骨和小腿骨。选择后腿的内侧顺着中间的骨骼，用刀尖将皮肉划开深至骨骼，将附在骨骼上的结缔组织割断，将皮肉一同剔下，将臀肉、坐臀、弹子肉分别选择切割，剔除筋膜即可。

腹背部的骨骼主要是颈椎骨、肩胛骨、胸骨、肋骨、胸椎骨、腰椎骨、荐骨、尾椎骨、脊骨、髋骨。将腹背部分皮朝下平放在案板上，找到肩胛骨的位置，用刀尖将肩胛骨上的筋膜韧带割断，揪起一端顺势剔除肩胛骨；找到髋骨的位置，用刀尖将髋骨上的筋膜韧带割断，揪起一端顺势剔除髋骨；找到颈椎骨或尾椎骨，用刀尖将颈椎骨或尾椎骨与肉组织连接处的肉与骨骼分割切开，揪起脊椎骨，顺势将附在肋骨、胸骨上的筋膜韧带割断，剔除骨骼；将腹背部位肉组织中的颈肉、夹心肉、胸肉、肋肉、上脑、通脊、里脊等分别选择切割，剔除筋膜、脂肪和皮即可。

三、羊的分割出肉

1. 羊的肌肉骨骼组织分布

羊的肌肉骨骼组织分布基本上与猪的相似，羊体躯干上的骨骼从前至后主要是头骨、颈椎骨、肩胛骨、胸骨、肋骨、胸椎骨、腰椎骨、荐骨、尾椎骨、髋骨；羊体四

肢上的骨骼，前腿由上至下主要是臂骨、腕骨、掌骨、趾骨；后腿由上至下主要是股骨（大腿骨）、小腿骨、跗骨、腕骨、掌骨、趾骨。羊胴体肉组织的分布情况，颈肉附在颈椎骨上，肩肉又称外板，附在肩胛骨上，胸肉附在胸骨上，肋肉附在肋骨上，肋脊肉（又称上脑）、羊马鞍部附在腰椎与胸椎之间，通脊和里脊附在腰椎至荐骨之间的骨骼之上，臀肉又称大三叉，附在荐骨、尾椎骨、髋骨之上，后腿又称股肉，附在股骨和小腿骨上。

2. 胴体羊的分割出肉加工

先进行部位分割，将胴体羊放在案板上，将附在外表的残毛、污物、蓝色检疫印痕用刀刃刮去，在胴体的前部找到臂骨与肩胛骨的连接处，用刀尖将关节连接处的结缔组织割断，将前腿从羊的胴体上分割下来。在胴体的后部找到股骨与髋骨连接处，用刀尖将关节连接处的结缔组织割断，将后腿从羊的胴体上分割下来，剩下的便是腹背及颈部，接着是出肉加工。

前腿的出肉加工：前腿的骨骼主要是臂骨和腕骨。选择前腿的内侧中间用刀尖将皮肉划开深至骨骼，将附在骨骼上的结缔组织割断，将皮肉一同剔下。

后腿的出肉加工：后腿的骨骼主要是股骨和小腿骨。选择后腿的内侧顺着中间的骨骼，用刀尖将肉划开深至骨骼，将附在骨骼上的结缔组织割断，将皮肉一同剔下，剔除筋膜即可。

腹背部的骨骼主要是颈椎骨、肩胛骨、胸骨、肋骨、胸椎骨、腰椎骨、荐骨、尾椎骨、髋骨，将腹背部分平放在案板上，先在一侧找到颈椎骨或尾椎骨，沿着骨骼的一侧，准确下刀，用刀尖将颈椎骨或尾椎骨与肉组织连接处的肉与骨骼分割切开，掀起肉组织，顺势将附在肋骨、胸骨上的筋膜韧带割断，剔除骨骼，将腹背部位肉组织中的颈肉、胸肉、肋肉、肋脊肉等分别选择切割，剔除筋膜即可。

第三节 干货原料加工技术（一）

伴随着现代储运设备的发展，鲜活原料渐渐成为市场上的主导产品，但是干货原料仍然拥有较大的市场，尤其是珍贵高档的干货原料。干货原料是由鲜活原料经过脱水加工处理的原料，其特点是体积小，重量轻，在常温下能长久储存，便于远距离运输，并能产生特殊的风味。干货原料涨发加工是一项专业技术性较强的工作，是烹饪活动中一个重要的环节，做好此项工作不仅需要有相应的原料基础知识，还需要有一定的涨发加工技术经验。

一、涨发干货原料

涨发干货原料就是根据原料的不同性质及用途，使用不同的加工方法，使干货原料重新吸收水分，最大限度地恢复其原有的形态、质地的过程。同时除去干货原料的杂质和异味，以便于烹调和食用。对于经过干货涨发加工的原料而言，自然纯真的品质更为重要，片面追求口感而牺牲营养的做法是不科学的。

二、干货原料的涨发加工方法

干货原料涨发加工的方法根据涨发原料的媒介不同一般有水发、油发、盐发和碱发等，这些涨发加工方法在实际应用中往往可以交替使用。水发是最能够体现原料自然品质的基本方法，任何干货原料涨发加工的方法几乎都离不开水发。根据不同的原料、不同的环节，使用水发的温度不同，又分为冷水发和热水发。冷水发还可以分为浸和漂。浸就是将原料浸泡在足量的冷水中，使其自然吸水涨发，一般适用于木耳、海带等。漂主要用于清除异味。热水发还可以分为泡、焖、煮、蒸。泡发就是用温度较高的水浸泡发制原料，它是最基本的涨发，可以辅助其他方法。焖是将原料放入容器中经过煮制加热至水开后，改用微小的火力保持水的恒温涨发加工原料。焖往往与煮相互配合使用。煮就是在容器中注入足量的水，将原料放入容器中，在进行持续加热的过程中发制原料，一般适用于异味较重、形态较大、不容易破损的干货原料，如整块的鱼翅、鱼骨、鱼皮等。蒸发就是利用蒸汽加热发制原料，蒸发可以保持原料形态的完整性以及原料的营养和原汁、原味、原色。蒸汽的穿透力非常强，一般适用于鲜味充足、形态较小、容易破损的干货原料，如干贝、鱼骨、香菇、竹荪、羊肚菌等。蒸汽还可用于后续涨发过程。

三、干货原料涨发加工的基本要求

干货原料涨发加工的基本要求是能够准确鉴别原料的品种性质，了解原料的正确使用方法，认真细心对待涨发过程中的每一个环节，注意涨发加工过程中的操作安全，注意低温存放（在3~10℃的环境中吸收的水分处于稳定状态）。

四、干货原料品种的涨发加工

1. 莲子

将腐败的莲子和杂物挑拣出,清洗干净,放入足量的清水自然浸泡4小时,用牙签从莲子的脐眼将莲心捅出,再次洗净即可。涨发出成率为400%。也可用蒸的涨发方法。

2. 腐竹

将干的腐竹放入150 ℃的油中炸制定型上色,取出放在温水中浸泡发至回软,清洗干净即可。用这种涨发方法加工的腐竹,适宜烧炖火锅菜品使用,不易破碎。也可以直接放在冷温水中涨发。涨发出成率为400%。

3. 银耳

将银耳中的杂物摘去后,放在足量的清水中浸泡30分钟,用剪刀剪去较硬的黄根,清洗干净,用清水浸泡存放。涨发出成率为800%~1 000%。

4. 木耳

将木耳中的杂物摘去后,放在足量的清水中浸泡30分钟,去蒂根后,清洗干净,用清水浸泡存放。涨发出成率为800%~1 000%。

5. 黄花

将黄花中的杂物摘去后,放在足量的冷温水中浸泡30分钟,用剪刀剪去较硬的黄根,清洗干净,用清水浸泡存放。涨发出成率为700%~800%。

6. 香菇

将干香菇中的杂物摘去后,放在足量的冷温水中浸泡20分钟,用剪刀剪去较硬的菇腿,清洗干净,加适量的绍酒、鸡汤、姜、葱等,蒸发致透,将汤汁澄清后,浸泡存放。涨发出成率为800%~1 000%。

7. 笋干

将笋干中的杂物摘去后,放在足量的清水中浸泡1小时,清洗干净,放入足量的水焖煮致透,片去坚硬的外皮,将初步发透的笋干切成片状,用清水浸泡存放。涨发出成率为500%。

8. 海带

将海带中的杂物摘去后,放在足量的清水中浸泡1小时,用剪刀剪去较硬的硬根,将海带叶面清洗干净,用清水浸泡存放。涨发出成率为700%~1 000%。

9. 虾干

将虾干中的杂物摘去后,放在足量的清水中浸泡 1 小时,清洗干净,放入适量的清汤、绍酒蒸发致透,原汤澄清后浸泡虾干,低温存放。涨发出成率为 500%~600%。

10. 虾子

将虾子中的杂物摘去后,放入适量的清水中浸泡 1 小时,清洗干净,放入适量的清汤、绍酒蒸发致透,原汤澄清后浸泡虾子,低温存放。涨发出成率为 700%~800%。

11. 海蜇

将海蜇中的杂物摘去后,放在足量的清水中浸泡 1 小时,切成细丝,清洗干净,清水浸泡,低温存放。涨发出成率为 300%~400%。也可洗净切丝后,开水烫焯而后放入冷水中泡发。

第三章

原料切配加工技术（一）

第一节　切配加工器具

切配加工器具是厨房设备和烹饪器具中的重要组成部分。它可分为切割工具、切割机械、切割枕器和配菜盛器四个组成部分。各种切配加工器具在烹饪原料加工过程中起着重要的作用，它是刀工三要素中的一大要素，属于条件要素。切配器具质量好坏、使用是否得当，都与菜品的形态和质量有着密切的关系。

一、切割工具

烹饪中的切割工具是指烹调刀工工艺中所使用的刀具。

1. 切割工具（刀具）的种类和用途

用于刀工的切割工具（刀具）种类很多，有片刀（薄刀）、切刀、砍刀（劈刀）、前切后剁刀（文武刀）、分刀、尖刀、片鸭刀、切涮羊肉片刀、雕刻刀（刻刀）、制馅刀、锯刀、剪刀（剪子）、镊子刀（镊子）、刮刀等数十种。

（1）片刀。片刀又称薄刀，刀身较窄、刀刃较长，体薄而轻，刀口锋利。片刀类型种类较多，多为长方形刀，此类刀有大长方刀、中长方刀、小长方刀等。大长方刀又称川刀，如图3-1所示。片刀

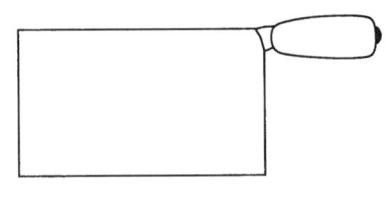

图3-1　大长方刀

多用于加工质地较嫩的原料。片刀因其薄且多用于片刀法，如片豆腐干、片肉片、片姜片、片灯影牛肉等，故名片刀。也可用于切法。其原料加工后的形态多为丝、片、丁、条等。

（2）切刀。切刀的刀身比片刀略宽略重，长短适中，刀刃锋利，结实耐用。切刀种类繁多，长方形称桑刀，如图3-2所示，此刀原为切桑叶之用，故名桑刀。广东菜馆多用之，又称广刀。前圆后方形称圆头刀，如图3-3所示。此刀上海菜馆、江南菜馆多用之，又称沪刀、江南刀。切刀多用于丁、丝、片、条、段、块、球、末、粒、丸、泥茸、花刀等十多种刀口（原料加工后的形态及其标准称为刀口），适用于切、片、剁、斩等多种刀法。

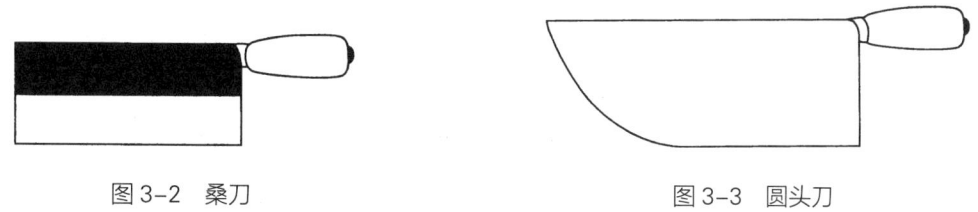

图3-2　桑刀　　　　　　　　图3-3　圆头刀

（3）砍刀。砍刀又称劈刀、骨刀。刀身厚重、形态各异，有长方形和圆口形两种类型，两种类型又分别有平背形、拱背形，以拱背形居多。常见的砍刀有长方拱背形（见图3-4），平背尖头圆口形（见图3-5）。砍刀用于加工带骨的动物性原料，故又称骨刀。其刀法多为砍法、劈法。

图3-4　长方拱背形砍刀　　　　图3-5　平背尖头圆口形砍刀

（4）前切后剁刀。前切后剁刀又称文武刀，北京地区厨师擅使此刀。此种刀背部厚，可用于背部砸法，刀刃薄，前半部最锋利，根部比前部厚。其刀形多为方头，但后部多为圆口形。前切后剁刀有两种，一种为方头小圆口形的长方刀，此种刀以柳刀为代表，如图3-6所示；一种是方头大圆口形状的刀，此种刀以马头刀为代表，如图3-7所示。前切后剁刀用途极为广泛，几乎涵盖了所有的刀法，如切、片、劈、砸、剁、斩、拍、撬、挖、抖、旋、削、挤、刮等十几种刀法。前切后剁刀，前部多以切、片为主，其他刀法次之；后部多为劈、剁、斩，其他刀法次之，三法中又以剁、斩为主。

图3-6 柳刀　　　　　　　　　图3-7 马头刀

（5）分刀。分刀种类较多，其长宽各不相同。这种刀的优点是钢质好，轻便耐用，小巧灵活。

（6）尖刀。尖刀的刀形前尖后宽，基本上呈三角形，为剔刀中的一种。此刀体轻，多用于剖鱼和剔骨。

（7）片鸭刀。片鸭刀形状和片刀基本相似，区别在于刀身比片刀略窄而短。此刀体轻，刀刃锋利，主要用于北京烤鸭的熟片法，故称片鸭刀；也适用于茶食的加工，故又称小茶刀。

（8）切涮羊肉片刀。切涮羊肉片刀简称羊肉刀，为北京清真风味涮羊肉用刀。此刀背呈长弓形，刀刃长而锋利，轻而薄，专用于涮肉肉片的切制，如图3-8所示。

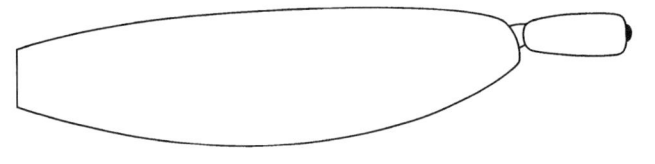

图3-8 羊肉刀

（9）雕刻刀。雕刻刀又称刻刀，是用于食品雕刻的工具刀，种类繁多，可自行设计制作。

2. 切割工具（刀具）的保养

（1）刀具使用中的保养。养成良好的操作习惯和使用刀具的方法，是保养刀具的一项重要内容。只有正确使用刀具，才能在加工中防止刀刃锛裂，尤其是对带骨原料用刀一定要掌握好下刀的力度，正确运用腕力，对准原料的切入点下刀，这样才可避免刀刃锛裂。无论使用何种刀，都要以它是否便于切配、加工、使用作为选用的依据。不同的原料、不同的刀法，最好使用不同的刀具。如切割排骨，锯刀比剁刀好，因为锯排骨可以防止骨渣四溅，有利于厨房卫生与安全。总之，"一把刀打天下"的观点是不可取的。

（2）刀具使用后的保养。用刀完毕，必须用干净的布将刀身两面擦拭干净，不留水分。尤其是切制咸菜、火腿等咸味原料或成品，以及切藕、菱角、山药等带黏性的原料或成品后，更要擦干刀身两面的水分和粘连物。究其原因，水分与刀易发生氧化作用而生锈，经刀工处理后黏附在刀面的鞣酸容易氧化而使刀面发黑，盐渍对刀具也有腐蚀作用，为防止上述现象发生，必须擦干刀身。刀具擦干后，应放在安全处，防止碰伤自己和他人。刀刃不要碰硬物，以防损伤刀刃。刀具可固定挂在刀架上，或放入布袋中挂起来，也可以放入刀箱或橱柜里。为了防潮、防锈，长时间不用的刀具，用毕后可以擦上一层干淀粉或植物油，避免氧化、变色、锈蚀。总之，刀具在使用中、使用完毕，以及收存时都要注意保养。另外，经常磨刀，保持刀的锋利和光亮，也是保养的一个要点。

3. 磨刀的方法

磨刀是保养刀的重要内容，又是便于用刀的一项技术措施。

磨刀石是刀具磨制使用的工具。磨刀石的材料有天然和人造两大类。从使用角度来看可分为三种，以黄沙为主要成分，质地松而粗的磨刀石称为粗磨石，它多用于磨有缺口的刀或者新刀的开刃；以青沙为主要成分，质地结实，容易将刀磨得锋利而不损伤刀刃的磨刀石称为细磨刀石；质地结实，窄而长，携带使用方便的磨刀石称为油石。

（1）准备工作。将磨刀石摆放平稳，前面略低，后面略高。磨刀石旁放一碗清水以备磨刀之用。将刀洗净擦干。

（2）操作姿势与方法。磨刀时的站姿是两脚自然分开，一前一后站稳，胸部略微前倾，一手持刀把（刀柄），一手按住刀身的前段，食指、中指按在刀面上，刀背略翘起，刀刃向前，推按刀背，拇指要牢牢捏住以防止脱手，注意力集中。首先在粗磨刀石上磨出刀刃，而后用细磨刀石磨出锋利的刀刃。

（3）操作要点

1）石面起砂浆时就要淋水，保持磨刀石上面湿润不干。

2）不断翻转刀刃，两面磨的次数基本相等。

3）手腕平稳准确，两手用力均匀柔和一致。

4）刀具往返于磨刀石的前后两端，要把刀刃推过磨刀石的前面，以刀面不过磨刀石为宜。

5）磨到刀刃发涩、锋利为止。

（4）检查磨刀质量的标准

1）视查法。刀刃发青色。将刀刃朝上，用目光观察，刀刃不显白色即可。

2）触查法。可用刀轻切抹布的边沿，如切边整齐、刀口不移位，表明刀刃锋利；反之则不锋利。磨好的刀不要以手指划刀刃去试探刀具是否锋利。

二、切割机械

1. 切割机械的种类

常用的切割机械有多功能搅拌机、绞肉机、各种切片机（如切涮羊肉片机）、切肉机、切蔬菜片机、锯骨机、蔬菜削皮机、粉碎机等。

2. 切割机械的优缺点

切割机械的优点是减轻了劳动强度，适用于大规模的批量生产加工。然而，机械加工也有不如人意的地方，就是一些加工成品口感不如手工操作的好。如以切制涮羊肉片为例，手工切制是微冻后切制，其肉质软而鲜；而机器切制是冷冻后切制，其肉质僵硬，吃时发柴。另外，手工切涮羊肉片是选好肉后，按肉的纹路走向随时改变其肉的切片走向，断筋丝而切；而机械切制的涮羊肉片，因冻得太硬，不可能按肉的纹路走向切制，故肉片有的是横丝，有的是竖丝，肉质老嫩不一，故手工切制的涮羊肉片比机械切制的口感软嫩鲜美。

3. 切割机械的保养

使用者要了解切割机械的基本性能和功用，要保持切割机械的干净、润滑，以及部件的完整。每天对其进行卫生保养，有的需要洗刷，有的需要注入机油，以保持润滑和方便耐用。使用中还要注意安全，一旦发现自己不能或不宜解决的问题，要及时向厨师长或负责人汇报，以便采取必要的措施。

三、切割枕器

切割枕器，是指用刀对烹饪原料进行加工时使用的垫托工具，包括砧墩和案板两类，两者又合称为砧板。

1. 砧板的种类

砧板种类繁多，有多种分类方法。一般分为砧墩和案板。按砧墩和案板的原料结构性质划分，有天然木质结构的砧板、塑胶制品的砧板、天然木质和塑胶复合型的砧板。

2. 切割枕器的选材、形状与特点

（1）木质切割枕器。木质切割枕器可选用银杏树（白果树）、橄榄树、红柳树、青冈树、樱桃树、皂角树、榆树、柞树、橡树、榉树、枫树、栗树、楠树、栎树、铁树以及其他树的横截段或纵面板制成。其中以银杏树、橄榄树、红柳树、榆树、柞树、

橡树、榉树制成的切割枕器为好。这些树木质地坚实、木纹细腻、密度适中、弹性好，不损刀刃。材料面平、无裂纹、无异味的切割枕器为好。用树木较厚的横截段（5~25 cm）制作的切割枕器，北方称墩，两广称砧。切菜的叫菜墩、菜砧，切肉的叫肉墩、肉砧。用树木较薄的纵面板（20~30 mm）制作的切割枕器，一般称为案板、菜板。

（2）塑料切割枕器。这类切割枕器多为聚酯塑料制品，砧板形状有圆形、方形、椭圆形和拱门形，无固定尺寸。

（3）塑料和木质复合型切割枕器。复合型切割枕器为新型切割枕器，其特点是干净、卫生、质优、耐用，且种类多、样式全。

3. 砧墩的保养

（1）新砧墩（塑料砧墩与复合型砧墩除外）使用前应修正边缘，刮掉老皮（外皮的一部分），加工定型，开启使用面的封蜡。

（2）涂盐水或浸泡、蒸煮，使木质纤维收缩紧密防止干裂。

（3）使用过程中应定期转动均匀使用，避免出现凹凸不平。

（4）使用后应刷洗干净竖立放稳，或将墩面平放用洁布遮盖。

（5）定期高温加热进行消毒处理。

四、配菜盛器

配菜盛器，广义上是指配菜存放原料的盛装器皿，狭义上是指配制单盘菜品或一桌、一份菜品所用的盛装器皿。配菜盛器种类繁多，按其形状划分有桶、缸、盒、盘、罐、钵、坛、篮、箱、筐等多种；按盛器的材料划分，有不锈钢、铝制、搪瓷、塑料、木制等多种。烹饪原料按其加工程度不同，应分别装入不同的配菜盛器中，未加工和初步加工的放入箱、筐、桶、缸、大盒中；细加工的放入小型盛器中；半成品和备烹调的可装入盘、罐、小盒中。

第二节　刀工操作技术

刀工就是根据烹调和食用的要求，使用不同的刀法，将烹饪原料加工成不同形态的操作过程。

一、刀工的基本要求

1. 要与烹调密切配合，适合烹调的要求

刀工的使用，是根据烹调、食用的要求和菜品的质量标准而确定的。菜品的质量标准从烹调技术角度讲包括了火候标准（即烹的利用——勺工）、调味标准（即调味的利用）、造型标准（即刀工的利用）三个方面。勺工、调味、刀工是烹饪菜品最基本的三大技术。这三大技术密不可分，相互配合、相互作用、相互制约。除了凉菜是冷制冷吃和有些菜肴需要烹调后再加工以外，刀工一般是烹调前的一项重要工序，而且与烹调关系密不可分。如旺火速成的爆、炒、熘、汆等烹调方法，其原料加工形态就要求小、薄、细，如丁、丝、片、条等，这样才便于快速烹制入味。而加热时间长、火力小的煨、焖、燔、炖等烹调方法，对于刀工来说，其原料形状要求以大、厚为特征，块要大一点，条要粗一些，这样烹制出来的菜品口感才软香适宜，如果刀工加工的原料太小就易过火、过烂而达不到标准。

2. 经刀工处理的原料必须整齐、均匀、协调

我国的菜品历来讲究色、香、味、形、器、质、养，而其中的形与刀工有着最为密切的关系。早在两千多年前孔子留下的"割不正不食"就是指刀工处理不整齐的不宜食用。因此，经刀工处理的原料，形态要整齐划一，粗细、薄厚、大小都要均匀，没有连刀现象，否则影响美观。一般是丁配丁、片配片、丝配丝，即使主配料的刀工形态有些不一致，但也要协调。如松鼠鱼，主料刀口是剖成麦穗花刀，而配料则是小丁或小粒，但配制在一起，煞是好看。

3. 经刀工处理的原料应有助于美化菜品的形态

菜品原料的形状，大多数借助于刀工来体现，一款菜品的外形美观与否，往往体现该菜品制作者的刀工水平，好的菜品不仅好吃，而且还要好看。所以刀工处理的原料要有助于美化菜品，主料、配料刀工要搭配合理协调。

4. 合理使用原料，达到物尽其用

根据原料的性质特点，做到不同部分有不同的用途，大材大用、小材小用，甚至小材也能大用。下刀要准确，不可浪费。如人们通常认为牛脊背筋、腱子棒、宫扣眼、窝骨筋不能用，而煨牛肉就是用这些部位的原料加工煨制成的北京清真菜中的佳品。

5. 符合卫生，力求保持营养

从原料的选择到工具、用具的使用，刀工工艺一定要做到清洁卫生，生熟分开，不交叉污染，不串味。原料中含有的营养素要尽量保持，避免因加工而丢失。如蔬菜先洗后切就是既卫生又能保持原料中的营养成分不流失的必要措施。

二、刀工的作用

1. 便于食用
绝大多数烹饪原料的形体较大，不便于烹调和食用，经刀工处理对原料进行分割，加工成形体小的丁、丝、片、条、块等，方可便于食用。

2. 便于加热
中式烹调善制旺火菜，即旺火进行短时间加热。形体较大、质地较厚的原料不便于迅速加热至熟，经刀工处理，将原料形状改小，即可适合快速加热短时间成熟的烹调方法。

3. 便于调味
在使用调料调理滋味时，形体大的原料难以入味，经刀工处理的小形状原料则非常便于调理滋味。

4. 美化菜品
原料经刀工处理后，可呈现出各种美观的形态，可增加菜品的花色品种，达到美与味有机结合的效果。

三、刀工的三要素

1. 切割器具和切割枕器
切割器具、切割枕器是刀工的条件，是第一要素。刀具要锋利，砧板要平整洁净是运用刀工技术的物质条件。因此刀具必须锋利、平直、无缺口，刀身表面要光亮无锈迹；砧板表面必须平整洁净，不可凹凸不平，不能有裂纹。

2. 刀法
正确运用不同的刀法，掌握刀工的各项技术，这是刀工的手段，是第二要素。刀工技术是一门实用性很强的技术，它包括姿势要正确，动作要规范，刀法要熟练。

3. 加工好的原料形态
加工好的原料形态要符合规定的要求，达到规定的标准，这是刀工的目的，是第三要素。

（1）刀口均匀。经过刀工处理的烹饪原料的形态及其感观的鉴定标准称为刀口。刀口有丁、丝、片、条、段、球丸、米、粒、泥茸、花刀以及自然形态等十几种。掌

握它们的加工标准是实际操作的要求。

（2）刀面整齐。刀面是指加工后的原料或成品成形后的横断面的状态，一般指片、块等，是原料或成品经刀工成形后对刀工好坏进行感观鉴定的标准之一。好的刀面应当平顺光滑。

需要说明的是，这里讲的刀口、刀面不是刀具中提到的刀具的部位名称。总之，刀具锋利、砧板平洁、刀法纯熟、刀口均匀、刀面整齐是刀工三大要素的核心。

四、刀工操作的基本要求

1. 刀具要锋利，砧板面要平整洁净。
2. 有正确的操作姿势。刀工的基本操作姿势，主要从三个方面考虑。

（1）能方便操作。

（2）有利于提高工作效率。

（3）能减少疲劳，有利于身体健康。

操作的基本姿势：操作时两脚自然分立站稳，以丁字步为好；上身略向前倾，前胸稍挺，不要弯腰驼背；要精神集中，目光注视砧板和原料被切部位；身体与砧板保持一定的距离，以一拳之隔为度；切割枕器的放置高度以方便操作为准。

3. 有持久的体力和耐力，能坚持长时间的操作。
4. 双手配合协调，正确掌握用刀方法。一般用刀的基本方法是右手持刀（左手持刀者例外），拇指与食指捏住刀身、全手握住刀柄，握刀时手腕要灵活有力，一般用腕力和小臂的力量；左手控制原料，随刀的起落均匀地向后移动；刀的起落高度一般以刀刃不超过手指的中节为宜。总之持料要稳，落刀要准，双手配合紧密而有节奏。
5. 良好的目测能力与运用适当的指法相结合。指法和目测是刀工技术的基本内容，两者相互配合。良好的目测能力可以下刀准：不下二刀，不下空刀。而连续式、间歇式、交替式、变换式四种指法恰当配合，可使加工的烹饪原料达到标准。
6. 熟悉各种刀法。
7. 掌握各种用力方法，规范操作。刀工的使用，一定要掌握用力的方法，有腕功、指功，有臂力、手力。用力一般有压力、推力、拉力、抖力、片力、按力、捏力、掀力等，用力时下刀要准、稳、快，并且精神集中。
8. 刀面整齐，刀口清爽利落，断连分明，美观艺术。
9. 注意清洁卫生，做到手下清、脚下清、活完清、随时清。

五、刀法的概念和类别

1. 刀法的概念

刀法是指将烹饪原料加工成一定形状所采用的运刀技法,简单地说,刀法就是使用刀的方法。

2. 刀法的类别

(1)从刀面与砧板或原料接触面所成的角度划分,有的将其划为四类,有的则划为五类,即直刀法、平刀法、斜刀法、混合刀法、其他刀法。前三类是以刀与砧板或原料接触所成的角度来划分的,而后二类无法使用这一切入点,则定名为混合刀法、其他刀法。

1)直刀法。直刀法指刀面与砧板或原料接触面成直角的刀法。直刀法包括切、剁、砍,其中切法又包括直切、推切、拉切、推拉切、锯切、铡切、滚切七种。

2)平刀法。平刀法指刀面与砧板或原料成平行状态(平角)的刀法。平刀法包括推刀片、拉刀片、推拉片(锯刀片)、平刀片四种。

3)斜刀法。斜刀法指刀面与砧板或原料成斜角的运刀方法。斜刀法包括抹刀片(正刀片)和坡刀片(反刀片)两种。

4)混合刀法。混合刀法指花刀的剞花刀法。

5)其他刀法。其他刀法指的是削、刮、撬、剔和抖刀片等刀法。

(2)从实践角度出发,刀法可分为切、剁、斩、劈、排、抖、拍、剞、削、旋、乱、挖、剔、砸、锤、撬等十几种。

六、刀法的具体应用

1. 切法

切法,广义上指所有刀工的操作方法,狭义上是指刀与所加工的原料始终保持着垂直状态,着力点始终是自上而下地用力,切的原料一般是无骨的原料。这里所讲的是狭义的切法。

(1)直切。直切的运刀方向是由上至下,切片之间的运刀方向是由右向左。由上至下,由右向左循此运刀方法两手有节奏地配合。一般以右手持刀,左手五指虚按,用指头轻按原料,用指背抵住刀身,随着右手持刀不断地切割,左手应随之不断地后移,每次后移的距离应相等,防止有厚有薄、粗细不均。

直切的操作要求：两手配合协调一致，行刀稳健有力，持刀要稳，原料数量要少，原料码放整齐，按稳原料，垂直下刀，使刀刃成直线，不可偏里或偏外，刀刃要等距离地从右向左移位，一般着力点在刀刃的前半部。直切一般适用于较脆的原料，大多数植物性原料均可用直切，如黄瓜、胡萝卜、白菜、土豆、葱、姜、蒜等。此外一些动物性的熟食原料也可用直切，如猪肚、熟肉制品等。

（2）推切。推切的运力方向是由上至下，同时结合由里向外的动作，运刀的着力点是由刀后端向前推动。

推切的操作要求：持刀要稳，原料要按稳，两手配合协调一致，行刀要稳健有力，收拉刀时要提起刀刃的后半部。推切用于加工质地较嫩、形体较宽大的动植物性原料，有些可直切的原料也可用推刀切制，如百叶、猪肚、熟肉制品、胡萝卜、白菜等。涮羊肉片的切法是推刀切法，左手用整个手掌按住羊肉，手掌微抬，拇指微弯曲，手指顺向对着刀刃，右手持刀，一刀一刀向前推切，刀不离肉、肉不离刀，两三刀下去，将羊肉推切成卷筒状的羊肉片。

（3）拉切。拉切的运刀方向由上至下，同时结合由外向里拉的动作，着力点一般为刀刃的前端。

拉切的操作要求：持刀要稳，原料码放整齐但数量要少，将原料按稳后两手配合要协调一致，行刀要有力而稳健，拉时要翘起刀刃的后半部，进刀要轻轻地向前推，再顺势向后下方一拉到底（虚推实拉），使原料断纤成形。拉切适用于加工质地软中带韧的动物性原料，如肉丝、鸡丝、肚丝等。

（4）推拉切。推拉切的运刀方向由上至下，结合由里向外再由外向里的推拉动作。

推拉切的操作要求：持刀要稳，原料要码放整齐，将原料按稳后两手动作要协调一致，行刀有力稳健，推拉时要均匀用力。推拉切是推切和拉切相连贯的刀法，一推一拉出一片或一丝原料，适用于加工去骨的韧性动物性原料，如鸡丝、肉丝及肉片等。

（5）锯切。锯切时刀与砧板要垂直，刀前后往返几次将原料切断，运刀时要轻运刀，稳收刀，干脆利落。锯切适用于松散易碎或硬性的原料，如面包、排骨等。推拉切和锯切的区别在于，推拉切是一推一拉出一片，锯切是来回推拉出一片。

（6）铡切。铡切是将刀刃贴近原料表面，由上至下用力，以刀刃的两端分别为支撑点，双手摆动刀身使刀刃切断原料。将刀刃平放在原料的表面，再用手掌拍击刀背，一次将原料切断。

铡切的操作要求：持刀有力稳健，运刀要迅速果断，下刀位置要准确。铡切适用于加工质地坚实呈圆球形或形体小而易滑动、滚动的原料，如生花椒、花生米、煮鸡蛋等，也适用于加工带壳或带骨的原料，如螃蟹、樟茶鸭、鸭头等。

（7）滚切。滚切原称滚刀切，是滚动原料用刀切制的方法，也称滚料切。滚切是在切的过程中，同时滚动原料的行刀方法，原料每滚动一次，刀直切一次，也有滚动一次，直切几次的。

滚切的操作要求：持刀要稳，两手配合要协调，滚动原料的同时落刀，落刀部位要准确。滚切用于加工质地坚实、体形呈圆柱形或椭圆形的原料，多为植物性原料，如茭白、山药、萝卜、土豆、葱等。

2. 片法

片法在江南方言称批。片法就是把原料片成片状，片时应将刀横着（平行）或斜着向原料片进，而不是由上而下地切进，由于原料有脆、硬、韧、松、软的不同，片法又分以下几种。

（1）推刀片。刀面与砧板成平行状态，用力方向由右向左，由里向外，推刀片入原料。

推刀片的操作要求：持刀要稳，原料放置平稳，运刀方向一致，片中结合推的用力方法。推刀片适用于加工质地较嫩的原料，如青笋、黄瓜、腰子、肝、鱼肉等，也用于加工肉丝的第一道工序的片制。

（2）拉刀片。刀面与砧板成平行状态，用力方向由右向左，由外向里，拉入原料。

拉刀片的操作要求：持刀要稳，原料平放，运刀方向一致，片中结合拉的用力方法。拉片时刀身始终与原料平行，手平按原料，力度适当，出刀果断，一刀断料。拉刀片适用于加工质地较嫩脆或细嫩的原料，如青笋、蘑菇、鱼肉、腰子、肉片等。

（3）推拉片（锯刀片）。推拉片是推刀片和拉刀片的结合。

推拉片的操作要求：持刀要稳，下刀部位要准确，推拉动作要协调一致。推拉片适用于加工质地较为坚韧的原料，如榨菜丝及各种肉丝制作中的第一道工序。肉丝制作一般分为两道工序，即先片后切或剁。第一道工序俗称片肉丝，有上片和下片之分，大多数用推拉片法片制。上片又称天片，就是将肉放在砧板上，将刀刃横向肉的表层，一片一片地片下，一推一拉或推刀片将其片下。下片又称地片，就是将刀刃从肉与砧板面接近处下刀。片制后将肉码叠整齐或卷起来，再切或剁成丝，切丝时用推切、拉切、推拉切或剁均可。

（4）平刀片。刀面与砧板基本保持平行，将原料片开，一般运用于加工软嫩的原料，如豆腐、鸡丝、猪血等。

（5）抹刀片（正刀片）。刀面与砧板成斜角（小于90°），刀背向外偏右，刀刃向里偏左，这种运刀方法称抹刀片或正刀片，形容加工动作如同将料抹下。

抹刀片的操作要求：持刀要稳，原料码放平整，下刀部位要准，运刀方向一致，两手配合协调一致，刀刃要锋利。抹刀片用于加工质地较为坚韧、形体呈扁平状的动物性原料，如鱼肉、鸡肉、猪肚、墨鱼等。

加工鱼肉时，鱼肉成条状向操作者平直码放略偏右，这样便于抹刀片制。

（6）坡刀片（反刀片）。坡刀片又称反刀片，是刀面与砧板成斜角（大于90°），刀背朝向操作者略偏左，刀刃朝外略偏右，运刀动作形似下坡，故名坡刀片。

坡刀片的操作要求：持刀要稳，原料码放要平整，落刀部位要准，运刀方向一致，两手配合协调能控制刀的停顿。坡刀片适用于加工质地较为坚硬、形体扁大的动物性原料，如鱿鱼、墨鱼、猪肚等，以及一些植物性原料，如白菜、芹菜等。

3. 剁法和斩法

剁法和斩法都是上下垂直运刀并需要多次重复的行刀方法，两者都不用左手按持原料，只是不时地用手配合刀具将原料向中间翻动归拢，这样既防止原料加工不均，又防止原料在剁中向四周扩散，如剁白菜馅。

剁法和斩法的操作要求：持刀要稳，用力均匀，下刀部位要排开，应及时翻动原料。

剁法和斩法的区别：剁法用力重，多为剁馅加工；斩法用力轻，多为剁后或砸后的再加工。先用力剁或砸而后轻轻地斩。斩多用于泥茸加工，砸后斩、剁后斩或砸剁后斩泥茸均可。剁法多用于无骨原料，斩法也多用于无骨原料。

4. 劈法（砍法）

劈法是只有上下垂直运动的刀法，砍法是斜角度运动的刀法。因两者用力大，加工的原料性质基本一样，故合二为一。一般用于加工带骨或质地坚硬的原料，如将原料劈成两片或数块。劈时手指要紧握刀箍以上。此法又分直刀劈、跟刀劈、开片劈三种。

（1）直刀劈。将刀对准要劈原料的某一部位，用力一刀将原料断开的方法，如劈火腿、劈猪头、劈鱼头等。

直刀劈的操作要求：持刀要稳，用力要猛，落刀部位要准确。

（2）跟刀劈。先将刀刃镶嵌在落刀的部位，然后将刀与原料一同提起，再同时落下将原料断开。跟刀劈用于加工猪头、羊头、猪蹄等动物性原料。

跟刀劈的操作要求：持刀要有力，运刀要猛，一次或数次将原料劈开。

（3）开片劈。上下垂直用力，分数次将原料劈开，用于加工整只带骨的大型动物性原料。

开片劈的操作要求：持刀要有力，用力要猛。

5. 排法

（1）刀根排（刀尖排）。用刀后根或刀尖在原料表面轻轻地扎几排刀缝，将原料的筋络割断，使原料下锅后不致卷缩和便于入味，刀口的深度一般为 0.6 cm 左右。

（2）刀背排。用刀背在原料表面自左至右轻轻地排击，将其排松，其作用在于使原料下油煎时不致卷缩。

6. 抖刀法

抖刀法也称抖刀片法，是刀面与砧板看似总体成平行状态，但运刀过程中加入上下抖动刀刃的动作。刀在运动中不与砧板平行，而是向上斜或向下斜成不同的角度。抖刀法是用左手手指按原料，右手执刀，把刀身放平推进原料之后便抖动刀身，抖动时要用力均匀。用抖刀法切出的原料美观整齐并且有花纹。

抖刀法的操作要求：持刀要稳，运刀过程中上下抖刀的幅度要一致，运刀的方向一致。抖刀法适用于加工质地较嫩、软中带坚的原料，如豆腐干、老蛋糕、鸡肉坯、猪肉坯等。

7. 拍刀法

拍刀法是将刀放平，用刀的平面拍打原料，如牛排、鸡排、猪排等。原料经拍打以后，能使其表面平滑，肉质松酥和厚薄均匀，可避免烹调时颜色不均。此外，蒜米加工也可先拍后剁。

8. 剞刀法

剞刀法是用不同的刀法或用同一种刀法多次交叉使用于同一原料上，使原料呈现出特殊的形状。其具体操作方法是用刀在原料上割划出有相当深度、纵横交错、深而不断、规范整齐的纹路。根据原料性质不同，所用剞刀法有直刀剞、直刀推剞、斜刀推剞、斜刀拉剞等。

9. 削刀法

削刀法主要适用于加工带皮的蔬菜，如削萝卜、莴笋等。削时左手持原料，右手执刀，用反刀削原料。

10. 旋刀法

旋刀法和削刀法有些相似，削刀法削下的皮较碎，而旋下的皮则是长条形，如旋梨、旋苹果等。旋刀法是将原料拿在手中操作。另外也有在砧板上用片刀去旋的，如旋黄瓜，旋时左手按住原料并且使之滚动，右手持刀跟着旋，采用这种旋法加工的原料多用于制作卷菜形菜品。

11. 刮刀法

刮刀法也称刮法，分顺刮和倒刮两种，如刮鱼鳞、刮皮毛等，两法可交替使用。

12. 挖刀法

挖刀法又称剜刀法,是用刀把原料挖空以便酿(瓤)进各种馅心,如挖苹果、挖梨等。

13. 剔刀法

剔刀法又称剔料法,适用于加工带骨的整料,如剔鸡、剔羊、剔鱼等。

14. 砸和捶

砸又称敲,多用于双刀砸。砸就是用刀背将原料砸成泥茸,去其筋络,再用刀轻轻地斩,使原料更为细腻。泥茸加工一般分三步,先砸料,再剁料,最后斩成。

捶的方法是先将原料切成片、丁,拌上干淀粉后,用面棍或捶棍将其捶成薄片,如烹制凤尾虾、玻璃鸡片的原料加工。

15. 撬法(拨法)

撬法主要用于撬脆性原料,如竹笋等。撬法是左手拿原料,右手持刀,用刀根嵌入原料中,用力向外撬。

七、刀口

刀口是烹饪原料经过刀工处理后的形态及其标准。经过刀工处理的原料通常呈现的形态有块、片、丝、条、段、丁、粒、末、球丸、泥茸、自然形态及花刀等。

1. 块形

块状烹饪原料加工过程中,经常使用的刀法有切、剁、劈等。形体较厚、质地较老以及带骨的原料一般采用剁、劈;质地较嫩软不带硬骨的原料主要使用切的方法。

(1)象眼块。象眼块又称菱形块,因其形似大象眼睛和菱形状故此得名。此块有大小之分。大块长对角线约 2.5 cm,短对角线约 1.5 cm,厚约 1.5 cm;小块长对角线约 1.5 cm,短对角线约 0.8 cm。

象眼块加工方法是将修整形状后的原料切成 1 cm 的厚片,顺边的长度将原料片成 1.5 cm 宽的长条,再将长条切成 1.5 cm 长的菱形。

(2)方块。因各地风味不同,方块尺寸标准也不同,一般来讲,凡是超过 2 cm^3 不到 3 cm^3 的就称为小方块,3 cm^3 以上的称为大方块。

(3)长方块。长方块又称骨牌块,因其形似骨牌故此得名。长方块的尺寸各地也不一样,一般分两种,一种是长约 4 cm,宽 2.5 cm,厚约 1 cm 的长方体;另一种则是长约 3 cm，宽约 1.5 cm，厚约 0.8 cm 的长方体。此外还有其他尺寸的长方块。

（4）排骨块。排骨块为带骨的大小近似一致的块。一般以重量为标准，分为 50~200 g 不同重量的块，有带一般骨的，有带一段肋骨的，也有带双段肋骨的。

（5）羊肋条骨块。清真菜馆多用此刀口，一般以 6 cm 左右长、5 cm 左右宽为多，每块要带一至二段羊肋骨。

（6）劈柴块。劈柴块为长约 3 cm、宽约 1.5 cm 的不规则形体，多用手掰制而成。

（7）滚刀块。滚刀块又称转刀块、滚料块，形体有大、中、小不等，一般多为长约 2.5 cm、宽约 1.5 cm 的多棱体。其刀工为滚料刀法，将原料加工成圆柱形、球形、椭圆形后，再加工成不规则但大小一致的块。

（8）梳背块。梳背块又称橘子瓣块、梳子块。此刀口为半边圆半边直，一边厚一边薄，形似橘子瓣状又像木梳状，一般长约 3.5 cm，背厚约 0.8 cm。

2. 片形

片状原料的加工经常使用的刀法有切和片。

（1）月牙片。月牙片为直径约 2 cm、厚 0.2 cm 的半圆片。月牙片运用于呈圆柱体、球体的原料，如藕、黄瓜、土豆、青笋等。加工方法是先将整体原料切成两半，然后顶刀切成片。

（2）象眼片。象眼片又称菱形片，一般长对角线 2.5 cm，短对角线 1.5 cm，厚 0.2 cm 左右。象眼片的加工方法是将修整形状后的原料切成厚 0.2 cm 左右的薄片。象眼片一般用于加工呈柱形的原料，如黄瓜、胡萝卜等可直接加工；或将原料先加工成柱形再切片。

（3）柳叶片。其形似柳树叶，形体为长约 5 cm、最大宽度约 1.5 cm、厚约 0.2 cm 的长尖形状，适用于加工鸡肉、冬笋等。先加工成长尖形的块，而后加工成片。

（4）夹刀片。其形似指甲，长宽约 1.5 cm、厚约 0.2 cm 的片。加工方法是将原料切成条，再用抹刀法斜切成薄片。

（5）抹刀片。抹刀片适用于鱼肉等扁长形原料的加工。加工方法是将原料加工成厚 0.4 cm、长 4 cm、宽 2.5 cm 的片。如果用抹刀法加工鱼片，可适当增加鱼体横截面的宽度。

另外还有圆片、牛舌片、鱼鳃片、火夹片、灯影片、麦穗片等多种刀口，薄片一般厚 0.1~0.4 cm。

3. 丝形

（1）切丝的方法。首先将原料切或片成片，将其叠码放置以便出丝。叠码一般有排叠法、堆叠法和卷叠法。

丝的粗细标准因各地风味不同,要求也不一致,如广东的丝比北方的丝要粗一些。

(2)丝的种类。常见的有头粗丝、二粗丝、细丝、棉丝。

1)头粗丝指长为5~10 cm、粗约0.4 cm的丝,鱼肉加工适用此丝。

2)二粗丝指长为5~10 cm、粗约0.3 cm的丝,又称帘子棍,适用于猪外脊、牛里脊、羊磨裆、羊元宝肉的加工。

3)细丝指长为5~10 cm、细约0.2 cm的丝,俗称火柴棍,用于鸡脯肉等的加工。

4)棉丝。适用于豆腐干、火腿、姜丝的加工。

4. 条形

条形是采用切法或片法将原料加工成条。根据质地不同可用顶刀、顺刀等多种切法,条的尺寸各地也不一致。

(1)长方条。长方条俗称一字条,分大、小一字条两种规格。大一字条长6 cm,截面面积为1.3~1.6 cm^2;小一字条长5 cm,截面面积为1.1 cm^2。

(2)象牙条。象牙条为长约5 cm、粗约0.5 cm的条,适用于圆锥形的植物性原料,如胡萝卜、冬笋等。象牙条的一端呈尖形似象牙,故此得名。

5. 段形

加工段形原料的刀法多为切法,带骨的原料则用剁法。一般长约3 cm,分大段、小段两类。

(1)大段主要适用于动物原料和带骨鱼类的加工。段的大小、长短可根据原料的品种、烹调方法及食用要求而定。

(2)小段主要适用于植物原料的加工。

6. 丁形

丁形原料所用刀法多为切、剁、片。丁分方丁和长方丁两类。方丁可分大、中、小三种,一般0.8~1.7 cm^3的小方块为丁。

(1)大方丁。大方丁也称骰子丁、大色子丁。其加工方法是先将修整形状后的原料切或片成1.5 cm厚的片,然后顺其长度切成1.5 cm宽的长条,再将长条顶刀切或剁成1.5 cm^3的丁状。

(2)中方丁。中方丁也称中骰子丁、中色子丁,大小为1.2 cm^3左右。

(3)小方丁。小方丁也称小骰子丁、小色子丁,大小为0.8 cm^3左右。

7. 粒形

粒形原料多用切、剁、片三法制成,常用粒形有豌豆粒、绿豆粒、米粒三种。

（1）豌豆粒。豌豆粒的加工方法是先将修整形状后的原料切成长方条，然后顶刀切成 0.5 cm³ 的小丁。

（2）绿豆粒。绿豆粒的加工方法是，先将原料切成粗丝或头粗丝，再加工成 0.3~0.4 cm³ 的小丁。

（3）米粒。米粒的加工方法是将加工成的细丝顶刀切成 0.1 cm³ 的小丁。

8. 末形

末形多采用切或剁法，加工方法是先将修整形状后的原料切成丝或条状，再用顶刀切成丁状，而后用剁法将原料剁成碎末，末为近似于绿豆或米粒大小的不规则形体。

9. 球丸

球形又称丸或珠，一般用削、旋、切等多种方法加工。球形原料刀口分为两大类，一类与球体完全相似，呈圆球状；另一类是介于像与不像之间，多见于广东菜。球形原料常见的形状有橄榄形、算盘珠形和圆球形。

（1）橄榄形。其长轴长约 3 cm，短轴长约 1.5 cm，呈橄榄形状。

（2）算盘珠形，或称算珠形。其长轴长约 2 cm，短轴长约 1.5 cm，呈算盘珠形。

（3）圆球形。直径为 1~4 cm 的球体。

10. 泥茸

泥茸或称茸泥，是原料经刀工处理后加工成的极小形体，呈泥状、茸状。泥茸是茸泥制品的原材料。泥茸的加工方法主要是采用排剁法（双刀剁）、刀背砸法或斩法，以及过罗等一系列加工工艺将原料制成泥茸状。在加工过程中，要剔除筋膜。目前多采用粉碎机加工泥茸。茸泥制品是用泥茸状原料加入调味料搅拌制成的烹饪制品，茸泥制品分软、硬两种或荤、素两种，如鸡肉茸、猪肉茸、豆沙等。

11. 自然形态

经刀工或用手加工处理后的原料本体的形态，如净蒜瓣、手掰不规则的菜块等。

第三节　配　菜（一）

配菜是烹饪过程中承上启下的加工环节，是菜品整体与局部的设计创意过程，通过配菜使得菜品进入了定性定量的基本阶段。

一、配菜的概念

配菜就是根据烹调原料的性质、烹调方法、菜品成品的特点等,把加工成形的原料品种加以适当的组织配合,使其成为一份可以直接食用的完整菜品,或经过烹调过程转化为可以直接食用的完整菜品,这种加工过程统称为配菜。

二、配菜的基本要求

1. 充分了解原料的市场供应和库存状况

充分了解原料的市场供应和库存品种数量状况,才能充分合理有效地使用原料,降低原料成本,保证原料最佳品质。配菜时要掌握好先进的原料先用、应时的原料先用的原则。

2. 熟悉原料的基本知识

配菜前要充分认识原料的品种规格、性质性能,了解原料的组织结构、部位特征、化学成分、品质鉴定等基本知识,做到正确使用原料。

3. 懂得加工烹调方法

做好配菜工作要具备熟练的加工技术,掌握加工的基本方法,同时还要了解烹调方法对菜肴成品的基本要求,才能配好一份或一套完美的菜品。

4. 定量准确合理放置

配菜要准确掌握好原料品种之间的数量和比例,有效地控制好原料成本。配菜过程是一项繁忙而复杂的工作,涉及许多原料品种和许多加工方法。配置好的菜品及原料应当分门别类地合理放置,要保持清洁卫生,防止食品污染,以便于有序工作。

5. 注意营养物质品种数量的合理搭配

做好配菜工作就要了解一定的营养保健知识,了解顾客对菜点搭配的基本需求,做到科学合理地进行配菜,避免配菜工作的盲目随意性。

6. 注意食品清洁卫生和安全

配菜过程一定要确保加工器具与盛装器皿的清洁卫生,防止原料之间、原料与器皿之间交叉污染。配菜过程中如果发现问题,要及时解决,在食品清洁卫生和安全方面绝不能有半点马虎与疏漏。

7. 具有时代创新意识

在保障菜品质量的前提下,要富有创新意识,不要墨守成规、循规蹈矩,要不断推陈出新。发展菜肴和创新菜肴，配菜是一个很重要的环节。

8. 勤俭节约、合理用料

配菜加工要三思而后行，要细心料理，统筹安排，决不随便浪费原料。

9. 有审美意识和文化知识

配菜加工过程涉及一定的审美意识和文化知识，用艺术和文化去丰富菜品的内涵要比单纯使用原料更有意义。

三、配菜的方法

习惯上根据冷热菜肴的不同可以分为冷菜配菜和热菜配菜，根据原料品种的多少可以分为一般配菜和花色配菜，根据菜肴的数量可以分为零点式配菜和套餐式配菜。

第四章

菜肴制作工艺基础（一）

第一节　火候的掌握

一、火候的意义

火候，原意是指烧火火力的大小和加热时间的长短。烹饪中的火候，就是在烹制菜点过程中所用的温度（火力）、时间和不同的加热方式以及烹饪原料质变的程度（指质感标准）。烹饪中的火候包含两个方面，其一是火力的温度、加热的时间和不同的加热方式；其二是烹饪原料在加热过程中的变化。前者体现了火候的外在表现，后者则反映了火候的内在本质。

掌握火候就是利用不同的热源（木柴、天然气、电等）、不同的加热装置设备（炉灶等）、不同材料（金属、陶、木、竹、石板等）的烹调加热器具（锅、勺、铛、箱、板等），根据烹饪原料的性质、烹调方法以及食用的不同要求，对一定质量的烹饪原料在一定的温度和火力下进行一定时间的烹制加热。

掌握火候也就是依据烹饪原料的性质，结合菜品的质量要求、原料质变的程度与菜品标准（即菜品的质感特征），而采用的不同加热方式和不同的加热量。掌握火候的基本原理就是根据原料在加热过程中的变化，控制并调节温度的强弱、火力的大小、时间的长短以及不同的加热方式，利用热力学原理与生物化学原理来掌握火候。

火候是烹调技术的核心，是使烹饪原料发生质变的关键，是对菜品质感口味起决定性作用的重要操作环节。火候对于烹制菜品起着直接的、决定性的作用，火候是衡量菜品质量的一项重要标准。火候的重要性还在于它是烹调工艺中一项主要技能。合理地把握火候、控制火候、利用火候才能将烹饪原料转变为美味佳肴。因此火候还是衡量烹调技能操作水平高低的一项重要标准。

二、火力的种类和控制方法

1. 火力的种类

火力是指火燃烧的力度，一般用温度来表示。烹调中使用的最高温度是300 ℃。烹调过程中的火力划分各地区不一样，但大多数地区根据燃烧的现象和温度高低将其划分为四种，即大火、中火、小火和微火。

（1）大火，又称旺火、武火、猛火、急火、冲火等。

（2）中火，多称文武火。

（3）小火，又称文火、温火。

（4）微火，又称慢火、保温火等。

2. 控制火力操作方法

（1）烹调器具移动法。此法属基本操作技能。烹调时，炒锅上火加热后锅热，若需降温，则可将锅离开灶口。如常用的热锅凉油法，其特点是不巴锅。

（2）主火、副火换位法。凡是有主火、副火装置的炉灶均可用此方法。一般主火火力大，副火火力小。实际工作中，可双锅双火同时运用，交替使用。一锅主火烹制炒爆菜，另一锅副火㸆烧炖制菜，待副火的菜品即将成熟时，可将其移上主火，用收汁或挂勾芡汁方法完成此菜。

（3）启动能源开关控制火力法。现代化烹调加热装置多用启动开关控制火力大小，如电器炉具、天然气灶具等。

三、火候三要素

第一要素指的是热源、烹调加热装置设备和烹调加热器具，这一要素体现的是火候的条件。第二要素指的是烹饪原料在加热过程中所用的温度（火力）、时间和加热方式，这一要素反映的是火候的表现形式。第三要素是指烹饪原料在加热过程中的变化、质变程度与成品标准，这一要素揭示的是火候的本质。火候的本质就是运用火候的技术水平以及通过火候的运用达到所要的预想质感。如是生是熟，是过火是欠火，还是生熟不均；是老是嫩，还是恰到好处；是脆焦，是糯黏，还是酥香等。

四、火候运用的基本原则

1. 根据食者的不同饮食习俗和需求来确定火候

菜品烹制的最终目的是供食客食用,因此食者对菜品质量的要求(包括火候)应当是第一位的。中外宾客百里不同风,十里不同俗,各地区、各民族、各个年龄段的食客对于菜品的火候要求,对于原料加热后的断生度、成熟度的感受与标准,往往是不相同的。如同是烹制蒜薹(蒜苗),有喜食脆嫩烹炒的,有喜吃软烂焖烧的;前者旺火速成,后者则是慢火焖制。同为肉片,有喜吃上浆滑油炒制的,也有爱吃不上浆煸干、煸透、干香酥脆的。故而火候运用,应以人为本,因人而异。

2. 根据制品要求确定火候

火候运用要根据制品要求而定,而制品要求一般由菜品风味特点而定,而风味特点具有地域性、民族性。如同为"锅烧鸡",风味不下七八种之多,其火候运用也不尽相同。同为"手抓羊肉",回、维、蒙、藏等各民族其制法及其火候也各不相同,甚至同一民族,由于地区不同其火候也不相同。

3. 根据菜品质感要求确定火候

烹调菜品的质感标准,就是火候运用的评价或检验标准,不同菜品的质感应使用不同的火候,如脆嫩菜品以油(或水)为传热媒介,旺火速成,动作快,操作利落,而软烂菜品则加热时间长,用的火力小,软烂多称酥烂,实质上口感不是酥,而是软烂。

4. 根据烹调方法确定火候

不同的烹调方法对于火候的要求各不相同。如炒、爆、烹、氽等法,一般多为旺火速成,加热时间短,用的火力大;如焖、烧、燽、煨等法,一般费工费火,加热时间长,火力多为旺火→中(或小)火→旺火。

五、火候的运用方法

1. 看火候与用火候

(1)看火候。看火候就是体察烹饪原料在加热过程中的各种变化,是体察烹饪原料从生至熟各个阶段的一系列的物理和化学变化所反映的各种现象。如调味前、中、后的变化,水焯、过油、汽蒸前后以及中途的变化,汤芡汁运用中的变化,原料的软硬度、色泽度、浓缩度、断生度、生熟度的变化等。尤其是瞬间的变化更为重要。如拔丝菜中的炒（熬）糖工艺，其看火候的方法一般就是看色、看起花现象。有经验的烹调师可以通过操作时持手勺的手感来判断火候。此外，还可以借助工具体察观看火候，如将鸡（鸭、鱼、肉）煮后或蒸后用筷子戳，察看其断生度、软硬度、成熟度、老嫩度。

（2）用火候。用火候就是在看火候的同时，采取相应的操作措施，又称抢火候，也即该上火时就上火，该投料时就投料，该勾芡时就勾芡，该出锅时就出锅等。尤其是炒爆类的火候菜，一定要快。许多菜品往往是看火候与用火候同步进行。如，"拔丝苹果"中的炒糖工艺，就是在看到糖液起花合适的瞬间，立刻将过油后的主料苹果迅速投入糖液中，并且及时在锅中颠翻裹匀，紧接着出锅、入盘、上桌一气呵成，这样的火候才是恰到好处。当食者用筷子夹住色泽金黄的苹果时，其裹覆的糖液已成为细长而绵绵不断的糖丝。

2. 根据烹饪原料的性质、品状、大小以及投料多少运用火候

除了电子的微波振荡可以使烹饪原料里外同时受热以外，原料在受热时都要经历一个由表及里的传导热量的过程。只有在原料里外受热程度与温度大致一样或者接近时，才能使原料完全成熟。原料受热以后从表层到内里的热传导速度、原料内外温度达到基本一致的加热时间，与原料的性质（老嫩、含水量）、品种、形态、大小、厚薄等有着直接的关系。如 1 500 g 重的一块牛肉，在沸水锅中煮一个多小时以后，其内部温度才达到 60 ℃左右，而薄薄的羊肉片在火锅中涮一涮，便能迅速成熟，口味又鲜又嫩。根据这一道理，使原料在加热过程中达到里外火候一致的方法是：质老、形体大的，一般加热时间长，用的火力小；反之，质地软嫩（脆嫩）、形体小的，一般加热时间短，用的火力大。

在加热过程中，投料的多少也直接影响着火候的运用。这是由于原料大多为冷料（即原料本身的温度低于锅内的温度），原料投入锅内以后便使锅内的温度下降。因此根据热平衡原理，在烹制菜品的过程中，下料多时，应用旺火；下料少时，应用小火或保持本菜品所需温度的火力。

3. 以油、火、气为热传递媒介的火候运用方法

（1）油加热火候运用方法。油加热火候运用方法十分繁多，概括起来，有下述几种。

1）根据烹饪原料的形体、质地、数量以及火力，合理地把握下锅时的油温而运用火候。形体较大的原料，下锅时油温可以高些；形体较小的原料，下锅时油温可以低些。质地较老的原料，下锅时油温可以高些；质地较嫩的原料，下锅时油温可以低些。原料数量多时，下锅时油温可以高些；原料数量少时，下锅时油温可以低些。采用小

火加热时，原料下锅时油温可以高些；采用大火加热时，原料下锅时油温可以低些。

2）火候运用中的油量使用方法。火候运用中的油量可以根据烹调方法而定。一般炸法为多油量，煎法为中油量（以油面不没过加热物料的顶面为度），炒法多为小油量。火候运用中的油量，还可以根据投料多少、体积大小而定。投料多的、体积大的、用油量相应增多；投料少的、体积小的、用油量相应减少。

3）综合各种因素把握油温运用火候。烹调中的油温一般在90~180 ℃的范围之内，60 ℃以下与240 ℃以上的油温没有使用价值。油的温度大体分四种，低温油60~90 ℃，中温油90~120 ℃，高温油120~180 ℃，超高温油180~240 ℃。超高温油可使原料表面的营养物质大面积地迅速氧化、碳化，从而降低营养功效，并易产生有害物质，因此不宜使用超高温油。

综合各种因素把握油温运用火候，指的是根据菜品质感火候标准、原料的性质、形态、刀口、着衣方式、调味方法、加热时间、火力大小以及油的特点等因素综合处理来把握油温，运用火候。如当体形大的原料刚入油锅时，油的温度应当高一些，随着时间的推移与油温的变化，为了防止里外受热不均或者原料外煳里不熟的现象发生，火力就要转小，加热时间就要延长，而火力转换的程度，加热延长的时间均根据制品要求与原料性质而定，或中火，或小火，或微火。再如，上浆挂糊的油温不可过高，过高则出现外煳内生状态；也不可过低，过低则会出现脱浆、脱糊现象。又如用剞刀法加工处理的原料，不同的花刀形状应通过不同的油温定型美化。

（2）水加热火候运用方法

1）旺火大沸水法。旺火将水烧开后不减火力，一开到底大泡不停，始终保持水的沸点温度100 ℃，但加热时间要短，汆、烫、爆、涮多用此法。

2）中火沸水法。旺火将水烧开后转入中火，较长时间地加热，沸而不腾，呈一般冒泡状态。加热时间根据菜品质感标准、原料性质和烹调方法而定，少则三五分钟，多则二三小时，烧、煮、制奶汤等多用此法。

3）小（微）火小（微）开水法。旺火将水烧开即转入小火或微火，长时间地加热，水面呈中间冒小泡四周不冒泡状态，或者呈冒更小的泡而水面微动状态。使用这种火候，原料加热时间长，少则二三十分钟，多则六七个小时。除了在收汁、收汤、出锅时多需转大（中）火以外，要严格控制火力不可大而要小、要微，酱、卤、煨、煮等多用此法。

（3）汽蒸加热火候运用法

1）旺火沸水速蒸法。此法多用于质地较嫩的原料，制品质感的火候标准多为断生度。蒸的时间少则三五分钟，多则20分钟，一般多为八九分钟，如"清蒸鱼"等。

2）旺火沸水长时间蒸法。制品质感的火候标准一般为软烂度。加热时间以菜品质感要求及原料本身老嫩度而定，短的一个小时，最长的不超过四个小时，一般需要二至三小时。

3）中等小火慢蒸法。制品火候标准多为鲜嫩质感，其用料软嫩，加工方法细腻。

4）微火沸水保温蒸法。为了保持成熟菜品的温度，可使用微火沸水保温蒸法。

六、与烹调中其他工艺配合的火候运用方法

与烹调中其他工艺配合的火候运用方法，主要指的是与刀工、着衣、调味等工艺配合运用火候，促使烹饪原料在加热中发生不同的质变，以达到合乎菜品标准的目的。

1. 刀工工艺配合火候运用方法

刀工的作用之一就是便于食品加热，实质上就是便于合理地运用火候。火候要好离不开刀工，而经过刀工处理过的烹饪原料，除了冷制冷食的凉菜以外，只有通过一定的加热方式，在一定火力和加热时间的作用下，才能更好地体现出菜品的美味与形态。刀工精细、刀法纯熟、刀面整齐、刀口均匀又为火候的运用创造了良好的条件。

2. 着衣工艺配合火候运用方法

着衣工艺包括拍粉、上浆、挂糊以及特殊粘挂四类着衣方法。着衣工艺的作用之一就是确定菜品的质感，实质上就是确定不同的火候标准。除了无着衣工艺的菜品以外，不同质感的菜品都要以不同的着衣方法加以配合。如外滑柔、里嫩软的质感火候菜品，其着衣配合方法是用上浆法。就挂糊而言，可以直接用质感火候标准来定名，如软炸糊、酥炸糊、脆浆糊、干炸糊等。

3. 调味工艺配合火候运用方法

调味工艺配合火候运用方法，主要是指制作菜品的全过程中，不同的火候采用不同的调味方法。不同的火力、加热时间、加热方式决定了不同的调味方法，而不同的调味方法又影响着不同火候的运用。旺火速成的火候菜品，调味配合的方法就是突出快、准二字。快是指快速投放调味料品，其法有二：一是兑碗汁，用快速的合成式调味方法；二是依次投料，用快速的递增式调味方法。有时递增式与合成式两法都用。准是指投放调料品的时间把握得准，投料的比例分量下得准。费工费火的火候菜品，调味配合火候的方法主要是三条：投料时间不可早也不可晚；投料顺序不可打乱；投料分量不可多也不可少。以炖肉为例，放盐不宜早，否则蛋白质过早变性，肉不易成熟，必然要延长加热时间，因而影响菜品的质感。

七、火候运用的要点

1. 熟练掌握各种炉灶具、炊用具使用方法

要熟练掌握各种（包括传统式和现代化的）烹调加热装置设备（炉灶具）和烹调加热器具（炊用具）的使用方法。

2. 熟练掌握各种加热方式及其操作技法

（1）加热方式种类简介。加热方式有明火烧烤方式、暗火烧烤方式、油加热方式、水加热方式、油水分步加热方式、汽蒸加热以及以固体料物（如盐粒、石子等）为传热媒介的其他加热方式等。此外还有运用现代化烹调工艺的电加热方式、远红外线加热方式、微波加热方式等。

（2）要熟悉各种加热方式中的操作技法，注意加热中每道工序的细小环节。

3. 熟练掌握各种火力使用方法

有用一种火力的，有用两种火力的，更多的是两种或两种以上的火力综合交替使用。其方法有递增式、递减式、波浪式等。就其加热时间而言，旺火烹炒爆制的菜品瞬间完成，其时间短的多以分秒计算。慢火煨燔烧制的佳肴，其加热时间较长，时间长的则以小时衡量。火力与加热时间的运用是相互配合、相辅相成的。其特点多为反比，火力大则加热时间短，火力小则加热时间长。火力大小与加热时间长短应根据具体情况，具体运用。火候在具体运用上应注意三个方面的问题。

（1）烹制菜品要一气呵成。如果说调味是菜品的灵魂，那么火候则是菜品的精神。除了有些菜品需要前期热处理外，烹制菜品最好一气呵成，不可间断。这样烹制出来的菜品火气足，火候到位。尤其烹制炒菜、爆菜更是如此。

油滑在烹制菜品的过程中是一道重要工序。油滑与烹炒、爆制紧密相连不可截然分开。油滑是滑炒、滑熘、滑汆等烹调方法中一道重要工序。如滑炒法，第一步为油滑，紧接着第二步就是炒制，两个步骤密不可分，火候一气呵成。因此滑炒、滑熘、滑汆菜中的油滑不宜提前预制。

（2）加热时间要恰到好处。加热时间一定要根据菜品火候标准做到恰到好处，不可欠火，不可过火。欠火则生，过火则老。

（3）火候均匀、成熟一致、质感达标。这是运用火候的主要目的，也是衡量运用火力、掌握加热时间是否恰到好处的一项重要标准。

火候不均的现象主要表现在加热过程中烹饪原料呈互相粘连、巴锅、生熟不一、外煳里生等状态。防止上述现象发生有两项措施：一是正确运用火力，恰到好处地掌握加热时间；二是结合其他烹调工艺（刀工、着衣、勺工）的使用，使其火候均匀。如勺工中的投料技法，根据原料的性质、特点、形态等不同情况，可采取抖散原料下锅法、分散原料下锅法、整料顺延下锅法、捏拿原料两端下锅法等；两种或两种以上的原料又因不同情况可采用同步下锅法和分别下锅法，以期火候达到同步一致。如土豆烧牛肉，土豆与牛肉的入锅时间不能一致。再如勺工的翻锅技法，小翻可使原料上下、左右、前后均匀受热，大翻则可使原料明暗（上下）两面均匀受热，又可使汁芡与主料融为一体，明汁亮芡，其火候质感优于浇汁法。

第二节　前期热处理

一、前期热处理的意义

1. 前期热处理的概念

根据菜品的烹调需要，利用水锅、蒸锅、油锅、酱（卤）锅、熏烤炙炉等设备和器具，利用传热媒介将原料提前进行半成品热加工。这种提前对原料进行热加工，为菜品成品烹调做好准备的工艺过程即称为前期热处理。

2. 前期热处理的重要性

（1）烹调菜品的重要工序之一。在制作菜品的全过程中，按菜品的制作要求，有些原料是分步骤地进行受热处理而烹制成菜品的，因此从工艺流程的角度讲，烹调工艺可分为半成品制作和成品制作两大烹调工序。前期热处理属于半成品烹调工序，而食用前的烹调则属于成品烹调工序。

（2）保障菜品特色的重要基础工作。前期热处理是烹调菜品全过程中一项重要的基础工作。如京菜中的"清蒸炉肉"，其前期热处理是将加工好的猪肉放入烤炉内烤制成七八成熟的时候取出晾制，这为烹调成品"清蒸炉肉"打下了良好的基础，并保障了此菜品浓郁的炉香味道的特色。又如川菜中的"樟茶鸭子"要经过腌、熏、蒸、炸几道工序才能制作完成。其中，腌制是烹制前的调味加工；熏、蒸是为了保障烹调需要而进行的前期热处理；在成品烹调时，炸制前还要蒸一下，其目的是为了炸得透热，这后者的蒸属于成品烹调中的一道工序。

3. 前期热处理的类别

（1）按加热方法划分，包括4种。水加热方式，包括水焯、水煮、红卤、酱制等；蒸汽加热方式即汽蒸法；油加热方式，如油炸；熏烤加热方式包括烟熏、烤制等。

（2）按着色与否划分，有着色前期热处理和无着色热处理。着色前期热处理业内又称走红、红锅、挂色等。

二、前期热处理的作用

1. 对原料及其生加工质量进行检验和把关

在烹调工艺中，每一道工序都有对上一道工序质量进行检查和把关的作用和要求。因为前期热处理是从生加工到热加工烹调工艺中的关键环节，首先要检验上道工序加工质量是否合格，是否符合标准。如"扒肉条"在半成品加工烹调时，先要检验肉的质量是否新鲜、选料部位是否恰当、刀口是否合格，而后才将合格原料下入开水锅中煮制，制成白肉锅（又称白锅，将肉类原料煮熟即可）。其次，在前期热处理过程中，热处理本身又起着检验原料质量的作用。在检验生料时，有时用感官检验法会出现检验不到位的情况，通过热处理的物理检验与感官检验结合使用，可以进一步检验原料质量是否合格。

2. 适用于中、大型团体用餐的准备

在中、大型团体用餐的准备工作中，厨房的火力、人力等不充裕的条件下，要一次性完成中、大型宴会制作供应的任务，做好成品烹调前的提前热加工工作是十分必要的。如"红烧鱼"的制作，在一般情况下，以炸后烧制一气呵成为最佳烹调方法。但在中、大型团体用餐准备工作中或者在零点餐售卖非常多的时候，将加工好的鱼提前热处理是完全必要的。一般火候需要软嫩的菜品，如"芙蓉鸡片""熘鱼片"等，不宜做前期热处理。脆嫩菜品，如"油爆双脆""油爆鱿鱼卷"等，也不应提前热处理，应以一气呵成制成菜品为标准。一般来讲，油滑法和快速过油法属于成品烹调中的第一道工序，不属于前期热处理烹调工序范畴。

3. 便于某些菜品在成品前的切配成形

菜品的成品烹调前的切配工艺，按原料需要热加工与否划分，可分为生料切配和熟料切配两种方法。成品烹调其切配多用生料切配，半成品烹调其切配多为熟料切配。

4. 体现和保障某些菜品的特色

京菜中的"炉鸭丝烹掐菜"用的是烤鸭肉与加工好的豆芽等一起进行烹制，烤制鸭子在此工艺属于前期热处理，它体现并保障了烤鸭丝的浓香脆嫩的口感。

5. 体现菜品的色泽

水焯法使蔬菜色泽鲜艳、口感脆嫩，同时起消毒杀菌的作用，如水焯青菜、荷兰豆、菠菜、芹菜等绿色蔬菜。水焯菠菜还有减少草酸含量的作用。

6. 可以除去原料中的异味

水焯法可除去植物性原料中的涩味、苦味、辛辣味等不良异味，如笋、萝卜等原料中的异味。水焯法和水煮法可除去猪肉中的油腻腥味、牛肉中的微酸味、羊肉中的膻气味等。

7. 保证菜品原料的同时成熟

提前加热可以使不同性质、加热成熟时间不一的原料同时成熟。由于原料的性质和烹调成熟度的要求不同，各种原料的加热成熟时间长短不一，如"西红柿烧牛肉"中的牛肉加热成熟时间长于番茄的加热成熟时间。为了使各种原料成熟时间达到一致，应提前将加热时间过长的原料进行前期热处理，这样可以使烹制菜品中的各种原料的成熟加热时间一致。

8. 有利于保障菜品按时上桌

提前对原料进行前期热处理的半成品加工，有利于缩短菜品的成品烹调制作时间。在零点或一般宴会中，两道菜品先后上桌需要间隔一定的时间，以食客要求为准，原则上以桌面上不空为宜。

三、前期热处理的方法

1. 水加热处理

（1）水加热前期热处理的方法有水焯法、水煮法、焯煮法。

1）水焯法

①水焯法的概念。水焯法是以足量的沸水做传热媒介对烹饪原料进行快速加热，使之成为半成品的烹调方法，即用沸水焯制原料的方法。水焯法业内又称焯水、出水、飞水、烫冒等。

②水焯法的用途。其一，用于半成品烹调的前期热处理，如玉兰片、芹菜等可提前进行热加工；其二，用于成品烹调中的第一道工序，如在烹制"清炒荷兰豆"时，可先将荷兰豆用水焯制一下。

③水焯法运用的原料。水焯法适用于质地鲜嫩、脆嫩、刀工处理形态较小的丁、丝、片、条等刀口的多种原料，如鱿鱼卷、肉片、鸡肉片、虾仁等动物性原料，菠菜、豆苗、豆芽、笋丝、萝卜丝、土豆丝等植物性原料和食用菌类原料。

2）水煮法

①水煮法的概念。前期热处理的水煮法（非成品烹调中的水煮法）是以足量的水作传热媒介对烹饪原料进行长时间的加热，使之成为半成品的烹调方法。水煮法也称出水、煮白锅等。

②水煮法的用途。用于形态较大、不易成熟的动物性原料，如整鸡、整鸭和各种肉类等。

3）焯煮法

①焯煮法的概念。焯煮法是以足量的水作传热媒介对烹饪原料进行加热，使之成为半成品的烹调方法，其加热时间长于水焯法，短于水煮法，它是介于水焯法和水煮法两者之间的烹调方法。焯煮法也称出水，又称焯紧、紧制等。

②焯煮法的用途。焯煮法用于形态较大的植物性原料的成品烹调制作，如土豆块、胡萝卜块、山药块等；也适用于刀口形态较大的动物性原料在煮、卤、酱前的加热及消毒处理，如焯煮整鸡、整鸭、鸡腿、鸡块，焯煮猪肉、牛肉、羊肉等。此工序又称紧制白锅肉，其加热质感程度以原料变硬为宜。

（2）操作要求

1）备料要求。将原料清洗干净，按要求加工成需要的刀口形态。

2）水量与水温要求。水量要足。水温有低水温锅形式和高水温锅形式，前者俗称冷水锅，后者俗称沸水锅、热水锅。

3）水温锅的使用方式。无论使用哪种方式，下料后火力开始都要旺。原料放入低水温锅中，火力一定要大，尽快使水温上升到沸点，俗称速开。尤其是焯煮或水煮动物性原料时，更是如此。否则原料渗出的血污会巴锅底，使汤水污红，并导致原料色发暗红，味道不正。总之，低水温加热原料的关键是旺火烧水使水速开。

4）水温锅使用的原料。低水温锅焯煮的原料是异味重的原料，如腥腻味重的猪大肠等，也适用于具有涩味、辛辣味、苦味的块状植物性原料，如土豆、萝卜等。高水温锅加热的原料范围则很广。色泽鲜艳、口感脆嫩、鲜嫩的植物性原料必须用沸水来焯制。高水温锅也适用于其他小型刀口的植物性原料，如土豆丝、胡萝卜丝等。动物性原料，如鸡、鸭、鱼、肉等均可用沸水来焯煮。对牛、羊肉的前期热处理可采用低水温下锅法，也可采用沸水下锅，这样煮出来的牛羊肉味道醇正，牛肉不发酸，羊肉不发膻。

5）原料下锅后的火候。水焯法的火候应旺火速成，适用于形体小、质感脆嫩或鲜嫩的原料。水煮法的火候，以动物性原料为主的火候是旺火沸水（如低水温下锅，必须速开），而后转中（小）火长时间加热，当原料成为半成品时，从旺火沸水中捞出。焯煮法的火候，加热时间介于以上两者之间。动物性原料用旺火加热，原料略变硬即可，因为目的是加热消毒去异味。植物性的原料用旺火转中火，而后旺火捞出。

6) 原料下锅后的操作要求。在焯煮或水煮过程中，要注意随时翻动原料，使各部位受热均匀，成熟时间一致，并且随时撇去汤水中的浮沫，使焯煮的汤水清洁不污。焯煮或水煮后的动物性汤水清理一下，可以留作制汤、制卤汁等用。为了保持蔬菜的色泽和质感达到脆嫩或鲜嫩的火候标准，除了用旺火速成、快速翻捞方法以外，还可以在焯水锅中加入适量的盐和油脂。

7) 原料出锅后的操作要求。植物性原料捞出后用低温水过凉待用；动物性原料捞出后晾凉待用，也可再用沸水冲刷一下，晾凉待用，但不宜用低温水过凉。

（3）注意事项

1) 有特殊气味的原料应与其他原料分别水焯或焯煮、水煮。有些植物性原料具有特殊气味，如芹菜、菠菜等。为避免特殊气味在原料之间扩散、渗透，必须分别水焯、焯煮、水煮，或者先水焯无味的，后水焯有味的。动物性原料其味均不相同，必须分别处理。

2) 不同颜色的植物性原料不能混合进行沸水焯制，可先焯颜色浅的原料，再焯颜色深的原料，以免浅色原料沾染上深色原料的颜色，影响菜品的美观。

（4）水加热处理的作用

1) 使植物性原料保持色泽鲜艳，质地嫩脆。

2) 除去动植物性原料中的污物和异味。

3) 降低烹饪原料组织中酶的活动能力。

4) 缩短或调整菜肴的成品烹调时间。

5) 便于烹饪原料的切配。

2. 油炸

（1）概念。油炸属过油的一种。过油包括油炸和油滑两类，都是以油作为加热媒介的。油炸多用于前期热处理，也用于成品烹调的第一道工序；而油滑原则上多用于成品烹调的第一道工序。

前期热处理的油炸又称过油炸，是将加工好的原料放入中高温多油的油锅中进行加热，使之成为烹调需要的半成品的操作方法，行业内油炸又称走油等。

（2）适用范围。油炸方法适用范围很广。动物性原料有整鸡、整鸭、整鱼、肉方、肘子等，植物性原料有茄子块、土豆块、山药块、豆腐块、面筋等。

（3）操作要求

1）备料要求。将原料清洗干净，按要求加工成需要的刀口形态。

2）用油要求

①油炸的油量要足。用油以没过原料并且原料在油中能自由翻动为度。

②油炸的油温要适度。油温要根据原料不同、烹调方法不同而灵活掌握，一般以用中高温的热油为宜，温度掌握在120~180 ℃。

③在油炸过程中注意掌握火候。加热中的火力要适度，以免出现外煳里生的现象。针对不同情况可用重炸法、浸炸法、速炸法、燠炸法分别来解决。不论采用何种方法，都要使原料受热均匀，此外还要注意安全。

3）质感要求。油炸原料质感要求一般多为外焦里嫩、外焦里酥、外焦脆内软嫩、外微硬里软嫩等多种，可根据成品烹调的要求进行制作。

（4）油炸的作用

1）保持并体现烹饪原料加工后的形态。

2）使烹饪原料形成不同的口感。

3）美化原料的色泽。

4）使烹饪原料散发出芳香的气味。

5）缩短成品的烹调时间。

3. 蒸

（1）概念。蒸是将加工好的原料放入蒸锅或蒸箱中，以蒸汽为传热媒介，将原料蒸制成半成品的前期热处理的烹调方法。

（2）适用范围。适用于动植物性原料的前期热处理，以形体要求完整、口味要求醇正、质地不同的动物性原料为多，如整鸡、整鸭等，也适用于鸡蛋白糕、鸡蛋黄糕的提前加工。

（3）蒸的方法。蒸的方法在第六章第五节中有专门介绍。

（4）蒸的作用

1）保持烹饪原料形体的完整。

2）保持烹饪原料的营养、色泽、口味。

3）可缩短成品烹调时间。

4. 前期着色热处理

（1）概念。前期着色热处理，就是在成品烹调前，把加工好的原料投入汤锅或卤锅、酱锅、油锅、熏烤炙炉、焗炉中，利用不同媒介在其中加热，并采取不同的着色处理技术，使之成为半成品的烹调方法，又称为走红、红锅、挂色等。

（2）着色方法。有汤汁着色法、过油着色法、烟熏着色法和烤炙着色法四种。

1）汤汁着色法。汤汁着色法是利用汤汁、卤汁、酱汁中的有色调味料或着色剂在高温加热过程中使原料着色的烹调方法。

①一般汤汁着色法。业内又称汤汁走红，就是将经过焯煮或油炸的原料放入锅中，加入酱油、料酒、香油、糖和水等调味品，用小火加热至原料色泽红润的方法。

②卤汁着色法。业内又称卤走红、卤锅。此法是用卤锅中的汤汁对原料进行前期着色热加工。

③酱汁着色法。业内又称酱走红、酱锅。此法是用酱锅中的酱汁对原料进行前期着色热加工。

汤汁着色法适用于成品烹调中的扒、蒸、炸、熏类菜品所需的韧性动物性原料，如鸡、鸭、肉、蛋等。其菜品如"扒肘条""烧肚块""熏卤蛋"等。其中肘条、肚块和卤蛋均需前期着色热处理。

2）过油着色法。过油着色法业内又称过油走红。原料通过在高温油中加热，可以着色。过油着色除了利用油直接着色外，还可在原料的外皮涂抹蜂蜜、饴糖、酱油等，经加热使糖转化成焦糖，从而形成一定的颜色。

过油着色法一般适用于动物性原料和豆制品原料。如"烧蒸牛肉""烧蒸鸭子"，其先炸工序就是前期着色热处理，后炸工序为成品烹调。又如用豆腐制作素菜"赛熊掌"，是将豆腐浸蘸酱油后油炸上色，成品烹调时再烧㸆焖制而成。

3）烟熏着色法。烟熏着色法业内又称熏制走红。原料通过高温烟熏，使烹饪原料外皮着色，这种方法称为烟熏着色法。

适用于烟熏着色法的原料有动物性原料和豆制品原料，菜品如"火熏肥鸭""樟茶鸭子""熏焖面筋"等。

4）烤炙着色法。烤炙着色法业内又称烤制走红。经涂抹蜂蜜、饴糖等调料或添色剂的原料，在高温烧烤下，外皮形成焦糖色或棕红色，这种方法就是烤炙着色法。

适用烤炙着色法的原料以动物性原料为主，如鸡、鸭、肉类，其代表菜品有"清蒸炉肉""熏焖炉鸭"等。

（3）前期着色热处理的作用

1）可缩短成品烹调时间。

2）可保持烹饪原料的形体完整。

3）丰富菜品的色泽。

第三节 着衣处理

一、着衣的意义

着衣处理是烹调工艺的一项重要内容，是许多菜品制作过程中不可缺少的一道工序，是决定菜品质量的一个关键环节，同时也是衡量操作技术水平的一项重要标准。在烹调过程中，应当根据菜品的不同要求（如质感、色泽、形态、口味等）、烹饪原料本身的性质以及不同的烹调方法进行着衣。

1. 着衣的概念

在加工成形的烹饪原料（多为主料）表面上用不同的技法粘上以淀粉、面粉等粉状原料为主体的着衣料，这一烹调工艺统称为着衣处理。着衣处理工艺的类别可以分为拍粉、上浆、挂糊以及特殊的粘挂方式。

2. 着衣的原理

着衣工艺常用的主要原料多为淀粉、面粉、鸡蛋等。它们在不同的媒介中和不同的温度下会形成蛋白质凝固以及淀粉的糊化，或生成焦蛋白质和焦糖层，这一如同衣服一样的保护层将原料与加热媒介（如油、沸水）隔开，从而起着确定菜品质感、保持原料鲜味和菜点形态的作用。

二、着衣的作用

1. 确定菜品的质感

不同的着衣方式可确定菜品的不同质感，使菜品质感多样化，有的香脆，有的酥香，有的外焦里嫩，有的外焦里酥，有的黏软（糯软），有的软嫩。鸡蛋清浆可使菜品具有外部柔滑、内部鲜嫩的质感。糊的名称则直接表明着衣工艺的作用就是确定菜品的质感，如软炸糊、酥炸糊、干炸糊等。

2. 保持原料中的水分和鲜味

烹饪原料着衣后通过油烹制，浆糊受热后立即凝成一层薄膜，此外衣使原料不直接与高温的油接触，油不易侵入原料内部，原料内部的水分和鲜味就不易外溢了。

3. 保持并体现原料加工后的形态

中国菜讲究造型，而造型工艺的成功来自两个方面。一是精美的刀工，用熟练的刀法将原料加工成各种不同形态的刀口。二是各种精湛的菜品原制的花色造型在加热过程中能够得以保持与体现。除了火候运用恰当以外，许多菜品采用了着衣工艺技法处理。浆糊加热后可形成一定的固体层结构，同时增强了原料的黏性，提高了其耐热的能力。这样可防止原料在加热中断碎、卷缩、干瘪等现象的发生，不但保持了原料加工后的形态，而且通过着衣工艺和火候的运用使原料造型更加完整美观。拍粉使"松鼠鱼"过油后花刀更加挺实；上浆使原料变得更加柔滑光润、爽口；而挂糊则使原料形态更加丰满、膨胀，膨胀的程度与糊的种类有关。

4. 美化菜品的色泽

蛋清糊可使菜品呈雪白色或浅黄色；蛋黄糊可使菜品呈金黄色；加入人工色素或天然色素的糊可使菜品呈果红色、青绿色等。

5. 保持和增加菜品的营养成分

原料直接与高温油接触，营养成分有的流失、有的受破坏，因而降低了营养价值。通过着衣工艺处理，原料外面的着衣保护层使原料不直接与高温油接触，其营养成分就不至于流失较多。由于着衣原料多由淀粉、蛋液等组成，其本身也具有丰富的营养成分，所以着衣也能增加菜品的营养价值。

三、拍粉的方法和用途

拍粉又称粘粉、上粉，是在加工成形的原料（多为主料）表面均匀地粘挂一层粉状原料的操作技法。传统上称拍粉为干粉糊。拍粉的着衣粉料常用的有淀粉、面粉、米粉（大米粉、玉米粉、糯米粉）等。

1. 拍粉的方法

（1）按其用料品种的多少可分为以下两种。

1）单一粉料使用法，指只使用一种粉状原料作为拍粉料，如单用面粉或单用淀粉等。

2）复合粉料使用法，指使用两种或两种以上的粉状原料调拌均匀作为拍粉料，如"松鼠鱼"的拍粉料可用淀粉与面粉按 7∶3 的比例调匀拌制而成。

（2）按其操作方法分，常用的有以下三种。

1）滚料粘法，是将原料在拍粉料中滚动而粘上粉料，如莲子就是用滚料粘法拍粉。

2）粘料抖动法，是将原料粘上拍粉后，用手抖动原料，使粉料里外粘裹均匀，如"松鼠鱼"的拍粉加工。

3）粘料拍制法，是用刀背排拍原料后粘上拍粉，如中式牛排在拍粉工序中就用该法。

2. 拍粉的用途

（1）原料经拍粉后可直接过油，如"拔丝莲子"，莲子经过拍粉后过油再拔丝。

（2）用于着衣工艺中的一道工序，如"西法大虾"，其着衣方法是原料腌制→拍粉→粘蛋液→粘挂面包屑。

四、上浆的种类、方法和用途

上浆广东又称为上粉，就是将加工成形的原料（多为主料）加上着衣浆料（如调料、蛋清、淀粉等），使浆料依附（融入）于原料上的操作技法。

1. 浆的种类

浆的种类大体可分为水粉浆、全蛋粉浆和蛋清浆。此外还有蛋黄粉浆、酱品粉浆以及在基本浆的基础上加入不同调味品的特殊粉浆，如苏打浆。

2. 浆的构成

（1）水粉浆。其主要原料包括水、食盐、料酒、淀粉等。

（2）全蛋粉浆。其主要原料包括水、食盐、料酒、鸡蛋液、淀粉等。

（3）蛋清粉浆。其主要原料包括水、食盐、料酒、蛋清、淀粉等。

（4）蛋黄粉浆。其主要原料包括水、食盐、料酒、蛋黄、淀粉等。

（5）酱品粉浆。其主要原料包括酱品（黄酱、面酱、辣酱等）或酱油和淀粉。

（6）苏打浆。其主要原料包括淀粉、水、料酒、鸡蛋液（蛋清液）、胡椒粉、食盐、苏打粉（苏打 Na_2CO_3 或小苏打 $NaHCO_3$）等。

在水粉浆、全蛋粉浆、蛋清粉浆中还可加入不同的调味料品，如胡椒粉、嫩肉粉、吉士粉、食用油等。

3. 制浆的注意要点

浆的稀稠度应根据烹饪原料水分含量的多少来定，以浆能够均匀地将原料包裹为度，不可过稀或过稠。还应当考虑淀粉本身的性能，吸水力强、糊化程度高的淀粉要控制用量。

4. 上浆的方法

（1）准备浆料。无论使用哪种上浆方法，都要备好浆料。准备浆料有以下两点必须注意。

1）将淀粉用水充分化开，以淀粉润湿为度。用水化开的淀粉称为湿淀粉。

2）凡是用鸡蛋液的浆料，必须将蛋抽打均匀。

（2）上浆方法。水粉浆、全蛋粉浆、蛋清粉浆、蛋黄粉浆的上浆方法基本一致，均可用下述三种方法上浆。

1）依次投料上浆法。依次投料上浆法是依次投料并且分层逐次调匀的上浆方法。以蛋清粉浆为例，首先将加工成形的原料逐步加入适量的水，充分搅拌，使水分最大限度地融入原料中，然后依次加上适量的食盐、料酒、鸡蛋清、湿淀粉，并分层次将上述浆料逐步与主料调拌均匀。水粉浆依次投料上浆的顺序是水→食盐→料酒→湿淀粉，全蛋粉浆依次投料上浆的顺序是水→食盐→料酒→全蛋液→湿淀粉，蛋黄粉浆依次投料上浆的顺序是水→食盐→料酒→蛋黄液→湿淀粉。综上所述，依次上浆法都是先打入水，而后再加食盐。因为食盐能使原料的蛋白质凝固，为了防止蛋白质过早变性凝固，应先打入水，后加盐让原料加大吃水量，使水容易渗透到原料中去，可增加原料的嫩度。

2）腌制上浆法。腌制上浆法是先用调味品（食盐、胡椒粉、苏打粉等）将原料腌制，而后放入冰箱，烹调前再与湿淀粉一起调拌均匀。苏打粉浆多用此法。苏打有加强烹饪原料组织的亲水作用和软化肌纤维的作用，可增加原料嫩滑、滑爽的口感，但同时也增加了菜品的苦涩味，破坏了原料中的营养成分，因此要严格控制用量。

3）简易上浆法。简易上浆法是将各种浆料（水、食盐、料酒、蛋液、湿淀粉等）一起与主料搅拌均匀。此法简便，适于急用。这种方法要注意充分调和，以保证各种用料相互溶解成为一体。

（3）酱品粉浆的上浆方法。先将原料用酱品（面酱、黄酱、辣酱等）或酱油腌拌均匀，而后再与湿淀粉一起调和拌匀，使之融为一体。

（4）浆的适用范围。浆基本上都适用于动物性原料，植物性原料也可用之（素菜荤做法）。其刀口一般多为丁、丝、片、条等小型状态。各种浆都适用于炒、熘、爆等旺火速成的烹调方法。

1）水粉浆常用于一般炒菜。如肉片、鸡片、鱼片等，其烹调方法可用炒、熘、爆等。

2）蛋清粉浆适用于色泽奶白、清爽洁白的菜品，如"滑熘鱼片""滑炒鸡丝""滑氽里脊""滑炖羊肉"等。

3）全蛋粉浆适用于色泽金黄、粉红、枣红的菜品，如"炒肉片""酱爆鸡丁"等。

4）蛋黄粉浆适用于果红色的菜品，如"番茄虾仁"。

5）苏打浆适用于肉质略老的菜品，广东菜常用，如"蚝油牛肉"。

6）酱品粉浆适用于特殊风味菜，如北京清真名菜"塔斯蜜（它似蜜）"用的就是面酱（又称甜面酱）粉浆。

五、糊的种类和挂糊方法

挂糊，广东称上浆，四川称码芡，就是先将粉状原料（如淀粉、面粉）和其他着衣糊料（如鸡蛋）、调味品调和均匀制成糊，而后再把加工好的原料（多为主料）放在糊中挂粘、裹匀、托过的操作技法。糊的品种按其配方原料划分有水粉糊、发粉糊（发面糊）、玉米粉糊、江米粉糊、蛋清糊、蛋泡糊、蛋黄糊、全蛋糊、拍粉托蛋糊、面包屑糊等；按其菜品质感和烹调方法又可分为软炸糊、酥炸糊、干炸糊、脆皮糊、香黏糊等。

1. 水粉糊（干炸糊）

（1）主要原料：淀粉、清水。

（2）调制方法。用适量的清水将淀粉澥开，再加入适量的清水调制成浓稠的糊状，即成水粉糊。

（3）适用范围。多适用于动物性烹饪原料，其刀口多为厚片、块等形态，如鱼片、厚肉片、肉块等，也适用于整形原料。烹调方法以炸、熘为主，如"焦熘肉片""焦熘鱼片""干炸里脊""糖醋鲤鱼带披面"等。

（4）作用。水粉糊可使菜品质感干香酥脆、外焦里嫩、外焦里酥。

2. 蛋清糊（蛋白糊、白汁糊）

（1）主要原料：水、淀粉、鸡蛋清、面粉（筋质强的）等。

（2）调制方法。用少量的清水将淀粉澥开，加入打散的鸡蛋清，搅拌均匀即可。

（3）适用范围。适用于刀口为条、块的烹饪原料。用于炸、熘等烹调方法。菜品有"软炸里脊""软炸口蘑""软炸肚头""软炸虾仁"等。

（4）作用。蛋清糊可使菜品质地软、柔、嫩、香，呈洁白色或浅黄色。

蛋清糊挂制后要停得住，不能过稀，过稀会流失；也不能过干，过干会开裂脱落。

3. 蛋泡糊（雪衣糊）

（1）主要原料：鸡蛋清、干淀粉、面粉等。

（2）调制方法。用蛋抽子（筷子或电打蛋器）将蛋清抽打成泡沫状态（以可以立一根筷子不倒为度），而后加入干淀粉或面粉或兼而有之，调和均匀即成为蛋泡糊。将蛋清抽打成泡沫状态后，也可加入一个鸡蛋黄调匀，再加入面粉调和拌制，此糊称全蛋蛋泡糊。

（3）适用范围。适用于鲜嫩、软嫩、柔软的原料，如虾、鱼、鸡、豆沙馅、金糕混、枣泥等。刀口运用多为丁、条、片、球、块等形态。菜品有"软炸虾球""软炸鱼条""雪衣冰激凌"等。

（4）作用。全蛋蛋泡糊可使菜品质地外香酥内软嫩，色泽金黄。鸡蛋是主体糊料，起酥松作用。另外，以鸡蛋黄为主体糊料的糊是蛋黄糊，其糊色泽更金黄。

4. 发粉糊（发面糊、发酵糊）

（1）主要原料

1）面粉、水、发酵粉、食盐等。

2）老酵面（面肥）、面粉、食盐、发酵粉等。

上述配方料可加食油、五香粉、花椒粉、胡椒粉等。

（2）配制方法

1）直接调拌法。用少量清水将面粉澥开，加入足量的清水，放入发酵粉、食盐调制均匀，拌入其他调料，如香油、五香粉或花椒粉等。

2）老发酵面调制法。用少量的清水将老酵面（面肥）澥开，再加入适量的面粉、水，加入发酵粉中和酸性，再加入食盐与其他调料拌匀调和即可。此外还可以用干酵母、鲜酵母、啤酒等做膨松剂。

（3）适用范围。适用于质地不同的动植物性烹饪原料。其刀口以片、块、条居多，也适用于整形原料。烹调方法以炸法为主，代表菜品有"面托小黄鱼""酥炸鱼条"等。

（4）作用。发粉糊使菜品酥香、膨胀饱满。

发粉糊在北方称为发酵香酥糊，属酥糊中的一种。酥糊一般分为两大类，一类是以香油、鸡蛋和面粉制成的全蛋香酥糊或蛋黄香酥糊；另一类就是发酵香酥糊、面肥香酥糊。

5. 脆皮糊（脆浆、脆浆糊）

（1）主要原料：面粉、淀粉、水、鸡蛋液、发酵粉、食盐、食用油等。

（2）调制方法。用少量的清水将面粉、淀粉澥开，加入打散的鸡蛋液，兑入足量的水，加入食盐、发酵粉调匀，拌入食用油即可。

常见的几种特色脆皮糊制法：

1）用酵母面（面肥）、面粉、淀粉、马蹄粉和水、食盐调和在一起拌均匀，再放置20分钟即可制成。

2）用面粉、玉米淀粉、吉士粉、泡打粉加水调制均匀即成为脆皮糊。

3）用面粉、淀粉、发酵粉、江米粉、食盐加水调拌均匀即可。

4）用老豆腐、面粉加水捣碎搅拌均匀后，夏天放置2小时，冬天放置4小时即可。

（3）适用范围。适用于质地鲜嫩的动植物性烹饪原料。刀口多为片、条、块等。烹调方法为脆炸。代表菜品有"脆炸鲜牛奶（炸脆奶）""脆皮炸仔鸡"等。

（4）作用。脆皮糊可使菜品脆酥、膨胀饱满。

6. 拍粉托蛋糊

（1）主要原料：淀粉或面粉、鸡蛋液。

（2）制作方法。首先将经过刀工处理的原料进行腌制，然后在原料表面拍蘸干淀粉或干面粉，利用原料腌制后自身的湿度（水分）与淀粉或面粉结合在一起形成浆膜。拍粉后在鸡蛋液中蘸挂拖过。

（3）适用范围。适用于质地软嫩的原料。刀口多为厚片、大块、条、段、排的形态，也适用于整形原料的制作。烹调方法多为炸、煎。代表菜品主要有"黄油煎鱼片""托蛋炸虾卷"等。

（4）作用。拍粉托蛋糊使菜品质地具有酥、脆、软、香的特色。

拍粉托蛋糊的工艺流程是原料腌制→拍粉→粘蛋液。要求拍粉托蛋后随即进行烹制，如炸、煎等。

六、粘挂的方法和用途

粘挂是指将加工好的原料（多为主料）表面，粘挂上粒、米、泥茸形态的着衣粘料的操作技法。粘挂方法按其原料本身的生熟程度划分，有生料粘挂和熟料粘挂两类；按其原料加工后表面的结构划分，有上浆挂糊后粘挂法、卷包工艺后粘挂法、茸泥制品上粘挂法三类。

1. 上浆挂糊后粘挂

一般多用此法粘挂原料，其中以在拍粉托蛋糊的基础上粘挂原料最为常见，此法用糊又称面包屑糊或拍粉托蛋面包屑糊。其工艺流程为原料腌制→拍粉→托蛋液→粘挂面包屑（或鲜面包粉）。除粘挂面包屑以外，还可以粘挂其他着衣粘料，如芝麻、松子、栗子、花生、腰果、夏果、椰蓉、馒头渣、窝头渣等。其刀口多为粒、米、蓉状。粘挂时要轻轻按实（压实），以防止粘料在炸煎中脱落。

2. 卷包工艺后粘挂

（1）进行卷包。方法是先将主要原料加工成馅，并进行调味，而后用薄皮形态的原料将其卷制或包制成方形、圆形、半圆形、菱形、三角形等不同形状的半成品。薄皮的原料主要有油皮（腐皮）、豆腐皮、鸡蛋皮（用鸡蛋液煎摊吊制成的薄皮）、菜叶、煎饼等。

（2）粘挂。先用鸡蛋液或水与面粉调和均匀制成糊，将卷包好的原料在糊中拖过或粘挂，而后再粘挂粘料，如面包屑、杏仁屑等。

3. 茸泥制品上粘挂

茸泥制品或称泥茸制品，是指已加入调味料品的泥茸形态的烹饪原料。各地区对此称谓均有不同，如北京称"腻子"、山东称"泥子"、江苏称"缔"或"缔子"、湖南称"料子"、四川称"糁"、广东称"青"或"胶（或作膠）"、陕西称"瓤子"、河南称"糊子"等。

茸泥制品的粘挂法一般有两种。

（1）先将茸泥制品酿在或镶嵌在原料上，而后在茸泥制品上面粘挂粘料，如面包屑（鲜面包粉）、松子、椰蓉等。

（2）先将茸泥制品（馅料）搓成丸子状，而后串在钎子上，再在粘料上滚粘即可。

七、浆与糊的区别

1. 调制方法上的区别

调制方法上的不同是浆与糊本质上的区别。上浆法是将浆料和主料分层或同时一起调拌均匀，融为一体；而挂糊法则分两步进行，即先制糊，后将主料在糊中粘挂、裹匀或拖过。

2. 浓稀度的不同

浓稀度的不同是浆与糊在形态上的区别。一般浆的浓稠度不如糊的稠，浆料薄、糊料厚。

3. 用途上的区别

一是刀工上的区别，浆多用于丁、丝、片、条、球等小型刀口；糊多用于厚片、段、条、块等较大的刀口，有时也可用于整形原料。二是烹调方法的区别，浆多用于油滑法，可以使菜品滑润、鲜嫩；糊多用于炸、煎法，可以使菜品脆、酥、软、香。

八、上浆挂糊的关键

1. 浓度适当。制浆制糊，应当根据烹饪原料的组织结构、老嫩度、含水量、烹调

方法以及其他情况而灵活掌握。

（1）质地软嫩的原料，所含水分多，吸水性弱，糊浆应稠一些为宜。反之，原料质地紧密、老硬的，含水量少，则糊浆要稀一点为好。

（2）经过冷冻的原料，浆糊应稠一些。

（3）立即烹制的原料，糊浆应稠一些，这是因为如果糊浆稀了原料来不及吸收水分，遇热容易脱落；如果上浆挂糊后要隔一段时间烹制，则可稀一些，因为原料有充分的时间吸收水分。

2. 搅拌时应先慢后快，先轻后重。

3. 糊浆必须搅拌均匀。糊浆中绝不能夹入粉粒或粉粒结成的块，否则加热后容易脱浆、脱糊，并且容易出现夹生状态。上浆时浆料与主料一定要融为一体，挂糊糊料本身应搅拌均匀。

4. 上浆挂糊必须将原料表面全部包裹起来。

5. 注意火候，防止脱浆、脱糊。

6. 掌握油温。

第四节　调　味（一）

一、调味概述

调味在传统上的解释，就是调和五味、调和滋味、调理滋味。从现代科学角度上讲，调味是一个涉及烹调工艺、食品化学、人体生理等许多方面的知识与技术的综合概念。

1. 调味的定义

在菜品制作的整个过程中，适时、适量地添加可以引起人们的味觉、嗅觉、触觉、视觉等器官以味觉为中心的各种美感的调味料，这一操作技术称为调味工艺。

2. 调味过程

在制作菜品的整个过程中，根据风味菜品的规格标准和食者的要求，将原料按配方比例和工艺程序，进行投放与调和，使调料与主料、配料在加热过程的前、中、后三个阶段，互相影响，互相渗透，使其发生物理和化学变化，从而达到菜品的预定味道（口味和口感），这就是调味的过程。

二、调味的重要性

1. 调味是制作菜品的关键环节

选料、切配、烹制、调味、装盘为菜品制作过程中的五大环节。其中，调味是菜品制作中一个重要的关键环节，调味贯穿于制作菜品的整个过程。刀工处理后，调味就伴随着配菜、着衣、茸泥制品的调制、前期热处理、制汤、烹制菜品乃至装盘上桌等同步地进行着。许多菜品的制作无论是原料加热前、加热中、还是加热后，都需要调味加以完善。

2. 调味是决定菜品质量标准的重要前提

调味之所以重要是由菜肴的本质属性决定的，它是由衡量菜品质量标准的鉴定要素决定的。衡量菜品质量标准的要素主要是两点，一是理化标准，其鉴定要素是营养卫生；二是感观标准，其鉴定要素是色、香、味、形、器、质。色、香、味、形、器、质，这些都是菜品的属性，也是鉴定菜品质量高低的基本依据和要素。色、香、味、形、器、质这些互相关联的要素，有着不可分割的内在联系。其中味是灵魂，是核心。色、形、器三者是菜肴外在表现形态；香、味、质三者则是菜肴内在的本质。前者给人以精神享受，后者给人以物质享受。精神享受服从于物质享受，香、味、质是第一位的，是通过调味来实现的。

3. 调味是衡量烹调技术水平的重要标准

最能体现烹调技术水平高低的是三大技能的掌握，即勺工（火候）、刀工与调味。所以，调味是衡量烹调技术水平的重要标准。

三、调味的作用

1. 除去异味

除去异味就是指在制作菜品的整个过程中，用调味的手段，配合其他烹调工艺，除去本菜品中不良的味道。如鱼类的腥味，猪肉的油腻腥味，牛肉的微酸味，羊肉的膻味等，这些动物性原料的异味，虽然通过加热可以去除一部分但不彻底，必须用葱、姜、蒜、香料等调味品来消除，并用调味的方法除去其异味。

凡是菜品需要的味道，均不列为异味，一般地讲，腥、臊、膻、涩、臭、苦、糊等均属于异味。但是，在特定的情况下，它们之中有的味就不属于异味。如湖南菜

"油炸臭豆腐"的臭味,广东菜"牛肉炒凉瓜"的凉瓜的苦味,北京清真菜"炮煳"的微煳味等,均不属于异味,它们还是该菜品的必要之味。

除去异味的另一层含义就是减去菜品中不需要的过咸、过甜、过辣、过酸等重味,从科学角度讲,重味对人体健康不利,必须减去重味。根据世界卫生组织的建议,每日每人食盐用量以不超过 6 g 为宜,因此减重味尤为重要。

2. 保持本味

本味有两个意思,一是为原料自然之味,二是为菜品之标准味。

(1) 保持鲜美味。在制作菜品的整个过程中,通过调味,配合其他烹调工艺,保持菜品中主要原料本身应产生的鲜美滋味。如江苏菜中的"清蒸鱼",不加鸡汤、肉汤,只用水略加调料蒸之,从而保持鱼的鲜美本味。

(2) 保持本地风味。在制作菜品的整个过程中,通过调味,配合其他烹调工艺,保持菜品所需要的本地风味。如同是"宫保鸡丁",有四川风味的,有贵州风味的,各自都应当保持自己特色的做法。山东菜的"清蒸鱼",是用鸡汤蒸鱼,这种以鸡汤调味蒸鱼的方法,可使鸡的鲜味和鱼的鲜味合二而一成为更为鲜美的滋味。

3. 增加美味

增加美味,就是在制作菜品的整个过程中,通过调味,配合其他烹调工艺,增加菜品原料本身原有的美味。所有的调料,如使用得当,比例适合,都有提鲜、增香、增加菜品美味的作用。特别是有些原料淡而无味,难以诱人食欲,必须加入调味料品或者采取其他调味措施,才能成为美味菜品。如萝卜、粉皮、豆腐等烹饪原料,其本身滋味都很淡,只有加热时适当加入一些葱、姜、蒜等调味品或把它们与鱼、肉等味浓的原料同烧、同煮、同炒,才可以使它们变得美味可口。又如海参、鱼肚之类的干货原料,除了它们的异味突出外,本身没有鲜美的味道,因此首先要除去它们的异味,而后再用鸡汤及其他鲜美原料、各种调料采用不同的烹调工艺来增加它们的美味。

4. 确定口味

确定口味是调味的最终目的,就是在制作菜品的过程中,通过调味,配合其他烹调工艺,使菜品达到预定的口味、口感和味型。菜品多种多样的口味,都是通过调味确定的。如同为"糖醋鱼",由于调味方法不同,就形成了河南风味的"糖醋鱼"、广东风味的"糖醋鱼"等。

5. 调节和丰富菜品色彩

在制作菜品的过程中,调味料品在调味的同时,还起着调理菜品色彩的作用。如酱油可使菜品呈淡茶色、金黄色或者酱红色,豆豉可使菜品呈黑亮色,而同为调咸味的食盐则起着保持菜品本色的作用;番茄酱可使菜品呈果红色,而面酱则使菜品呈酱色、枣红色等；咖喱粉可使菜品呈咖喱黄色，而柠檬汁则使菜品呈柠檬黄色。作为特殊调味品，调鲜味的奶汤使菜品呈乳白色，而另一类特殊调味品，调香味的油则使菜品呈洁白色、金黄色等。

6. 提高营养价值

提高营养价值是调味的又一大作用。通过调味，可以提高人对食物中营养成分的吸收率。如富含维生素 B_1 的瘦猪肉以及猪、牛、羊、鸡、鸭的肝脏，如果单吃，则维生素 B_1 不易被人体吸收，因为它的特点是吃下去后很快就被排泄而出。然而调料中的大蒜富含大蒜素，如果它与猪肉或肝同制，大蒜素与维生素 B_1 经化学反应后，可使维生素 B_1 从水溶性转变为脂溶性，从而有效提高人体对维生素 B_1 的吸取程度，增加了菜品的营养价值。四川菜中的"蒜泥白肉"就是一道典型的利用调料增加菜品营养的四川风味营养名菜。

7. 消毒杀菌

许多调料，如蒜、葱、醋、食盐等，还可以对食品起消毒杀菌的作用，故有利于人体健康。

8. 构成并丰富发展了风采各异的地方风味

不同的地方风味，都有区别于其他地方风味的特殊的调味料品、不同的调味方法和独特的众多味型，这都是调味作用所致。四川风味讲究川料川味，讲究三椒（胡椒、花椒、辣椒），喜用豆瓣酱、红油、泡椒等几十种特殊的调味料品。川菜的调味方式讲究多层次递增式，味型也有数十种之多，一菜一格，百菜百味，麻辣、鱼香、怪味、家常、红油五大味型是川菜独特的有名味型。调味的作用同样造就了风味的形成，促进了风味的发展，如广东风味、香港风味、澳门风味，其调味料品也有独特之处。这些地方风味善用传统的和现代的特色调味料品，常见的有生抽、老抽、蚝油、柠檬汁、OK汁、黄油、鱼露、沙茶酱、海鲜酱、吉士粉等。其调味方式中西合璧，其味型新颖奇特。

四、调味的方法

1. 按调料投放时序划分的调味方法

按调料投放的时序，调味方法可分为加热前调味，加热中调味，加热后调味，加热前和加热中调味，加热前和加热后调味，加热中和加热后调味，加热前、加热中、加热后调味。七种调味方法概括起来可分为三种类型。

（1）烹制加热前的调味。加热前的调味一般称为基础调味（四川俗称"码味"），

就是烹饪原料在热处理和正式烹调前，先用调料影响主料，使主料先有一定的基础味，同时达到除异味、增美味的作用。对于某些菜品，烹制加热前调味极为重要，大部分的动物性烹饪原料，在烹制加热前都要进行必要的基础调味。

（2）烹制加热中的调味。加热中的调味是在烹调过程中边加热原料边进行调味。在加热过程中调味，可以确定菜品的风味特色。对于烩、烧、炖等烹调方法，以及一些无法进行加热前调味的或不适合加热后调味的情况，加热中的调味对于菜品的制作起着决定性的作用，习惯上称为定型调味。此外炸法本身也可以调味、增香。

（3）烹制加热后的调味。此法又称补充调味、辅助调味。在烹制加热后调味，对一些烹调方法，如蒸、炸、涮、烤等，起着非常关键的作用。对于烹制加热前和加热中都不易调味或不能充分调味的原料，通过烹制加热后的调味，可以确定菜品的口味和特点。

2. 按调味料投料方式划分的调味方法

（1）合成式调味方式。这种方式是将菜品所需用的各种调味料品共同放在一个器皿（碗）中，在菜品烹制过程中适时倒入锅（勺），通过加热将主料调味至熟。此外，将加工好的调味料汁放入碗中或碟中，用于主料蘸食的调味料汁的制法，也多用合成式调味法。

（2）递增式调味方式。这种方式是在制作菜品过程中，分多次将调味料品逐一投入锅中与主料一起烹调。

（3）复合式调味方式。在制作菜品过程中，合成式调味方式与递增式调味方式交替使用，此法称为复合式调味方式。如川菜中的"宫保鸡丁"，其方法是以油煸炸花椒、干椒、炒辣椒面，煸炒上好浆的鸡腿肉丁，而后再倒入兑好的合成调味料汁，最后投入炸好的花生米，颠翻出锅。这里既有递增式调味方式即分层次逐一下调料，又有合成式调味方式即兑碗汁，这里采用的就是复合式调味方式。

五、调味的原则

1. 调料的投放要恰当、适时、有序

要根据烹饪原料本身的品质特性，选用适合的调料，同时要了解调料本身的性质，做到因材施艺。调料投放时，应选择最佳时机。使用多种调料时，应根据每一种调料自身的性质和性能，按一定顺序投放，最大限度地体现出调料的调和作用。下料时要注意三点：恰当地掌握好调料的用量；掌握好投料的顺序，投料要突出主味，不忘辅

味；操作时要做到操作熟练，下料准确、适时，并且力求投料规格化、标准化，有固定的程序。

2. 根据烹饪原料的性质调味

在调理滋味时应充分了解烹饪原料的性质，切不可千篇一律，一概而论，对于鲜美的原料，调味时应以调味的滋味衬托出烹饪原料的美味。对于本身带有腥、膻、臊、臭、苦、涩、腻等异味的原料，调味时应用较重的滋味抑制异味，或用调料除去异味，对于本味极弱的原料，调味时要补充增进滋味。

3. 根据季节的变化合理调味

人们的口味往往随着季节的变化而有所不同，春天口味偏酸，夏季口味偏苦，秋天口味多辣，冬天口味偏咸。调味时应考虑这种口味的变化。

4. 根据食者的口味要求调味

"食无定味、适口者珍"，不同地区的人，其口味千差万别。因此在烹制菜品调味时，应以人为本，充分了解食者的口味要求。

5. 根据菜品风味特点进行调味

烹调技艺经过长期的发展，形成了具有各地不同特点的风味。同名菜其调味方法也略有差别。如"干烧鱼"川味以辣为主味，咸鲜等为辅味；苏味以甜辣为主味，其他为辅味；北方地区以咸为主味，其他为辅味。

六、烹调过程中的味

1. 咸味

咸味是烹调味中的主味。除了咸鲜菜品以咸味为主，其他味如酸、甜、辣味中也离不开咸味。甚至以甜香口为主的汤羹与糖水甜品类，若微加咸口，则其甜度温和而不腻口。咸味有对比增味、提味的作用，有消杀、减味、撤味功能，以及调理、调和其他烹调味的能力。呈咸味的调料有食盐、酱油、咸菜、咸鱼、咸肉等。

2. 甜味

甜味是烹调味中仅次于咸味的主味。甜味有味的转化，对比增味、消杀减味的功能，能够调和强刺激味的刺激程度，对酸味、辣味、油腻味的缓冲作用最为明显。因此，甜味除了用于甜品菜、糖醋菜品以外，一般还用于增加菜品的鲜味，调和各种不同的烹调味；增香、解腻，并使复合味增浓以达到预期的效果。但是，在烹调中要注意用量不要过度，过了反而会压抑其他味，破坏菜肴本身的鲜味。呈甜味的调料有白糖、蜂蜜、果汁、果酱、饴糖以及甜味添加剂等。

3. 酸味

酸味是一种强刺激的烹调味，陕西、山西、贵州等地方风味多用此味。在某些菜品中，酸味有着特殊的地位，如鱼类菜尤其多用它。酸味有对比提味和消除异味、杀灭病菌的作用，它能缓冲膻、腥、臊、臭、苦、涩、腻等味。呈酸味的调料有山西老陈醋、镇江香醋、大红浙醋、米醋、白醋、醋精、柠檬酸、酸梅酱、乌梅汁等。

4. 辣味

辣味是一种强刺激的烹调味，可分为热辣味、火辣味、辛辣味三种类型，四川、湖南、湖北、江西、新疆等地的许多风味菜品多用此味。辣味占有重要的地位，许多菜品中也离不开辣味。辣味有独特的芳香味，具有去腥解腻、增进食欲、帮助消化的功能。辣味除有对比提味的作用外，更重要的是有消除异味、杀灭病菌的作用，它能缓冲腥、膻、臊、臭、苦、涩、腻味，达到以正压邪的调味目的。呈辣味的调料有辣椒及其制品，胡椒及其制品，姜、蒜、芥末、葱及其制品等。

5. 苦味

苦味是一种特殊的烹调用味，同辣味、酸味一样不能单独使用。苦味有着对比提味的增味作用，也具有缓冲消除异味、杀灭病菌的减味作用，能够减掉腥、膻、臊、臭等异味。因此，在烹制某些菜肴时，略加一些带有苦味的调味料，可使菜品具有一种特殊的香鲜滋味。呈苦味的调料有陈皮、杏仁、茶叶、柚皮、白豆蔻以及蔬菜原料（如苦瓜、凉瓜）等。

6. 鲜味

鲜味是人们最喜爱的烹调味，主要来自原料自身蛋白质分解成的氨基酸（核苷酸、琥珀酸、肌苷酸等）以及其他物质。鲜味在味觉的感受中较弱，极易被甜味、辣味、酸味等压抑。只有得到咸味的对比提味后，才能更加明显地体现出诱人的滋味。呈鲜味的调料主要有鸡汤、鸭汤、牛肉汤、肘子汤、鱼汤、黄豆煮制的素汤，以及各类味精、牛肉精、鸡精等。除汤和味精以外，呈鲜味的调料还有蚝油、鱼露、虾子、蟹子、蟹黄、酱油等。

7. 香味

香味也是人们最喜爱的烹调味，其香味种类繁多，嗅觉器官对香味的感受最为灵敏，有对比提味、消除异味、杀灭病菌和减味的功能。呈香味的调料最为广泛，有脂类、醇类、酚类等挥发性物质。呈香味的调料有麻油、黄油、酒糟、九江双蒸酒、黄酒、五香粉、葱、姜、花椒，以及水果、桂花、茉莉花、荷叶、茶叶等。此外各种烹调油在一定意义上也是香味的调料品。

8. 麻味

麻味是一种特殊的烹调用味。麻味刺激感甚强，同辣味、苦味一样不能单独使用。四川地方风味菜肴多用此味，它具有强烈刺激人的味觉器官的特性。此味与辣味配合使用尤为奇妙，会使人感受到一种特殊的味觉刺激感。呈麻味的调味品有花椒。

七、复合味调料简介

1. 复合味的分类

（1）定义。由两种或两种以上的烹调味混合而成的味统称复合味，在烹饪实践和日常生活中人们所接触的味大都属于复合味型。

（2）分类。复合味有一般复合味与多味复合味。

由两种或三种烹调味品混合而成的味称为一般复合味，如糖醋味、咸鲜味、酸辣味、辣咸味、香辣味等。由四种或四种以上的烹调味品混合而成的味称为多味复合味，如鱼香味、怪味、宫保菜味、涮羊肉调料汁味等。

2. 复合味调料品种

（1）酸甜味。呈酸甜味的调料有番茄沙司、糖醋汁、山楂酱、乌梅汁等。

（2）甜咸味。呈甜咸味的调料有面酱等。

（3）鲜咸味。呈鲜咸味的调料有酱油、虾子酱油、腐乳、虾酱、鱼露、咸味豆豉、豆酱、海鲜酱等。

（4）辣咸味。呈辣咸味的调料有辣椒糊、泡辣椒、辣酱油、蒜蓉辣酱、芥末酱等。

（5）香辣味。呈香辣味的调料有咖喱酱、黄姜粉、辣椒油等。

（6）香咸味。呈香咸味的调料有椒盐、三味盐、淮盐、大蒜盐、洋葱盐、香糟卤等。

八、复合味型的构成

1. 鲜咸味

鲜咸味是以鲜味为主、咸味次之的清淡爽口的复合味，它的使用范围很广，属基础味型。

2. 香型复合味

香型复合味是以香味为主味的复合味型。按其口味常见的有香咸味、香辣味、香酸味、香甜味等；按其烹调方法可分为腊香味、熏香味等；按其原料味可分葱香味、

蒜香味、糟香味和鱼香味等。

3. 咸香味

咸香味是以咸香两味为主味的复合味，属香型复合味中的一大分支。此味以咸为主，香次之，其味醇厚浓郁，应用范围很广，各地风味菜中的民间特色菜品均以此味为基础。如广东菜中的"梅菜扣肉"，山东菜中的"把子肉"，北京菜中的"坛子肉""马莲肉"，陕西菜中的"扣肉三丝"，北京清真菜中的"红松羊肉"等。

4. 糖醋味型

糖醋味型是以甜酸两味为主味，以咸香等味辅佐的常用复合味型。糖醋味型一般分为三种，第一种是酸大于甜的"酸甜味型"，如广东菜中的"番茄鱼片""西柠煎软鸡"、杭州菜中的"西湖醋鱼"等；第二种是甜味大于酸味的"甜酸味型"，如山东菜中的"樱桃肉"、北京清真菜中的"焦熘肉片"等；第三种是酸甜味基本对称，或称为酸甜适中的糖醋味型，如河南风味的"糖醋鱼"、北京风味的"糖醋里脊"等。

5. 甜咸味

甜咸味是以甜咸两味为主味，以鲜香味辅佐的味型。此味甜中有咸、咸中鲜香。如广东菜中的"叉烧肉"、江浙菜中的"蜜汁火腿"均用此味型。

6. 咸甜味

咸甜味是以咸甜两味为主，鲜香味辅佐的味型。此味咸中有甜，甜中鲜香，如湖北菜中的"亮干肉"、北京菜中的"酱爆鸡丁"、四川菜中的"京酱肉丝"、天津清真菜中的"红烧牛尾"等用此味型。

7. 香辣味

香辣味是以香辣两味为主味的一大类味型，按其味感特点可分为辛辣香味型、热辣香味型和火辣香味型三类；按其所用调料又可分为咖喱味型、蒜泥味型、姜汁味型、芥末味型、红油味型等多种。

8. 咸辣味

咸辣味是以咸辣两味为主味，鲜香味辅佐的复合味型。此味咸中有辣、辣中香鲜，如北京菜中的"辣子里脊"、四川菜中的"红油仔鸡"等多用此味型。

9. 酸辣味

酸辣味是以酸辣两味为主味，鲜香味辅佐的复合味型。此味型一般酸大于辣、浓郁鲜香。不同风格的各地方菜中的酸辣汤用此味型，湖南风味菜中又以酸辣味型居多，如"东安鸡""酸辣鱿鱼卷"等。

10. 甜辣味

甜辣味是以甜辣两味为主味，咸鲜香酸等味辅佐的复合味型。此味甜中有辣，辣中有咸，咸鲜香浓，微酸适口。江苏菜中的"干烧鱼"用此味型。

11. 麻辣味

麻辣味属四川风味独特味型之一，是以麻辣两味为主味，咸鲜香味辅佐的复合味。此味麻辣鲜香、醇厚浓郁。如串料涮火锅的"麻辣烫"，就是以此味型为基础进行调味的。此外，四川菜中的"麻婆豆腐""麻辣鸡块"等均用此味型。

12. 椒麻味

椒麻味属四川风味独特味型之一，是以椒麻为主味，咸香鲜为辅佐的复合味型。此味型含有花椒的麻味、酱油或盐的咸味、葱与油的香味、汤与味精的鲜味，在众味之中以麻味最为突出。这种味型多用于冷菜。

13. 咸酸味

咸酸味以咸酸两味为主味，鲜香味辅佐的复合味。此味咸大于酸，醇厚鲜香。根据菜品要求不同，其酸味程度也不尽相同，有时甚至很微，因其特色突出，才将其划为咸酸味。如北京清真菜中的"酸熘肉片加木须"，就属于此味型。

14. 怪味

怪味是四川菜独特的味型之一，由咸味、甜味、辣味、酸味、麻味、鲜味、香味调和而成。此味各种味感均不突出，但均有感受，此味怪而不腻，奇妙无比。如四川菜中的"怪味鸡丝""怪味鱼片"等均用此味。

九、佐餐调料

1. 佐餐调料的概念

佐餐调料业内又称跟料，是指配合菜点食用、在餐桌上备用的调味料品和随菜点上桌的调味料。

2. 佐餐调料的类别

佐餐调料种类繁多，常见的有酱油、醋、三合油、姜醋汁、花椒盐、芥末糊（酱）、辣椒酱、海鲜酱、沙茶酱、豉汁、OK汁、葱白、蒜瓣、蒜泥汁、涮肉调料、烤鸭调料、烤鹅调料、卤虾油、辣椒油、红油汁、老虎酱、面酱等数十种。佐餐调料有些可以外购，有些需厨房加工制作。由于佐餐调料是直接入口的食品，因此一定要严格注意卫生。

（1）按配合的菜点种类可分为菜品佐餐调料和面点小吃调料两大类。其中菜品佐餐调料又分为冷菜佐餐调料和热菜佐餐调料两类。

（2）按佐餐调料的性质有固体调料，液体调料和固体、液体融合一体的调料（如酱品类)。其中液体调料又称为调味料汁、调味汁、调料汁、跟料汁等。

3. 佐餐调料的四种跟菜形式

(1)佐餐调料随同菜品一起上桌时,佐餐调料可另放在小碟或小碗中,前者称味碟,后者称料碗。如"香酥鸡"配花椒盐味碟,"油爆肚仁"配虾油料碗,"烧鹅"配草莓酱味碟,"龙虾刺身"配绿芥末酱味碟等。

(2)餐桌上备有佐餐调料瓶(壶)的形式多用于零点服务,以备食客自己做简单的调味。餐桌上应备有三味瓶、四味瓶、酱油瓶(壶)、醋瓶(壶)等。

(3)佐餐调料与菜品同在一盘中,佐餐调料放在已装盘菜肴的盘边上(即盘中内沿线外边的部位上,或者放在已装盘菜品的浮面上)。如香菜放在菜品四周将菜品围起来,或放在菜品上面。

(4)可略提前上桌的佐餐调料。涮肉、烤鸭等菜品的佐餐调料,既可与菜品同时上桌,也可略提前于菜品先上。

4. 佐餐调料的作用

(1)主要表现原料加热后的调味作用。佐餐调料属于加热后调味料,加热后的调味又称为补充调味,可以弥补原料在加热中调味的不便或不足之处。

(2)满足不同食者的口味需求。有了不同口味的佐餐调料,就可以便于食客的口味需求。同是"干炸丸子",可配花椒盐、三合油、老虎酱;也可配糖醋汁、OK汁、柠檬汁、沙茶酱、鱼香汁、麻辣汁、辣椒酱等。究竟配何种佐餐调料,可视食者的口味需求而定。

(3)点缀菜品,美化装饰席面。北京风味"涮羊肉",传统的九料碗、五味碟是体现这一作用的典型实例。将麻酱汁、酱豆腐、韭菜花、白酱油(浅色酱油)、北京米醋、卤虾油、绍兴黄酒、辣椒油、葱花九种佐餐调料分别装在九个料碗里,同放在一个大圆盘中,四周再配上糖蒜、香菜、白糖、胡椒粉、味精五种味碟,一起摆放在火锅边上,使餐桌席面五光十色,增加美的感受。

5. 常见佐餐调料的配制

(1)花椒盐味碟。花椒盐味型香咸,传统的加工方法是,先将花椒的梗和籽去掉,而后与净芝麻同放在铛(或锅、烤炉盘、砂锅)中在火上焙制,待焙至焦黄时,取出擀碾制成细末。另将炒锅上火,投入细盐,炒至盐的水分蒸干,能够粒粒分开时取出。最后将花椒、芝麻、细盐拌匀即可。简易花椒盐不放芝麻。花椒盐的比例为花椒比盐是2:1,芝麻(或小茴香)适量。加葱的花椒盐味碟可称为葱椒盐。花椒盐味碟多用于炸菜的佐餐调味。

(2)三合油料碗。纯三合油是将酱油、醋、少许香油依次投入料碗中调制而成。

因酱油、醋的品种、菜品以及人们口味的不同，三合油的配方比例也不尽相同。如配食松花，多以 4 份酱油配 6 份醋的比例为宜；配食海蜇拌以 3 份酱油配 7 份醋为宜。其味型可分为咸酸味、酸咸味、咸酸持平味，三者共同点是香油均少，其特点是咸酸适宜，香酸味美。加料三合油是指突出三合油主味并加入味精或姜汁等调味料的三合油。三合油多用于炸菜的佐餐调味，也适用于冷荤中的凉拌菜，如"干炸里脊""拌粉皮""拌海蜇""拌肚丝"等以及各种蔬菜的拌制。

（3）花椒油料碗。炒锅（勺）上火，烧热后将猪油（或花生油）100 g 和香油 50 g 投入锅中，待油热后投入花椒 25 g，将其炸至煳时倒入容器中即可。根据食者需要可分为带花椒上桌、不带花椒上桌两种料碗。加料花椒油的制法是，炒勺上火入油（用油及比例同上），旺火烧热后，依次下入 25 g 花椒，25 g 葱花，25 g 姜丁（片），待葱花炸成金黄色时，把花椒、葱、姜捞出，余下的油即为加料花椒油。花椒油料碗多用于冷菜的佐餐调味或加工中的调味，也适用于热菜中的调味，还适用于面点小吃的佐餐调味，如"肉丝拌豆腐""花椒油面条""扒糕""烹土豆丝""烹掐菜"等。

（4）姜醋汁料碗。姜醋汁是辛辣酸香为主味的佐餐调料汁，主要用料是姜、醋、香油。因各地使用的原料品种不同，各地区人们口味不同，使用的姜醋汁用料的配方比例一般以姜 1、醋 4 为宜。姜醋汁的制法是，将鲜姜洗净去皮切成末，炒锅（勺）上火，放入醋和姜末，熬开后加入少许香油，将其倒入碗中即为姜醋汁。可加入少许糖以减其酸味。加料姜醋汁是以姜醋味为主味，加入其他调料制成的姜醋汁。常见的制法是，将净姜去皮切末或剁成蓉状，用热汤激散，再加入食盐（或酱油）、醋、味精、料酒、白糖等调料，将其调制均匀即为加料姜醋汁。姜醋汁料碗可用于"清蒸鱼""清蒸螃蟹""赛螃蟹"等热菜以及"松花蛋"等冷菜的佐餐调味。

（5）蒜瓣味碟、蒜片味碟。北方地区人们喜食这两种佐餐调料。为了满足这些食客喜食生蒜的习俗，可随菜品上此佐餐调料。蒜瓣的加工方法是，去皮、洗净、切去蒜根蒂而后放入味碟即可。蒜片的加工方法是，净蒜瓣切片入碟即可。

（6）蒜米醋料碗。这是北方一些地区常见的佐餐调料。加工方法是，将净蒜剁或砸成蒜米（不是泥茸）放入装醋的料碗中，再滴上几滴香油即可。蒜米醋料碗可随菜品、面点、小吃一起上桌。蒜米醋佐餐调料多用于"麻酱面""水饺""蒸饺""包子""蒸而炸""锅贴""褡裢火烧"等面食小吃。

（7）老虎酱味碟。将净蒜剁或砸成末状，加入已蒸透晾凉的黄酱中，装入味碟，即为老虎酱味碟。可用于炸菜如"干炸丸子"，也可用于烧烤菜，如"烤鸭"的佐餐调味。

（8）蒜泥汁味碟。蒜泥汁制作方法是，将蒜去皮洗净，切去根蒂放入钵中，再加

上少许的食盐砸成泥茸状即为蒜泥汁,盛入味碟中,再滴入几滴香油即是蒜泥汁味碟。加料蒜泥汁是在突出蒜泥味的基础上,根据地区风味特色,再加上其他调料而制成的佐餐调料汁。各地区加工方法也不尽相同。

例一:将蒜泥 20 g,加入清汤 10 g、放入食盐 1 g、味精 3 g 调拌至溶解,再加入酱油 10 g、香油 10 g、醋 25 g、糖 3 g,调匀即可。此配方具有浓郁的湖南风味特点,咸鲜香浓、酸辣突出。

例二:优质酱油 10 g、蒜泥 25 g、白糖 3 g、红油 5 g、香油 5 g、食盐 1 g、味精 3 g 调制在一起,即为具有四川特色的蒜泥汁,咸鲜香辣、微有甜口。

蒜泥味汁原则上要突出蒜泥主味,而咸、甜、酸都是辅佐味,不可喧宾夺主。蒜泥汁适用于冷菜、热菜、面点的佐餐调味,如"蒜泥白肉""蒜泥拌茄泥""蒜泥麻酱面"等。

(9)腊八醋蒜味碟、料碗。食用腊八醋、醋八蒜为中华民族传统饮食风俗习惯之一。以北京地区而论,传统上农历腊月初八泡腊八蒜,大年初一开始食用,直到正月十五为止,一般作为食用饺子、面条时的佐餐调料。其特点是蒜芽翠绿,醋中含有蒜的香辣味,蒜瓣则含有醋的芳香酸味。由于腊八蒜、腊八醋具有保健营养之功效,现在许多地区的人们平时也喜食腊八醋蒜。腊八蒜一般为冷菜、热菜、面食、小吃的佐餐调料。泡腊八醋的方法是,将蒜去皮后直接泡在装有醋的干净无油污的容器中,而后将盖盖严,室内温度以 22~24 ℃ 为宜,20 天左右即可泡好腊八蒜。如果温度高,一周时间即可,但其味不如时间长的香,腊八蒜在南方有些地区称为翡翠蒜。

腊八蒜上桌方法可有两种,一般醋蒜同盛入一个味碟或料碗中。也可以将腊八蒜放在味碟中,腊八醋放入料碗里。

(10)净葱味碟。用净葱作为佐餐调料,大体分整净葱、葱白丝和香葱段三种。整净葱多用于山东风味的"大葱蘸酱";葱白丝和香葱段多用于"烤鸭""烧鹅""烤肉""烤乳猪"等烧烤菜,也适用于其他烹调菜品的佐餐调料。葱白丝加工方法有两种,一种方法是将净葱下半部呈白色状的段切成 7~8 cm 长的细丝(粗葱可割开切制);另一种方法是将两根葱白切成 3.8 cm 的段,用刀将两端划成细丝,入清水漂洗,待两端翻起如菊花状时捞出。

(11)面酱味碟。将面酱加少许白糖(或蜂蜜)和香油,上锅蒸 15~20 分钟即可。此味碟多用于烧烤类的菜品,如"烤鸭""烧鹅""烤乳猪""烤肉"等的佐餐调味。

(12)麻酱料碗。先将芝麻酱用香油或者水调澥,而后逐步边加油或水、边搅拌,至半流体的稀稠状时,加少许食盐,再搅拌两三下至呈稠糊状时即可。也可将水与油混合来和制芝麻酱。麻酱和制有三法,包括油和法、水和法、水油和制法。麻酱料碗是"涮羊肉"的佐餐调味之一，也适用于其他一些菜品的佐餐调味，还适用于面点、小吃，如"面条""扒糕"等。

（13）芥末糊味碟。芥末糊又称芥末酱。发制、调制芥末糊的方法各地均不相同。

芥末糊的发制方法：

一种是先用清水将芥末粉调成膏糊状，放在温度较高的环境中盖上盖，使其自然发酵，可除去过重的芥辣味，20分钟左右即可发透。第二种是用水将芥末粉调成膏糊状后，上锅开锅蒸20分钟左右取出，带盖焖至晾凉时即可发透。第三种是用开水将芥末粉冲成膏糊状，盖上盖放入冰箱或者阴凉处，焖制泡发半小时左右即可发透。在发制过程中，还可以加上醋、白糖、油等其他调料。醋可起激发冲味，除去苦味的作用；白糖起和味作用以及除去苦味的作用；油起增香调味和滋润的作用。芥末糊味碟多用于冷菜佐餐调味，又可用于热菜中的煎、焖等烹调方法，如"芥末汁煎鱼柳""芥末汁焖猪排""芥末汁焖凤爪""芥末墩"等。

（14）红油味碟。这是四川风味著名佐餐调料之一，由四川红油、酱油、白糖、香油、葱、蒜等调料调制而成。食盐、糖的比例多为1∶0.3~1∶0.7，其中酱油的量已折合成食盐量（5 g酱油可折合1 g食盐）。此味碟的味型突出红油味，以咸鲜香味辅佐。其中辣味要比麻辣味型轻一些，甜味则比家常味型略重一些，适用于冷菜、热菜、面食、小吃的佐餐调味，如"绿豆冻肘""红油水饺""炸里脊条"等。红油汁也适用于菜肴制作中的调味。

（15）辣椒油料碗。干辣椒去梗后加工成1.5 cm左右长的段状，再用香油（可加花生油、菜油、豆油等）将干椒段炸至棕红色，即可连油带干辣椒盛入料碗中，多用于以京津两地为中心的北方风味菜品、面食、小吃的佐餐调味。菜品如"涮羊肉""手抓羊肉""炒麻豆腐"等，面食小吃如"素烩炒饼""煮炸豆腐"等。

（16）灼汁料碗。灼汁为咸鲜味型，色泽红褐，以咸鲜香微辣为呈味的先后顺序，呈液体状。

灼汁的制作方法：将锅上火，倒入鸡汤，加入净香菜梗煮至香味溶于汤中，而后加入料酒、胡椒粉、食盐、生抽、老抽、鱼露，待其充分融合后，下火过滤。将葱丝、姜丝、鲜红辣椒丝放入盛器中，用少量的热油浸出香味后，冲入过滤后的汤汁，撒入香菜叶即成。灼汁料碗是广东菜著名的佐餐调料之一。多用于灼的菜品，如"白灼基围虾""高汤象拔蚌"等。

（17）椒麻味碟。这是四川菜著名佐餐调料之一。特点是以椒麻为主味，咸鲜清香为辅佐味，椒麻味浓，醇厚宜人。制作方法是，将葱汁25 g、姜5 g、花椒10~15 g、精盐0.5 g一同剁斩成极细的末放入盛器中，用热汤15 g浇沏并将其调匀，而后加入酱

油10 g、香油10 g，调拌均匀即可。也可加入少许白糖，但不能品尝出甜味。还可加入少许味精，以微有感觉为度。椒麻味碟主要用于冷菜佐餐调味，如"绿豆冻肘""四上玻肚"等。椒麻味汁也适用于热菜制作过程中的调味。

（18）葱椒泥味碟。将花椒拍扁与葱末一起放在案板上，用绍酒拌湿并剁成细泥即可。葱椒泥味碟适用于冷菜的佐餐调味，如"炝活虾""燎排骨"等，也适用于热菜的佐餐调味，如"瓤（酿）荷包鲫鱼"等。

十、厨房派生调料

1. 厨房派生调料的分类与概念

（1）按原料来源分类。按此分类有外购调料和自制调料两类。其中自制调料又分前堂调料和后厨派生调料两类。

（2）派生调料的概念。伴随着各地区风味菜品不断产生、发展、创新与改革，烹调师为了在制作菜品时方便使用风味调料，不断地派生、研制出许多市场上没有的调料，如炸汁、花椒水、咸面（食盐、白糖、味精的混合）、芡汤、葱油、糖色等。这些专用于烹调菜品的派生的厨房调料，简称厨房派生调料。随着烹饪事业不断发展，其中有些派生调料在市场上也逐渐出现了，如红油、咖喱油等。各地区、各风味餐馆都有自己常用的派生调料，如四川风味善用的红油，广东风味善用的芡汤，天津风味善用的咸面，山东风味善用的葱油，上海风味善用的咖喱油等。

2. 常见厨房派生调料简介

（1）材料油。将植物油烧热，放入切好的葱段、姜片、蒜片炸成金黄色时捞出，此油即为材料油，特点是鲜香味醇。

（2）葱油

1）纯葱油。将猪油或鸭油、植物油300 g加热至140 ℃左右时，投入葱白200 g，炸至呈金黄色时捞出葱白，余油即为葱油。

2）煳葱油（加料葱油）。油500 g烧热，投入葱段100 g、姜片75 g、蒜片50 g，炸至呈金黄色，再下葱段100 g，炸焦后，将以上原料捞出，余油即为煳葱油。

（3）葱姜油。鸭油或花生油200 g烧热，放入葱丝、姜片各50 g，炸至呈金黄色时捞出，余油即为葱姜油。

（4）葱椒油。猪油或鸭油500 g烧热，先放入花椒10 g，再放入葱段50 g、姜片10 g，炸至呈金黄色时，全部捞出，余油即为葱椒油。

（5）咖喱油。因咖喱辛辣有余而香气不足，一般应将其加工成咖喱油再作调味使用。咖喱油呈姜黄色，香辛味浓。常见加工方法有两种。

1）将植物油烧热，投入葱段、姜片、蒜片、咖喱粉，稍煸即可。

2）将植物油烧热，依次投入姜末、蒜末、胡椒粉、洋葱末，炒出香味，再加入咖喱粉，待炒透发出香味时，起锅盛入调料罐中即可。

（6）红油

1）川式红油，又称川式辣椒油，四川著名的厨房派生调料之一。加工红油时，先将干辣椒 100~150 g 剁斩或绞制成辣椒面，用凉油拌制一下或用温水润制一下，放在耐热的容器（调料罐）中，放在安全处（不要放在木质器具上面），而后用 160 ℃ 左右的热油 500 g 一边浇沏，一边用铁筷搅拌，晾凉即成。也可用热油先炸干辣椒、姜片、葱段，再浇入装有辣椒面的容器中。注意油不宜过热或过凉，过热辣椒面易黑糊，过凉沏不成红油。大量使用的红油可按比例制作。

2）素式红油，为京式红油之一。制作方法是将芝麻油 500 g 入锅用微火烧热至 120 ℃ 左右，油煸净细红胡萝卜丝 250 g，以煸出红色为度，将胡萝卜丝捞出，余油即为素菜风格的红油。素式红油多用于北京宫廷素菜、寺院素菜，也可用于荤菜制作。

3）番茄红油，又称甜酸味京式红油。用植物油炒番茄酱，余下渗出的油即为红油。此红油可用于甜酸味型菜品的调色调味。

（7）香菜油，又称芫荽油。将香菜择洗干净，切成 6.6 cm 的段，炒锅上火烧热后加入花生油，油量为香菜的 3 倍，油温在 130 ℃ 左右时，将香菜入锅，用小火缓炸，待香菜段发脆并呈墨绿色时，将香菜段捞出，余油即为香菜油。

（8）胡椒油。将胡椒面 2 g、香油 50 g、味精 2.5 g 和熟猪油或鸭油 25 g 混合，将其搅匀，即为胡椒油。

（9）蟹油。纯蟹油为青白色、半透明的胶状物。只有尖脐蟹（雄蟹）才出油。以农历九月以后的河蟹油为好。油蟹粉是将较多的猪油或植物油加热至沸，加入蟹粉、料酒、食盐、葱末、姜末稍熬一会儿即可。它可以如蟹粉一样配制多种菜品。

（10）蒜蓉豆豉料。将豆豉剁碎，用植物油同蒜米一起炒，炒香、炒透后装罐即可。也可加入姜米、葱花一起煸炒。豆豉市场上有售，其本身也是厨房派生调料。自制豆豉的方法：将黄豆泡发、煮透、晾凉，用布包起来，放在高温地方发酵，然后装入罐内，加入花椒粉、姜末（也可加辣椒粉），用煮豆汤调匀，存放一周后即成。

（11）香糟酒。将香糟（红糟或白糟）500 g、绍酒 1 000 g、白糖 100 g、桂花 25 g、精盐 10 g，一起放入容器内搅拌均匀，至少浸泡 12 小时，而后用白布袋过滤，渗滤出的汁液即是香糟酒，又称香糟汁。以上配方可根据风味不同、菜品不同而适当增减。香糟酒是京菜、鲁菜、淮扬菜、上海菜、川菜、闽菜等的重要厨房派生调料，用途广泛。

（12）江米酒，又称糟米酒、甜水酒、酒酿，四川称醪糟。江米酒市场上也有出售。一般制法是：将江米淘洗干净，浸泡5小时左右，待米粒涨开时，沥干水。放入屉内用旺火蒸半小时左右，以八成熟为度，盛在箩内，用冷开水冲至饭粒温热而不沾手后，放入坛罐或盒内，放入酒药（酒曲子），一般每500 g江米可用药2 g，搅拌均匀，按平，中间留一透气孔，加盖后，放在温暖的地方发酵，夏天12个小时、冬天3天左右即成。

（13）姜汁。其有两种制作方法：一法是将姜洗净去皮切末或丝，加入清水浸泡在调料罐中，其汁即为姜汁；二法是将50 g去皮净姜捣碎放入调料罐中，加入100 g清水，浸泡出姜味，用时去渣取其汁即可。

（14）葱姜汁，又称葱姜水。其有两种制作方法：一法是葱、姜各50 g，捣成泥茸状，加水50 g调开，然后用洁净布挤出汁即可；二法是葱白25 g切段拍松，姜50 g拍松放入调料罐中，加清水250 g，浸泡1小时，捞出葱姜，其汁也为葱姜汁。

（15）姜汁酒，又称姜酒汁，广东菜厨房派生调料之一，醇香浓郁，色泽淡黄。纯姜汁酒是将姜片500 g磨成泥，装入白纱布袋扎紧口，放在调料罐中，用500 g米酒浸泡，用时挤出姜汁调匀即可。加料姜汁酒是用白酒、姜汁（鲜姜蓉制成）、鸡汤、食盐、味精调制融合制成。

（16）五香粉。纯五香粉由花椒、大料、小茴香、胡椒和丁香五种香料碾末制成。加料五香粉是在上述纯五香粉原料的基础上，再加上姜、豆蔻、甘草、桂皮等共同碾末制成。

（17）淮盐。原为淮扬菜研制创造的厨房派生调料，又称椒盐五香粉，上海菜现仍用此称谓，现广东菜也多用此调料。其制作方法有两种。一种是五香粉、椒盐各半，拌匀即可。另一种是将食盐用锅焙干水分，拌入五香粉，炒至散发出香味时，混合均匀即成，也可再加入适量味精。淮盐的特点是色泽灰暗，口味香咸，呈固体粉末状。

（18）花椒水。花椒水有两种制作方法，以沏泡法为佳。将25 g花椒装入容器中，用开水浇沏、浸泡，以出花椒香味为宜，至少浸泡15分钟。急用时可用煮制法，将花椒放在水锅中，用文火煮制，待出花椒香味即可。

（19）葱椒绍酒。将干净花椒拍碎，葱白切成细末，加少量的绍酒拌湿，并剁成泥，再将葱泥与花椒（葱与花椒按4∶1的比例为宜）用纱布包起来，放在绍酒中浸泡1小时，除去布包，即为葱椒绍酒。

（20）花椒绍酒。花椒2.5 g用少量绍酒拌湿，剁成细末，与绍酒100 g一同装入调料罐内浸泡，其酒汁即为花椒绍酒。

（21）糖色。炒勺放旺火上，倒入白糖 50 g、凉水 50 g，烧开后用手勺搅炒一二分钟，待水分炒干时，将炒勺移到文火上继续炒搅，直到糖成红黑色将要冒青烟时，立即倒入 100 g 开水，搅匀后即成糖色。

（22）红曲粉。用粳米做饭，加入酒曲（红色）密封发酵，发酵后呈红色，以鲜红质轻入水不沉者为上品，磨成粉即为红曲粉。也可以用籼米做饭发酵后，俗称红曲米，磨成粉即为红曲粉。将红曲米 50 g 装入小布袋中，放入盛有约 500 g 水的锅中，在火上煮制，见水发红后，捞出布袋，余下的即为红曲水。

十一、调料的盛装保管与合理放置

1. 调料的盛装保管

（1）调料的理化性质。调料有动物性、植物性、矿物性、化学合成调料等之分。它们具有的理化性质主要包括挥发性、潮解性、腐蚀性、氧化性、蒸发性。

（2）对盛装器皿的要求。根据调料的理化性质，对盛装调料器皿的要求是应具有一定的耐热性、耐碱性、耐酸性，并具有一定的防潮解、防挥发、防蒸发、防氧化的功能。

（3）保管注意事项

1）控制环境温度。温度过高，将引起呈液体状态的调料腐败变质，氧化分解。如醋、酱油、料酒、食用油等，在高温时极易引起变质。温度过低，新鲜的植物性调料（如姜、蒜）的组织结构被破坏，因而引起水分流失，影响调料的品质。

2）控制环境湿度。环境湿度过大将使固体粉末状的调料潮结甚至霉变，如糖、黄姜粉、胡椒粉、味精、淀粉等。湿度过小会使某些植物性调料的水分蒸发，如香菜、姜、蒜等极易枯萎干缩。

3）注意避光保存。油脂等调料长时间接触强烈的光照会引起变质，故要放在避光处存放。

4）注意调料的密闭。某些调料必须密封保存，如果密封保存条件不好，会失去调味的性能。

5）防止调料之间相互污染。调料应分类存放，使用中要注意保持清洁。

（4）调料存放保管原则。先进先用，及时使用。不同性质，分别保管。节约使用，减少浪费。

2. 调料在使用期间的合理放置原则

先用的近放，常用的近放，色重的近放，液体的近放。

第五节 菜肴盛装

热菜的盛装是烹饪过程的一个重要环节，不可忽视，恰当合理的菜肴盛装点缀可以起到画龙点睛的作用，让人赏心悦目，反之则会画蛇添足。

一、菜肴盛装的基本要求

1. 要与盛装的器皿协调一致

菜肴的品种类别、大小规格、形态色泽、图案纹样、品质档次等，要与备选的盛装器皿相适应。常见的圆形盘碗和椭圆形盘等应以直径或长轴的尺寸作为划分大小的标准。法定长度计量单位为米、厘米或毫米。带有标志的盛器要注意上下左右的方向性关系。

2. 确保菜肴最佳的上菜温度

热菜的温度是衡量菜肴质量最为重要的标准之一。为了保证热菜及时快速上桌的温度要求，菜肴盛装过程中的装饰点缀要迅速果断，不能拖泥带水，饭店中的热菜盛装可以在保温的环境中进行，如使用保温台面或加温灯。

3. 保证菜肴的清洁卫生

菜肴的盛装是烹饪过程的最后环节，为了防止二次污染，不仅要选择清洁的餐具和盛具，点缀装饰的原料也要清洁卫生、安全可靠，接触食物的双手事先要彻底清洗消毒，菜肴应加盖后上桌。

4. 发现问题及时处理解决

菜肴的盛装是把握菜肴质量的最后关口，在盛装过程中发现问题要及时处理，妥善解决，在盛装过程中能够鉴定菜肴的品质特点。

5. 保证菜肴的品种与食用数量

菜肴一定要定量定性，既要保证菜肴品种、数量的准确，同时又要避免造成浪费。在餐饮销售服务中的大量浪费现象，都是因为没有准确掌握好菜量的缘故。

6. 要有符合时代审美的创新意识

菜肴的盛装要不落俗套，敢于改革创新，使饭店中的餐饮服务真正从大盘子、大碗、大锅饭中解脱出来，在菜肴盛装点缀时也反对过分的精雕细琢，提倡突出自然品味。

二、菜肴的盛装方法

虽然中餐热菜品种千差万别，但是在菜肴的盛装方法上可以概括为以下几种。

1. 堆入法
堆入法是指在菜肴成熟后，依次将菜肴准确地盛在盛器的中间位置，使菜品渐渐堆积起来，适用于盛装细小的原料品种与带有汤汁的菜肴品种。

2. 托入法
托入法适用于盛装形体较大、外形完整的菜肴品种。为了使菜肴造型完美，可用锅、铲子、食品夹、盘子或筷子将菜肴轻轻地托入盛器之中。

3. 扣入法
扣入法适用于盛装汤汁较少、成品要求形态保持完整的菜肴。一般采用碗盘和其他有造型的模具，将定型的菜品扣入盛装的器皿中。

4. 浇入法
浇入法适用于盛装液体的汤羹及甜品，将液体状的成品直接浇灌入盛器之中。

5. 模具法
模具法适用于盛装具有造型特点的菜品，将模具置于盛器中，将菜肴定型之后取下模具即可。

6. 摆入法
摆入法适宜于盛装具有造型特点的菜品，即将成形的块状菜肴原料直接码放在盘子中。

三、菜肴点缀方法

菜肴点缀装饰的手法灵活多变，从装饰原料方面可以概括为面塑制品装饰法、果蔬雕刻装饰法、新鲜花卉装饰法、蔬菜蔬果装饰法、调料装饰法、糖活制品装饰法等。

第五章

冷菜的烹调方法

冷菜的烹调方法一般可分为热制冷吃和冷制冷吃两种。热制冷吃是指在制作时，调味与加热同时进行，制成的菜肴先晾凉，然后食用；冷制冷吃是指在制作菜肴的最后调味阶段不加热，也就是只调不烹。冷菜的烹调方法有多种，根据菜肴的操作方法和风味特色的不同，烹调方法可归纳为以下八大类别。

第一节 拌 与 炝

一、拌

1. 拌的概念与特点

拌是将加工处理成丝、丁、片、块、条等刀口形状的生料或晾凉后的熟料，直接加入调味品拌和成为菜品的一种烹调方法。拌制类菜肴用料广泛、品种丰富、味型多样，成品大都具有鲜嫩柔脆、清利爽口的特点。拌菜多为现吃现拌，也有的先经食盐或糖调制基础味，拌时沥干汁水，再调拌供食。拌制法的调味因菜品不同，有的仅用三合油汁调拌；有的在基本调味的基础上，根据食者口味要求和原料性质，也可酌加其他调味品调拌。

2. 拌的种类与操作要点

（1）生拌。生拌是将可食的生料经刀工处理后，直接加入调味汁拌制成为菜品的烹调方法。生拌的原料多用新鲜脆嫩、含水量较高的植物性原料或其他可生食的原料。原料必须先洗净、消毒，然后切成丝、片、条、块等刀口形状，再加调味品拌制，如黄瓜、西红柿、萝卜、白菜等。某些异味偏重或不能直接生食的原料，需用精盐腌制一定时间，利用其渗透作用排出异味。腌制时，要掌握精盐与原料的比例，咸淡恰当，腌制的时间以刚透为度，要注意保持生料的清香嫩脆、本味鲜美的特点。腌制后，沥干水分才能使用，如莴笋、苤蓝等。

（2）熟拌。熟拌是将加工成熟的冷菜原料，加入调味品调拌成为菜品的烹调方法。熟拌的原料在拌制前都要进行热处理。热处理后的原料质量，对凉拌菜肴的风味特色有直接的影响。热处理一般有以下几种。

1）炸制。炸制是拌制前较普遍的热处理方法。炸制凉拌的菜品具有滋润酥脆、醇香浓厚的特点，适用于家畜、家禽、豆制品和根茎类蔬菜等原料。炸制前多切为丝、条、片、块、段等刀口形状，动物性原料改刀后通常先要调制基础味，并控制调制基础味的咸淡和色泽的深浅。炸制的火力、油温、时间和次数，要根据原料的质地和菜肴的质感决定。

2）煮制。煮制是拌制前最普通、最常用的热处理方法之一。煮制凉拌的菜肴具有细嫩滋润、鲜香醇厚的特点，适用于禽畜肉类及其内脏、笋类、鲜豆类等原料，一般经热处理晾凉后改刀为丝、条、片、丁、块、段刀口和自然形态等规格。

3）水焯。水焯是拌制前最常用的热处理方法之一。水焯凉拌的菜肴具有色泽鲜艳、细嫩爽滑、清香味鲜的特点，适用于蔬菜类原料。水焯成熟程度可分为断生和熟透两个层次。捞出原料后要迅速冷凉、调制基础味、油拌，使之降温保色。

4）氽制。氽制是拌制前富有质感特色的热处理方法，氽制凉拌的菜肴具有色泽鲜明、嫩脆（或柔嫩）、香鲜醇厚的特点，适用于家畜、家禽内脏及海鲜原料。氽制后的原料要达到嫩脆或柔嫩的质感，氽制后应及时拌制。

5）烧烤。烧烤是将原料带壳或包裹后放入暗火内烧熟或放入烤箱内烤熟，再撕成小条或片状与调味品拌匀成菜的烹调方法，是拌制前颇有特色的热处理方法。烧烤凉拌的菜肴具有质感嫩脆、柔软和本味醇厚的特点，适用于带皮的茎、果类蔬菜。

6）蒸制。蒸制是拌制前使用较少的热处理方法。蒸制凉拌的菜肴具有软嫩清香、本味浓厚的特点，适用于海鲜及少数茎、果类蔬菜。

（3）生熟混拌。生熟混拌是将生、熟主料和辅料分别改刀，按不同比例混合加入调味品拌和制成菜品的一种烹调方法。生熟原料混拌，其生熟料搭配要有一定的比例，熟料必须晾凉，以保证菜肴的质地、色泽和成菜的形态。

实例1　三油海蜇

原料： 水发海蜇 250 g，嫩黄瓜 50 g，熟鸡蛋皮 25 g，酱油 10 g，米醋 40 g，香油 25 g。

制法：

1）将海蜇切成 2 mm 粗的细丝，用沸水烫一下，捞出过凉控净水。熟鸡蛋皮切成 2 mm 宽、5 cm 长的丝。黄瓜切成丝。

2）取一盘，将海蜇丝堆放在盘中央，熟鸡蛋皮丝放在上面，黄瓜丝围在海蜇丝的四周。

3）取一小碗，用酱油、米醋、香油调和成三合油汁浇在菜上即成，食用时拌匀即可。

特点： 此菜脆而有韧，为春夏两季凉菜的佳品。

 实例2　开洋拌干丝

原料： 白豆腐干 150 g，大海米 10 g，姜丝 10 g，熟鸡丝 25 g，豆苗 50 g，精盐 5 g，味精 2 g，酱油 4 g，香油 5 g，鸡汤 50 g，熟金华火腿 25 g。

制法：

1）将豆腐干放入 60~70 ℃的热水锅中焐透，捞出晾凉，平放墩上，片成 2 mm 厚的薄片，再切成细丝。海米用温水泡透，洗净，切成碎末状。火腿切成细丝。豆苗取嫩尖，洗净，放开水锅内稍烫，捞出，滗去水。

2）将干丝放盆内，倒入开水浸泡，用筷子将干丝抖散开，滗去水。依次泡洗三次，使干丝松软，晾凉后挤干水分，抖散，放盘中堆成圆形。把姜丝放水中稍泡，滗去水，撒在干丝上。再将火腿丝、鸡丝依次撒在姜丝上，海米放在顶上，豆苗撒在干丝四周。

3）小碗内放入酱油、精盐、味精和鸡汤调匀，加入香油制成汁，上桌时浇淋在干丝上即成。

特点： 干丝绵软味厚，清淡鲜美。

二、炝

1. 炝的概念与特点

炝是将加工成丝、条、片、丁等形状的小型刀口生料，用沸水烫至断生或用温油滑熟后捞出，沥去水分、油分，趁热或晾凉后，加入以精盐、味精、高热花椒油为主的调味品而制成菜品的一种烹调方法。

炝制类菜肴适用面广，刀工讲究，成品具有鲜香脆嫩，清爽利落的特点。

2. 炝的种类与操作要点

炝制类菜品根据原料的处理方式以及成品的特点不同，一般分为水焯炝、油滑炝、焯滑炝三种。

（1）水焯炝。水焯炝又称普通炝。水焯炝是将上浆的肉类原料或蔬菜类原料，用沸水焯至断生，捞出沥去水分，加入调味品拌匀而成的烹调方法。水焯炝的菜肴应以质地脆嫩、含水量较低的原料为主，水焯时间不宜长，水必须保持沸腾状态，原料焯至断生有脆度和嫩度即好。

（2）油滑炝。油滑炝是将主料用适量的精盐、料酒等煨制，再用淀粉、蛋清上浆拌匀，然后用温油滑熟，沥去油分，加入调味品拌匀而成的烹调方法。油滑炝的菜肴适宜质地脆嫩的动物性原料。原料改刀必须均匀，油滑时要严格掌握温度和时间，避免原料生熟不均。

（3）焯滑炝。焯滑炝是将用沸水焯后和用温油滑过的两种以上的原料，用调味品拌匀而成的烹调方法。焯滑炝是水焯炝和油滑炝的结合运用，其原料大都是荤素相配，颜色也各异。

除上述三种熟料的炝法外，还有将生活原料直接加调味品炝制食用的，这种炝法用处单一，仅适用于鲜活的虾类原料，如炝活虾。

 实例 1　炝活虾

原料： 活虾 500 g，料酒 150 g，酱油 100 g，葱 15 g，姜 5 g，葱椒泥 5 g，鲜花椒粒 2 粒。

制法：

1）将活虾的须、爪剪去，用清水洗净控干，放在盘内。

2）将葱、姜切丝，鲜花椒粒用刀拍扁与葱椒泥、酱油、料酒和在一起，倒在虾上，用碗扣住稍炝片刻即成。

特点： 清淡鲜美，佐酒佳肴。

 实例 2　炝圆白菜卷

原料： 圆白菜 500 g，干辣椒 10 g，花椒 3 g，精盐 15 g，酱油 5 g，醋 20 g，白糖 20 g，味精 2 g，香油 10 g，烹调油 80 g。

制法：

1）选用鲜嫩圆白菜，去老叶，拆散，洗净，放入沸水锅中焯约1分钟捞起。

2）炒锅置旺火上，下油烧至六成熟，放入去蒂、去籽的干辣椒，炸成棕红色，放入花椒煸出香味，再放入食盐、白糖、醋、酱油炒匀，起锅装盘内。

3）取出圆白菜，将叶和叶柄分开，把辣椒、叶柄分别切成细丝，拌匀，用白菜叶包上丝，卷成小指粗细的卷，装入深盘内。食用时，将菜卷切成马蹄段装盘，原汁加味精、香油和匀，浇在菜卷上即成。

特点： 此菜色鲜脆嫩，甜酸微辣，清爽可口，酒饭均宜。

第二节 糟、醉、腌、泡

一、糟

1. 糟的概念与特点

糟是将处理过的生料或熟料，用糟卤等调味品浸渍，使其成熟或增加糟香味的一种烹调方法，多用于动物性原料和蛋类原料，也可用于豆制品和少数蔬菜。成品具有糟香浓郁，口味清爽，色泽纯净的特点。

2. 糟的种类与操作要点

按原料的生熟不同，糟法主要分生糟、熟糟两类。

（1）生糟。原料未经热处理直接糟制，经过数小时乃至数天、数月入味后，再加热制成菜品的烹调方法即为生糟。生糟大都适用于蛋类、鱼虾蟹类，糟制后多采用蒸食。

（2）熟糟。这是将原料热处理后糟制，经浸腌入味再改刀装盘成为菜品的烹调方法，多适用于禽、畜类的原料。

糟卤的配方各异，各显特色。糟卤用香糟与绍兴酒、食盐、白糖、葱、姜等制成。香糟可分为白糟和红糟两类。江南一带一般采用白糟，而福建一带则用红糟居多，它以福建古田红曲与上等糯米酿制，并以储存隔年的最佳，色泽鲜红，具有浓郁的酒香味，含有多种维生素，具有防腐、增色、去腥、生味、调色的功能，富有福建地方色彩。

实例 1 糟鸡

原料： 净鸡 1 kg，香糟 100 g，精盐 50 g。

制法：

1）将净鸡去爪、头，取出内脏，洗净。

2）把鸡下入水锅中上火煮熟，捞出备用。

3）用适量开水把精盐溶化，倒在盆里晾凉。再把香糟装在纱布袋里，扎紧袋口后放入盐水里泡制成盐糟水。

4）将熟鸡脱骨，泡在盐糟水里，泡约 1 小时后捞出控去水分，切成长方形块装盘即成。

特点： 制作简便，口味清香利口，糟香浓郁。

 实例 2 香糟蛋

原料： 鸡蛋 10 个，米醋 500 g，香糟 250 g，黄酒 1 kg，白糖 50 g，精盐 75 g，姜片 50 g，葱段 50 g。

制法：

1）鸡蛋选用新鲜完好的，洗净后放入小坛内，倒入米醋，封盖，浸泡 30 天，使其软化，然后取出漂清，抹干。

2）取一干净盛器，放入香糟、黄酒、白糖、精盐、姜片、葱段调匀，静置半天，然后将上面清澈的糟卤滗出，剩下的糟渣倒入纱布，吊起滤出糟卤。

3）另取一小坛，把糟卤水灌入，软鸡蛋逐个放进去浸没，封口，5 天后可开坛。

4）食用时将鸡蛋取出，上笼蒸熟，取出冷却后即可食用。

特点： 此菜糟香浓郁，色彩纯净。

二、醉

1. 醉的概念与特点

醉是用以优质白酒为主要调料制成的味汁浸渍原料制成菜品的烹调方法。醉制法适用于新鲜的家禽及虾蟹、贝类和蔬菜等原料。原料可整料醉制，也可加工成小型原料醉制。醉制菜品酒香浓郁，鲜爽适口，大都保持原料本色本味。

2. 醉的种类与操作要点

醉的种类，根据原料生熟不同，有生醉、熟醉之分；根据所用调料的色泽不同，又有红醉、白醉之别。

（1）生醉。生醉是原料经清洗醉腌后，直接食用的一种烹调方法。制作此类醉肴，一般是用鲜活的水产原料，如虾、蟹等。酒醉时，多用竹篓将鲜活水产品放入流动的清水内，让其尽吐腹水，排空腹中的杂质，再滴干水分，放入坛中盖严，然后以精盐、白酒、绍酒、花椒、冰糖、丁香、陈皮、葱、姜等调味品制好的卤汁，掺入坛内浸泡，令其吸足酒汁，待这些原料醉晕、醉透，并散发出特有的香气后，直接食用。生醉通常3~7天即成。

（2）熟醉。熟醉是将原料加工成丝、片、条、块或用整料，经热处理后醉制的烹调方法。热处理主要有三种方式，一是先水焯后醉，如山东醉腰丝；二是先蒸后醉，如醉冬笋；三是先煮后醉，如醉蛋。

 实例1　醉鲜虾

原料： 活河虾300 g，曲酒10 g，葱白段100 g，椒麻味碟2碟。

制法：

1）将活河虾用清水淘净泥沙、杂质。剪去虾须、虾爪，再用清水淘洗一次，盛入碗内，淋入曲酒，放上葱白段，随即将盘盖在碗上，再将虾翻扣在盘内，以免醉虾蹦出，直到上桌时才能揭开。

2）上桌时，醉虾与椒麻味碟同上，揭去扣碗，趁活蘸调料而食。

特点： 此菜鲜虾活吃，味道鲜美，风味独特。

 实例2　酒醉冬笋

原料： 冬笋500 g，汾酒或五粮液酒25 g，白糖25 g，精盐5 g，味精5 g，鸡汤50 g，鸡油25 g。

制法：

1）将冬笋用开水焯透，捞入凉水中，凉后取出，用刀切成3 cm长、3 mm宽的长条备用。

2）把冬笋放入容器内，加入鸡汤、精盐、味精、白糖、白酒、鸡油拌匀，用一油纸封住容器口，上屉蒸20分钟，取出晾凉即成。

特点： 此菜笋条洁白味鲜，酒香浓郁，甜咸适口。

三、腌

1. 腌的概念与特点

腌是将原料放入以食盐为主的调味汁中浸渍入味或用盐揉搓擦抹后，再加入其他调味汁拌制成菜的烹调方法。腌制法利用盐的渗透压原理使原料入味和析出水分及涩味，从而形成腌制菜品的独特风味。盐腌菜品具有色泽鲜艳、清香嫩脆和细嫩醇厚等特点。

2. 腌的操作要点

（1）含水分少的原料要加水腌，即盐水浸泡；含水分多的原料应用干盐擦抹。

（2）腌制的时间不宜过长，咸味不能过重，以定味和能排除水分、涩味为度。

（3）蔬菜类原料腌制后，必须用清水洗尽盐分方可调拌。腌制后的动物性原料食用前必须用清水泡掉苦涩味后，方可加工使用。

 实例1 酸辣白菜

原料： 大白菜1 kg，精盐20 g，白糖15 g，米醋25 g，香油30 g，葱丝、姜丝20 g，干红辣椒丝20 g。

制法：

1）将大白菜剥去老帮、刹去根，取叶柄部分，清洗干净。将白菜切成4~5 cm长、1 cm宽的条，整齐地放入小盆内，均匀地撒上精盐，腌制2小时，取出将盐分控干，再整齐地放入盛器中。

2）勺上火放入香油烧热，放入干红辣椒丝煸至酱红色，加入葱丝、姜丝稍煸后，加入适量水、糖、醋烧开，溶化后盛出，待晾凉后，把汁倒在白菜上，再用盘子盖上，焖腌3~4小时即可装盘食用。

特点： 酸辣甜香，爽口开胃。

 实例2 盐水鸭片

原料： 净膛光鸭1只约2 kg，精盐25 g，花椒10 g，八角3粒，桂皮5 g，料酒50 g，姜片30 g，香油15 g，味精1.5 g，胡椒面1 g。

制法：

1）将净膛光鸭洗净，控净水分备用。

2）将精盐、料酒、花椒、胡椒面、姜片、捣成碎块的八角和桂皮同盛于碗中，拌匀后遍抹鸭身内外,置盆中腌制1小时后,冲入沸水 4 kg,放入蒸锅用旺火蒸足1小时,取出待汁水温度降至 40 ℃ 捞出,让其彻底冷却,并留下原汁待用。

3)斩去鸭头颈,剔出大小骨,按翅、腿、胸及背各部位开成块肉,然后斜刀片成片,装入盘中,淋上以原汁加味精、香油调匀的味汁即可食用。

特点: 色泽乳白,咸鲜清香,皮糯肉嫩,为佐酒佳肴。

四、泡

1. 泡的概念与特点

泡是以时鲜蔬菜及应时水果为原料,经初步加工,直接用多量调味卤汁浸泡成为菜品的一种烹调方法。泡制菜肴的特点是质地鲜脆,清淡爽口,风味独特。

2. 泡的种类与操作要点

按泡制的卤汁不同,分甜泡和咸泡两种。甜泡的汁水以糖为主要调味品,成品偏重甜味;咸泡卤汁主要用食盐、白酒、花椒、生姜、大蒜、干辣椒、糖等为调味品,成品以咸、辣、酸味为主。

泡的操作要点:

(1)泡的原料要新鲜,洗净后必须晾干方可泡制。

(2)泡制要备有特制容器,调制泡菜卤水忌用生水,忌污染油腻,要用冷凉的开水。

(3)泡卤要经常处理,清理方法是将泡卤烧开去脏物,并根据泡的次数多少适当添加各种调味品。

(4)泡制时间应根据季节和泡卤的咸淡而定,一般是冬季长于夏季,味重的长于味淡的。

(5)夹取泡菜时,必须用洁净的工具,以免卤水变质。

实例1 四川泡菜

原料: 嫩豇豆 10 kg,干辣椒 100 g,精盐 250 g,糖 100 g,白酒 50 g,老姜 100 g,清水 5 kg。

制法:

1)将泡菜坛控去水分。将整齐的干辣椒洗净,控去水分,剪去蒂。将老姜刮皮洗净,控去水分。把两种原料及调料放入坛中备用。

2)将凉开水注入坛内,用盖子盖严,在坛沿内注入水,盖上盖子,即成泡菜水。

3）将豇豆洗净晾干，放入坛内，用盖子盖严，夏天在室外凉爽处 1~2 天即可食用。

特点： 咸酸适口，爽脆鲜香，酸中有甜，甜中有香，可生吃，亦可炒食。

 实例 2 北京泡菜

原料： 大白菜 1 kg，白萝卜 50 g，胡萝卜 50 g，辣椒末 20 g，牛肉汤 300 g，苹果 50 g，鸭梨 50 g，味精 10 g，葱 50 g，蒜 50 g，食盐 35 g。

制法：

1）将大白菜洗干净，控去水分，剥下外层的菜帮，劈成两半，菜心从头部劈成四瓣，再改刀切成约 5 cm 长的段。将苹果、鸭梨洗净，同样劈成四瓣，把核去掉，切成薄片。萝卜洗净去皮，白萝卜劈成四瓣，胡萝卜劈成两半，再横着切片。葱、蒜分别切成末。

2）将白菜、胡萝卜和萝卜放入盆中，加 15 g 食盐拌匀，腌制 4 小时左右，控净水分，同苹果、鸭梨一起放入搪瓷盆内，下入葱、蒜、食盐、味精、辣椒末搅拌均匀，倒入牛肉汤。在原料上面压上一块干净的大石头或一个盘子，然后放在温度较高（约 28~30 ℃）的地方，发酵 2 天后即可放入冰箱内储藏，可随时食用。

特点： 北京泡菜为黄白色，清淡鲜香，酸辣咸甜适中。

第三节　白煮、盐水煮

一、白煮

1. 白煮的概念与特点

白煮是将加工整理的肉类原料放入清水锅或白汤锅内，不加任何调味品，先用旺火烧开，再转用小火煮焖成熟的一种烹调方法。白煮菜品需冷凉后改刀装盘，然后用调味卤汁佐食。某些白煮类菜品，也有采取蒸制而熟的。为了除去部分腥味，根据原料情况，有的可酌情放一些葱、姜、料酒共同煮制。白煮的特点：一是制作简单、省时省事；二是制品能够保持原形原色和原料本身固有的鲜美味道；三是成品色泽洁白，清爽利落；四是食之鲜嫩滋润，清香可口。

2. 白煮的操作要点

（1）白煮的原料必须新鲜无异味。

（2）要根据各种原料质地的不同，掌握好火候，一般要求煮熟即可。

（3）煮制时，汤烧沸后再下原料，原料下锅后应改用小火煮至八成熟即成，不可煮得太烂。

 实例 白肉片

原料：猪通脊或五花肉 500 g，酱油 30 g，蒜泥 50 g，腌韭菜花 5 g，酱豆腐汁 10 g，辣椒油 20 g。

制法：

1）将猪通脊或五花肉横割成约 20 cm 长、13 cm 宽的肉块，刮洗干净，肉皮朝上放入锅内，倒入清水以高出肉 10 cm 为宜，盖上锅盖，在旺火上烧开，再转用微火煮焖，煮 1.5 小时左右后，用筷子一穿即入，拔出时肉无噘力为度。肉煮好后，先撇净浮油，再捞出晾凉，撕去肉皮，切成 10~13 cm 长、2 mm 厚的薄片，整齐地码在盘内。

2）把酱油、蒜泥、韭菜花、酱豆腐汁和辣椒油等调料一起放在小碗内调匀，随同肉片同时上桌，以供客人蘸食。

特点：白肉片薄如纸，粉白相间，肥而不腻，瘦而不柴，风味醇厚。

二、盐水煮

1. 盐水煮的概念与特点

盐水煮是把加工整理后的原料放入盐水中焯煮成熟或将氽煮成熟的原料放入盐水味汁中浸泡入味的一种烹调方法。兑制盐与水的比例一般为 1∶20。盐水煮的制品主要特点是咸香清爽，鲜嫩适口。

2. 盐水煮的操作要点

盐水煮要根据原料形状的大小和质地，分别掌握火候和不同的处理方法。

（1）经过腌制的原料，不需要再加入咸味调味品，只需放些葱、姜、料酒和香料直接煮熟。

（2）对于腌制体大质老的原料，应泡洗去苦涩杂味或水焯后再煮制，一般先用大火烧沸，然后小火焖煮成熟即可。

（3）对于一些形小质嫩或要保持鲜艳色泽的植物性原料，应沸水下锅，对于体大质老的原料可冷水下锅。

（4）要求质嫩的原料，盐不宜早放，最好是待原料成熟后再放，以防止原料变老。

 实例 盐水鸭

原料： 净膛光鸭1只约2 kg，花椒盐100 g，葱结5 g，姜片5 g，黄酒15 g，食盐2 g，白汤适量。

制法：

1）将净膛光鸭洗净，控干水分备用。

2）用花椒盐将鸭子内外擦抹，然后放入容器中腌2小时。

3）锅内放入大量水置旺火上烧开，投入腌好的鸭子，上下多次翻动，煮至表面无血红捞出，用冷水反复冲洗，将花椒洗掉，使鸭肉白净。

4）鸭子放容器中。加入葱结、姜片、黄酒、食盐、白汤后放在笼屉上，加盖旺火蒸至翅、腿无弹性时即可，出笼放在原汤中冷凉，以保嫩保白。

5）食用时斩下头颈、翅膀、鸭腿，然后把鸭一剖两半，将鸭头、鸭颈、翅膀斩碎垫于盘底，垫成拱式桥基，鸭脯、鸭腿修成桥面及扇面后摆上即成。

特点： 鸭肉白净清爽，口感鲜嫩。

第四节　炸收与卤浸

一、炸收

1. 炸收的概念与特点

炸收在有的地区称油焖五香，是将经清炸或干煸后的半成品入锅，加调料、鲜汤用中火或小火焖烧，最后用旺火收干汤汁，使之收汁亮油、回软入味、干香滋润成菜的一种烹调方法。此法适用于新鲜程度高，细嫩无筋，肉质紧实的家畜、家禽、水产及豆制品、笋类等原料。炸收的菜品具有色泽油亮，质地酥软，香味浓郁的特点。

2. 炸收的操作要点

（1）热处理与刀工。炸收的原料有生有熟，熟料应在煮制后捞出晾凉，再经刀工、调基础味，油炸。热处理时，原料不宜太烂，同时原料不宜太大。其油炸的程度不要太干，应呈滋润酥香的程度才有良好的质感效果。

（2）调基础味。调基础味的调味品主要有精盐、白酒、料酒、酱油、葱、姜等，不宜用白糖、蜂蜜、醪糟汁、甜酒等糖分重的原料调基础味，防止油炸抢火上色。此外，基础调味应淡些。

（3）油炸。生料的油温宜高，火力宜大，以达到外酥内嫩或炸去表面水分的目的。熟料的火力宜用中火，以达到松酥滋润或外酥内软的效果。炸制用油一律用植物性油脂，对于容易粘连的原料，可用油拌一下再入油锅炸制，即可避免相互粘在一起。

（4）调味品、汤汁应一次加足，中途不宜加调味品和汤汁，收汁时要用旺火收干汤汁，不应勾芡。

（5）矫味装盘。为使菜肴油润光亮，装盘前应将菜肴与原汁拌和，以确定其着味均匀。

 实例1 酱汁鱼条

原料： 鲜草鱼750 g，葱末10 g，姜末10 g，蒜末1 g，白糖5 g，料酒20 g，味精2 g，清汤500 g，花生油1 kg，花椒油10 g，面酱50 g，酱油25 g。

制法：

1）将鱼去鳞去鳃、开膛取内脏、用水洗净，从尾部将鱼片成两片，然后将鱼截成5 cm长的段，再竖着用刀剁成1 cm长的条，用酱油5 g、料酒5 g稍腌。

2）炒勺放入花生油，用旺火烧至九成热时，放入鱼条，将鱼炸成深红色时捞出，控净油备用。

3）炒勺内留底油5 g，烧至五成热后放入葱、姜、蒜末，炸出香味后迅速放入面酱，待酱出香味后，烹入酱油、料酒、清汤，放入鱼条、白糖烧沸后移至小火，待汤汁减少至1/2时，移至旺火上收干汤汁，加入味精，淋入花椒油拌匀即成。

特点： 酱香汁浓，鲜嫩味美。

 实例2 葱辣豆腐

原料： 北豆腐500 g，葱100 g，姜10 g，酱油20 g，白糖10 g，味精5 g，精盐10 g，料酒20 g，香油50 g，高汤1 kg。

制法：

1）将豆腐切成4 cm^{3}的块，放入七八成热的油锅内炸成金黄色。

2）放入香油，下入姜片、酱油、料酒、精盐、味精、糖和切成寸段的葱稍煸一下，倒入高汤，同时放进炸好的豆腐块，待锅开后，撇去浮沫，改用微火㸆20分钟，待入味后用旺火收浓汤汁，取出后冷却即可改刀码盘。

特点： 葱辣豆腐色泽红润，味道浓厚，并伴有宜人的葱香味。

二、卤浸

1. 卤浸的概念与特点

卤浸又称油炸卤浸，是将油炸后的半成品，趁热浇上卤汁或放入卤汁中浸泡入味制成菜品的一种烹调方法。卤浸与炸收的烹调方法有很多操作和工序是相同的，除了调制卤汁，放入半成品浸渍外，其热处理、刀工、调基础味、油炸的工艺基本相同。卤浸的菜肴具有色泽红黄，细嫩滋润，醇香味浓的特点。

2. 卤浸的操作要点

（1）原料一般不上浆挂糊，经调基础味后放入热油中炸熟。油温掌握在八成热，原料一般均需要炸两次，原料调基础味不能过重。

（2）制卤汁时，卤汁的口味要适中，卤汁与原料比例要恰到好处，卤汁的色泽不宜过深。

（3）油炸后应趁热放入预先制好的卤汁内浸泡，浸泡的时间要根据菜肴的特点来决定，一般以吃进卤汁、静置晾凉为度。

（4）卤浸菜肴上桌前根据需要酌浇卤汁，可使成品味感更富有特色。

 实例 卤浸鱼条

原料： 鲜草鱼肉500 g，姜块3 g，料酒15 g，葱段5 g，精盐5 g，味精1 g，花生油1 kg，香油5 g，蚝油卤汁800 g。

制法：

1）将鲜鱼肉洗净，切成约8 cm长、2 cm粗的条，与姜块、葱段、料酒、精盐拌匀码味。

2）将鱼条放入花生油锅内炸至断生呈金黄色捞出，趁热放入卤汁内浸渍1小时入味。上菜时捞出装盘，淋适量用卤汁、香油、味精调成的味汁成菜。

特点： 色泽金黄，鱼肉细嫩，滋润入味。

第五节 卤、酱、熏、酥

一、卤

1. 卤的概念与特点

卤是将原料水焯或油炸之后，放入配有多种香料、调料的特制卤汁中，先用大火烧开，再改用小火慢慢卤透，使卤汁滋味逐渐渗入原料内部直至熟烂制成菜品的一种烹调方法。卤制菜肴多用于动物性原料，也适用于部分植物性原料，如豆制品等。其特点是鲜香醇厚，五香气味扑鼻。红卤制品油润红亮，白卤制品洁白清爽。

2. 卤的种类与操作方法

卤的关键在于调制卤汁，卤汁又称卤汤。调制卤汁使用的各种香料和调料的分量比例必须适当，否则所卤的食物味不香、色不佳。卤过食物的卤汁要保存老卤备下次使用，下次使用卤汁不足时，还要适当增加香料、调味品和水，一次次使用下去，卤汁越陈香味越浓，所卤食物也就越鲜美。卤汁的配制，需用多种香料及调味料，香料有的多达 20 余种。卤汁按色泽可分为红卤、白卤。每个具体配方又有各自的特色，有的甚至被视为传家之秘，以保持其独特的风味，使其产品久享盛名而不衰。

3. 卤的操作要点

（1）要严格初加工操作，保证原料在色、味、形、卫生等方面的质量。卤制原料应选用新鲜细嫩、滋味鲜美的原料。

（2）卤制原料其体积不宜过大，原料的规格以达到本身需要的成熟程度时，原料味透为准。

（3）投料的先后次序要适当。几种不同原料可以在同一锅内卤制，但要根据原料的不同质地及所需加热时间的长短而先后投料，以保证达到成熟一致。如牛肉、口条、鸭子一起卤制，应先下牛肉，再下口条，后下鸭子。

（4）火力运用恰当。卤制品的原料一般块形大，加热时间较长，因此原料下锅后先用旺火烧沸，再改用小火煨煮，火力以保持卤汁沸而不腾为准。

（5）为了增添卤制菜肴成品的红润色泽，使其更加香透入味，原料卤制前可先进行上色处理，如入糖色。

（6）加入卤汁的香料和红曲米必须用纱布包起来，以防散入汤汁中，粘到卤制成品上，影响口感和外观。

4. 老卤的调理和保存

经常制作卤制品，老卤的调理与保存很重要，它直接关系到菜肴的质量。

（1）卤汁要专卤专用。肉、动物内脏、豆制品等切不可同卤。

（2）卤汁使用一段时间后，应根据需要添加鲜汤和更换香料，以增加卤汁的浓度和始终保持恒定的浓郁香味。

（3）参照制清汤的方法，可用鸡茸、里脊茸提清卤汁内的杂质，以保证老卤的纯净和卤制品的光洁。

（4）要注意保存好老卤，不使其污染而发酵变质。卤好后，应补足咸味和卤汁量，撇去过多的卤油，捞尽骨渣、碎肉和杂质，烧沸后倒入经烫洗后的原盛装专用器皿内，静待其自然冷却，不可搅动。盛装老卤宜用陶瓷器，不宜用铁器。

（5）卤汁长期不用时，要经常烧沸、清卤、晾凉，以免发酵变质。

 实例 卤兔肉

原料： 净兔肉 1 kg，酱油 1 kg，白糖 1 kg，绍酒 750 g，葱 250 g，姜 125 g，精盐 125 g，八角、桂皮、花椒各 50 g，凉开水 5 kg。

制法：

1）将兔肉洗净，斩成 5 cm^3 的块，水焯后备用。

2）用上述调料加凉开水熬 1 小时制成红卤汤。

3）将兔肉块放入，先用大火烧开，再转用小火卤约 45 分钟离火，待卤汁温凉时取出，食用时改刀装盘即可。

特点： 卤兔肉色泽红亮，味道香醇。

二、酱

1. 酱的概念与特点

酱是将腌制后的原料（也有不腌制的）经水焯或油炸，放入酱汁中用大火烧开，转用中、小火煮至熟烂捞出即可，也可以再将酱汁收浓淋在酱制原料上或将酱制原料浸泡在酱汁内而制成菜品的一种烹调方法。酱的工艺与卤的工艺基本相似，有些地方卤、酱不分，故二者时常并称为酱卤。传统上的酱汁就是将黄酱炒制，加水与调味品制成，或者将黄酱用开水熬制，而后过滤，加调料制成酱汁。

2. 酱的种类与操作要点

酱制法分为普通酱和特殊酱两大类。

（1）普通酱。普通酱多先配酱汁，其参考用料配方之一是开水 5 kg，酱油 1 kg，食盐 125 g，料酒 500 g，葱、姜各 125 g，花椒、八角、桂皮各 75 g 等熬制而成。有的添加糖色增香，还有的添加陈皮、甘草、草果、丁香、茴香、豆蔻、砂仁等香料。酱制好的菜肴多浸在撇尽浮油的酱汁中，以保持新鲜，避免发硬和干缩变色。

（2）特殊酱

1）酱汁酱法又称焖汁酱，以普通酱制法为基础，加红曲上色，用糖量增加五倍。成品具有鲜艳的深樱桃色，有光泽，口味咸中带甜。

2）蜜汁酱法，多用小块原料，先加食盐、料酒、酱油拌和腌约 2 小时，然后油炸，再下锅加汤、老酱汁及少量食盐煮 5 分钟，另备锅下少量汤，加糖、五香粉、红曲、糖色，煮至制品可以用筷子戳通即成，出锅后舀少许酱汁浇在成品上。成品为酱褐色有光泽，酱汁浓稠，口味鲜美而甜中带咸。

3）糖醋酱法，用清水、糖、醋及辣椒粉熬成酱汁，原料经油炸，倒入酱汁锅中煮熟即成。成品金黄红亮，具有香、鲜、脆、酸、甜、辣等特色，回味深长。

（3）酱制法的操作要点

1）要先用旺火烧沸，再转小火酱煮，要求沸而不腾。

2）在酱煮过程中应上下翻动两次，使原料上色均匀，成熟时间一致。

3）要根据原料的质地和大小，掌握烹调时间，一般在七成熟时即可收汁上色。

 实例　酱牛肉

原料： 牛腱子 500 g，精盐 10 g，酱油 100 g，白糖 15 g，面酱 50 g，料酒 10 g，大葱 50 g，鲜姜 50 g，大蒜 10 瓣，香油 25 g，肉料 35 g。

制法：

1）将牛腱子切成约 150 g 大小的块，用开水焯透，去净血沫后捞出。

2）将大葱、姜择洗干净切成块，与蒜、精盐、酱油、面酱、白糖、料酒、香油、肉料一起放入锅中，将牛肉汤烧开，煮成酱汤。

3）将牛肉放入酱汤锅中煮 5~10 分钟，改微火焖约 2 小时，保持汤微开冒泡，勤翻动牛肉，使之受热均匀，待汤汁渐浓，牛肉用竹筷子可以扦透时捞出，晾凉后切成薄片，即可装盘食用。

特点： 酱牛肉色泽酱黄，味鲜极香，软烂可口。

肉料配方： 花椒 50 g，大料 10 g，桂皮 10 g，丁香 2 g，陈皮 5 g，白芷 5 g，砂仁 5 g，豆蔻 5 g，山柰 5 g，小茴香 2 g。制作酱牛肉用以上肉料的 1/3，用纱布包好。

三、熏

1. 熏的概念与特点

熏是将腌制入味的生料或经过蒸、煮、炸等热处理的熟料，放入熏制的容器内，利用熏料封闭加热后不完全燃烧而碳化生烟的原理，使之吸附在原料表面，以增加菜品烟香味和色泽的一种烹调方法。常用的熏料有茶叶、大米、锅巴、柏枝、花生壳、核桃壳、木屑、稻草、锯末、食糖等。

由于熏烟中含有酚、醋酸、甲醛等类物质，它能赋予制品一种芳香气味和独特的清香口味。同时，熏制能使食品部分组织脱水，能有效地起到防止氧化、抑菌和杀菌的作用，并在烟熏产品的表面形成保护膜，因此能增加食品的特殊味道和延长保存时间。

熏制菜肴选料广泛，禽、鱼、肉、蛋、豆制品均可。原料可整熏，也可切成条、块状熏制。其特点是色泽红黄、烟香浓郁、风味独特。

2. 熏的种类与操作要点

熏制菜肴因原料生熟不同，分为生熏和熟熏。

（1）生熏。这是烟熏前制品仅是经过腌制入味的生料，熏后直接食用或熏后再经热处理制成菜品的烹调方法。

（2）熟熏。这是原料经腌制入味和初步热处理后，再行熏制成菜的烹调方法。

此外，有些以熏制为名的菜品，并不直接经过熏制，而是以先炸后烹熏汁或趁热入熏汁中翻拌的方式制成的，口味类似熏制的风味，其制法如同卤浸和北方热菜的清烹制法。

（3）铁锅熏制的操作要点

1）先晾干要熏的主料表皮上的水分，然后趁热码在箅子上，逐个摆开，要注意防止重叠。

2）熏料可用一种，也可数种同时使用。如用茶叶，最好先用开水冲泡一下，捞出再使用，味道更佳。

3）在锅底内撒入糖、茶叶、锯末等熏料后，将摆好主料的箅子端入锅中，封闭盖紧，以防跑烟。

4）严格控制火候和掌握熏制时间，烧至冒青烟时要及时转入小火并迅速离开火源，否则色泽过重，会使主料带有煳味。生熏的火候应小于熟熏，时间要比熟熏略长些。熏制的时间一般从冒烟开始熏10分钟即可。

5）将主料取出及时刷匀香油即成，个别也有不刷香油而是浸泡在卤汁中的。

 实例 香熏鸡翅

原料： 鸡翅750 g，红卤汤500 g，香油5 g，红茶5 g，锯末50 g，大米50 g，白糖10 g。

制法：

1）将鸡翅洗净后放入开水中焯一下捞出。

2）另取一锅放入500 g红卤汤兑入1 kg清水烧开后将鸡翅放入，移至小火上，煮至熟透后取出，沥净水分。

3）将白糖、红茶、锯末、大米潮湿后，均匀地撒在熏锅里，放上熏架，摆好鸡翅，盖严上火，用中火烧至冒黄烟时，离开火源，烟熏10分钟，取出抹上一层香油，食用前改刀装盘即可。

特点： 香熏鸡翅色泽红亮，味咸适口，富有五香味和浓郁的烟香味。

四、酥

1. 酥的概念与特点

酥是将原料或油炸的原料，放入以醋、糖和酱油为主要调料的汤汁中，先用旺火烧开，再改用小火长时间煨焖，使其酥烂制成菜品的烹调方法。适宜酥制的原料很多，鱼、肉、蛋、部分蔬菜均可酥制。酥制菜肴成品的特点是骨酥肉烂，口味咸甜酸适度，鲜香不腻。

2. 酥的种类与操作要点

酥有软酥和硬酥，原料经油炸的称硬酥，不经油炸的称软酥。

酥制的操作要点：

（1）酥制的重要环节在于调制酥汤汁。酥汤汁一般由醋、白糖、酱油、汤（或水）、精盐、料酒、香油、葱、姜等制成，各调料的投放比例要根据菜肴量而定。

（2）要掌握好火候和加热时间。先以大火烧开，撇去浮沫后改用小火慢焖，保持略有微沸状，不可大开，避免火候过急，使主料破碎，时间要足，以原料酥烂为度。

（3）酥制时锅底必须用竹箅垫底，以防主料被烧焦而影响菜肴的色泽和口味。

（4）菜肴口味要平和，咸、甜、酸适度，要求成品无汤少汁。

 实例 1　酥鲫鱼

原料： 鲫鱼 5 kg，烹调油 750 g，精盐 50 g，鲜姜 230 g，料酒 300 g，大料 15 g，米醋 1 kg，大蒜 200 g，白糖 570 g，桂皮 15 g，酱油 500 g，花椒 10 g，大葱 500 g，姜 200 g，鲜汤适量。

制法：

1）将鲫鱼去鳃、鳞、内脏，洗净。将锅置火上，加入油烧至八成热，下入整理好的鲫鱼，炸制呈老红色时捞出待用。

2）将锅内垫好竹箅子，上面摆上炸好的鱼，鱼腹朝下，摆一层鱼，撒一些葱、姜、蒜，直至摆完，最后加入醋、酱油、精盐、料酒、姜、蒜、糖、大料、花椒粒、桂皮、鲜汤等，烧开后，移置小火上焖煸 5 小时左右，至鱼骨酥软为宜。端锅离火，晾凉后用小铲起出，即可装盘食之。另一传统方法，鲫鱼不过油，直接放入锅内也用上述方法摆制、调味，酥制其味更浓。

特点： 咸酸甜香各味俱全，鱼肉浓香，鱼骨酥软。

 实例 2　酥海带

原料： 水发海带 5 kg，肥猪肉 500 g，酱油 50 g，醋 150 g，白糖 100 g，香油 30 g，味精 5 g，蒜 50 g，料酒 40 g，葱 100 g，姜 100 g，精盐 50 g，大白菜帮 3 片，鲜汤适量。

制法：

1）将海带放入大盆内洗净，将葱切段，姜切片，大蒜剥皮待用。

2）将肥猪肉切成 7 cm 长、1 cm 宽的肉条。把海带铺在案板上，上面放上切好的肉条一根，然后将海带卷成直径 4 cm 的圆卷待用。

3）将锅刷洗，锅底放上竹箅子，把海带卷置其上，码好一层放一层葱段、姜片、净蒜，一共码放 3~4 层，最上一层盖上大白菜帮，然后将糖、味精、精盐、酱油、料酒、醋、香油倒入锅内，再添上鲜汤，以没过海带卷为宜，然后盖严锅盖，放置火上烧开，再用小火炖 6 小时左右，待汤快干时连锅端下，晾凉后即可取出。

4）食用前，将海带卷切成 5 mm 左右的圆片，码放在盘中，即可食之。

特点： 色泽深棕褐色，口味咸甜微酸，品质松软可口。

第六节 酥炸、脱水与糖粘

一、酥炸

1. 酥炸的概念与特点

酥炸与酥不同,酥炸又称油酥,是将原料经刀工或调基础味、热处理后,入油锅炸酥成菜的烹调方法。动物性原料通常要腌制入味或卤、蒸后再入锅炸制,植物性原料加工后可直接放入油锅内炸制。酥炸适于肉类、鱼类、豆类、果仁类、薯类蔬菜等多种原料。酥炸的特点是酥脆干香,外焦里嫩,清爽无汁。

2. 酥炸的种类与操作要点

酥炸菜因地方风味不同,其烹调方法也略有不同,这种制法有挂糊和不挂糊之分。挂糊的有的是将原料外表蘸上发酵粉或蛋液拌成的糊浆,使炸后的菜肴外酥脆内鲜嫩;有的是将原料外表蘸上淀粉,直接下锅油炸,炸后外香脆内鲜嫩。不挂糊的有原料腌制调基础味后直接油炸和原料熟处理后再油炸之别。

 实例 油酥排骨

原料:纯猪排骨1 kg,精盐10 g,净老姜15 g,葱段20 g,料酒20 g,五香料25 g,花椒3 g,鸡鸭骨汤4 kg,糖色40 g,味精1 g,烹调油1 kg。

制法:

1)排骨洗净,以三根肋骨为一组斩开,再以10 cm的长度横刀斩断,下入沸水锅内汆一下。五香料及花椒均洗一遍,用洁净纱布包好。老姜拍破备用。

2)鸡鸭骨汤注入卤锅内,投入五香料包,下入姜、葱、精盐先熬约10分钟,再加入料酒、糖色和排骨,卤制40分钟,下入味精再卤10分钟,至肉软捞出沥净卤汁。

3)净锅置火上,注入油烧至六成热时,放入卤排骨块炸至棕红色,捞出沥尽油,稍冷再开条,斩断成5 cm长的节,装盘即可供食。

特点:油酥排骨色泽棕红,五香酥浓,外酥里嫩。

二、脱水

1. 脱水的概念与特点

脱水又称松,是将无骨无皮无筋的原料初步加工后,再根据其不同性质,分别进行油炸、蒸煮、烘炒等,然后进行挤压、揉搓,促使原料脱水、干燥,成为酥松、脆香菜品的一种烹调方法。脱水制品多用肉类、鱼类、蛋类、绿叶类蔬菜等动植物性原料制成。脱水制品具有松、酥、香脆、咸淡适口、易于保存的特点。

2. 脱水的方法与操作要点

饮食业的脱水方法主要有以下三种。

(1)将原料经蒸煮熟烂后,加工成丝状或茸状,再炒、炸或烤干,加调料制成。

(2)将原料切成丝状,经油炸酥脆后,加调料制成。

(3)将原料下油炸时,边炸边搅成细丝至酥捞出,沥净油,加调料制成。

其操作要点:

(1)调味时不宜过咸,要咸淡适度。

(2)刀工要精细,便于松制,使菜肴成形美观一致。

(3)火候要恰当,应根据原料的性质不同而灵活掌握,不可使制品焦煳、僵硬。

(4)油炸必须用素油,以保证成品冷凉后的外观和口感。

 实例1 菜松

原料: 芥蓝叶500 g,烹调油1 kg,精盐4 g,味精1 g,香油2 g。

制法:

1)将绿色芥蓝叶洗净,切成2 mm粗的细丝。

2)炒勺上火,放油烧至90~110 ℃,速放入菜丝炸至酥脆时捞出,沥净油加调料拌匀即成。

特点: 色泽翠绿,口味鲜香。

 实例2 鱼松

原料: 黄鱼1条约1 kg,烹调油1 kg,料酒50 g,精盐10 g,花椒2 g,大料2 g。

制法:

1)将黄鱼除去头尾、皮、骨,并去掉带红色的鱼肉,放入清水内浸泡至鱼肉发白。

2）取出鱼肉放入盘内，加料酒、精盐、花椒、大料，上笼屉以旺火蒸 20 分钟左右取出，去掉调料不用，控干，顺着纹理撕成细丝。

3）净锅放在小火上，加入油，放鱼肉丝炒至水分干时，改用微火，边炒边揉，待炒至鱼肉发松发亮时即成。

特点：鲜香、松软、色泽黄白。

三、糖粘

1．糖粘的概念与特点

糖粘也称挂霜、上霜，是将糖和水加热溶化，待糖汁稠浓时，把加工好的原料入锅，使糖汁均匀地黏附于原料表面形成结晶制成菜品的一种烹调方法。糖粘制品的原料多用干果和水果，成品具有质感嫩脆、香甜可口的特点。

2．糖粘的操作要求

（1）干果原料经沸水热处理后要沥干水分，并经油炸或烘干后才能进行糖粘。

（2）水和糖的配制比例要合适，一般为 1∶3，即 50 g 水与 150 g 糖相配，炒成的糖汁浓度较适度。比例过大或过小都会影响糖的再结晶。

（3）掌握好炒糖的火候是制作糖粘菜的关键。观察糖汁老嫩可依据加热温度和糖泡的变化。当糖的加热温度为 120~125 ℃，糖溶液的水泡由少到多，由大变小，并逐渐变为小而均匀的稠浓似鱼眼泡时，则是离火投放原料的最佳时间，过时就会在原料表面形成白细的结晶。

（4）原料粘裹糖汁后要采取降温措施，以保证菜肴的成品品质。

 实例 糖粘桃仁

原料：桃仁 500 g，白糖 150 g，花生油 750 g。

制法：

1）将桃仁用热水浸泡，待水温凉后剥去仁衣待用。

2）锅内加入花生油，用旺火烧至六成热时，将桃仁下入炸成淡黄色时捞出，控净油待用。

3）炒锅内留 5 g 油，在微火上烧热，加入白糖，用手勺搅炒，见颜色微红起泡时，迅速将炸好的桃仁倒入锅内，随即将锅离火，颠翻均匀，倒在涂过油的案板上，用筷子逐块拨散，晾凉装盘即成。

特点：糖粘桃仁色泽晶亮，酥脆香甜。

第七节 卷与冻

一、卷

1. 卷的概念与特点

卷是用片大薄形的原料做皮,卷入几种其他原料,经蒸、煮、浸、泡或油炸成菜的一种烹调方法。卷制菜肴取料广泛,菜品繁多,成品具有形状整齐,鲜香清淡的特点。卷制菜肴既可单独食用,又是拼摆花色冷盘的主要原料。

2. 卷的种类

(1)按使用原料的不同,分布卷、捆卷和食品原料卷三种。用布包扎原料的称布卷;用细绳直接卷扎原料的称捆卷;用蛋皮或其他可食用原料卷成的称食品原料卷。

(2)按熟制方法可分为蒸制类、油炸类和浸泡类三种。蒸制主要是外层用蛋皮、紫菜或菜叶裹包的卷,制作时将卷放入盘中上笼蒸熟即成。油炸主要是外层用肉片、面皮和紫菜等裹包的卷,制作时多将卷粘上一层用面粉、湿淀粉和蛋黄调成的薄糊,放在七成左右的热油中炸制,熟时捞出沥尽油即可食用;浸泡主要是外层用萝卜、胡萝卜、莴笋等裹包的卷,原料多是生料。

(3)按成品色泽可分为单色卷和多色卷两种。

单色卷:即成品的馅心只呈一种色彩的卷,色调单纯,多用作花色冷盘及特殊象形冷盘的装饰和点缀。

多色卷:即成品的馅心是两种或两种以上色彩的卷。此卷选择的原料都在两种以上,成品色彩和谐,对比明显,多用于拼摆象形冷盘,如凤凰、孔雀等的尾部、身部和翅膀。

(4)按成形形状可分为圆形卷、羽形卷和鸳鸯形卷三种。

圆形卷:即卷的形状呈圆形。它的种类与单色卷、多色卷相同,主要用于鸟类象形冷盘尾部的拼摆,或用于花色冷盘的装饰和点缀。

羽形卷:即成形呈鸟类的羽毛形状。它主要用作拼摆孔雀、凤凰、锦鸡等象形冷盘的翅膀、身部,或用来装饰和点缀花色冷盘。

鸳鸯形卷：即如意卷，有两层含义，一是卷的两种原料呈不同色彩；二是卷的形状呈鸳鸯状。此卷主要用于花色冷盘的围边、点缀、装饰。

3. 卷的操作要点

（1）卷制菜肴要卷得牢，扎得紧，粗细均匀，制成的食品才能造型美观，鲜香可口。

（2）需调味的，其腌制和煨口时间不宜过长，口味不宜过咸，需要卷在原料内部的馅心必须保证细腻。

（3）不论何种泥茸，吃浆必须适度。吃浆过多，料子稀，卷不成形；吃浆过少，料子稠，卷时摊不匀。

（4）火候要适当，防止过火而使成品失去应有的嫩度。

 实例 如意紫菜卷

原料： 紫菜50 g，鸡脯肉150 g，猪肥膘肉25 g，鸡蛋皮1张，鸡蛋清4 g，精盐10 g，味精2 g，香油5 g，胡椒粉1 g，葱姜汁50 g，干淀粉2 g。

制法：

1）将鸡脯肉去筋皮，洗净，猪肥膘肉洗净，分别用刀背砸成泥放入碗内，加精盐、胡椒粉、味精、葱姜汁、香油、蛋清2 g搅拌成茸。将干淀粉放入碗内，加蛋清2 g搅匀，和成蛋清糊。

2）蛋皮铺在案板上，抹上蛋清糊，再铺上一层薄薄的鸡茸，在其上面铺上一层紫菜，再铺上一层薄薄的鸡茸，然后，同时从鸡蛋皮的两头向中间卷成如意形状，将其翻过来摆入平盘内。上笼蒸15分钟左右，熟后取出边压边冷凉，食用时改刀装盘即成。

特点： 形美软嫩，口味鲜香。

二、冻

1. 冻的概念与特点

冻是将富含胶质的原料放入锅中加水慢慢煮烂，使其充分溶解成为较稠的汤汁，经过滤后，浇入已加工成熟的原料中，待其自然冷却凝固成冻的一种烹调方法。有的汤汁清澈见底，凝固后晶莹透明光洁，故又称水晶。冻制品的冻汁多用猪肉皮、琼脂、明胶、食用果胶或其他带有胶质类的原料制成。冻制菜肴具有晶莹透明、软嫩滑韧、清凉爽口、造型美观的特点。制作冻类菜肴主要是利用了蛋白质凝胶作用的原理，尤其是肉皮和含有结缔组织较多的原料中含有大量的胶原蛋白，经加热水煮后产生变性而溶于水中成为胶体溶液，随着温度的降低而凝固成明胶。

2. 冻汁的熬制与操作要点

（1）冻汁的熬制

1）皮冻汁。选择新鲜无异味、无毛、洁净、质地细密的猪背皮和猪后腿皮，用镊子夹去残毛，片尽肥膘，放在热水中反复刮洗，去尽油脂和污垢，然后放入沸水中烫透捞出，趁势切成薄条，使其易于受热，待冷却后即成明胶，用热碱水搓洗3~4次，再用热水投洗干净，而后放入清汤或清水中，用小火长时间慢熬（为了增香和增大明胶的浓度，可加入焯水后的鸡鸭脚、鸡腿骨），并随时注意撇去表面的浮沫，一直熬至肉皮软烂不能受力且汤汁有黏性时冻汁即熬好。

2）琼脂冻汁。琼脂也称琼胶、冻粉、洋粉，是从海产的石花菜等植物中提取的胶质经冻结、干燥而成。琼脂不溶于冷水，但能溶于热水。琼脂是高分子化合物，虽不能溶于冷水，但在冷水中能发生溶胀作用，使琼脂体积胀大。在熬制或蒸制琼脂前，一般要先将琼脂浸泡在冷水中，使其充分吸水溶胀，以便于加热后迅速溶化。配比恰当是冻制菜肴具有良好风味的重要因素。水分过少，则有如橡胶发硬，没有弹性，需加水再熬；水分过多，没有凝固或虽凝固了但也没有弹性，应继续加热蒸发水分。当琼脂液黏稠时，可取一滴黏液滴在指甲上，如果很快凝固成坚牢、晶亮、弹性好的固体，说明琼胶已熬好，可用它制作菜品。

（2）操作要点

1）熬制冻汁关键是要掌握好浓度，形成凝胶必须具有一定的浓度，若浓度超过了极限或达不到最小浓度就无法凝固。

2）肉皮与琼脂的性质不同，熬制琼脂冻汁，若水不足可中途加水；而肉皮冻汁不宜中途加水，最好一次性将水加足。

3）火候以小火为宜，熬好后加入的食盐和糖量不能多，适量即可，以保证菜肴口味清淡。

4）选用炊具要干净无油，以铝锅和钢精锅为宜，可保证凝胶晶莹透亮。

5）在整个制作过程中，不要接触酸性物质和蛋白酶含量丰富的原料，因为明胶对酸、酶都很敏感。

3. 冻的种类与冻汁的运用

（1）冻的种类。冻的成品按口味分为咸、甜两种；按色泽分为清冻、混冻两种。咸的多用于以猪肘、鸡、鸭、虾、蛋等原料为主制成的冷菜；甜的多用于干果、鲜果为主制成的冷菜。在冻料的使用上，咸的多以猪肉皮为主，以琼脂为次；甜的则只用琼脂。在冻的熬制中，咸的用清汤或清水，甜的用糖水。清冻不使用酱油等有色调味品，而以精盐为主进行适当调味，而且在冻汁熬成后，挑出肉皮再行冷却，这样制作的冻，色白透亮，明澈晶莹；混冻在制冻时使用酱油等有色调味品，一般不挑出肉皮，因其色重汁混，故称为混冻。

（2）冻汁的运用。冻汁熬制好以后，根据菜品的品种需要做一些调节就可直接用来制作菜品。需要调节的包括两个方面，一是冻汁的老嫩，即冻汁的浓度，要根据菜肴的需要调节好冻汁的浓稠度，以保证凝胶的成形性；二是皮冻汁的透明程度，即冻汁是否去掉肉皮渣，这也要根据菜肴的需要来决定。制作菜肴时，根据加入冻汁原料的不同，其冻法的运用主要分为以下两大类。

1）直接利用主料所富含的胶质，经较长时间熬、煮水解后，再冷却凝结而为成品。这类菜肴不加任何其他原料，只需加适当的调味品，冷却后即成。

2）在菜品制作过程中加入胶质添加料，如肉皮、肉皮冻、琼脂冻汁、食用明胶等。其具体运用又有以下三种。

①在冻汁中加入液体状的原料，这类原料必须在冻汁加热过程中冲入、搅匀，使原料成熟后均匀地溶于冻汁中，然后调味，冷却定形后成菜。

②在冻汁中加入固体状的原料，这类原料必须是事先经过刀工处理和热处理后的丝、丁、片、条和花形原料。经热处理后的原料必须冷透后才能加入冻汁中，最后待冻汁晾凉而成菜，这类菜肴讲求造型，需要一定的制作工艺。

③把冻汁当成胶凝剂，制作系列水晶菜肴。

4. 冻制类菜品的成形方法

最常见的一种是原料与冻汁混匀，然后倒入平盘中冷却，经刀工改成块状装盘。另一种是分层制作，待先入模的一层冷却至十分稠厚时，再加上后入模的一层冻汁，此法可制作多层叠起的菜肴。还有一种特殊造型法，先将稠厚的冻汁倒入器皿中呈一定厚度，然后将加工好的主料放在冻上，一般要拼摆出一定的造型，再轻轻倒入另一部分浓稠的冻汁，冷却后脱模而成。这种方法通过冻汁的透明性，可以展现各式造型，具有工艺性强的特点。

 实例 冻鸭掌

原料： 净鸭掌 500 g，黄酒 25 g，葱 10 g，姜 15 g，精盐 15 g，大茴香 2 g，白糖 5 g，味精 3 g，香油 5 g，烹调油 20 g，酱油 15 g。

制法：

1）将鸭掌洗净，放入锅内加水煮至八成烂时取出，冷却后，拆净大小掌骨，留原汤待用。

2）锅上火烧热，放入烹调油，投入葱、姜、大茴香煸出香味，烹入黄酒，然后加入原汤、食盐、糖、味精、酱油。

3）将拆净的鸭掌中火下锅煮烂，转旺火收浓汤汁，除去葱、姜、大茴香，淋入香油，连汤倒入盘内冷却，再入冰箱凝结，食用时改刀码盘即成。

特点： 冻鸭掌色泽浅黄，肉质软烂，口味咸鲜。

第六章

热菜制作工艺（一）

第一节 热菜烹调方法概述

一、热菜烹调方法的概念和重要性

菜品制作的烹调方法可分两大类：冷菜烹调方法，一般称冷菜制作；热菜烹调方法，一般简称烹调方法。

1. 热菜烹调方法的概念

热菜烹调方法就是把经过初步加工和切配成形的烹饪原料，通过加热和调味等综合方法，制成不同风味菜品的烹调工艺。

2. 烹调方法的重要性

（1）烹调方法的运用是整个烹调工艺的关键。在制作菜品的全过程中，有多道工序。从烹饪原料的购置、选择、存放、保管、烹饪原料的初加工（选料、分割、涨发干货、出肉等）、烹饪原料的细加工（刀工工艺、配菜以及着衣工艺等），直到烹调方法的运用、装盘等工序，这些工序中最为重要和核心的是烹调方法。

（2）烹调方法的运用水平决定着菜品的质量合格程度。菜肴的滋味、质感、香味、色泽、形态等诸方面是否合乎标准，取决于烹调工艺中的选料、刀工、调味、着衣、火候运用等。其中最为主要的则是烹调方法的运用。烹调方法的运用包括两个方面，一则为烹，即火候的运用；二则为调，则是调味的运用。两者有机配合即是烹调方法的运用。只有这样，才能烹调出色靓、香浓、味美、形秀、质优的不同风味流派的菜品。

（3）烹调方法的运用水平是衡量烹调技术水平高低的标准。衡量烹调技术水平高低，主要是三大烹调技术的水平，即刀工、勺工火候以及调味，而勺工与火候的运用与调味技术的结合就是烹调工艺技术。

二、烹的作用

1. 杀菌消毒

一般烹饪原料在未加工时，不论多么新鲜，或多或少都带有一些致病的细菌或寄生虫，在加工温度60~85℃时，经过一定的时间，细菌和寄生虫一般都可以被杀死。烹可以通过加热对烹饪原料进行杀菌消毒，从而使原料成为可供安全食用的菜品。

2. 使烹饪原料中的营养成分分解，便于人体消化吸收

烹饪原料在高温加热过程中，会发生复杂的物理变化和化学变化，促使原料中的营养物质初步降解，从而使烹饪原料中的营养成分更有利于人体消化吸收。

3. 使烹饪原料变得芳香可口

烹饪原料中大都含有一些醇、酯、酚、糖等化学物质成分，这些物质在受热时，一方面它们随着烹饪原料组织的分解而游离出来，另一方面又可发生某些化学变化，变成某种芳香性的物质，所以通过烹的作用，食物就能味香可口、诱人食欲。

4. 使各种烹饪原料的滋味混合成复合的美味

任何物质中的分子都处在运动中，温度越高，运动就越激烈。几种原料放在一起加热，随着温度的升高，原料中分子的运动就激烈起来，一种原料的一部分分子就会进入另一种原料内部，或融入或溢出，特别是通过锅中沸热的水和油的作用，促使各种原料中的分子更加相互渗透、相互融合，从而形成复合的美味。

5. 使加工后的菜品色泽鲜艳、形状美观

烹制加热可以改善烹饪原料的外观，用旺火速成的蔬菜，颜色鲜艳；经过油滑的原料，色泽金黄，如虾经油滑变得鲜红，鱼片经过油滑洁白如玉。原料通过剞刀刀法，加热后其佛手形态、麦穗形态、菊花形态等各种美丽的花刀刀口会展示在食者面前，不仅是精美的菜品，而且可谓是艺术作品。

三、烹调方法的作用与目的

通过不同的烹调方法，正确掌握火候，利用烹饪原料在烹调过程中产生的各种物理的和化学的变化，使原料发生质变，从而达到符合营养卫生的理化标准，达到菜品

符合色、味、形、器、质的感观标准。总之，烹调方法可使食者达到饮食养生的目的，使菜品达到给人们以美感的目的。

四、烹调方法的具体技法

广泛使用的烹调方法有炒、爆、熘、炸、烹、煎、烧、扒、煨、炖、焖、熸、煮、蒸、烩、贴、塌、烤、涮、氽、熬、燔、焗、拔丝、糖水、蜜汁、挂霜等二三十种之多。

按传热媒介（这里的传热媒介一般是指原料最后加热成菜时所用的传热媒介，不包括前期热处理过程中所用的传热媒介）分类如下：

（1）以油为主要传热媒介的烹调方法有炒（不含水炒）、炸、爆（不含水爆、汤爆）、煎、熘（不含水熘）、烹、贴等。

（2）以水为主要传热媒介的烹调方法有烧（不是烧烤之烧）、扒、焖、烩、熸、氽、煮、炖（不含现代广东菜中的炖）、水熘、水爆、汤爆、水炒、涮、白灼、煨、汤羹、糖水等。

（3）以蒸汽或热空气为主要传热媒介的烹调方法有蒸、烤、隔水炖等。

（4）以食盐为传热媒介的烹调方法有盐焗等。

（5）电子设备加热的烹调方法有微波烹调法、远红外线烤炉烹调法等。

第二节　临灶工作

一、临灶工作使用的烹调器具

1. 概念

临灶使用的烹调器具是指在不同炉灶台岗位（如灶台岗、蒸锅岗、发制原料岗等）工作中使用的各种烹调加热器具以及辅助器具等，广义上它包括蒸锅、大锅灶的煮锅在内的各种加热炊灶器具，狭义上专指临灶岗位工作中所用的加热器具和辅助器具，如炒锅（炒勺）、手勺、滤器、调料罐等。

2. 种类

（1）主要加热器具。主要加热器具以锅为主。锅是用于煎、炒、烹、炸、烧、扒、炖、蒸等各种烹调方法的加热工具，是最重要的一类烹饪器具，按烹调工艺划分，有炒锅、蒸锅、煮汤锅、铛等多种；按其所用材料划分，有铁锅、铝锅、复合金属锅、不锈钢锅、砂锅、铜锅等。此外，高压锅、不粘锅以及炊灶具合一的电锅、微波炉也属此类。

1）炒锅。炒锅是临灶中适用于大多数烹调方法的加热器具。根据制造材料划分，炒锅有铁锅、铝锅和复合金属锅等几类。绝大多数的烹调技法都可用炒锅来完成，这是使用最频繁的一类锅。

①铁炒锅。铁炒锅分生铁锅和熟铁锅两种，前者小型的多用于家庭使用，后者多用于餐饮业使用。生铁锅由铸铁铸成，质硬脆，以色青发亮者为佳；熟铁锅由较纯的铁采用浇铸或锻压的方法制成，有较好的韧性和抗冲击性，以白亮者为优，其规格种类较多，以口径 25~40 cm 的使用较为普遍。

铁炒锅分耳锅式、把锅式、耳把合一式三种形态。耳把合一式即一边有把柄、一边有耳的锅，此锅多见于贵州菜馆。

耳锅按形分，有单耳锅和双耳锅，川菜馆、苏菜馆多用单耳锅。按口径大小分，有大耳锅、中耳锅和小耳锅，规格较多。

把锅即带把柄的锅，多见于北方菜馆，浙菜馆也用之。这种锅又称其为勺、炒勺、汤勺，有的地区称为炒瓢。勺有木把勺、铁把勺两类。勺又分炒勺、汤勺两类。炒勺的特点是勺底较厚、边缘较薄、色泽明亮、滑而不涩，故又称双底勺，适用于炒、爆、煎、熘等一类的技法。汤勺的特点是勺底较薄，传热较快，故又称单底勺，适用于余、烩、扒、焖等技法。因多用于汤羹菜、烧扒等，所以称为汤勺，又称为扒勺。

②铝炒锅。铝炒锅有带把铝炒锅和双耳铝炒锅两种，其特点是传热迅速，不易生锈，体轻易洗和不易结底煳锅。

③复合金属锅。复合金属锅是一种新型材料锅，锅内层为铁，外层为铝合金，外表涂高辐射吸收涂层，集铁锅和铝锅的优点于一身。

2）蒸锅。蒸锅是用于蒸制面食和各种菜品的专用锅，有铁制、铝制和不锈钢制三种，其结构也分三种类型。其一，带箅式蒸锅，在高腰锅内放置 1~2 个蒸箅组成，此种锅多为铝锅、不锈钢锅。其二，架笼式蒸锅，此锅由一般深斗锅架上蒸屉或蒸笼组成，多为铝锅。其三，连体式蒸锅，也称蒸箱。锅与炉或者锅与蒸箱连为一体，或炉、锅、蒸箱三者连为一体，此种锅多为不锈钢制品，带箅式蒸锅和架笼式蒸锅均为小型蒸锅，连体式蒸锅为大型蒸锅，可根据需要定做。

3）煮汤锅。煮汤锅主要是指煮制大量原料的大、中型烹调锅，常用于煮制肉类、制汤、烧水以及制面点、小吃，如煮粥、煮饺子、煮面条等，也指用于涮制的小型火锅，如

菊花锅等。煮汤锅按其材料可分为铁锅、铝锅和不锈钢锅等多种；按外形特点分有高型锅、矮型锅、浅底型锅等多种。如制汤以筒形、平底、双耳不锈钢矮锅为佳，又称为汤筒。

4）铛。铛在烹饪行业中，北方称为饼锅，南方称为平锅。在民间，北方多称饼铛。铛，多为生铁铸造，也有熟铁打制的。铛分锅式、鼓肚式、拼拉式三类。

①锅式是常见的铛。形似圆形茶盘，平底，锅唇边向外微翻，大小各异，锅边高约 30~80 mm，口径以 40 cm 为多，烹调方法多为煎、烙等。

②鼓腹式是北方民间饼铛的一种，又叫"鏊子"，生铁铸成，平面圆形，中间稍鼓起，上面有密麻小孔，铛周边向下垂直，高约 3.3 cm。

③拼拉式铛为生铁铸成，由两块或三块铁板组成，可拼对成为一圆铛，铛可拉开，也可拼对，多用于北京传统风味，如"铛炮肉"等。

5）砂锅。砂锅以陶土烧制而成，广东又称煲或砂煲，其特点是传热速度慢，加热时间长，化学性质稳定，所以烹调出来的菜品其味浓香、醇厚、口感软烂，代表菜品有"砂锅狮子头""砂锅鱼头""红松羊肉煲"等。砂锅按其容量可分大、中、小三种；按其色泽又可白、黑、紫三类。

①白砂锅有盆型、高型、矮型三种。口大、唇卷、肚鼓的为盆型白砂锅；撇口、平沿、扁唇、直颈、腹突的为高型砂锅；矮型砂锅在北方称为南砂锅、广式砂锅。此外，随着科技的发展，又出现一种新型耐高温的白色砂锅，这种砂锅质地细、结实、耐热、不易破裂。

②黑砂锅有大明锅、大酱锅、砂勺、火锅式砂锅等十几个品种。其中以山西平定、河北彭城以及山东淄博等地产品最为有名，山西产的砂火锅是火锅的佳品。

③紫砂锅由紫砂泥制坯烧成，其颜色有黄、赭、绿、赤、紫等多种，是一类特色突出的烹调器具。其中以汽锅最为有名，此锅口大腹厚，结构奇特，锅中心设置一中心气管，上细下宽，蒸汽从锅底下口进入，通过气管向上蒸腾传入锅内，通过蒸汽使锅中原料蒸熟，云南名菜"紫砂汽锅鸡"就是用此锅烹调而成。

6）高压锅。高压锅又称压力锅，具有省时、节能、快速的特点，能在很短的时间内煮制出软烂、香浓的食物。有钢铝合金或不锈钢材质两类高压锅。其结构包括锅身、锅盖、塑胶手柄、硅橡胶密封圈和安全装置五大部分。安全装置含限压阀、安全阀、安全窗、超压报警阀、泄气浮阀和自锁开关六个部分，即六个保险机构。较简单的安全装置只有限压阀和安全阀；容积较大的加设安全窗；有些压力锅不设高压报警阀。高压锅的原理是利用锅内加热时产生的蒸汽形成的一定的压力和高达 124 ℃左右的温度来烹调食物，使用时一定要注意安全。

7）不粘锅。不粘锅是在铝合金锅或铁锅表面上涂一层不粘材料的新式锅，它具有不黏附、不煳底和易清洁的特点。涂有不粘材料的金属锅均属不粘锅，如不粘电炒勺、不粘电饭煲、不粘饼铛（煎盘）等。不粘锅的不粘材料有多种，主要有聚四氟乙烯塑料。聚四氟乙烯塑料具有屏蔽效应，表面张力小，对其他物质吸收力极弱，故而不粘原料。它还具有耐高温、耐腐蚀、化学稳定性好和抗老化的特点，以及耐磨性和良好的导热性，可在240 ℃左右的温度内长期使用。但是温度也不宜太高，使用不粘锅不准用硬物刷洗锅内表面，并禁用金属铲与勺辅助烹调。

（2）辅助器具。辅助器具是指在临灶烹制菜品的过程中使用的烹调辅助器具，如手勺、手铲、锅刷子等。

1）手勺、手铲、锅刷子、锅（勺）枕器、锅盖

①手勺，又称拍勺、排勺。其特征是一头为半圆形的盛器，连接着有一定长度的长柄。手勺按型号分有大、中、小三种类型。柄的长短不一，也有几种规格。按材料划分，有熟铁手勺、不锈钢手勺、铝手勺，以及不粘锅用的木制手勺。大不锈钢手勺或大铝手勺多配合广东菜炒锅使用。中、小型铁手勺在北方配合炒勺使用，在南方配合炒锅使用。手勺的用途，一是用于盛、舀原料，包括主配料、调料、汤汁以及菜品成品；二是用于兑汁、勾挂芡汁等；三是用于配合烹制菜品时在锅（勺）中翻推、搅拌原料。

②手铲，又称锅铲，是在调料、加味、搅拌、出锅和装盘时使用的工具，还可用于起饭和盛饭。按其材料有熟铁铲、不锈钢铲、铝铲以及不粘锅用的木制手铲之分。

③锅刷子，用于刷洗锅（勺）的工具，有竹制的、塑料制的、铁竹制的多种。在餐馆又分为用于刷炒锅、炒勺的油刷子，用于刷汤锅、汤勺的水刷子两类。前者刷锅时不能沾水，可保持炒勺油光滑亮。

④锅（勺）枕器，又称锅架子、锅垫、勺垫。简易的锅架子是一个有一定高度的铁圈或不锈钢圈；复杂的锅架子是在不锈钢圆托上固定一个圆形架垫。

⑤锅盖，一种为常见的锅盖；另一种是呈圆锥形，似清朝官帽的铁盖，又称勺帽子。

2）钩、叉、签、筷、铁丝网。这是在锅中捞取原料或烤制原料时使用的一类烹调辅助工具。

①钩，主要有不锈钢钩、铁钩两类，又分无木柄、带木柄和带铁环的三种。一般用于在大锅中协助漏勺或笊篱捞取大型原料或整料，如鸡、鸭等；带铁环的铁钩可用于烤鸭、烧鹅等的钩挂。

②叉，主要有不锈钢叉和铁叉两类，又分无木柄、带木柄、带铁环的三种。叉有单叉头和双叉头之分。按叉的长度分有长叉、中叉、短叉三类，柄把长短也不一致，其用途各地不一。

③签，有铁签、不锈钢签、木签、竹签等多种。签有粗细之分，又有带木柄和无

柄之别，多用于串制各种原料烤、炸、涮等。铁签也可用于检验锅中原料的成熟度，或在锅中叉取原料。

④筷，有铁筷、不锈钢筷、竹筷、木筷等，在烹调中用于抽打鸡蛋，调制浆糊，夹制原料，划制原料等。

⑤铁丝网，是在炭火上烤肉、烤鱼等用的器具。

（3）油罋子。油罋子是用于盛装油的罐子，摆放在灶台上，以便于烹调用油。其形态有两种，一种为生铁铸造，外下面为一个较高的铁圈，里上面套着一个直身翻边的罋子，略向外上翘唇边可放漏勺或笊篱；另一种为深型平底，唇边略向外上翘，多为不锈钢制成。

（4）滤器。滤器是用于过滤或者沥干油、水、汤汁、液汁（如酱油汁）以及分离粉状物的烹调器具，大体可分为漏勺、笊篱、罗筛三类。

1）漏勺，又称漏瓢。勺深如浅锅，带柄，勺底有无数孔眼，有铁制、铝制、不锈钢制三类，其规格又分大、中、小多种。用于烹调菜品的过水、过油，也可用于捞水饺、面条等。

2）笊篱，有铁丝、钢丝、竹丝三类。圆形，尺寸、种类繁多。带长柄，用途基本同漏勺。

漏勺与笊篱各有各的优点。漏勺不划伤原料，但兜油，油不易漏净。笊篱漏油快，不兜油，但易划伤原料。因此，精制菜品以用漏勺为好，快速菜品以用笊篱为佳。

3）罗筛。一般目少孔眼大的称为筛，目多孔眼小的称为罗，合称罗筛，为细不锈钢丝、细铜丝或竹、木丝等编织的圆形器具，分不锈钢罗筛、铜罗筛、竹罗筛、木罗筛四种。罗筛网眼常用的有80~200目不等。罗筛主要用于固体粉末状原料的分离，俗称筛面；也用来过滤汤汁，俗称过罗。

（5）调料罐。调料罐是用于盛装便于烹调过程中使用的调味料品的容器，一般有12~20种调料分放在调料罐中，全部放置在调料车或调料桌上，调料车（桌）置放在炉灶旁，以便于烹调时随时舀用。调料罐一般有不锈钢、陶瓷、塑料、铁制等多种，以不锈钢调料罐最好。调料罐的规格有大、中、小多种；形状有圆形、方形两类，多用圆形罐，圆形罐便于洗涮。

二、临灶工作要求

1. 临灶岗位基本要求

（1）营业前的基本要求。上班后认真听取厨师长或领班的工作要求与安排，要提前做好营业前成品烹调的各项准备工作,包括营业前的清理卫生、检查炉具设备、准备调味料品、必要的前期热处理和制汤等工作。

(2)营业中的基本要求。在营业中要按照领导或排菜员(烹调助理)、服务员的安排与要求,按顺序井井有条地精心制作每一款菜品,做到急而不慌、忙而不乱。

(3)营业结束后的基本要求。做好各项收尾工作,包括卫生工作、收料工作、安全工作(关灯、关气等)。

2. 临灶工作的具体要求

(1)营业前的准备工作要求

1)卫生要求

①个人卫生要求。随时洗手,勤剪指甲,穿好工作服,戴好工作帽,系上工作围裙,要求干净、整洁、大方。

②环境卫生要求。清理好炉灶台、调料台和地面的卫生。要求做到灶台上无油污、无残渣;墙面干净、无污垢;调料台(车)上下、内外干净卫生无死角;烹调器具、调料罐明亮、整洁;地面无浮土、无油迹、水迹以及各种遗弃物,干净、整洁。一天的卫生都要做到手下清、脚下清、随时清、完活清。

③食品卫生要求。各种调料符合卫生要求,凡不合格的调味料一律弃除。红案岗(负责切配的岗位)送来需要加工的原料,要进行检查,凡不合格的拒绝制作,并请示领导按规定处理。

2)检查炉灶设备要求。营业前要检查好炉具设备。以天然气、石油液化气、沼气加热设备的炉灶为例,要检查气体是否满足烹调的需要量,炉灶具设备是否完好,火孔是否通畅,开关是否合格。在以煤为燃料的地区,首先要点火,以提高炉膛的燃烧温度。若有问题或通过领导,或找工程人员检修。

3)备好烹调加热器具。在烹调前准备好所使用的炊具,如锅、手勺、漏勺等,应放置在方便操作使用的位置。

4)备料工作要求

①备调料工作。首先检查当天需要的调料是否备足,不够者要到库房去领料补充。其次整理调料罐内的调料,需要过罗的过罗,如酱油、醋、料酒等;需要倒罐的倒罐,如清除糖或食盐被其他调料污染的部分;需要自制的调料(即厨房派生调料)要及时自制,如炒糖色、制红油、炒豆豉等。

②制汤工作。将当天需要用的汤提前制好。若开始营业时还没有制成,要继续加工。汤以当天制当天用为好,特殊情况,可提前一天制好,但要保管好,不要使其变味。

③前期热处理工作。一般来说急用的应先制作,如水焯蔬菜,焯好过凉后,退还

红案配菜岗。前期热处理时间较长的，应尽最大努力于营业前完成，完成不了的，营业后要继续加工，以一次制成为好。前期热处理工作要根据具体情况具体安排。需要量大的菜品应提前进行热处理加工。如"红烧鱼"售卖多，就应提前将鱼进行油炸热处理；如果售卖少，就无须进行这项工作。

（2）营业中的工作要求

1）临灶操作姿势要求

①站姿。临灶操作时，两脚自然分开站立，上身略向前倾，不要弯腰曲背，身体与炉灶台保持一定的距离，间隔约15 cm。这样既方便操作，又能减少身体疲劳，提高工作效率。

②操作中动作要求。以用炒勺为例，一般左手紧握勺柄，右手持手勺，目光注意勺中食物的变化，两手有节奏地持勺搅拌、翻推，动作要灵活、敏捷、准确、协调。

2）烹调菜品基本功要求。操作中投料要准确适时；挂糊、上浆、着衣处理要均匀；要正确判断和掌握油温，灵活掌握火候，挂勾芡汁恰当，翻锅、翻勺自如；做到出锅及时，保证菜品达到应有的标准；装盘要熟练，成形应美观。

3）卫生工作、安全工作自始至终都要注意。

（3）营业后的工作要求。关好各种炉灶阀门，或添煤将炉火封好，关好水管、电灯设备。收好没有使用的各种原料以及半成品，收好各种调料。将炉台、烹调器具、调料罐进行一次卫生清理，并按位放好。整个地面应墩洗一次，确保工作场地整齐清洁。为次日工作做好准备。

三、勺工

1. 概念

勺工又称翻锅技术，是临灶操作的基本功之一，即在菜品烹调过程中，结合不同的技法、不同的要求而运用的一项使用勺（锅）的基本技术。

2. 内容

勺工（翻勺技术）包括握勺（握锅）、翻勺（翻锅）、出勺（出锅）三项技术，其中翻勺为最关键的一环。

（1）握勺。一般以左手握勺，手心朝右上方贴住勺柄把，拇指放在勺柄把上面，握柄把要紧，但不要过分，以握住、握牢、握稳为度。这种握法便于翻勺，可充分发挥腕力与臂力的作用，达到灵活、准确。以右手持手勺，右手的中指、无名指、小指和手掌执住手勺的顶端，起勾拉作用；食指前伸，扶住手勺柄的上面；拇指按住手勺柄的左侧，拿住手勺。烹调时双手配合，左手握住炒勺翻动，右手执住手勺，根据炒勺翻动的情况，配合操作。

（2）翻勺

1）小翻法。小翻也称颠勺（颠锅），就是将小炒勺向上翻动，使勺里的原料滚动。小翻时，左手掌心朝上握住勺柄，翻时勺不离灶口，炒勺应前低后高、快速有节奏、一推一拉地翻动，形成半弧形抛物状将勺内的原料翻转过来，菜肴一般不用超出勺口。小翻勺适用于炒、爆等类菜品。

2）大翻法。大翻是将炒勺（锅）用力向上翻，使勺里的菜肴完整地翻过来。大翻勺有灶头翻、灶边翻两种，但翻时都要离开灶口。根据各人操作习惯，大翻又有正翻（顺翻）、反翻（倒翻）、左翻、右翻、斜翻（正斜翻、反斜翻、左斜翻、右斜翻）。翻法虽各不相同，但目的均为使菜品原料受热均匀。大翻勺的技术要领为：扬、推、拉、托，操作时动作要流畅。大翻勺适用于烧、扒等类菜品，可保持菜品形态完整。

3）晃勺。晃勺（锅）是手握勺柄，使炒勺（锅）在灶口上转动或离开灶口平行旋转晃动，可使菜品不粘锅底，便于翻勺，便于出勺。晃勺是翻勺与出菜的前期步骤。

（3）出勺。出勺的手法很多，主要有如下几种。

1）拉入法。将炒勺端到盛器上方，倾斜炒勺，用手勺将菜肴拉入盛器中。

2）拨入法。用筷子或手勺将菜肴慢慢地拨入盛器中。

3）倒入法。将炒勺端到盛器上方，直接将菜肴倒入盛器中。

4）舀入法。将汤菜用手勺舀入盛器中。

5）拖入法。将炒勺端近盘边，炒勺倾斜，用手勺连拖带倒地把菜肴拖入盘中。

6）扣入法。借助于扣碗，将菜肴翻扣于盛器中。

第三节　生炒和熟炒

一、炒的概念

1. 定义

在北方许多地区广义上把所有烹调方法统称为炒，狭义上炒一般是将加工成丁、球、丝、片、块、条等小型刀口的原料，用中油量或小油量，以旺火快速烹制成菜品的烹调方法。

2. 炒菜的要求

动作利落，旺火速成，翻炒速度要快，投料要准，使主配料相互入味，加热时间严格控制。

3. 炒菜的分类

按原料分为生炒和熟炒。按烹调方法分为煸炒、滑炒、干煸、干炒（此两法本不是一种方法，现大多并为一法）、焦炒、清炒、抓炒、爆炒、熘炒、水炒、软炒等多种。按口味要求分为酱炒、茄汁炒、咖喱炒、红糟炒、蚝油炒、糖醋炒、五味炒、鱼香炒等。按菜品结构分为双拼炒、多拼炒、围边炒、中心炒等多种。

二、生炒

1. 概念

生炒又称生煸、煸炒，是将加工好的小型刀口的鲜嫩生料作为主料，不腌制、不上浆挂糊，起锅时不挂勾汁芡，用旺火速炒的一种烹调方法。

2. 生炒的操作要求

（1）选用质地较嫩的烹饪原料，原料要加工成丝、片、条、丁、粒、末、块（小型）等细而短小的刀口形状。

（2）锅（勺）应先烧热，而后用油滑一下，再将油倒出，使锅滑润，锅（勺）油光明亮。

以热锅温油炒菜为好。单一品种菜肴的烹饪原料可一次入锅，两种或两种以上的原料，要根据原料的质地、口味等分先后下锅烹制。

（3）烹制过程翻拌搅动动作要迅速，一般以烹饪原料基本断生为成熟度。

（4）出锅盛装要及时，菜肴的汤汁要少。

3. 生炒的操作要点

（1）一般不腌制，不上浆挂糊，不挂勾芡汁。

（2）原料形态刀口较小，易于入味。

（3）炒勺（锅）中的油量较小，一般以原料体积的六分之一为度。

（4）旺火速成，急火快炒。

4. 投料四法

（1）先放主料法。油热后先放主料，不停地快速拌炒，而后再放入配料以及葱、姜、蒜等小料。

（2）先煸小料法。火力不大时，放主料之前先用油煸蒜、姜、葱等。

（3）将主料炒至半熟时放入小料法。

（4）同时煸主料、配料、小料法。将主料、配料和小料同时下锅煸数下后，再放入调料炒几下。

5. 生炒法的原理

热量的传递主要是以锅底为中心向四周扩散。利用油锅的滑润作用，使用翻拌方法使原料均匀受热，利用原料在加热中的水解作用，使原料在加热中融出一些汁水与调味料的呈味物质相结合，形成菜肴具有鲜、嫩、爽并含有微汁的特点。炒菜锅中的温度场多为不均匀温度场，因此颠翻炒锅使菜肴原料均匀至关重要。

6. 生炒的应用

生炒是使用非常广泛的烹调方法，多用于各种鲜嫩的动植物性原料。有只荤不素的，如"生炒肉丝"；有只素不荤的，如"炒白菜丝"；有荤素合炒的，如"肉片炒黄瓜"等。动物性原料与植物性原料共同炒制，其味香浓鲜嫩、清爽利口。

7. 生炒的代表菜品

代表菜品有广东菜的"蒜蓉炒通心菜"、四川菜的"生炒盐煎肉"、上海菜的"生煸草头"（草头又名金花菜）、淮扬菜的"炒鳝背"、北京宫廷菜的"炒黄瓜酱""炒肉末"、清真菜的"炒甘肃鸡""酱炒笋鸡"等。

8. 生炒菜实例

 实例1 芥蓝炒肉丝

主料： 猪肉150 g。

配料： 芥蓝200 g。

调料： 花生油25 g，酱油15 g，料酒5 g，胡椒面1 g，精盐1 g，味精1 g，葱2 g，姜2 g。

制作方法：

1）将猪肉切丝，葱、姜切末，洗净的芥蓝嫩梗和叶切成4.5 cm长的段。

2）炒锅（勺）上火，烧热后用油滑涮。锅净后，放入花生油加热至100 ℃左右时，放入肉丝，快速翻拌，待肉丝散开发白时，投入姜末、葱末，拌炒数下，随即放入酱油、料酒、胡椒面拌炒，使调料均匀地粘挂在肉丝上，而后再入芥蓝同炒，最后放入精盐、味精拌数下即成。炒制要一气呵成。

特点： 鲜嫩醇香，清淡爽口。

实例 2 蒜蓉炒通心菜

主料： 通心菜 500 g。

调料： 大蒜 20 g，花生油 10 g，食盐 3 g，味精 1 g，鸡汤 10 g。

制作方法：

1）将通心菜择洗干净，切成 3 cm 长的段，大蒜拍碎剁成蓉。

2）食盐、味精用鸡汤溶化，兑成调味汁。

3）锅烧热，下入花生油，将蒜蓉煸炒出香味，下入通心菜迅速翻炒至熟，出锅装盘。

特点： 色泽青绿，口味咸鲜，有浓郁的蒜香味，汤汁较少。

三、熟炒

1. 概念

熟炒就是以前期热处理的全熟或半熟的烹饪原料为主料，经过刀工处理成丁、片、条、块等刀口状态，用旺火或中火进行炒制的烹调方法。

2. 熟炒的操作要求

（1）要选用前期热处理的动物性原料为主料，以半熟或全熟为度。前期热处理多用水焯法、水煮法，少用酱制法、蒸制法。

（2）原料要加工成片、条、丁等较小形状，但刀口比生炒大一些。

（3）熟炒法一般不挂糊上浆。

（4）可选用含有芳香气味的植物性蔬菜作配料（也有不放配料的），调料滋味应醇厚并有一定的浓稠度。

（5）一般不挂勾芡汁，即使挂勾芡汁也用微芡汁或薄芡汁。

3. 熟炒法的原理

动物性原料经前期热处理后多为半熟度，热处理时由于外表层骤然受热，蛋白质凝固而保持原料的鲜嫩及其胶原蛋白的弹性，这不仅除去了异味，而且熟炒后能形成完美的质感。此外，动物性原料前期热处理制成的全熟原料，有利于旺火快速炒制。将前期热处理的原料加工成较小的刀口形状，也有利于熟炒。

4. 熟炒的工艺流程

原料前期热处理→刀工成形→煸炒→成菜入盘。

5. 熟炒菜特点

鲜香入味，质地柔韧，汁少，醇浓。

6. 熟炒的代表菜品

代表菜品有山东菜的"炒樱桃肉"、江苏菜的"清炒蟹粉"、四川菜的"麻辣鸭肠胰"、北京菜的"炒肚片""烹白肉"、清真菜的"酱炒鸡块"和湖南菜的"东安鸡"等。

7. 熟炒菜实例

 实例 1　回锅肉

主料： 猪连皮底板肉或猪硬肋带皮肉 500 g。

配料： 青蒜 150 g（或青椒、蒜薹等）。

调料： 郫县豆瓣酱 25 g，面酱 15 g，混合油 50 g（川菜的混合油是以熟菜油与化猪油调和在一起的油，或只用花生油），料酒 5 g，白糖 2 g，味精 1 g。

制作方法：

1）将猪连皮肉水煮断生时捞出晾凉，切成长 6 cm、宽 4 cm、厚 0.3 cm 的片。青蒜切成马耳朵形或段，青蒜叶切段。

2）将豆瓣酱中的豆瓣剁成细末后用油调之。

3）将锅烧热，放入油。油热时放入猪肉片煸炒，待肉片吐出油并卷曲时下入豆瓣酱、面酱炒出香味，再入料酒、白糖、味精和青蒜段，翻炒几下即可。

4）如用蒜薹或青椒，其下锅时间应比青蒜提前。

此菜也有加豆豉的，也有不放糖的，可根据食者要求而定。

特点： 色泽红润，口味香辣咸甜，有浓郁酱香味，盘中无汤汁，只有少量的红油渗在盘中。

 实例 2　酱炒鸡腿

主料： 鸡腿 450 g。

配料： 冬笋 50 g。

调料： 酱油 15 g，面酱 15 g，料酒 10 g，味精 1.5 g，淀粉 15 g，葱段、姜片、蒜片共 25 g，大料 2 粒，香油 75 g，白汤 100 g。

制作方法：

1）将鸡腿用开水焯熟晾凉后，将带骨鸡腿剁成 3.3 cm 长的方块，冬笋切成斜刀。

2）将锅上火，烧热后放入香油。油热后，投入大料、葱段、姜片、蒜片、面酱，稍加煸炒，烹入料酒、酱油，加入白汤烧开，将调料捞出，放入鸡块、冬笋片，用微火煨爆至透，将勺移至旺火，调入味精，淋少许水淀粉挂匀成薄芡汁，淋入明油，出

勺装盘即可。

特点： 酱炒鸡腿为北京清真菜，呈金红色、味醇鲜咸，微酱香味。

第四节　氽法和羹法

一、氽法

1. 概念

氽法是一种以沸汤或沸水为传热媒介，将经过加工整理的新鲜质嫩、刀工精细的小型原料，如片、丝、条等，用上浆或不上浆的方式，或者将茸泥制品加工成球丸状，投入鲜汤或沸水迅速加热并且调味，使之快速成熟的烹调方法。

2. 氽法的操作基本要求

（1）选料严格。选用新鲜易熟的动植物性原料，也可选用菌类原料，原料大多数为生料，如各种里脊肉、鱼肉、虾仁、鲜蘑、玉兰片等。

（2）加工精细。氽法的原料一般加工成小型刀口的片、丝、条、丁状，或者将茸泥制品制成球丸状，也可以用挤袋将茸泥制品挤成丝或条状。

（3）用汤考究。氽菜主要是品汤，因此汤一定要鲜，味一定要浓，成品汤要多。

（4）旺火速成。一般氽法都是用旺火或中火制成。

3. 氽法的特点与种类

（1）氽法总的特点是汤多、质嫩、味浓、清鲜。

（2）氽法的种类

1）清氽。其特点是汤色清澈见底、本色，以清汤制作为佳，味鲜香。

2）混氽。包括奶汤氽，汤色乳白，味浓香。

3）味氽。北京风味菜中一种特殊的氽法，以"羊肉氽萝卜"为例，将羊肉片用葱花、姜米等调料腌一下，待锅汤开后，将腌好味的肉片散入汤中，然后将用开水焯过的萝卜片放入汤中，水开后撇去浮沫，将主辅料连汤一起倒入碗中，最后炒匀上火炸花椒油，趁热将其沏浇在汤碗中。

4. 氽法的操作要点

（1）用汤要点。不同原料下汤时的汤温不一样。

1）一般片、丝、条状的原料在氽汤时，以入沸汤锅为佳，开汤分散下入并用筷子徐徐拨开，待汤再开时，将其捞出，放入碗中，而后撇去浮沫，将汤浇入碗中。

2）一般鲜嫩植物原料如生菜、黄瓜等，洗净消毒切制后，可直接入碗用汤浇沏。

3）一般泥茸制成的丸子，以投入冷温汤中并在文火上氽制为好。这样可使原料定型不散，在氽制丸子过程中，升温的速度要稳定，待丸子全部入锅定型后，再上旺火调味，汤开后撇去浮沫，待丸子成熟后，出锅装入碗中，点入明油即可。

（2）汤清要点。撇净浮沫是制氽汤菜的关键。撇去浮沫的方法是汤汁将沸、浮沫迅速聚拢时，即刻用手勺撇出，撇净为止。

（3）汤宽要点（这里的"宽"是指多）。氽制菜品的汤一定要宽要足，特别是大量氽制菜品时，更要宽汤（或水），否则如果主料是用鸡蛋清、湿淀粉上浆的，下锅后容易使汤（或水）变稠变浓，主料黏糊而不清爽。

（4）保温要点。尤其是在北方的冬季，氽制菜品时一定要把盛装器皿用开水烫热或蒸热，再放入氽好的主料，冲入沸汤，这样既可保温又能保证质量。

5. 氽菜特点

原料鲜嫩，加工精细，用汤考究，汤量宽足，简便易行，清淡爽口。

6. 氽菜的代表菜品

代表菜品有北京菜的"氽鸡脯""奶汤氽鲫鱼"、四川菜的"豆花鱼片汤"、广东菜的"竹荪氽鸡片"、山东菜的"清氽丸子"和淮扬菜的"茉莉花氽鸡片"等。

7. 氽菜实例

 实例 1 西湖莼菜汤（清氽）

主料： 鲜莼菜（或瓶装莼菜）150 g。

配料： 熟火腿 25 g，熟鸡脯肉 50 g。

调料： 鸡肉火腿原汤 350 g，精盐 1 g，味精 1 g，熟鸡油 10 g。

制作方法：

1）将熟鸡脯肉和熟火腿均切成 6 cm 长的丝。

2）锅内放入 500 g 水，在旺火上烧沸，放入莼菜，再烧沸后，立即用漏勺捞出，沥去水，盛入汤碗内。

3）把鸡肉火腿原汤和精盐、味精一起放入锅内烧沸后浇在莼菜上，再撒上鸡丝、火腿丝，淋上熟鸡油即可。

特点： 莼菜翠绿，鸡白腿红，色彩鲜艳，鲜嫩清香，为杭州的地方风味。

实例 2 氽萝卜丝鲫鱼（混氽）

主料： 活鲫鱼 500 g。

配料： 象牙白萝卜（或卫青萝卜）250 g，奶汤 1 kg。

调料： 料酒 10 g，味精 1.5 g，葱 25 g，精盐 2 g，姜 25 g，豆苗 5 g，油少许。

制作方法：

1）将加工好的鲫鱼在鱼身两侧剞斜刀，刀口相距 1.5 cm 左右。

2）将净萝卜切丝用水焯。将葱、姜切成葱米、姜米。

3）将汤锅上火，倒入奶汤烧开，将氽过的鲫鱼放入锅中，投入葱米、姜米、味精、精盐、料酒待汤烧开成奶白色及鱼熟时，将萝卜丝投入锅中，撒上豆苗，点少许明油，出锅倒入鱼盆中。

特点： 鱼味浓香，奶汤醇厚，鲜咸味美。

二、羹菜的烹调方法

1. 羹的概念

（1）历史演变。在我国历史上，不同时期、不同地区对羹曾经有着多种解释。如肉可称为羹，肉汁可称为羹，还有将连肉带汤汁合称为羹等。后来发展出蔬菜羹、甜品羹等。经过漫长的历史演变，一般分为羹品与羹汤菜两类。

（2）羹的分类

1）羹品。以柔软状态的固体为特征，除"鸡蛋羹"外多为小食品，如"羊肝羹""栗子羹"等冻状食品（此栗子羹不是汤羹菜品的"栗子羹"）。其制作方法一般以煮或蒸加工而成，多数羹品在制作过程中还加入琼脂一类的增稠凝固剂。

2）羹汤菜。羹汤菜简称羹菜，属汤菜类中的一大类，是带有一定黏稠度流质状态的汤菜。

2. 羹汤菜的烹调方法和分类

羹汤菜是用烩的烹调方法加工制成的。烩按其制品类别不同划分，有烩菜和烩汤菜两大类。烩菜将在中级部分介绍，而烩汤菜实质就是羹汤菜。

（1）羹汤菜烹调方法。将加工好的小型刀口的烹饪原料放入鲜汤或开水锅中，加入调味品，在中、旺火上加热，勾挂米汤芡汁，使之成熟制成羹汤菜品。其汁芡又称羹烩芡，烹调方法属烩法中的一种，成品属汤菜中的一类。

（2）羹汤菜的分类

1）按其原料中主料划分，有荤羹汤菜、素羹汤菜、荤素合制羹汤菜。

2）按其口味划分，有鲜咸味型、鲜咸微辣型、酸辣味型、甜香味型等。

3）按其色泽划分，有本色羹汤、奶色羹汤、淡茶色羹汤等。

3. 羹法的操作要求

（1）清淡爽口。净锅汤鲜味浓，在秋冬季一般都作为开胃汤先上桌，因此口味一定要清淡爽口，量不宜大。

（2）汁芡适度。羹要求汤芡适度，一定要呈现羹烩芡的特色，即米汤芡状，不可过稠，也不可过稀，应呈流质状。一定要旺火开锅挂勾芡汁，使水淀粉在汤水中充分糊化，才能达到美而明亮的效果。

（3）以姜提鲜。姜汁不可少，一般羹汤不放葱、蒜。

（4）鸡蛋液后放。成品中有鸡蛋原料的，一定要后放，一般应挂勾芡汁，端火后再将鸡蛋液投放入汤中，这样可体现鸡蛋极嫩的特色。

4. 羹菜的特点

汤鲜醇，味清淡，羹微稠，呈流质状，有开胃之功效。

5. 羹菜的代表菜品

代表菜品有北京菜的"烩乌鱼蛋""奶汤四鲜""薄荷莲子羹""核桃羹"、北京清真菜的"奶汤烩银丝"、江苏菜的"鸡羹"、湖南菜的"糊腰羹"、浙江菜的"黄鱼莼菜羹"、陕西菜的"羊肉羹"和广东菜的"凤凰粟米羹"等。

6. 羹菜实例

 实例1 西湖牛肉羹

主料： 牛肉末250 g。

配料： 鲜蘑粒（或香菇）100 g，香菜30 g。

调料： 鲜汤1 kg，精盐5 g，淀粉10 g，胡椒粉5 g，料酒2 g，香油1 g。

制作方法：

1）将牛肉末用料酒、精盐、水淀粉上浆，后与鲜蘑粒在虾眼水中焯过，以断生为度，广东称为"飞水"，捞出待用。上述虾眼水是指将开未开、锅底有许多像虾眼大小的气泡的水。

2）炒锅上火倒入鲜汤，汤开后烹入料酒，下入精盐、牛肉末、鲜蘑粒，再用湿淀粉勾芡，芡熟后离火，投入打好的蛋清及香油。

3）将香菜放在汤盆中，把制好的羹汤浇在汤盆中，撒上胡椒粉即可。

特点： 汤鲜味浓，清淡爽口，微有辣味。

实例 2 薄荷莲子羹

原料： 薄荷梗 25 g，莲子 100 g，白糖 250 g。

制作方法：

1）将薄荷梗放在锅内，加入半锅清水，用旺火烧开后改小火熬煮约 15 分钟，弃渣取汁待用。

2）将蒸制涨发好的莲子放入锅内，加入薄荷汁，旺火煮沸后移至小火焖，待莲子即将成熟时加入白糖，至莲子呈玉色时即可。

特点： 清液玉粒，香甜味美，清凉爽口。

第五节 蒸 法

一、概念

蒸是利用水蒸气为传热媒介使食物成熟的烹调方法。在烹饪中它既能制作主食（如蒸馒头、米饭、包子等），也能制作小吃与糕点（如年糕、豆面糕、花糕等）。在菜品烹制中，可用于半成品加工的前期热处理，也可用于成品烹调。在成品烹调中，蒸是将加工好的烹饪原料，用蒸汽为传热介质进行加热，使之成熟或软熟入味的烹调方法。

二、蒸法的操作要求

（1）选料考究、原料新鲜。

（2）刀工精细。

（3）调味一般多用蒸前和蒸后调味。

（4）根据原料性质和成品要求掌握火力与加热时间。

三、蒸法的火候

（1）旺火沸水速蒸。

（2）旺火沸水长时间蒸。

（3）中等小火沸水慢蒸。

（4）微火沸水长时间蒸。

四、原料在蒸屉中摆放的注意事项

（1）汤水少的菜品应放在上面，汤水多的菜品应放在下面。

（2）色泽淡或浅的菜品应放在上面，色泽重或深的应放在下面。

（3）不易熟的菜品应放在上面，易熟的菜品应放在下面，因蒸的食物上层的先熟，下面的后熟。

五、蒸法的原理与特点

1. 蒸法的原理

蒸制菜品时，由于密封蒸笼内的蒸汽具有一定的压力，所以原料受热均匀，菜品的滋润程度高，又因蒸制时原料不能翻动，原料所含的物质，其渗透、交换受限，所以蒸可使原料不易变形，原味不易丢失，可保持原汁原味。

2. 蒸法的特点

原汁原味，形态美观，色泽艳丽，味鲜汤清，香气浓郁，清淡不腻。

六、蒸法的种类

1. 按使用蒸汽方法划分

蒸法按使用蒸汽方法可分为原汽蒸和放汽蒸两类。

（1）原汽蒸

1）概念。将加工好的生料或经过前期热处理的半成品盛装于盘中，加好调味料品与汤汁（也有加水或只加调料的），上蒸锅或蒸箱中蒸制，笼盖盖紧，不可漏汽，蒸制到需要的成熟度的方法，此法称原汽蒸。

2）操作要点。原料要求新鲜，加工要求精细。有些原料蒸前需要用水焯汆一下。上蒸锅或入蒸箱前，有些原料需要腌制进行加热前调味，有些原料需要加热后调味，也有些原料两种调味都需要。火候要求是火旺气足，并按不同原料掌握不同的加热时间。

（2）放汽蒸

1）概念。将经过细加工的原料放入蒸锅或蒸箱的屉中，笼屉不盖严，留有空隙以便放汽，用此法蒸制原料称为放汽蒸。

2）操作要点。根据原料的性质和菜品要求进行不同的放汽，有开始放汽的，有中途放汽的，也有即将成熟时放汽的。如蒸蛋糕的时间不宜过长，汽也不能足，先用中火慢蒸，待锅中水沸开蒸汽足时就要放汽，而蒸发蛋和蒸芙蓉蛋，一开始就要放汽蒸。

2. 根据蒸制菜品的具体方法及风味特色划分

蒸法根据蒸制菜品的具体方法及风味特色可分为清蒸法、粉蒸法、包裹蒸法、汽锅蒸法、加粉汁蒸法、酿（瓤）蒸法等多种。

（1）清蒸法

1）概念。清蒸是指将主料经过加工整理后，加入调味品，或再加汤（或水）放入器皿中，用蒸汽为传热媒介，使之加热成熟的方法。

2）特点。清蒸具有本色、汤清、质地鲜嫩或软熟、鲜咸醇厚、清爽爽口的特点。

3）烹调程序

①加工处理原料。清蒸法对原料的新鲜程度要求较高，加工要求精细。在清蒸前，一般需要进行水焯处理，掌握在紧皮或断生的程度。

②装盛调味。清蒸菜品装盛有两种方法，一种是原盘上桌，称明定装盘，原料按一定形态顺序装盛，蒸制后以原器皿上桌。另一种是换盘上桌，称暗定装盘，原料顺序整齐排列在盛器中，待蒸成菜品以后翻扣在另一盛器内，而后上桌，故又称扣碗蒸法。总之，明定法菜品的装饰在器皿表面，暗定法菜品的装饰在器皿的底面；前者不换盘，后者要翻扣；也有明定换盘的，但不扣过来。调味方法要根据地区风味而定，是否加汤也各不相同。以"清蒸鱼"为例，江苏风味加水蒸制，保持本味；山东风味加鸡汤蒸制，以鸡鲜味与鱼鲜味合成一种复合鲜味；而广东风味一般不加汤，也不加水，只加调味品蒸制。

③蒸制成菜。根据不同菜品的不同要求，应采取不同的火候。大块原料以旺火长时间蒸为好，鱼一般蒸9分钟左右为宜，条、片、丝状原料用旺火沸水速蒸为好。

4）清蒸的代表菜品。代表菜品有江苏菜的"清蒸鲥鱼"、四川菜的"虫草鸭子"、山东菜的"清蒸全鸡"、北京菜的"清蒸鳜鱼"、清真菜的"生蒸羊肉"和广东菜的"清蒸鲩鱼"等。

5）清蒸菜实例

实例 清蒸武昌鱼

主料： 鲜鲂鱼（武昌鱼）1条，约1 kg。

配料： 熟火腿25 g，水发香菇50 g，净冬笋50 g。

调料： 鸡汤150 g，胡椒粉1 g，鸡油5 g，葱段7.5 g，精盐2.5 g，姜块7.5 g，味精1.5 g，料酒10 g。

制作方法：

1）将初步加工整理的鲂鱼洗净，在鱼身两面剞上刀花，撒上精盐盛入长盘中。

2）将熟火腿切成4.8 cm左右长的薄片和香菇间隔着摆在鱼身上，冬笋切成柏叶形薄片镶在鱼两边，加葱段与拍松的姜块，料酒撒在鱼上待蒸。

3）将待蒸的鱼放入蒸锅或蒸箱中蒸10分钟以上，至鱼眼凸出、鱼肉松软时出笼，拣去姜块、葱段。

4）炒锅滗入蒸鱼的汤汁，下鸡汤旺火烧沸，加入味精、鸡油，起锅，浇在鱼身上面，撒上胡椒粉即可。

特点： 色彩艳丽，鱼肉肥美细腻，汤汁鲜浓清香。

（2）粉蒸法

1）概念。粉蒸一般是指将加工好的原料用炒好的米粉及其他调味料调拌均匀，而后放入器皿中码放好，用蒸汽加热制成软熟滋糯菜品的一种烹调方法。

2）特点。色泽金红或金黄，味醇香，油而不腻。

3）烹调程序

①选料切配。一般选用无筋而鲜香味足的原料，刀口形态多为片、条、块状。

②调味浸渍。粉蒸菜品都要先调味，经浸渍入味为佳。粉蒸菜的复合味常用的有鲜咸味型、鲜甜味型、五香味型、家常味型、麻辣味型等。

③米粉拌制。一般将大米用小火炒至微黄，晾凉擀磨成面（有的加五香原料或其他原料同时擀制）。拌制米粉根据原料质地老嫩与肥瘦的比例要干稀恰当。

④装盛蒸制。粉蒸原料要尽量装盛疏松，不能压紧压实，以免影响均匀成熟和成菜的疏松程度。质感细嫩柔软的菜品，以旺火沸水速蒸；质感软烂不散的菜品，以旺火沸水长时间蒸。

4）粉蒸的代表菜品。代表菜品有湖北菜的"粉蒸鲭鱼"、浙江菜的"荷叶粉蒸肉"、四川菜的"粉蒸牛肉"和清真菜的"粉蒸羊肉"等。

5）粉蒸菜实例

实例 粉蒸肉

主料： 五花猪肉 500 g。

配料： 净藕 150 g，大米 50 g，生大米粉 25 g。

调料： 味精 1.5 g，红乳汁 20 g，白糖 2.5 g，八角 2 g，绍酒 1 g，丁香 1.5 g，酱油 20 g，桂皮 1.5 g，精盐 2 g，胡椒粉 0.5 g，姜末 1 g。

制作方法：

1）将五花猪肉切成 4.3 cm 长、2.4 cm 宽、1 cm 厚的长条，用布揿干水分，盛入器皿如钵或碗内，加精盐 1.5 g、酱油、红乳汁、姜末、绍酒、味精、白糖一起拌匀，腌制 5 分钟。

2）大米淘净沥干，放入炒锅，在微火上炒约 5 分钟，至呈黄色时，加桂皮、丁香、八角再炒 3 分钟，起锅磨成鱼子大小的粉粒。

3）将净藕切成 1.6 cm 长、1 cm 粗的条，加精盐 0.5 g、生大米粉拌匀，放入碗内。

4）将腌好的猪肉，用五香熟大米粉拌匀后，其干稀度以原料湿润而不现汤汁为准，皮贴碗底整齐地码在碗内，两边镶满肉条，与盛藕的碗一起放入笼屉内，用旺火蒸 1 小时取出。将蒸藕放入盘内垫底，蒸肉翻扣在藕上，撒上胡椒粉即可。

特点： 滋味鲜美，肉质溶润，肥而不腻，为湖北"沔阳三蒸"之一。

（3）包裹蒸法

1）概念。包裹蒸法是将用不同的调料腌制入味的烹调原料，用荷叶、竹叶、芭蕉叶、油皮（腐皮）、菜叶、网油、吊蛋皮等包裹后，放入器皿中用蒸汽加热至熟的烹调方法。

2）操作要求

①被包裹的原料一般多为米、粒、泥茸状的鲜嫩原料，其调味以口味鲜咸为特色。

②包裹用料多为大片状，一般有卷包法和裹包法。其形体有长方形、圆形、三角形等多种，一定要裹严，不可露馅。

③蒸制火力与时间根据原料性质、成品特点灵活掌握。

3）特点。造型突出，软嫩芳香。

4）包裹蒸的代表菜品。代表菜品有北京菜"荷叶鸭子"、云南菜"芭蕉蒸鱼"、河南菜"荷叶肉"、湖南菜"网油蒸鲥鱼"等。

（4）汽锅蒸是用汽蒸器皿对原料进行蒸制的烹调方法，如云南"汽锅鸡"等。

（5）加粉汁蒸是在原料中加水淀粉与其他调味料的蒸制烹调方法，如广东菜"豉汁盘龙鳝"等。

（6）酿（瓤）蒸是将加工调味后的原料填入另一主料之中进行蒸制的方法，如"西瓜盅"等。

第二部分 中式烹调师中级

第七章

原料知识（二）

第一节　原料的品质鉴定

原料的品质从根本上决定着菜品的质量，因此科学合理地把握原料的性质性能，正确判断原料品质的优劣好坏，是选择使用原料的关键。

一、影响原料品质的基本因素

直接影响原料品质的环节主要有生长过程、加工过程、包装过程、运输过程、储存过程等。影响原料品质的基本因素主要归纳为外部因素和内部因素。

1. 外部因素

外部因素主要有物理因素、化学因素和生物因素。物理因素主要有温度、湿度、光照、空气等。化学因素主要有工业三废的污染，农药、化肥、洗涤剂中的残留物污染，铅、铜、锌等有毒重金属物质和其他化学性、放射性有害物质污染等。生物因素主要有昆虫的蛀咬，霉菌、细菌、酵母菌、乳酸菌、葡萄球杆菌、芽孢杆菌、变形杆菌等微生物污染。这些物理、化学、生物因素对烹饪原料的侵袭会引起烹饪原料的变质。

2. 内部因素

内部因素主要有动物组织中的多种活性分解酶的作用，以及植物组织自身的呼吸作用。这些因素也会引起烹饪原料的变质。

二、原料品质的鉴定指标

烹饪原料的品质是由烹饪原料固有的纯度、新鲜度、成熟度决定的。

1. 感官指标

感官指标主要包括原料的颜色、气味、形态、质地、重量、黏度、弹性等。

2. 理化指标

理化指标主要包括原料的营养物质、化学物质、毒害物质、酸碱度、硫化氢、挥发性盐基氮、胺的含量等。

3. 生物指标

生物指标主要是指原料中含有的对人体有害的微生物和细菌的数量等。

三、原料品质的鉴定方法

原料品质的鉴定方法有生物鉴定法、理化鉴定法和感官鉴定法。生物鉴定法依据生物指标,通过小型动物观察试验来进行检验。理化鉴定法主要依据理化指标,通过专业设备、仪器、机械、药剂等,对原料进行检验。理化鉴定需要专门的设备、设施和场所,由专门的人员对烹饪原料进行系统性、科学性、准确性的品质检验。烹饪原料的理化鉴定和生物鉴定,主要由食品卫生检疫部门或食品营养卫生检测机构来进行检验分析,烹饪原料在投放市场以前一般都需要经过专项检测鉴定,进行定性定量分析,为食品提供安全合理的基本保障。感官鉴定法主要是通过感官指标,凭借实践经验和理性知识,通过视觉、嗅觉、味觉、触觉、听觉,对烹饪原料具备的明显外观特征及性质进行检验。感官鉴定法是较为容易应用的检验方法,只要有一定的烹饪原料知识和经验就能进行感官鉴定。在日常生活中,一般也都是借助感官鉴定来选择烹饪原料,进行烹饪原料的品质鉴定。感官鉴定包括以下几种方法。

1. 视觉鉴定

通过视觉可以对原料的形态特征进行鉴定,如新鲜鱼类的形态特征是鱼鳍、鱼鳞完整,鱼眼完整微有塌陷,鱼肚饱满而不鼓胀。通过视觉对原料的色泽特征进行鉴定,如新鲜鱼类的鱼鳞、鱼眼色泽光亮,鱼鳃鲜红;新鲜的猪肉,肌肉呈淡红色;新鲜的羊肉,肌肉呈玫瑰红色;新鲜的对虾,虾皮呈青绿色,光洁明亮。

2. 嗅觉鉴定

通过嗅觉可以对原料的气味特征进行鉴定,新鲜的鱼、虾、蟹、贝等都有清淡的气味；新鲜的猪肉有清淡的血腥气味；新鲜的蔬菜、果品有着清新的芳香气味。

3. 味觉鉴定

通过味觉可以对原料的口味进行鉴定，尤其是对调味品进行鉴定时，只有通过品尝才能判定其品质的优劣。

4. 触觉鉴定

通过触觉可以对原料的质地、硬度、弹性、重量进行鉴定，新鲜的猪肉、羊肉、牛肉、鱼肉、鸡肉等当用手指触摸时能感到明显的弹性，没有凹陷；新鲜的蔬菜质地饱满，有着明显的硬脆韧性，分量较重。

5. 听觉鉴定

通过听觉可以对原料的某种声音特征进行鉴定，一部分烹饪原料在敲击或摇晃时会产生不同的回音。如新鲜的鸡蛋在摇晃时有轻微的震动，而不新鲜的鸡蛋在摇晃时有明显的声音。

第二节　原料的储存方法

原料的储存主要是通过有效地调节控制存放环境的温度、湿度、酸碱度，抑制原料内部氧化分解酶，抑制原料自身的呼吸作用以及微生物的活性，从而使原料在一定时期内保持品质相对稳定。相应采取降低环境温度、采用高温杀菌、改变原料的酸碱度、隔绝外部因素对烹饪原料的侵蚀、改变原料中的渗透压、调节不同气体的含量等措施和手段，这些加工处理手段和技术措施也可通过使用设备、设施来实现。

一、低温保存法

低温保存法根据保存温度的不同有冷冻和冷藏两种方法，它通过对保存环境温度的调节和控制，可以有效抑制原料中微生物的生长繁殖、组织分解的生命活性以及自身的呼吸作用。超低温长时间的冷冻处理可以有效杀死潜伏在肉中的寄生虫。由于烹饪原料性质不同，保存温度也有所不同。新鲜的禽畜肉、鱼肉，可以分别用冷冻或冷藏的方法进行保存，长期冷冻保存的温度要求在 $-25\sim-15$ ℃，短期冷藏保存的温度

要求在 0~4 ℃。新鲜的蔬菜、果品、乳品、蛋品、熟肉制品等需要用冷藏的方法进行保存，动物性原料要求在 0~6 ℃，植物性原料要求在 6~10 ℃。目前市场出售的冷冻烹饪原料和食品主要有两种冷冻方法，一是缓慢冷冻法，二是急速冷冻法。缓慢冷冻是通过温度的缓慢降低，使烹饪原料和食品达到冷冻状态，由于温度缓慢降低，烹饪原料和食品中的细胞间的自由水和细胞内的结合水先后结成冰晶而体积膨胀相互挤压，使细胞膜和细胞壁的张力受压破坏而发生破裂，细胞持水能力下降，解冻之后烹饪原料和食品易发生水分流失现象，伴随着少量营养成分的损失，从而影响烹饪原料的品质。急速冷冻是在较低的温度环境下，在较短时间内使烹饪原料和食品迅速达到 –20 ℃ 以下，迅速冻结，从而降低细胞张力受破坏的程度，保持细胞的持水能力，解冻之后不会发生水分流失的现象。冷冻烹饪原料食品的解冻方法对原料品质影响很大，解冻的方法有自然解冻（空气解冻）、水浸解冻、微波解冻。微波解冻能够保持细胞间的张力，降低因解冻而受到的破坏程度，减少水分的流失，解冻的最佳温度是 5~15 ℃（微生物在这个温度范围不易繁殖），但解冻时间不宜过长。

二、高温处理方法

高温处理方法就是通常所谓的巴氏消毒法（灭菌法、杀菌法）。经过高温加热处理后在常温下保存的方法较为常见。在 3~60 ℃ 之间微生物的活性强，尤其是 30~40 ℃ 之间活性最强，在 65~120 ℃ 之间活性得到抑制。巴氏消毒法可以分为保温法、高温法和超高温法。保温法要求在 60~65 ℃ 之间保温加热 30 分钟；高温法要求在 70~75 ℃ 之间保温加热 15 分钟，或 80~85 ℃ 之间加热 15 秒；超高温法又叫瞬间消毒法（UHT），要求在 100~120 ℃ 之间保温加热 10 秒，罐头食品、奶制品等大都利用此方法。用保温法消毒的牛奶能够大大降低致病细菌的含量，同时保持鲜奶中的营养物质，但是常温条件下不宜保存。超高温法能够完全杀灭致病细菌，但是容易破坏鲜奶中的营养物质，尤其是牛奶中的维生素、免疫蛋白等。

三、封闭保存法

封闭保存法又称密封保存法，是借助于特殊的符合食品卫生标准的材料、机械或器皿，将烹饪原料或食品封闭起来，隔绝外部的空气、日光、微生物、细菌等对烹饪原料和食品的侵蚀、腐化。封闭保存可以采用真空包装，常见的有泥封、金属罐封、玻璃瓶封、锡纸封、纸封、塑料薄膜封、石蜡封、肠衣封、聚酯封、油脂封等方法。

四、脱水保存法

脱水保存法是指采用晒干、晾干、烘干、冷风干燥、高温喷雾干燥、高温加热、结晶等方法脱去烹饪原料中的全部或部分水分，从而破坏微生物和细菌的生存环境，抑制氧化分解酶的活性及呼吸作用。烹饪原料中干货制品大多采用晒干、晾干、烘干等简易有效的方法，以便于储存和运输。奶粉和栗子粉等多采用高温喷雾干燥方法。蔬菜中的苔菜，调料中的香叶、香草、香葱等多采用冷风干燥法。食用蔗糖、谷氨酸钠（味精）等多采用结晶法除去绝大部分水分。浓缩果汁、炼乳等只是脱去部分水分。

五、腌制保存法

腌制保存法是指通过对不同品种的烹饪原料，使用不同的调料或添加剂等，改变烹饪原料内部的渗透压，减少水分，以破坏微生物和细菌的生存环境，达到消灭微生物和细菌以及抑制酶的活性的目的，或者通过改变原料的酸碱度来改变微生物和细菌的生存环境。在腌制过程中还能改变烹饪原料的口味特征和色泽，并且增添新的口味和色泽特征。腌制保存法有盐制保存法、糖制保存法、酸制保存法、酒制保存法等。

盐制保存法就是利用食盐（氯化钠）来调节烹饪原料的渗透压，使烹饪原料的部分水分析出，从而破坏微生物生存繁殖的环境，使由蛋白质成分构成的微生物和酶发生蛋白质变性而凝固失去活性。盐制的食盐比例一般应控制在5%~10%。适当降低存放环境的温度，效果则更好。盐制保存的原料和食品有咸肉、咸鱼、咸菜等。

糖制保存法就是利用糖调节原料的渗透压，控制微生物、细菌和酶的活性。糖的比例一般控制在20%~60%。糖制保存的原料和食品有果脯、果酱、甜奶、炼乳、蜜饯、水果罐装制品等。

酒制保存法是利用酒中的乙醇成分进行杀菌和抑制酶的活性。酒制保存的原料和食品有醉虾、醉蟹、糟蛋等（要选用食用酒精含量较高的酒类或酒糟）。

酸制保存法是利用食用酸（添加剂系列的柠檬酸、山梨酸、苹果酸、醋酸等）或经乳酸菌及其他菌类分解碳水化合物产生的乳酸和醋酸发酵产生的酸性，改变微生物生存环境的酸碱度，在pH4.5的酸度以下可抑制微生物、细菌、酶以及原料的呼吸作用。酸制保存的原料和食品有酸菜、泡菜、韩国渍菜、酸黄瓜、酸笋、酸蘑等。水果

罐头中适量地加入山梨酸、柠檬酸、苹果酸等可防腐保鲜。

六、烟熏保存法

烟熏保存法就是利用烟雾来调节烹饪原料和食品外部表层的渗透压，并脱去部分水分，同时利用烟雾中的醛酚等物质杀灭微生物和细菌，破坏微生物和细菌生存的环境，抑制酶的活性。但是在烟雾熏制过程中往往会产生一定数量的苯环芳烃类物质，它是目前已确认的致癌物质之一，所以熏制时必须恰当地掌握熏制的烟量和熏制的时间，尽可能减少苯环芳烃类物质对原料的污染。选择熏制所用原料时，应合理选择有松木香和果木香的松木、松枝、果木、果枝或木屑，以及花生壳、稻草壳、茶叶等。烟熏保存的原料和食品有熏肉、腊肉、熏鸡、熏肠、茶香鹌鹑等。

七、活养保存法

活养保存法就是利用动物性原料的自然生活特性，在特定的环境中和有限的时间内进行养育保存，确保动物性烹饪原料的最佳使用价值，最大限度地发挥出烹饪原料的品质特征。水产品养殖对水质有着特殊的要求，如水的澄清程度、水中的氧气含量、水的温度、水中的盐度等。活养的代表品种有基围虾、石斑鱼、深海龙虾、虹鳟鱼等。

八、气调保存法

气调保存法就是通过改变原料存放环境的气体构成达到保存烹饪原料和食品的目的。气调保存法一般采用气调库、塑料薄膜、密封容器等进行保存。蔬菜、水果及肉类原料一般是通过降低氧气含量和增加氮气、二氧化碳气体的含量，达到长期保存的目的。

第三节 植物性原料（一）

一、蔬菜

1. 常见蔬菜品种

（1）叶用芥菜。叶用芥菜又名盖菜，属十字花科。其变种很多，叶形肥大，叶脉明显，叶面多皱缩，叶缘缺刻。芥菜原产于我国，南方种植较多，常见品种有平帮芥菜和凸帮芥菜，以凸帮芥菜品质好，棵体较平帮矮，叶宽，叶梗肥大，纤维较少，质地脆嫩。

（2）苋菜。苋菜又名苋、苋菜茎等，属苋科，梗直立粗壮，叶互生，卵形或菱形，有绿、紫之分，另有彩苋。其食用部位是幼苗和嫩茎叶。苋菜按栽培品种分尖叶青、红叶圆、大红叶、彩苋等。按色可分为红苋菜和绿苋菜。红苋菜梗直立，分枝少，叶圆形，叶端稍尖，叶面深紫色，背面稍淡，叶及叶梗稍有光泽，叶肉较薄，质柔嫩。绿苋菜只是其颜色与红苋菜有区别，其他都类似。苋菜具有很高的营养价值，含钙铁均比菠菜高，最为突出的是苋菜中不含草酸，食用时不影响对钙的吸收。

（3）木耳菜。木耳菜又名落葵、软浆叶、藤菜、胭脂菜等，属落葵科，原产印度、缅甸和我国热带地区，供食用部位是其嫩叶，主要品种有广州青梗藤菜、红梗落葵等。木耳菜除含有一般绿叶蔬菜所含成分外，植株内含有较多的黏液质，性寒，故具有凉血、解毒、润肠等作用。

（4）蕨菜。蕨菜又名拳菜、龙头菜，属凤尾蕨科。蕨菜原产于我国，以东北、西北较多。植株高 80~120 cm，春天由根茎长出拳卷状的嫩叶，外披白色茸毛，长成的叶呈羽状分裂，全形呈三角形状，整个生长期为 5~9 个月，从不开花结果，其供食用部位是其嫩叶和嫩茎。蕨菜是驰名中外的野生蔬菜，按其加工可分为腌蕨菜、干蕨菜、冷冻蕨菜，产地有甘肃、黑龙江、吉林、河北等地，以甘肃蕨菜质量最好，其菜鲜艳翠绿，粗壮，长短整齐，无异味。

（5）韭菜。韭菜又名起阳草，属百合科多年生宿根植物，原产我国，南北各地均有种植，以北方各地更为普遍。韭菜再生力强，其根部可进行分蘖，供食用部位是柔嫩的叶片及叶鞘。韭菜的种类很多，按食用部位的不同可分为根韭、叶韭、花韭和叶

花兼用四种类型。以叶及叶鞘为食用的产品，可分为宽叶韭和窄叶韭两种。宽叶韭叶片宽厚，浅绿色，质地柔嫩，香味稍淡，代表品种有北京大白根、汉中冬韭等。窄叶韭叶片窄长，颜色深绿，纤维较多，叶梢细高，但香味较浓厚，代表品种有北京铁丝苗、太原黑韭。韭菜按其栽培方式不同可分为盖韭、敞韭、冷韭、青韭和黄韭。盖韭为棚内盖草种植，根白、叶绿、香浓、味辣。冷韭为土洼风障种植，根粗、叶厚、味辣。敞韭为温室种植，光照返青、根白、叶绿、稍带土腥味。青韭为温室避光栽培，柔嫩、纤维少、淡黄色、品质佳。韭菜具有较高的营养价值，它不仅富含胡萝卜素、维生素、钙、磷、铁等矿物质，还含有较多的挥发油和有机硫化物，具有特殊的芳香和辣味，有抗菌性能。

（6）葱头。葱头又名洋葱、红葱、圆葱等，属百合科，根浅状，叶圆筒形，表面有蜡脂，叶鞘肥厚呈鳞片状，密集于短缩茎的周围，形成鳞茎叶。葱头以其肥大的肉质鳞茎叶为食用部位。葱头可分为普通葱头、分蘖葱头、头球葱头三个类型，普通葱头按其皮色可分为黄皮、红皮、白皮三种。黄皮葱头，代表鳞茎叶外皮黄色，肉质细嫩，味甜略辣，呈扁球形或圆球形，品质优良，代表品种有北方产的黄玉葱、天津的大水桃、荸荠扁等。红皮种鳞茎叶外皮呈红色，肉质微红，水分较多，辣味强，品质仅次于黄皮种。白皮种鳞茎叶较小，易抽薹，不耐储藏。葱头肉质细嫩，富含矿物质、维生素以及挥发性芳香油，具有很强的刺激性，有增进食欲和抗菌的作用。

（7）百合。百合属百合科，多年生草本植物。其地下鳞茎由叶鞘基部膨大而成，不是真正的茎，基本是叶的构造。百合原产于亚洲，其品种可分为白、灰白、黄白等色，有食用价值的品种仅有卷丹、山丹、天香百合、白花百合等。兰州百合以果实肥大肉厚、色佳形美、风味独特而驰名中外。

（8）花椰菜。花椰菜又名菜花、花菜，为十字花科芸薹属甘蓝类蔬菜的一个变种。叶片卵圆形，先端稍长，主茎顶端形成白色或乳白色肥大花球。花椰菜起源于欧洲西部沿海温暖地带，是野生甘蓝的一个变种，17世纪传入我国，华南、华中、华北地区栽培普遍。我国栽培的花椰菜，按生长期不同分为早熟、中熟、晚熟三个品种。早熟种植株矮小，花球紧，个小。此类花椰菜花茎短，肉质细嫩，品质优良。花椰菜其食用部位是细嫩、紧实的花球。花球由花苔、花枝、花蕾短缩聚合而成。

（9）绿菜花。绿菜花又名西兰花、青菜花、茎柳菜、茎用甘蓝，是甘蓝的一个变种，属十字花科草本植物，原产于地中海沿岸，喜潮湿气候，食用部位是其花蕾、花茎。

（10）金针菜。金针菜属百合科，多年生草本植物。因其花蕾黄色、形似金针而得名。金针菜原产于亚洲及欧洲温带地区，除我国自古以来将其作蔬菜食用以外，其他国家均以观赏植物栽培。金针菜在我国南北方都有种植，代表品种是河南淮阳黄花，其特点是七根芯条粗壮，形似针，有弹性，肉肥厚，油质多，耐煮，色金黄。

（11）黄瓜。黄瓜又名胡瓜、王瓜，属葫芦科，原产于印度。黄瓜是子房下位花发育而成的果实，花托与果实紧密结合，花托部分较薄，构成黄瓜的外表皮层。供食用的部位是由子房壁形成的果肉和胎座。黄瓜的类别和品种很多，按形态可分为刺黄瓜、鞭黄瓜、刺鞭黄瓜、短黄瓜和小黄瓜五种。前三种为大型种，后两种为小型种。刺黄瓜是我国黄瓜中著名的品种之一，特点是瓜表面有十条突起的纵棱和较大的果瘤，瘤上着生白色刺毛，呈棒形，瓜把稍细，瓜瓤小，肉质脆嫩，味清香，品质最好，代表品种有北京大刺瓜、北京小刺瓜等。鞭黄瓜瓜体呈棒形，纵棱不明显，表皮光滑，无果瘤和刺毛，形似长鞭，果肉薄，心室大，品质不及刺黄瓜。秋黄瓜瓜面上有小棱和刺毛，瓜呈棒形，瓜皮深绿色，具有光泽，其顶部黄条明显，瓜肉厚，心室小，肉质脆，水分多，品质好，品种有唐山秋黄瓜、天津秋黄瓜。黄瓜脆嫩多汁，微甜而清香，含有多种维生素、矿物质，还含有抗坏血酸。其清香味是果实中含有香精油所致。有的黄瓜带苦味，是由于黄瓜中含有一种叫苦瓜素的成分，苦瓜素多存在于果梗肩部（瓜把），先端较少，其苦味与遗传和栽培条件有关。

（12）冬瓜。冬瓜又名白瓜、枕瓜，属葫芦科，茎上有茸毛，叶稍圆，果实大小因品种不同而异。冬瓜原产于印度，按成熟期可分早熟、中熟、晚熟三种。按皮色可分为青皮、灰皮。按其形态可分为长冬瓜、扁冬瓜、短冬瓜。长冬瓜又称椿冬瓜，瓜体呈圆筒形，细长且大，生长健壮，成熟晚，皮色深，肉厚水分少，瓜瓤小，肉质结实。扁冬瓜又称柿冬瓜，瓜为扁圆形，肉厚，成熟比较早，此种冬瓜晚熟者瓜瓤小、味道好。短冬瓜又称小冬瓜，瓜小肉厚，水分大。冬瓜幼嫩或老熟的果实均可食用，供食用的瓜肉（中果皮）为大型薄膜细胞组织，含有大量的水分，约占97%，干物质仅占3%。

（13）丝瓜。丝瓜又名天罗瓜、天丝瓜、天罗，属葫芦科。丝瓜原产于东南亚，品种不是很多，大致可分为普通丝瓜与棱角丝瓜。普通丝瓜瓜条细长，为长棒形，瓜的表面比较粗糙，无棱角，色青绿，密生茸毛且有白状物，果实的先端稍肥大，瓜肉较厚，质柔软，品质优良。棱角丝瓜果实有棱角，较短；种子黑色，表面有网纹；瓜的表面有粉状物，色浓绿，无茸毛，上端细而尾端肥大，瓜肉较厚，纤维素少，品质优良。丝瓜中含有蛋白质、脂肪、维生素A和铁质，而且它的维生素和铁质含量在蔬菜中是非常高的。

（14）苦瓜。苦瓜又名锦荔枝、凉瓜，属葫芦科，叶掌状深裂，浅绿色。果面有瘤状突起，成熟时果皮、果肉为橙黄色，有苦味，瓜瓤鲜红，味甜。苦瓜原产于东南亚，苦瓜分为长形、短形。长形果为纺锤形，两端尖，表面瘤皱多，外皮最初为绿色，后

转为橙黄色,嫩瓜瓜肉肥厚,瓜味清香。短形果为圆锥形,梗部肥大,先端尖,果皮表面瘤皱少,初为绿色,后转橙黄色,嫩瓜瓜肉较厚。

(15)南瓜。南瓜即中国南瓜,又名饭瓜、番瓜,属葫芦科,果分长圆、扁圆、圆或瓢等形状。果面平滑或有瘤,老瓜呈赤褐、黄褐色,表面有粉状物,有蛇纹、网纹或波状纹。主要品种有长白南瓜、长绿南瓜、白圆南瓜、黄圆南瓜、花圆南瓜。其中以白圆南瓜为佳,果肉厚,质细嫩。

(16)倭瓜。倭瓜又名北瓜、饭瓜,属葫芦科。倭瓜的瓜体较小,先端凹入,表面光滑或有瘤,有些品种带纵沟。倭瓜原产于墨西哥,品种主要分为牛角倭瓜、长侯瓜、磨盘倭瓜、八棱倭瓜。其中以磨盘倭瓜和八棱倭瓜品质好,肉质细厚,汁少,味甜。

(17)西葫芦。西葫芦又名荚瓜、搅瓜、美洲南瓜,属葫芦科。果长圆或圆形,分黑绿、黄白、绿白等颜色。西葫芦原产于拉丁美洲,按植株特点可分为矮性和蔓性两种。矮性西葫芦有一窝猴、站秧、花叶西葫芦等。蔓性西葫芦有长西葫芦、秧西葫芦等。西葫芦营养成分主要有钙、磷、铁和多种维生素。西葫芦可分为嫩果和老果,并各有其特点。嫩者,质脆多汁,适合炒;老者,质软少汁,适合做馅。

(18)笋瓜。笋瓜又名番瓜、金瓜、桃南瓜、冬南瓜等,属葫芦科。笋瓜瓜体大,先端突出,表面平滑,无香味。按其瓜型可分为小型种和大型种。按成熟度可分为嫩果和老果,嫩果供食用。主要品种有扬州白皮笋瓜、镇江黄笋瓜、陕西一窝蜂笋瓜、太谷金南瓜等。

(19)佛手瓜。佛手瓜又名洋丝瓜、福寿瓜、万年瓜,属葫芦科,原产于中美洲地区,我国云南、四川、广东等热带地区有栽培,根据外观颜色不同有绿色品种和白色品种,瓜形呈雪梨形,一端细小,一端膨大,有明显的瓜棱,肉质白色,纤维少,清脆多汁,甘甜味美,瓜实膨大处有种子一枚。

(20)番茄。番茄又名西红柿、洋柿子,属茄科。番茄原产于南美洲热带地区。番茄品种繁多,按其果实形状可分为圆形、扁圆形、梨形、樱桃形等。按其颜色可分为红色、粉红色、黄色等。按栽培方式可分为普通番茄、大叶番茄、直立番茄。以普通番茄最为普遍,包括红、粉红、黄等品种。红色番茄扁圆球形,脐小,肉厚,味甜,汁多,爽口,风味好。粉红番茄近圆球形,较整齐,脐小,果面光滑,味甜酸适度,品质较佳。黄色番茄果大,圆球形,整齐,果肉厚,肉质面沙,生食味淡。番茄的营养价值高,为多汁浆果,以果实的中果皮、内果皮(呈浆状)和胚座供食用。果实中含有较多的糖、有机酸、抗坏血酸及胡萝卜素。

(21)茄子。茄子又名落苏、酪酥、昆仑瓜,属茄科,在热带为多年生灌木,原产于印度,我国东北、华北、西北地区以晚熟的大型圆茄品种为多,西南、华南、长江中下游流域以长形品种见多。根据茄子的果形，我国茄子分为圆茄、长茄和矮茄三个变种。圆茄植株高大，果形分圆、扁圆、长圆；皮色有黑紫色、紫红色、淡绿色；肉质较紧密，皮薄，口味好，品质佳；多为中、晚熟品种，代表品种有北京圆茄、济南大红袍等。长茄植株中等，叶小而窄，果形细长，皮薄；皮色有紫色、青绿色、白色等；肉质较松软，种子少，品质最佳，代表品种有南京紫水茄、紫长茄、北京线茄、辽宁柳条青等。矮茄植株低矮，果实较小；果形为卵形或长卵形，皮色有紫红色、绿色、白色等；多为早熟品种，代表品种有千成茄、小灯泡茄等。茄子供食用部位为果实的中果皮及胎座的海绵状薄壁细胞组织，其所含主要成分包括糖、果胶、纤维素、粗蛋白、脂肪、抗坏血酸、鞣质。由于茄子含有较多的鞣质和多酚氧化酶，因而果实切开后极易发生褐变。紫茄子中含有花色素，性质极不稳定，易发生酸水解。茄子还含有苦味物质"茄碱"，浓度为1:3 000时，茄子会产生苦味，但一般达不到这个浓度。

（22）辣椒。辣椒又名番椒、大椒、辣子、辣茄等，属茄科。辣椒原产于南美洲热带地区，我国甜味椒的种植面积大。辣椒的品种较多，我国栽培的主要是一年生的辣椒，按果实形状的不同，有灯笼椒、长辣椒、簇生椒、圆锥椒等。

灯笼椒果实为扁圆形或圆筒形，果型大，果实基部凹陷；颜色有绿、红或黄；味甜而微辣或不辣。按果实大小可分为大甜椒、大柿子椒和小圆椒三个品种。大甜椒果实呈圆筒形或钝圆锥形，心室有3~4个，外表有3~4条纵沟，果肩大，果肉厚，味甜美。大柿子椒果实呈扁圆形，纵沟较多，果肉厚，味甜而微辣。小圆椒果实呈小扁圆形，果皮深绿而有光泽，肉厚而微辣。

长辣椒果实呈弯曲的长角形，辣味强烈。按果实形状又可分为短羊角椒、长羊角椒和线辣椒三个品种群。短羊角椒果实呈短角形，肉厚，味辣。长羊角椒果实呈细长羊角形，味辣。线辣椒果实呈线形，细长，稍弯曲，或果面带皱褶，辣味很强烈。

簇生椒果实簇生，辣味极强。

圆锥椒果实小，呈樱桃状，辣味极强。

辣椒的果实属于浆果类型，其果皮紧，果皮与胎座组织分离形成空腔。辣椒中含有丰富的维生素P、维生素A原和维生素B_1、维生素B_2，抗坏血酸的含量居蔬菜之首，尤以辣味椒中含量更多。挥发油和辣椒素是辣味椒所具有的特殊成分。

（23）四季豆。四季豆又名菜豆、芸豆、扁豆、架豆、棍豆、刀豆等，原产于南美洲热带地区，按豆荚纤维化的程度可分为软荚和硬荚两类。菜用的荚豆属于软荚类，果皮肉质化，含粗纤维少，当豆荚长大以后果皮仍然柔软可食。软豆荚按植株习性不同可分为短生和蔓性两种。短生菜豆又名芜豆，不爬蔓，生长期短，成熟快，生长期为50~60天，其中品质较佳的种类有华北、西北和东北地区种植的嫩荚豆，北京的矮生棍豆及

黑龙江、山西产的沙克沙菜豆。蔓生菜豆爬蔓，成熟迟，一般需要 50~70 天。蔓生菜豆产量高，品质佳，主要品种有北京丰收一号、北京的棍豆、黑龙江的翻眼白菜豆等。

（24）豇豆。豇豆又名长豆、豆角、饭豆、腰豆、带豆、羹豆，属豆科豇豆属，有蔓生、半蔓生、矮生几种。豇豆原产于亚洲东部热带地区，在我国栽培很久且分布广泛，以南方种植较多。豇豆可分为菜用豇豆和粮用豇豆两类，以肉质肥厚的嫩荚作为菜用，优良品种有白豆角红嘴荚、十八子、紫豆角等。

（25）蚕豆。蚕豆又名胡豆、塞豆、佛豆、罗汉豆，属豆科蚕豆属。蚕豆原产于亚洲中部和东非，西汉时传入我国，我国南北广为栽培。蚕豆亦可分为菜用和粮用两类，其嫩豆粒和成熟的种子可以作为菜用。蚕豆豆荚肥厚，长 7~10 cm，扁圆筒形，皮油绿有光。豆粒大，呈肾状，并有一层硬质外壳，嫩时食之清脆，老熟食之发绵。蚕豆按其豆粒大小可分为大、中、小三种，以大者品质为佳。

（26）豌豆。豌豆又名小塞豆、丝豆、青豌豆、国豆、鲜豆等，属豆科豌豆属。豌豆原产于地中海沿岸和亚洲中部。按用途豌豆可分为菜用和粮用两种类型。按荚果组织特点可分为硬荚和软荚两种。菜用者为软荚，其果皮薄壁组织发达，嫩荚亦可食用。按豌豆形态又可分为圆粒和皱粒两种，皱粒种含糖分多，品质较佳。主要品种有北京的绿珠（圆粒）、山西的解放（皱粒）等。

（27）荷兰豆。荷兰豆为豌豆的一个变种，又称食荚豌豆、甜荚豌豆。它的荚果宽大，薄壁组织发达，荚内无硬膜质层，内果皮柔软，纤维少。荷兰豆产于英国，此豆豆荚呈浅绿色，口感爽脆、清香、甘甜。

2. 蔬菜的品质鉴定

蔬菜品质鉴定的主要依据是蔬菜的新鲜度以及收获的最佳成熟期。蔬菜的新鲜程度主要从含水量、形态、色泽等方面来鉴定。

（1）蔬菜的共同特点就是含有较多的水分。水分含量高，表面润泽光亮，组织结构脆嫩。若水分流失，则颜色发黄，蔬菜变得蔫萎，其食用价值就降低很多。

（2）在蔬菜生长过程中，微生物和病虫害会造成其形态的改变。含水量降低，也会改变蔬菜新鲜挺拔的外观形态，所以根据形态的改变可判别其新鲜程度。

（3）每一种蔬菜都有其固有的色泽，颜色鲜艳且有光泽的质佳。色泽的改变同样可以表明其新鲜程度。

3. 引起蔬菜品质变化的原因

蔬菜在保管过程中容易发生变化，引起变化的主要原因有以下几种。

（1）自身的生理变化。蔬菜是有生命的机体，收获后仍然保持着呼吸作用，会引起品质的不断变化。

（2）微生物的作用。蔬菜中含有较多的水分和糖分，为微生物的生长繁殖创造了良好的条件，所以蔬菜极易腐烂变质。

保管时为了控制、阻止微生物生长，应控制储藏温度，并且应创造适宜的外界环境条件，以保持蔬菜最微弱的呼吸作用。

二、干菜

干菜是新鲜蔬菜经过脱水干制加工所得到的产品，隶属于干货原料中的一大类。干菜含水量低，体积和重量都比新鲜蔬菜大为减少，适于较长期储存和运输，在食用前干菜需要用水浸发，然后再进行烹调。

1. 干菜的营养特点

干菜随着品种不同而营养各异。其中蘑菇类、银耳等营养价值较高，它们富含蛋白质，以及磷、铁和维生素PP等。干菜经过干制，维生素C的含量损失较大。

2. 干菜的种类及其质量要求

干菜根据其原料在农业上和植物学上的归属可分为四类，分别为蔬菜类干菜、笋类干菜、菌类干菜和藻类干菜。

（1）蔬菜类干菜。蔬菜类干菜是蔬菜经干制而成，主要品种有黄花菜、万年青等。

1）黄花菜。黄花菜是以含苞未放的萱草花蕾经干制加工而成。因其花色金黄，外形似针，故称黄花菜或金针菜。湖南和江苏两省为主要产地，河南、河北、山西、山东、甘肃、安徽、四川等省也有生产。黄花菜含胡萝卜素和钙、磷、铁较多。质量以外形线条肥壮均匀，挺直不卷曲，长短一致，无花蒂，未开花，无油条，无虫蛀，无霉烂，颜色金黄有光泽者为佳。黄褐或黑色者为次。含水量应低于17%，即用手握黄花菜时，感觉有弹性，放手后黄花菜又能自动散开恢复原状。

2）万年青。万年青是用油菜或小塘菜的菜薹顶端嫩尖加工而成的干菜。因其色泽绿，故名"万年青"。每年四五月间生产，主产于宁波和嘉兴地区。质量以色泽翠绿，清香鲜嫩，菜条短粗，干燥不霉，无虫者为佳。

（2）笋类干菜。笋类干菜由嫩竹笋经加工干制而成，一般以色黄白，鲜嫩洁净，肉厚，无杂质的为佳，主要品种有玉兰片、笋干、天目笋干、羊尾笋等。

1）玉兰片。玉兰片是以冬笋或者笋为原料，经蒸、烘、干、熏磺等工序加工制成的干制品。因其外形、色泽似玉兰花瓣而得名，主要产地是湖南、江西、广西和贵州等。质量以色泽洁白，肉质细嫩，体小肉厚而结实，笋节紧密，无老根，无焦片和霉蛀者为佳。常见品种有尖片、冬片、桃片和春片。

①尖片,又称笋尖,兴宝。完全以笋的嫩尖制成,表面光洁,笋节很密,肉质细嫩,味鲜,为玉兰片中的上品。

②冬片,以冬笋为原料劈成两片制成,片面光洁,节距紧密,根部刨尖,质嫩味鲜。

③桃片,又称桃花片,用刚出土或尚未出土的春笋制成,为对开片,片面光洁,节距紧密,根部刨尖,肉质稍薄,味也好。

④春片,又称大片,以清明节后出土的春笋为原料制成,节距较疏,节楞突起,笋肉薄,肉质粗老,品质次。

2)笋干。笋干以新鲜毛笋经煮熟,压榨焙干而成,形状扁平,味淡质干。经过水发,基本上能恢复原有的鲜嫩程度。主产于福建、江西和浙江。以质嫩肉厚,干燥,色如黄蜡,无老根,不发霉者为佳。

3)天目笋干。天目笋干又称天目笋尖、扁兴笋,是由鲜笋加工干制而带咸味的笋干。主产于浙江、安徽两省。以色泽绿中透黄,笋身干净,肉厚而嫩,无粗老纤维,表面有白霜者为佳。

4)羊尾笋。羊尾笋又称龙须笋。因产品外形似羊尾,故称羊尾笋。羊尾笋是以鲜嫩竹笋为原料煮制而成的咸笋,为半干品。以浙江的奉化、宁波、宁海、余姚等地为主产地,奉化产量大,质量好。以笋肉厚嫩,色泽白带微黄,表面洁净泛细白盐霜,身条扁平,笋节紧密,无笋筋,无硬皮,咸味适口,无苦涩味者为佳。

(3)菌类干菜和藻类干菜。菌类干菜包括干香菇、干榛蘑、银耳、黑木耳等。藻类干菜包括干龙须菜等。

三、腌菜

腌菜是我国生产消费较大的一类蔬菜加工品。腌菜的原料不仅仅包括蔬菜,还包括一些食用菌和野菜。无论何种品种的腌菜,均先进行食盐腌制,然后再改制为其他各种风味的产品。

1. 腌菜的种类

我国腌菜品种很多,按生产工艺及质量特点可以划分为酱菜、咸菜、发酵性咸菜和其他腌菜四大类。

(1)酱菜。酱菜是将蔬菜先经过盐腌或晾晒脱水加工处理,然后酱制而成的一类产品。酱菜常用的酱是黄酱和面酱。面酱制成的酱菜味较甜,黄酱制成的酱菜味较咸。

1)酱菜的代表品种

①酱八宝菜(北京)

原料：苤蓝花、黄瓜条、藕片、面豆节、甘露菜、银苗、花生米、桃仁、杏仁、瓜子仁、姜丝、面酱、黄酱。

特点：酱味浓厚，质地脆嫩，味道鲜甜。

②大酱萝卜（北京）

原料：萝卜、黄酱。

特点：外观枣红色，有光泽，不糠，无黑心，有酱香。

③酱乳黄瓜（扬州、镇江）

原料：乳黄瓜、面酱。

特点：色青翠，有光泽，酱香浓郁，甜咸适口，脆嫩爽口。

④酱越瓜（福建）

原料：越瓜、面酱。

特点：色泽黑褐，宛如琥珀，酱香悦人，滋味醇爽，品质脆嫩，咸淡适口。

⑤酱磨茄（山东）

此菜由于茄皮不用刀削，而是用磨茄机磨掉，故名磨茄。

原料：鲜茄子、面酱。

特点：色泽褐红，面酱气香，质地柔软，脆而香甜，味道鲜美。

⑥甜酱姜芽（上海）

原料：鲜姜芽、回笼面酱、面酱、甜酱酱油、味精、白砂糖。

特点：质脆嫩，味道鲜辣带甜。

2）酱菜的质量标准。黄色或棕色，有酱香味，咸甜适口，有鲜味无异味，质地脆嫩无杂质。

（2）咸菜。咸菜是以蔬菜经食盐腌制后，不用或再用酱油或虾油腌制而成的产品。咸菜包括盐腌制品、酱油腌制品、虾油腌制品和咸半干菜。咸半干菜是指经过部分脱水（压榨、烘烤或晒干）的咸菜、酱菜、酱油腌菜等产品的改制品，与脱水菜的区别是咸半干菜含水量大，而脱水干菜含水量少。

1）咸菜的代表品种

①盐腌制品，如咸大头菜（上海）。

原料：大头菜。

特点：色泽褐色，新鲜嫩脆，口味鲜咸，无苦味和涩味。

②酱油腌制品，如什锦菜（上海）。

原料：大头菜、青萝卜、白萝卜、红萝卜、菜瓜、生姜、乳瓜、莴笋、地姜、酱油、白砂糖。

特点：味道鲜嫩，咸中带甜。

③虾油腌制品。如虾油小黄瓜（山东）。

原料：鲜小黄瓜、虾油。

特点：色泽深绿，质地脆嫩，虾油鲜气浓，体形整齐均匀。

④咸半干菜，如大头菜（浙江）。

原料：大头菜、酱油、焦糖色、稀甜卤、味精、大曲酒、食糖、玫瑰香精、干玫瑰花。

特点：具有玫瑰清香，风味鲜、甜、脆、嫩、香。易于储藏，携带方便。

2）咸菜的质量标准

①盐腌制品。色泽正常，具有本品种的固有香气，咸度适当，质地脆嫩，无杂质，无异味。

②酱油腌制品。色泽正常，具有酱油腌制品的固有香气，咸淡、香甜适口，色泽搭配美观，无霉斑，无杂质。

③虾油腌制品。具有蔬菜的自然色泽，滋味鲜美，无咸苦味，质地脆嫩，无杂质。

④咸半干菜。色泽正常，具有本品种的固有香气，味正质柔，咸度适口，无杂质。

（3）发酵性咸菜。发酵性咸菜是指在腌制过程中经过乳酸发酵的蔬菜腌制品，在乳酸发酵的同时，一般还伴有微弱的酒精发酵与醋酸发酵。

1）发酵性咸菜的代表品种

①四川榨菜

原料：青菜头、辣椒面、花椒、茴香、三奈、桂皮、甘草、砂仁、白胡椒、干姜。

特点：菜块青皮白面，鲜香嫩脆，咸鲜适当，回味返甜，无异味。

②京冬菜

原料：大白菜、花椒。

特点：条形均匀，质嫩味鲜香浓，咸淡适口，回味微甜有留香，色泽金黄。

③酸笋

原料：毛竹笋。

特点：口味酸咸，清脆爽口，笋肉较软，棱角分明，笋块呈乳白色，笋尖呈赤褐色。

④四川泡菜

原料：白菜、萝卜、胡萝卜、甘蓝、黄瓜、芹菜、豇豆、四季豆、莴笋、青辣椒、黄酒或烧油、花椒、尖辣椒、姜。

特点：具有蔬菜原有的鲜嫩色泽，食之清脆，酸辣可口。

⑤酸黄瓜

原料：小黄瓜、辣椒粉、辣根、蒜头、芹菜、丁香粉、肉桂树叶。

特点：色泽黄绿，味道酸辣，且有异香。

2）发酵性咸菜的质量标准。具有各菜特有的香气，味鲜，咸淡适口，无异味，质柔，块形整齐。

（4）其他腌菜

1）代表品种

①糖腌制品，如白糖蒜（北京）。

原料：紫皮蒜、白糖、白开水、食盐、醋。

特点：味道甜而稍辣，有桂花香味，质地脆嫩，色泽白亮。

②蜂蜜腌制品，如蜂蜜蒜米（天津）。

原料：鲜蒜瓣、白糖、蜂蜜、食盐。

特点：色泽白赤或赤红，有蜜香。

③糖醋腌制品，如糖醋大蒜（扬州）。

原料：鲜蒜、白糖、醋。

特点：色泽棕红，个头均匀，肉质脆嫩，有蒜香和酸甜味。

④糠糟腌制品，如糟菜（天津）。

原料：黄瓜、菜瓜、茄子、萝卜、芥菜、食盐、酒糟。

特点：质地松脆，色泽鲜美，具有酒香气味。

2）其他腌菜的质量标准。一般保持原料固有色泽或色泽稍深，香气正常，质地多脆嫩，无异味，无杂质，味甜或酸甜。

2. 腌菜的营养特点

（1）酱菜经过腌制后，由于水分的降低，其糖、蛋白质、钙、磷、铁的含量均比原料有明显增加，维生素 B_2 和维生素 PP 的含量也有所增加，而维生素 C 的含量则大量减少。

（2）咸菜经过腌制后，糖、蛋白质、维生素 C、磷和铁的含量均有所下降，只有钙的含量增加。

（3）发酵性咸菜经过发酵后，糖的含量大大降低或完全消失，酸的含量则相应增加，蛋白质含量明显减少，矿物质的含量一般也有增加。

（4）糖腌制品、蜂蜜腌制品和糖醋腌制品，糖和矿物质含量均有较大增加，而蛋白质和维生素含量均有减少。

四、豆制品

我国的豆制品根据原料及经营习惯可以分为，大豆制品、小麦蛋白制品及豆类淀粉制品（实际还包括杂粮和薯类的淀粉制品）。大豆制品是以大豆（黄豆）为原料制成的。豆制品的营养价值很高，蛋白质含量一般高于肉、蛋、奶的蛋白质含量。除此之外，钙、磷、铁的含量也非常高。大豆制品的另一大优点是不含胆固醇。

1. 豆腐

（1）豆腐的品种及其特点。我国豆腐品种有北豆腐和南豆腐，它们的基本生产过程相同，区别在于凝固剂不同，压榨时间不同，含水量和老嫩程度不同。北豆腐又称老豆腐，北方普遍生产。北豆腐用凝固剂点脑，在豆腐箱内成形，采取螺旋加压，含水量为85%左右。南豆腐又称嫩豆腐，主要在南方生产，北方一些地区也生产。生产南豆腐的豆浆要比生产一般豆腐的豆浆黏稠，用凝固剂冲浆点脑，在碗中用小方布包裹豆脑成形。成形后用木板轻压，并在冷水中撤包。南豆腐含水量为90%~92%，质地细腻，保水性强，但不如北豆腐耐保管。

（2）豆腐的质量要求。豆腐的质量可以从豆腐的色泽、外形、老嫩程度、组织状态、气味和滋味等几方面来判定。北豆腐应洁白细嫩，表面光润，四角平正，厚薄一致，有弹性，无杂质，无异味。南豆腐应洁白细嫩，四角完整，不裂，不流脑，无杂质，无异味。

2. 半脱水豆制品

（1）半脱水豆制品的品种及其特点。半脱水豆制品主要包括白豆腐片和白豆腐干，它们的含水量均显著低于豆腐。

1）白豆腐片。豆腐片经压榨脱水制成，其含水量为52%~59%。豆腐片是北京地区的称呼，东北称"干豆腐"，南方称"百页"或"千张"。豆腐片的厚度从0.5 mm到2 mm不等，因产品的不同而不同。薄百页的制作过程和设备与豆腐片相同，不同的是制作薄百页的豆浆稀，豆脑点得嫩，豆腐布紧实，制作技术要求高，制出的产品筋韧、薄、水分少。

2）白豆腐干。白豆腐干是经压榨脱水、切制而成的，也称大白干。

（2）半脱水豆制品的质量要求。色白味淡，薄厚均匀，四边整齐，柔软有劲，无杂质，无异味。

3. 卤制豆制品

卤制豆制品是以豆制半成品（豆腐坯、豆腐干和片）在卤水（食盐水或添加各种调味料的卤水）中泡、煮沸而制成的不同风味的产品。这类制品有五香豆腐干、兰花香干、苏州香干、茶干、五香豆腐丝、酱干子、麻雀头等。

卤制豆制品的质量要求：五香豆腐干要色泽棕黄，薄厚均匀，四角整齐，块形整齐，柔软有劲，咸度适口，有五香味。兰花香干要色泽棕黄，表面有花纹，柔软有劲，味道鲜美。苏州香干要色泽较香干深，块形整齐，薄厚均匀，柔软有劲，有五香味，有甜味，味鲜浓。茶干要色泽呈浅黄色或黄白色，薄厚均匀，柔软有劲，甜咸鲜香。五香豆腐丝要色泽呈浅黄色，丝条粗细均匀，柔软有劲，具有五香味，咸淡适口。

4. 油炸豆制品

油炸豆制品是加工成形的半成品坯子，经油炸制成的豆制品，又称炸货。这类制品的特点是外观油润有光泽，颜色浅黄、金黄或棕黄，外焦里嫩，酥脆味美。品种有炸豆腐泡、炸素虾、炸素卷等。

油炸豆制品的质量要求：炸豆腐泡要色泽金黄，呈方圆形，柔软而有弹性，气味清香，不裂口，不含油，无死心。炸素虾要炸透，里外酥脆，咸度适口，具有虾味。炸素卷要外皮呈金黄色，炸透，外焦脆，里软嫩，大小均匀，味道鲜香，不松散。

5. 炸卤豆制品

炸卤豆制品是加工成形的半成品坯子，经过油炸和卤制而成的豆制品。这类制品的特点是质地松软，味道鲜美。品种有素什锦、素鸡、辣块、辣干、素肝尖、素蟹、素肚、素火腿、素炸猪排、素肉粉、虾子豆腐、辣片、豆豉豆腐等。

6. 熏制豆制品

熏制豆制品是利用加工成形的半成品坯子，经过熏制而制成。这类制品的特点是有特殊烟熏香味，风味浓郁。品种有熏干、熏豆腐、熏素鸡、熏素肠等。

7. 干燥豆制品

干燥豆制品是经干燥脱水而制成的豆制品。它的特点是便于携带、保存。品种有腐竹、甜片、油皮、豆笋、豆腐粉等。腐竹是由豆浆经过煮沸，微火煮浆，挑皮，摇直，烘干而制成的豆制品。甜片是由生产腐竹后残存的豆浆制成，含油脂和蛋白质较少，含糖较多，味甜，所以称甜片，颜色灰暗，缺乏光泽，成片状。油皮又称腐皮，也是由豆浆经过煮沸，微火煮浆，用秸秆将皮从中间粘起，呈双层半圆形，经过烘干而制成的豆制品。

第四节 动物性原料(一)

一、畜类品种

1. 猪的品种

(1)东北型商品猪。东北型商品猪主要分布于我国东北地区的黑龙江省、辽宁省、吉林省,代表类型是东北民猪、辽宁新金猪、哈白猪。

(2)华北型商品猪。华北型商品猪主要分布于我国的北京市、天津市、河北省、河南省、山西省,代表类型是河北定州猪、河南项城猪、北京猪。

(3)华东型商品猪。华东型商品猪主要分布于我国的山东省、江苏省、浙江省、上海市、安徽省,代表类型是浙江金华猪、江苏太湖猪、上海白猪、山东垛山猪。浙江金华猪又称两头乌,头臀为黑色,躯干四肢为白色,臀部圆滑丰满,四肢较短,脚细皮薄肉嫩,瘦肉率高,脂肪少,是制作金华火腿的主要原料。

(4)华中型商品猪。华中型商品猪主要分布于我国的湖北省、湖南省,代表类型是湖南长沙猪、湖南宁乡猪。

(5)华南型商品猪。华南型商品猪主要分布于我国的广西壮族自治区、广东省、福建省,代表类型是广东梅州猪。

(6)西南型商品猪。西南型商品猪主要分布于我国的四川省、贵州省、陕西省,代表类型是四川荣昌猪、四川内江猪、贵州威宁猪。

(7)引进型商品猪。引进型商品猪已渐渐发展成为现代畜类养殖及肉类加工业的一种重要猪型,引进的猪型多是当代世界的优良品种,其特点是饲养周期短,生长快,抗病力强,适应性强,瘦肉率高,出肉率高,能够形成较多的肌间脂肪。

2. 牛的品种

(1)本土牛系列。黄牛是我国北方分布最广的牛种,已经发展成为主导我国牛肉市场的主要商品肉牛。黄牛品种有鲁西牛、秦川牛、南阳牛、晋南牛、阜阳牛、延边牛、渤海黑牛等。其中鲁西牛作为我国良种肉用牛,得到了良好的培育,广泛分布于山东、河北、河南、辽宁等地。其形态特征是体形较大,角短粗,毛色以黄色居多,具有良好的肉用特性。秦川牛同为我国良种肉用牛之一,分布于陕西、山西、河南、四川等地，体形庞大，毛色以枣红色居多，鞍部发达，具有良好的肉用价值。

（2）引进牛系列。为了进一步提高牛肉的品质，不断改良优质肉牛品种，我国先后引进了世界著名的肉牛优良品种，如海福特、安古斯、西门塔尔、欧士坦等牛种。海福特牛原产于英格兰，短角，头短，额宽，颈短粗，垂肉发达，毛色暗红，有白色花斑。安古斯牛原产于英格兰，无角、体色为黑色。西门塔尔牛原产于瑞士，体大如象，毛色为黄白或红白。欧士坦牛原产于荷兰，是奶牛中的最佳品种，雄性牛可育肥成为肉牛，小牛肉多是用淘汰的雄性欧士坦（黑白花牛）小牛加工的。

3. 羊的品种

（1）小尾寒羊。小尾寒羊是优质的肉用绵羊。小尾寒羊的形体特征是体形高大，体重达 90 kg，毛色为白色，公羊有弯曲粗大的角，鼻额较高，羊尾较小；肉质特征为骨骼细小，出肉率高，肌间脂肪较杂、沉积较好，肉的颜色为玫瑰红色，肉质细嫩，膻味较小，目前是我国肉用绵羊的主要品种。

（2）波尔山羊。波尔山羊被称为世界肉用山羊之父，从南非引进，我国已繁殖出中南混血山羊，形成优质商品肉羊的生产基地，已在全国推广。波尔山羊的形体特征是体形高大，体重可达 150 kg，毛色为棕褐色，公羊有直立的角，躯体上有黑褐色的斑纹；肉质特征为骨骼细小，出肉率高，肌间脂肪较杂、沉积较好，肉的颜色为玫瑰红色，肉质细嫩，膻味较小，目前是我国肉用山羊的主要品种。

二、禽类品种

1. 鸡类品种

（1）清远三黄鸡。清远三黄鸡是典型的肉用型鸡种，单冠而小，颈短腿短，体形中等，体重 1~2 kg，因为羽毛、喙、脚趾外皮均为淡黄色，故名三黄鸡。清远三黄鸡生长快、育肥期短，一般养殖期为 60 天的雏母鸡品质最好，烹制加热后，皮薄而脆，骨酥软，肉香滑鲜嫩，脂黄浓香，肥而不腻。我国岭南地区尤其以广东清远三黄鸡最为著名。

（2）艾维因鸡。艾维因鸡是美国研制推广的世界优质肉鸡品种。我国从美国引进，目前为我国集约化肉鸡养殖的主要品种。特征是单冠为玫瑰红色，羽毛为洁白色，喙、脚趾外皮均为淡黄色，体形较大，人工孵化率高。具有成熟快、出肉率高、肉质细嫩的特点。一般人工养殖期为 7~9 周，体重为 3~4 kg。

（3）科尼什鸡。科尼什鸡是良种肉用鸡种，原产于英国，羽毛有白色和红色，身宽体大翅小，颈粗腿短，胸肌腿肌发达。

（4）白洛克鸡。白洛克鸡是良种肉用鸡种，原产于美国，体形较大，羽毛洁白。

2. 鸭类品种

嘉积鸭又名瘤头鸭，我国良种肉用鸭子，多产于海南省的嘉积一带，头部两侧长有红色肉瘤，肉质厚实，皮脆肉嫩脂香。

3. 鹅类品种

鹅是人类驯化最早、体形较大的禽类，我国有着许多有名的地方品种，如广东清远棕鹅，江西兴国的灰鹅，浙江舟山、象山、奉化白鹅，湖南溆浦白鹅。

（1）狮头鹅。狮头鹅又称乌棕鹅、棕鹅、黑鬃鹅，大型肉用鹅品种。形态特征为乌棕色的羽毛，体形庞大，一般体重为9 kg，前额两颊肉瘤发达，嘴下肉垂呈三角形，头部顶端有肉瘤，正面看像狮头。肉质特点是皮下脂肪发达，肉质较为细嫩，以广东潮汕地区养殖较多，是广东烧鹅和卤鹅的最佳选料。

（2）太湖鹅。太湖鹅又称太湖白鹅、中国鹅，属于肉蛋兼用型，主要产于江苏、浙江的太湖区域。鹅的全身为洁白色羽毛，外形酷似白天鹅，颈长，头部较大，肉瘤圆而光滑，体重一般为4~6 kg。

4. 禽类制品

（1）腊鸭。腊鸭是最为传统的腌腊制品，因为其肉质紧密板实故又名板鸭。在我国的长江流域，有许多有名的地方品种，如江苏南京板鸭、四川白市驿板鸭、江西南安板鸭、湖南乾州板鸭、福建建瓯板鸭。板鸭的加工一般大都选在冬季制作，因为鸭子经过秋季育肥，肌肉丰满。立冬至立春为最佳腌制期，自然储存期较长，风味独特，这个时期制作的板鸭习惯上称"腊板鸭"；立春至清明期间制作的板鸭习惯上称"春板鸭"，自然储存期短。

（2）风鸡。风鸡是我国南方在气候干燥的寒冷季节用整只鸡制作的一种腊味食品，加工过程有宰杀、整理、洗涤、腌制、增味、固色、晾挂风干。

三、蛋类

1. 蛋的种类

我国市场上商品蛋的品种根据动物品种的不同有鸡蛋、鸭蛋、鹅蛋、鹌鹑蛋、鸽蛋、鸵鸟蛋。根据禽类饲料添加的强化剂不同有碘蛋、硒蛋、锌蛋、维生素A蛋、维生素B蛋、维生素B_1蛋等。在人们的日常生活中，消费量最大的蛋类品种是新鲜的鸡蛋。

2. 蛋的结构特征

一个完整的鸡蛋由蛋黄、蛋白和蛋壳三部分组成。横断面呈圆形，纵面呈椭圆形，一端钝圆，一端尖圆。蛋壳是包裹蛋内容物的结构，主要由蛋白纤维基质与碳酸钙晶体物质组成，蛋壳由外到里分别是外蛋壳膜、蛋壳和内蛋壳膜。外蛋壳膜是呈白色粉末霜状的黏蛋白，可以保持蛋的通透性，保持蛋内的营养物质，防止微生物对蛋内物质的侵害，高温潮湿摩擦易脱落。蛋壳主要成分是碳酸钙，具有一定的支撑作用，能够承受一定的压力，壳上有细小的气孔，许多致病的细菌可以穿过，从而影响蛋的品质。内蛋壳膜又称蛋壳内膜，是第三道防线，主要由蛋白纤维基质组成，分为两层，贴在蛋壳上的称蛋壳膜，包裹蛋白液体的称蛋白膜，两层大部分紧密地粘在一起，在钝圆的一端形成气室，气室大小的变化是衡量鸡蛋品质的重要标准，气室变大说明内部水分蒸发较多，气室消失说明蛋白膜的张力在酶微生物的作用下被破坏。蛋白又称蛋清，为透明的液状胶体，主要是白蛋白，由外到里可分为外层稀蛋白、中层稠蛋白、内层稀蛋白、卵带稠蛋白。卵带稠蛋白有固定蛋黄的作用。蛋白有较多的溶菌酶，随着存放时间变长，溶菌酶的作用降低，在一定的湿度、温度条件下，霉菌活性加强，易形成霉蛋，在蛋白酶的作用下蛋白水解，导致蛋白变稀，品质下降，蛋黄贴在壳上，形成贴壳蛋。蛋黄呈圆球状，两端有卵带稠蛋白固定在蛋的中间，由外到里分别是蛋黄膜、胚胎和蛋黄液，蛋黄膜将胚胎和蛋黄液固定成球状，其中蛋黄液由白蛋白和黄蛋白组成，存放时间较长，在酶的作用下，膜的韧性张力减弱而破裂形成散黄蛋。

3. 蛋制品

（1）松花蛋。松花蛋又称皮蛋、彩蛋，蛋白呈透明茶色胶状体，可以直接食用。制作松花蛋一般选用新鲜的鸡蛋、鸭蛋、鹌鹑蛋为原料（鸭蛋最为普遍），经过食用碱的碱化处理，使蛋白质凝固变性，由生蛋变熟。因为胶冻状的蛋清晶莹透明，氨基酸结晶凝固形成松枝状花纹，使蛋白质分解出二氧化碳和氢气，二氧化碳与蛋清中黏蛋白结合成黑色，氢气与蛋黄中的硫结合成褐绿色。根据制作的方法不同有浸泡法和包裹法。食用松花蛋时可以用适量的食醋调节碱的苦涩味和碱性。

（2）咸蛋。咸蛋又称腌蛋，一般选用新鲜的鸡蛋、鸭蛋、鹅蛋为原料（鸭蛋最为普遍）加工制成。根据加工方法的不同，有生腌法和熟腌法、浸泡法和泥包法之分。腌蛋主要是利用食盐的防腐保鲜作用，使蛋白、蛋黄中的部分水析出，抑制微生物及酶的活性，延缓蛋品的保质期，同时增添特殊的风味。

4. 蛋类的储存

由于鲜蛋的冰点为 -0.4 ℃，凝固点为 60 ℃，鲜蛋的冷藏储存环境温度一般控制在 4~10 ℃，相对湿度为 30%~50%。气室一端向上，防止相互挤压破损，防止气味污染，保质期一般以一周为宜。松花蛋和咸蛋则适宜 4~20 ℃ 的环境温度，相对湿度为 30%~50%，保质期为 3 个月。

四、乳类

1. 乳的种类

乳是哺乳动物在哺乳期间从乳腺中分泌出来的乳白色营养物质。日常生活中的乳品主要来自牛奶、羊奶（山羊奶、绵羊奶）和马奶，而牛奶是最大的乳品来源。根据牛的泌乳期不同，牛乳可分为初乳、常乳和末乳。初乳为母牛产犊后七天之内所分泌的乳汁，它的特点是球蛋白含量多，维生素的效价最大，免疫体的功效高，乳糖含量低，色泽浓稠度较高，有浓重的乳脂腥味。常乳为母牛产犊后七天之后至末乳前所分泌的乳汁，它的特点是各种营养物质的比例含量正常稳定，口味微甜清香，色泽乳白纯正，乳糖含量较高，浓稠度较高，是市场上乳类制品的主要原料。末乳为母牛干奶前所分泌的乳汁，它的特点是含有较多的解脂酶、乳糖酶、氧化酶、还原酶等，乳汁营养成分下降，乳油分离，乳汁浓度降低，由于脂肪氧化促使乳糖分解，形成乳酸味。

2. 乳类制品

（1）牛奶。牛奶是将从奶牛场收购的鲜奶进行高温杀菌，经过均质净化处理，冷却装瓶等工艺加工制成。常温下的牛奶呈乳白色液体，浓香黏滑。高温杀菌又称巴氏消毒，方法有三种，一是保温法，就是采用 60~65 ℃ 的温度，持续加热 30 分钟；二是高温法，就是采用 70~75 ℃ 的温度，持续加热 15 分钟，或 80~85 ℃ 的温度，持续加热 15 秒，杀死部分致病细菌；三是超高温法，采用 100~120 ℃ 的温度，持续加热 10 秒，可以杀死所有致病细菌。所有加热后的牛奶都应迅速冷却降温到 3~5 ℃ 存放。经超高温法杀菌的奶制品在常温下有效期可长达 3 个月。加锡膜包装是为了防止紫外线对营养成分的破坏。净化处理是将牛奶通过分离器，经过高速旋转使乳脂与乳汁分离过滤，使奶液得到净化，便于奶的保存。一般牛奶短期保存环境温度为 0~4 ℃。

（2）炼乳。炼乳是将鲜奶经过高温杀菌，奶液得到净化处理之后，加热使三分之一或二分之一的水分蒸发，使奶汁浓缩为浓稠度较高的乳白色液体，然后急速冷却包装制成的，常温下密封保存。根据口味的不同，炼乳有淡味和甜味之分，糖可以提高渗透压，抑制酶和细菌的活性。

（3）奶粉。奶粉是将鲜奶经过高温杀菌，奶液得到净化处理之后，经过真空干燥、高温喷雾干燥等方法脱去水分制成的，常温下密封保存。水分的降低破坏了微生物生存的环境，抑制酶和细菌的活性。根据口味的不同，奶粉有淡味和甜味之分。

（4）黄油。黄油是由奶油经过深入脱水压炼工艺加工制成的，黄油的水分含量一般为6%~12%，乳脂含量一般为85%，在压炼时添加2%~3%的食盐，包装时一般采用硫酸纸或锡纸，常温下呈淡黄色固体状态，细腻芳香，具有良好的可塑性。根据口味的不同，黄油有淡味、甜味之分，短期保存环境温度为0~4 ℃，长期保存环境温度为 –10~–5 ℃。

（5）酸奶。酸奶是将鲜奶经过高温杀菌，奶液得到净化处理之后，冷却到30~40 ℃，添加乳酸菌种，使乳糖接种发酵形成乳酸制成的。乳酸可以延长奶的保质期，抑制其他微生物的活性，使酪蛋白变性发生凝固。酸奶与新鲜的果肉一起混合食用更好。酸奶有利于人体对营养物质的吸收利用，能形成良好的口感。在常温下酸奶呈乳白色浓稠状的液体，短期保存环境温度为0~4 ℃，不宜冷冻保存，保质期为18天。

五、鱼类

1. 鳊鱼

鳊鱼属硬骨鱼纲鲤形目鲤科，又名长身鳊、塘边鱼，淡水中下层中小型草食性养殖鱼类。鳊鱼的形态特征为鱼体侧扁，鱼体较长，头部尖小，鱼脊隆起，腹部较圆，鳞片较小，尾柄较细，尾鳍呈叉形，鱼体侧线较平直，臀鳍较长，肉质较薄细嫩，鱼刺较少。

2. 鳜鱼

鳜鱼属硬骨鱼纲鲈形目鮨科，又名桂花鱼、桂鱼、季花鱼，淡水底层中型肉食性珍贵经济养殖鱼类。鳜鱼的鱼体侧扁，背部隆起，鱼体较长，头尖口大，有尖牙利齿，鳃盖较大，鱼体青黄的底色上有黑色花斑，腹部较圆，鳞片细小紧密，尾柄粗壮，尾鳍呈圆形，鱼体侧线弯曲，背、臀鳍有较长硬棘（有毒腺）。鳜鱼肉质弹性较强，色泽洁白，细嫩鲜美，鱼刺较少，出肉率高。

3. 罗非鱼

罗非鱼属硬骨鱼纲鲈形目丽鱼科，又名非洲鲫鱼、莫桑比克鲫鱼，淡水小型杂食性养殖鱼类。罗非鱼的鱼体侧扁，鱼体较长，头部大尖，鱼脊隆起，背鳍较长与尾鳍相连，背鳍中有硬棘，胸鳍较长，鳞片较小，尾柄较粗，尾鳍呈圆形，鱼体侧线较平直，臀鳍较长，肉质细嫩，鱼刺较少。

4. 黑鱼

黑鱼属硬骨鱼纲鳢形目乌鳢科，又名花鱼、财鱼、乌鱼、生鱼，淡水底层中型肉食性珍贵养殖鱼类。黑鱼的鱼体近圆桶状，背部宽阔平直，鱼体较长，头尖口大，有尖牙利齿，鳃盖较大，鱼体青黑的底色上有黑色花斑，腹部较圆，鳞片细小紧密，尾柄粗壮，尾鳍呈圆形，鱼体侧线平直，背、臀鳍长并与尾鳍相连，鱼体表有黏液。黑鱼的肉质弹性较强，洁白细嫩鲜美，鱼刺较少，出肉率高。

5. 银鱼

银鱼属硬骨鱼纲鲱形目银鱼科，又名面条鱼，淡水鱼或近海河口处洄游性小型经济鱼类。银鱼的鱼体细长，体长 7~14 cm，鱼体呈透明色或洁白色，骨骼角质化，无鳞片硬棘，肉质细嫩滑软。主要产于咸淡水交汇处的长江口、鸭绿江口，以及江苏太湖。代表品种为太湖新银鱼，体长宽大，色泽洁白，肉质细嫩柔软。

6. 鲮鱼

鲮鱼属硬骨鱼纲鲈形鲤科，又名华鲮，淡水中上层杂食性小型经济养殖鱼类。鲮鱼的鱼体侧扁，背部隆起，长约 20 cm，头部尖小，鱼体银灰色，腹部较圆，鳞片细小紧密，尾鳍呈叉形，鱼体侧线平直。鲮鱼为暖水性鱼，我国南方多有养殖。鲮鱼肉质弹性较强，色泽洁白，细嫩鲜美，但是鱼刺较细且多，出肉率较低。

7. 针鱼

针鱼属硬骨鱼纲针鱼科，近海中上层杂食性小型鱼类，目前为我国北方沿海地区经济养殖鱼类。针鱼的鱼体呈圆桶状，长约 20 cm，头部尖小，鱼体银灰透明，尾鳍呈叉形，鱼体侧线平直。针鱼肉质弹性较强，色泽洁白，细嫩鲜美，鱼刺较少。

8. 黄姑鱼

黄姑鱼属硬骨鱼纲鲈形目石首科，又名藤萝鱼、春水鱼，为我国主要海洋经济鱼类，具有暖水洄游习性。黄姑鱼的形态特征与黄鱼极为相似，鱼体侧扁圆，体长 40~60 cm，鱼头较大而圆，鱼的嘴唇部呈橘红色，背部较隆凸，鱼体上部呈黄褐色，腹部呈淡黄色，鱼体的侧线较弯曲，鱼的鳞片较小，背鳍长并与尾柄相连，鱼尾呈楔状，体侧呈斜线分布有深褐色细纹，鱼的脑部顶有一块状硬石。黄姑鱼的肉质色泽洁白，呈蒜瓣状，刺少肉多，细嫩鲜美。我国的主要产地是浙江温州和宁波、福建宁德、山东烟台，捕获季节主要集中在 9~12 月。

9. 鮸鱼

鮸鱼属硬骨鱼纲鲈形目石首科，又名米鱼、敏鱼、鳖鱼，为我国海洋中大型经济鱼类，具有暖水洄游习性。鮸鱼的形态特征与黄鱼极为相似，鱼体侧扁圆，长40~60 cm，鱼头较大而圆，背部较隆凸，鱼体上部呈棕褐色，腹部呈淡灰色，鱼体的侧线较弯曲，鱼的鳞片较小，背鳍长并与尾柄相连，鱼尾呈楔状，体侧呈斜线分布有深褐色细纹，鱼的脑部顶有一块状硬石。鮸鱼的肉质色泽洁白，呈蒜瓣状，刺少肉多，细嫩鲜美。我国东海和南海交接处有世界著名的鮸鱼渔场，捕获季节主要集中在9~12月。

10. 海鳗

海鳗属硬骨鱼纲鲈形目鳗鲡科，又名狼牙鳝，为我国海洋名贵中大型经济鱼类，具有暖水洄游习性。海鳗的鱼体前部近圆筒状，后半部稍侧扁近亚圆形，长约100 cm，鱼头较尖，口大，牙齿尖利，侧线平直，脊背部宽厚平直，鱼体无角质硬鳞。由于品种的不同，有的体披一层银灰色的脂肪细鳞，腹部为白色，有的为棕褐色，表面有黏液，臀鳍背鳍长并与尾鳍相连成为一体，尾部尖细。海鳗的肉质色泽洁白，质地坚实，刺少肉多，滋味鲜美。我国的主要产地是江苏连云港、浙江舟山和宁波、福建平潭和晋江，捕获季节主要集中在9~10月。

11. 鲥鱼

鲥鱼属硬骨鱼纲鲱形目鲱科，又名曹白鱼、快鱼、白鳞鱼，为我国海洋中型经济鱼类，具有暖水洄游习性。鲥鱼的鱼体长而宽阔，极为侧扁，体长20~40 cm，鱼头较小，口大向上翘，牙齿尖利，侧线较平直，脊背部隆凸，鱼体披银灰色硬鳞，背鳍较小，臀鳍长并与尾柄相连，胸背鳍长并与尾柄相连，尾柄较细，鱼的尾鳍呈燕尾形。鲥鱼的肉质色泽洁白，质地坚实，但是刺细而长，滋味细嫩鲜美。鲥鱼的鳞间脂肪含量较多。我国的主要产地是山东、浙江、福建、广东，捕获季节主要集中在9~11月。

12. 沙丁鱼

沙丁鱼属硬骨鱼纲鲈形目鲻科，又名鲻鱼，为我国海洋小型经济鱼类，具有暖水洄游习性。沙丁鱼主要产于大西洋沿岸。沙丁鱼的体形较小，体长10~20 cm，鱼头、鱼眼较小，身体裸露无角质化的鳞片，侧线较平直，鱼体呈半透明圆筒状。沙丁鱼的肉质色泽洁白，质地坚实，滋味鲜美。我国的主要产地是山东青岛和烟台、辽宁大连，捕获季节主要集中在9~11月。

13. 鲱鱼

鲱鱼属硬骨鱼纲鲱形目鲱科，又名青鱼，为海洋珍贵小型经济鱼类，具有冷水洄游习性。鲱鱼的鱼体侧扁，体长20~40 cm，鱼头较小，鱼眼较大，口大鳃裂较长，鳞片细小，侧线较平直，鱼体颜色为青蓝色，背鳍、臀鳍较对称，尾柄较细，鱼的尾鳍呈楔形。鲱鱼的肉质色泽洁白，质地坚实，滋味鲜美，一般常用来制作咸鱼制品，适宜烧烤使用。我国的主要产地是山东青岛和烟台、辽宁大连，捕获季节主要集中在10~11月。

14. 梭鱼

梭鱼属硬骨鱼纲鲈形目鲻科，又名红眼鱼，为我国海洋中小型经济鱼类，具有暖水洄游习性，主要生活在江河入海口处和近海港湾之中。梭鱼的体形近似圆筒状，犹如织布的梭，体长20~40 cm，鱼头尖小扁宽，鱼眼较大，鱼体宽阔平直，有金黄色的鳞片，侧线平直，尾柄较粗，尾鳍呈燕尾形。梭鱼的肉质色泽洁白，质地坚实，滋味鲜美。我国的主要产地是山东青岛和烟台、辽宁大连，捕获季节主要集中在3~5月和9~10月。

15. 凤鲚

凤鲚属硬骨鱼纲鲱形目，又名凤尾鱼、鲚鱼、刀鱼，为我国海洋小型经济鱼类，主要生活在近海江河入海口处，具有近海溯河洄游习性。凤鲚的鱼体较长背隆凸，有一背鳍，鱼体极为侧扁，呈刀状，体长10~20 cm，体披银白色小圆鳞，鱼头鱼眼较大，口大鳃裂较长，牙齿尖利，银灰色的鳞片较大，侧线平直，胸鳍较长，尾鳍、臀鳍下叶相连，尾鳍细小呈尖状。凤鲚的肉质色泽洁白，肉嫩骨软，滋味细腻鲜美。我国的主要产地为长江下游的河流出海口，主要产期为3~5月。

16. 鲆鱼

鲆鱼属硬骨鱼纲鲽形目鲆科，又名比目鱼、偏口鱼，为我国海洋中大型珍贵经济鱼类，具有暖水洄游习性，主要生活在近海底层，品种有高眼鲽、黄鲽、木叶鲽、石鲽等。鲆鱼幼鱼的身体对称，经过6个月的生长，沉入水底，身体开始变态。成鱼的体形呈扁平形，身体不对称，两眼和嘴在一侧，下唇突出，有眼的一侧颜色呈黑褐色，体长30~50 cm，鱼体宽阔平直，鳞片细小紧密，侧线较平直，尾柄较粗，背鳍臀鳍衍变成裙状的边鳍，尾鳍呈楔形。鲆鱼的肉质色泽洁白，质地细腻柔软，滋味鲜美，出肉率高。我国的主要产地是河北秦皇岛、山东青岛与烟台、辽宁大连，捕获季节主要集中在9~10月。人工孵化养殖可以保障四季上市。

17. 舌鳎鱼

舌鳎鱼属硬骨鱼纲鲽形目鳎科，又名牛舌鱼、鳎目鱼、龙利鱼、大地鱼、地宝、方利鱼，为我国海洋中大型珍贵经济鱼类，具有暖水洄游习性，主要生活在近海底层，人工养殖品种较多。舌鳎鱼幼鱼的身体对称，经过6个月的生长，沉入水底，身体开始变态，成鱼的体形呈扁平形，身体不对称，两眼在一侧，头不突出，有眼的一侧颜色呈黑褐色，体长30~50 cm，鱼体宽阔平直，鳞片细小紧密，侧线较平直，背、臀鳍衍变成裙状的边鳍，尾鳍呈尖状。舌鳎鱼的肉质色泽洁白，质地细腻柔软，滋味鲜美，出肉率高。我国的主要产地是河北秦皇岛、山东青岛与烟台、辽宁大连、福建的宁德，捕获季节主要集中在9~10月，人工孵化养殖可以保障四季上市。

六、虾蟹贝类

1. 对虾

对虾又名大虾，为节肢动物门甲壳纲十足目对虾科，海洋性洄游性虾类，集群生活于海洋的泥沙质底部，怕强光，洄游时浮上水层。中国对虾是我国海洋性水产品中的珍品，具有重要的经济价值。对虾形体侧稍扁，头部、胸部发达，头胸甲有胃上刺、触角刺，额角长而粗大，腹部发达，壳的颜色为青蓝色或棕黄色。对虾的生命周期为一年，孵化成幼虾后，生长约30天为中虾，体长约8 cm，40头为500 g；生长约60天为虾钱，体长10~15 cm，20头为500 g；生长约90天为对虾（特称），体长15~20 cm，13头为500 g；生长约150天为极品对虾，体长18~23 cm，4~6头为500 g。对虾的产区集中在渤海、黄海、东海、南海众多的港湾、河口处，以河北秦皇岛，天津北塘、河口，辽宁大东沟，山东烟台、青岛，江苏连云港，福建厦门，广东虎门、万顷沙等为主要产地。4~6月为春汛，为了提高海洋对虾种群，保持稳定的产量，国家禁捕产卵洄游过程中的对虾；9~10月为秋汛，幼虾经过在河口处数月生长成对虾集群游向越冬场时，便形成了秋季虾汛，秋季为主要产期。

2. 黎明蟹

黎明蟹为节肢动物门甲壳纲十足目爬行亚目短尾派海洋性蟹类，是我国海洋性水产蟹类中的名贵品种，表面有角质化坚硬的外壳，体分头胸部和腹部，外壳近似圆形，壳面为浅黄色，两侧边缘各有硬刺，外壳上有许多红色斑点，8只足呈桨状，最后两节宽而扁平，善于游泳。我国各地沿海均有出产，每年4~7月产卵，肉质最为肥美，春秋两季为捕获旺季，以广东、福建、浙江多产。

3. 和乐蟹

和乐蟹为节肢动物门甲壳纲十足目爬行亚目短尾派海洋性蟹类，是我国海南省海洋性水产品种中的珍品。和乐蟹壳面呈青黑色，每年4~6月、10~12月为捕获季节。

4. 琵琶蟹

琵琶蟹又名蛙形蟹，为节肢动物门甲壳纲十足目爬行亚目短尾派海洋性蟹类，是我国福建、广东、海南海洋水产品中的一个特殊品种。蟹的长度大于宽度，而前半部宽于后半部，螯足较大，最特殊的是它不是横行而是直行，每年3月为捕获季节，以海南陵水县新村港湾所产最佳。

5. 文蛤

文蛤为软体动物门双壳纲真瓣鳃目帘蛤科。文蛤是我国海洋性水产品中的主要品种，有一定的经济价值。文蛤的贝壳略呈三角形，腹缘呈圆形，两壳大小相等，壳厚而坚实，壳面光滑似瓷质，色彩多种多样，有放射状褐色斑纹。文蛤肉质肥大，体呈斧形，淡黄色。产区为我国山东、江苏、广东、广西沿海一带，山东荣成、江苏启东盛产，产期以夏秋季为旺季。

6. 蚶子

蚶子又名瓦楞子、赤贝，为软体动物门双壳类瓣鳃纲蚶科，是我国沿海省区的主要海产品，有一定的经济价值。形卵圆，壳两个，大小相等，壳隆起，表面有自壳顶发出的放射肋，因而称为"瓦楞子"，铰合部有很多小齿突，肉足短，呈淡红色。我国沿海均有产出，6~10月为出产旺季。我国有50多个品种，以泥蚶、毛蚶、魁蚶等为代表。

七、水产制品——干贝

干贝是用瓣鳃纲双壳贝类的栉孔扇贝、太阳栉孔扇贝、江瑶贝等软体动物的闭壳肌制成的，从壳上取下闭壳肌，经过盐水煮制加热，然后脱水干制加工而成。

第五节　食用菌藻类原料

在蔬菜原料中，食用菌藻属于不开花、不结果的低等隐花植物，没有明显分化的根茎花叶，此类原料中含有较多的多糖类物质，以及丰富的鲜味物质（氨基酸和嘌呤物质），有着较高的食用价值。

一、食用菌类

1. 双孢蘑菇

双孢蘑菇又称白蘑菇、蒙古蘑菇、口蘑、白菌，属于担子菌纲伞菌目，为现代人工培植的主要品种。形态特征为子实体通体呈白色，菌盖呈圆滑光洁的半球状，菌盖边缘内卷，菌柄呈圆柱形较为粗壮，基部膨大。双孢蘑菇含有大量的口蘑氨酸、鹅膏氨酸、鸟苷酸等鲜味物质。历史上因为主要产于夏秋季节的蒙古草原和河北坝上草原，张家口为干制品的集散地，习惯称之为口蘑。口蘑味极鲜，香气浓郁，质嫩，是著名的烹饪原料。

2. 香菇

香菇又称香蕈，属于担子菌纲伞菌目，为现代人工培植的主要品种。形态特征为子实体通体颜色有棕灰、深褐色，菌盖有圆滑光洁的半球状和扁圆形，菌盖边缘内卷或平展，菌褶明显，菌柄呈圆柱形较为粗壮。香菇含有大量的香菇多糖、氨基酸、鸟苷酸等鲜味物质。历史上因为主要产于南方湿冷的冬季，习惯称之为冬菇。根据香菇的形态色泽大小薄厚不同可以分为花菇、厚菇、菇丁、香片（薄菇）；根据出产的季节可分为冬菇、春菇、秋菇。

3. 草菇

草菇又称兰花菇、中国蘑菇，属于担子菌纲伞菌目，为现代人工培植的主要品种。形态特征为子实体通体呈灰褐色，菌盖张开前呈圆球状，展开后呈圆滑光洁的锥形，菌柄呈圆柱形较为粗短。以个体肥大完整，不开伞，色泽淡黄鲜明，干燥不霉，无杂质者为佳。

4. 平菇

平菇又称平蘑、凤尾蘑、凤尾菇、鲍鱼菇、青蘑，属于担子菌纲伞菌目，为现代人工培植的主要品种。形态特征为子实体通体呈青灰色，体形较大，菌盖圆滑光洁，呈倾斜喇叭状展开，菌盖边缘内卷，菌褶明显，菌柄与菌盖成为一体。

5. 牛肝菌

牛肚菌属于担子菌纲伞菌目，为天然野生品种，主要产于云南、四川、贵州、陕西的山区。形态特征为体形较大，菌盖平滑，肉质肥厚，菌盖上面密生许多细小的管孔，菌盖顶部呈褐色，菌肉为白色，菌柄粗大有不规则的网状细纹，呈灰褐色。

6. 干巴菌

干巴菌又称绣球菌，属于担子菌纲非褶菌目，为天然野生品种，主要产于云南、四川、贵州、陕西的山区。形态特征为体形较大，菌盖平滑，肉质肥厚，菌盖上面密生许多细小的管孔，菌盖顶部呈灰白色，菌肉为白色，菌柄粗大直立分节呈绣球花状。

7. 银耳

银耳又称白木耳、雪耳，属于担子菌纲银耳目，有人工培植和天然野生品种，主要产于云南、四川、贵州、福建的山区。形态如牡丹花状，晶莹剔透，色泽淡黄。以色泽洁白，朵形大而完整，肉质肥厚，略有光泽和清香，无杂质者为佳。

8. 黑木耳

黑木耳属于担子菌纲木耳目，有人工培植和天然野生品种，主要产于云南、四川、贵州、陕西、福建的山区。黑木耳形状呈花瓣状，黑褐色。

二、食用藻类

1. 海带

海带又名江白菜，属褐色藻类，现在多为人工培植。海带呈长长的带状，藻体较宽，色泽深褐，质地细嫩。海带中含有较为丰富的碘，以及多种呈鲜味物质。

2. 紫菜

紫菜又名膜菜，属红色藻类，现在多为人工培植。紫菜呈叶状，藻体较宽，薄如蝉翼，色泽深褐，质地细嫩。紫菜中含有较为丰富的碘，以及多种呈鲜味物质。

3. 葛仙米

葛仙米是水生藻类的干制品，植物属蓝藻门。葛仙米干燥后为深绿色，形如圆珠，也有的像小片木耳。味似黑木耳，滑而柔嫩。产于湖北的鹤峰、房县、保康及四川的达县等地。优质葛仙米呈深墨绿色，干燥，无泥沙杂质，球的直径约为 2 mm，片的直径约为 10 mm。浸泡 1 小时后，片者为圆形，球者为珠形，色鲜绿，握之有浆水者为优良。

第六节 果 品

果品是鲜果、干果、果干、蜜饯的总称。果品的风味优美，香气宜人，色泽鲜艳，营养丰富，是人们喜爱的食品。果品对维持人体正常的生理功能起着重要的作用，对促进新陈代谢，增强体质和延年益寿具有明显的功效。

一、果品中的物质成分

1. 水

水果中的水分一般含量在 10%~90% 之间，含量高的可达 90% 以上。瓜果浆果多达 95% 以上，干果含 20% 左右，果仁含 3%~4%。保持鲜果的水分，是维持鲜果新鲜度的重要因素。

2. 糖

果品中普遍含有蔗糖、葡萄糖和果糖。糖是果品甜味的主要来源，不同的水果，含糖的种类有所不同，含糖量一般在10%~20%，有些更高一些，果实充分成熟时，其含糖量达到最高峰。水果甜味的强弱，除与果实中糖分含量及糖的种类有关外，还受到果实中所含其他物质如有机酸和单宁的影响。

3. 有机酸

有机酸是影响果实风味的重要物质，它是果实酸味的主要来源。果实中含有的有机酸是苹果酸、柠檬酸和酒石酸。大多数果实含有苹果酸，柑橘类果实只含柠檬酸，葡萄则以酒石酸为主。果实中总酸的平均含量为0.1%~0.5%，但有的水果柠檬酸可达5%~6%。

4. 淀粉

成熟的果实中，一般不含有淀粉或仅含少量淀粉，未成熟的果实则含有部分淀粉。如未成熟的香蕉含有大量淀粉，随之成熟，其淀粉逐渐转化为糖而增加甜味。淀粉遇碘变蓝，可以此作为判断果实成熟度的参考依据。

5. 纤维素

纤维素亦属多糖类，不溶于水，是构成果实细胞壁和输导组织的主要成分。在果实的表皮细胞中，纤维素又常与木质、果胶等结合为复合纤维素，对果实起保护作用。水果中含纤维素的多少，直接影响果实的品质，纤维素的含量多且粗，则果实口感会感觉粗老。分解纤维素必须有特定的酶，而在许多霉菌中含有分解纤维素的酶，所以被微生物污染而腐烂的果实，往往呈软烂松散状态。

6. 果胶物质

果胶物质是植物组织中普遍存在的多糖化合物，也是构成细胞壁的主要成分。它以原果胶、果胶和果胶酸三种不同的形态存在于水果组织中，各种形态的果胶物质具有不同特征。原果胶不溶于水，它与纤维素一起将细胞紧紧地结合在一起，使组织坚实脆硬，在未成熟的果实中大多为原果胶。果胶是溶于水的物质，它与纤维素分离会使组织结构变软。果胶酸溶于水且失去胶粘能力，会使组织失去粘力，呈松散水烂状态。

7. 单宁物质

单宁物质是几种多酚类化合物的总称，溶于水有涩味。许多果实中都含有单宁。单宁含量低时使人感觉有清凉味，若含量高就不堪食用。一般果实含单宁0.02%~0.33%。单宁物质可在多酚氧化酶的作用下氧化变成褐色，遇铁变成黑色，故切开或去皮后的水果，不应久置于空气当中，以防变色。

8. 糖苷

糖苷是糖与醇、醛、酚、单酸、含硫化合物或含氧化合物等构成的酯态化合物，在酶或酸的作用下，可水解成糖和配基。果实中存在着各种苷，大多数都具有苦味，有一部分还有剧毒。在果实中值得重视的是苦杏仁苷，它存在于桃、杏、樱桃等核果类果肉及种仁中，而以杏仁中含量最多，约为3.7%。苦杏仁苷在酶的作用下分解而生成苯甲醛，可以表现出果实的芳香，同时也产生出有剧毒的氢氰酸，因此多食苦杏仁会中毒。

9. 矿物质

果实中含有许多矿物质，其中对人体有重要作用的是钙、铁和磷。这些矿物质不仅构成人体成分，同时对促进人体新陈代谢，维持体液的酸碱平衡也有着重要作用。

10. 酶

酶是有机生命活动中不可缺少的因素。水果中的化学物质不断地进行变化，就是因为果实中存在着各种各样的酶并起着催化作用。果实中的酶包括两类：一类是水解酶，它可促使物质合成和分解，如转化酶、果胶酶、蛋白酶等；一类是解碳链酶，它使有机物碳链分解，产生二氧化碳和水，并放出大量的热，此类酶主要作用于呼吸过程和发酵过程。如氧化酶和脱氧酶等。果实不同的器官，不同的成熟阶段都与酶的作用和作用方向有关。在果实成熟初期，其化学合成大于分解，因此淀粉、蔗糖的含量高；随着果实的成熟，酶的活动逐渐趋于水解，淀粉逐渐转化为糖，果实变甜。酶的活性与温度、湿度、空气成分有着密切关系，因此调节环境因素控制酶的活性，用以控制果实的成熟度，可保持其新鲜度。

二、鲜果品种

1. 苹果

苹果属蔷薇科落叶乔木。因品种不同而有大小之分，一般呈圆、扁圆、长圆、椭圆等形状，分青、黄、红等颜色。苹果在我国栽培广泛，以山东半岛、辽东半岛为两大主要产区，其他各省亦有分布。苹果按其成熟时间可分为伏苹果和秋苹果。伏苹果每年6月起开始上市，此类苹果的特点是果实质地松轻，味多带酸，不耐储藏，产量较少。秋苹果分早秋和晚秋两类，早秋种大都在9月成熟，果实有软硬之分，味多甜中带酸，较耐储运；晚秋种一般于10月成熟，果实质地坚硬，脆甜稍酸，储藏性很好。

2. 梨

梨属蔷薇科落叶乔木。梨是一种生长适应性较强的水果，其梨果呈球状卵形或近似球形，一端微凸，有一细短果梗，另一端则是凹陷，果皮呈黄白色、褐色、青白色或暗绿色等。果肉近白色，质地因品种而有差异，一般坚硬脆嫩，味有甜、酸甜之别，汁有多、少之分。我国栽培梨的品种主要分为秋子梨系统、白梨系统、沙梨系统和洋梨系统。

3. 山楂

山楂又名红果，属蔷薇科落叶乔木，以河南、山东、山西等省产量最多，主要品种有野山楂、敞口山楂、红肉山楂、大金星山楂等。

4. 桃

桃又名桃子，属蔷薇科落叶乔木，核果呈近球形，表面有茸毛。桃的分类有多种标准，按果实完整分有粘核型和离核型；按果实肉质分有溶质品种和非溶质品种；按生态条件、用途和形态特征分有北方桃、南方桃、黄肉桃、蟠桃和油桃五个品种；按成熟期可分为早熟种、中熟种、晚熟种。代表品种有山东胶城佛桃、河北深州蜜桃、上海水蜜桃、奉化玉露桃、宁夏黄甘桃、陕西黄金桃、新疆油桃、甘肃紫脂桃等。

5. 杏

杏属蔷薇科落叶乔木，主要分布在北方各省，以山东、山西、河北、河南、陕西、辽宁、甘肃产量较多。品种可分为普通杏、辽杏、西伯利亚杏三种。主要品种有陕西大接杏、河北大甜杏、安徽巴斗杏、兰州金妈妈杏、青岛大扁杏、北京水晶杏、新疆阿克西米西杏等。

6. 樱桃

樱桃属蔷薇科落叶灌木，果实呈小球形，鲜红色。我国主要有中国樱桃、甜樱桃、酸樱桃、毛樱桃。代表品种为中国樱桃中的短柄樱桃、大鹰紫甘樱桃，特点是果实大，肉皮厚，汁液多，甜酸适度。

7. 枇杷

枇杷属蔷薇科常绿小乔木植物，果实呈球形或椭圆形，橙黄色或淡黄色。枇杷主要分布在我国南部温带多雨地区的长江流域，按果实颜色分有红沙和白沙；按地方习惯可分为草种、白种、红种三大类，以红种和白种为好，代表品种有浙江大红袍、红沙牛奶、软条白沙、照种白沙等。

8. 葡萄

葡萄属葡萄科多年生藤本落叶植物，浆果呈圆形或椭圆形，色泽因品种而异。葡萄为世界上最古老的果树之一，原产亚洲西部及非洲北部国家，我国栽培历史较悠久。葡萄按产地不同，可分为欧洲、东亚、美洲类群；按经济用途可分为鲜食、干制、酿造三种类群。我国代表品种有龙眼葡萄、白牛奶葡萄、马奶葡萄、无核白葡萄等。

9. 桂圆

桂圆又称挂圆果、龙眼。桂圆栽培起源于我国,主要分布于福建、广东、广西、四川、云南、贵州等地,以福建栽培最广,常见的品种有石硖、福眼、六月红、普明庵、乌龙岭等。

10. 荔枝

荔枝又称丹枝,属无患子科常绿乔木。果实呈心脏形或圆形,果皮多数具有磷斑状突起,颜色分鲜红、紫红、青绿或青白等色。荔枝为我国原产,最早产于广东,现在南方分布较广,以广东、福建最盛,广西、四川、云南也有。代表品种有三月红、糯米糍、桂味、淮枚、黑叶、元红、兰竹、挂绿等。

11. 香蕉

香蕉又称蕉果,属芭蕉科多年生树状草本植物。其浆果肉质,长圆条形,有三钝棱,熟时黄色,果皮易剥落,果肉白黄色,无种子,汁少味甘柔软芳香。香蕉原产亚洲南部,我国最早在华南地区种植,后在南方各地普及栽培,以广东最多,主要品种有香芽蕉、龙芽蕉、鼓槌蕉、糯米蕉等。

12. 猕猴桃

猕猴桃又称藤梨、羊桃、仙桃等,属猕猴桃科的落叶灌木藤本植物。猕猴桃原产于我国,果肉绿色或黄色,中间有放射性的小黄籽,具有甜瓜、草莓、橘子的香味。品种有多毛扁、多毛长、光滑圆、光滑长等品种。猕猴桃是一种营养价值很高的水果,维生素 C 的含量为果中之首,并含有维生素 B_1、维生素 P、脂肪、蛋白质、钙、磷、铁等多种营养物质。

13. 草莓

草莓属蔷薇科草莓属,为缩根性多年生草本植物。草莓原产于南美洲,我国南北各地均有种植并已成为主要的产区。草莓在世界的栽培品种很多。草莓是一种营养价值高的水果,维生素 C 及钙、磷、铁的含量比一般水果都高,此外还含有蛋白质、糖、有机酸,能分解食物脂肪,有助于消化。

14. 柑

柑又称柑子,属芸香科常绿灌木或小乔木。它是一种特殊的浆果,中果皮细胞间有很多细胞,内含一些较大的卵圆形的芳香油腺体,内果皮肉壁上有许多薄壁状腺毛,内含果汁。果实为圆球形。柑主要分布于浙江、江西、福建、四川、广东、湖南等省,代表品种有广东蕉柑、温州蜜柑等。

15. 橘

橘属芸香科常绿灌木或小乔木。橘原产于我国,主要分布在华南各省,与柑同属柑橘类,其形态结构相同,果实呈扁圆形,黄色、鲜橙色或橙黄色。外果皮较柑类易剥离。主要品种有四川红橘、浙江黄岩蜜橘、江西南丰蜜橘等。

16. 橙

橙又称甜橙、橙子,属芸香科常绿灌木或小乔木。橙原产于我国,主要分布在广东、广西、福建、四川等省。果实呈扁圆形,比柑、橘较大,果皮紧密,不易剥离,维生素C的含量比柑、橘多。主要品种有良橙、柳橙、新会橙、香水橙、雪橙、绵橙、夏橙、脐橙等。

17. 柚

柚又称柚子,属芸香科柑橘属常绿乔木。柚原产于我国和印度、马来西亚。我国栽培历史悠久,主要分布于广西、福建、四川、湖北、湖南、浙江、江西等地,以福建的文旦柚、广西的沙田柚比较著名。

18. 柠檬

柠檬又称西柠,为芸香科柑橘属常绿乔木。柠檬果实呈长圆形,两端稍尖,脐部有乳状突起,果皮淡黄色,油泡大,原产于热带和亚热带。我国常见品种有里斯本柠檬,其果形呈长圆形,果皮黄色,凹凸不平,有乳状突起,基部有半圆形沟状环纹,萼片大,果蒂微凸,果肉绿白色,味酸香浓。香柠檬是柠檬和甜橙的杂交品种,果实呈椭圆或近圆形,先端微有乳突,果皮光滑,成熟时果黄,肉厚,具芳香,此品种主产于四川,浙江。四川红黎檬、白黎檬,果实小,味极酸,成熟果实为淡黄色。

19. 菠萝

菠萝又称黄梨、香菠萝、凤梨,为凤梨科多年生草本植物。菠萝原产于南美洲的巴西,我国主产于广东、福建、广西等地。目前世界上栽培品种已达60~70种,可归纳为皇后、卡因、西班牙三类。夏威夷为最大的菠萝产地,我国大约种植20个品种,代表品种有卡因种、金山种、巴厘种、菲律宾种。

20. 西瓜

西瓜又称寒瓜、水瓜、夏瓜,属葫芦科一年生草本植物。西瓜原产于非洲,现在我国普遍栽培。西瓜品种很多,代表品种有山东德州的刺麻瓜、河南开封的大花棱瓜、河北保定的三白瓜,另有内蒙西瓜、兰州西瓜、上海枕头瓜、海南西瓜等。

21. 哈密瓜

哈密瓜又称甜瓜,属葫芦科一年生蔓性植物。哈密瓜原产于中亚,约18世纪传入我国新疆,经长期培育,品种迭出,遍及新疆,主产于吐鲁番、鄯善、哈密一带,以鄯善的东湖瓜最著名,代表品种有蜜极甘、可口奇、炮台红、网纹香梨、黄金龙等。

22. 白兰瓜

白兰瓜又称兰州蜜瓜、绿瓤甜瓜，属葫芦科一年生蔓性草本植物，肉似翠玉，汁多甘甜，香气醇郁，别有风味，是我国西北地区著名瓜果。白兰瓜原产于美洲，20世纪40年代引入我国，主要产地是兰州市郊、皋兰、武威等地，主要品种有兰州瓜、变种兰州瓜、新疆兰州瓜。

三、干果品种

1. 瓜子仁

瓜子仁简称瓜仁。瓜子加工去壳后的仁，种类有黑瓜子仁、白瓜子仁和葵花子仁，统称炒货三子。瓜子仁是制作五仁馅、百果馅的原料之一，还可作为八宝饭、蛋糕等点心的配料。

黑瓜子仁也称西瓜子仁，为西瓜的种子（含红色品种在内）去壳后的仁。我国江西的信丰县、广西的贺州市产的红色品种籽粒肥大，肉厚清香，经久不霉，是著名的传统特产。

白瓜子仁也称南瓜子仁、金瓜子仁、角瓜子仁，为倭瓜（南瓜）、角瓜、白玉瓜和西葫芦等瓜子去壳后的仁，我国北方广有出产，以吉林、黑龙江等地产的白瓜子较著名，品种有雪白、光板、毛边、黄厚皮四种。

葵花子仁为向日葵的籽实去壳后的仁，是一种经济价值很高的油料作物，我国各地均有种植，以东北和内蒙古较多。葵花子仁以粒大、仁满、色清、味香者品质为优。

2. 榄仁

榄仁为橄榄科植物乌榄的核仁，主产于福建、广东、广西等地。榄仁形状如梭，外有薄衣（红色）。焙炒后衣皮很易脱落，仁色洁白而略带牙黄色，肉细嫩，富有油香味，是一种名贵果仁。

3. 松子仁

松子仁为松树的种仁，主要是红松（果松、海松）和偃松（爬地松）的种子，主产于黑龙江省大、小兴安岭和东部林区。松子一般在9月上旬开始成熟。由于松塔有秋分不落春分落的特性，因而采集时不能等待松塔自然脱落，需人工上树采集。松子仁含有脂肪63.5%，蛋白质16.7%，有滋润皮肤、健壮身心的作用。松子仁是北方五仁馅的原料之一，它既可做点心馅，又可做热菜，同时还具有很高的经济价值。

4. 芝麻

芝麻为亚麻科一年生草本植物。我国除西北地区外，广有栽培。种子按皮色分有黑、白、黄三种，均以颗粒饱满、皮色一致、无黑白间杂者为好。

5. 白果

白果属银杏科落叶乔木，学名银杏，别名鸭掌子、公孙果，是我国特产硬壳果之一，以核仁供熟食，主产于江苏、浙江、湖北、河南等地。白果10月果实成熟，有椭圆形、倒卵形和圆珠形。白果既可做各式甜、咸菜肴，又可做糕点配料。白果含白果醇、白果酸，可分解出毒素，食用不当会引起中毒，所以烹调选用时应严格控制数量。

6. 花生

花生为豆科落花生属一年生草本植物的种子，学名落花生，又称长生果、万寿果、及第果等，原产于玻利维亚南部、阿根廷西北部和安第斯山山麓的拉波拉塔河流域，我国黄河下游各地栽培最多。花生通常为9~10月上市，种子（花生仁）呈长圆形、长卵圆形或短圆形，种皮有淡红色、红色等，主要类型有普通型、多枝型、珍珠豆型和蜂腰型四类。花生去壳、去内衣为花生仁，以籽粒肥大、粒实饱满、色泽洁白、香脆可口者为佳。

7. 榧子仁

榧属紫杉科植物，又称彼子、玉榧、玉山果、香榧等，为我国特产的稀有珍果，主产东南地区，以浙江诸暨枫桥所产最为著名。品种较多，有香榧、米榧、园榧、雄榧、芝麻榧五种。榧子形似枣核，但较大，去壳去衣后为榧子仁，肉呈奶白至微黄色，较松脆，具有独特的香味。

8. 核桃

核桃属胡桃科植物，为世界四大干果之一，又称胡桃、羌桃、长寿果，我国北方和西南均有种植。核桃外面有木质化硬壳，里边是供食用的果仁。它的特点是含水分少，含糖类、脂肪、蛋白质和矿物质丰富，营养价值很高，耐储存。代表品种有光皮绵核桃，主要产于山西汾阳，9月中旬成熟，果形有长有圆，粒大壳薄，表面光滑，出仁率在59%左右，仁含油量72%左右。

9. 杏仁

杏仁为蔷薇科植物杏的核仁，又称杏扁、大扁等，杏仁有苦、甜两种。苦杏仁多为山杏的种子，内蒙古多产苦杏仁，这种杏仁含脂肪约50%，并含有苦杏仁苷和苦杏仁酶。苦杏仁苷经酶的作用，可生成有杏仁香气的苯甲醛和剧毒的氢氰酸等，食用不当会引起食物中毒。食用前必须反复水煮，冷水浸泡去掉苦味。苦杏仁味苦，有微毒，能止咳去痰，宣肺平喘，常用于治疗伤风咳嗽，气喘痰多。甜杏仁也含有脂肪，但所含苦杏仁苷的量很少，它具有润肺滑肠作用，多用于治疗肺燥，便秘。

10. 腰果

腰果属漆树科植物，世界四大干果之一，又称鸡腰果。其果实由两部分组成，上部称果梨，也称假果，肉质松软香甜，可鲜吃，也可制果什、果干、蜜饯；下部是腰果，形、味均似花生仁，既可做糕点的馅心，也可做各种荤素菜肴的配料。

11. 榛子

榛子属桦木科植物，世界四大干果之一，又称山板栗、平榛子、毛榛子，是一种野生的名贵干果，主产于东北大兴安岭东南部和东北部林区。榛子的果实为坚果，1~4个簇生枝头，近似球形，外有种苞，结合成钟形，半包尖果。榛子的果仁含油量达45%~60%，高于花生和大豆。

12. 板栗

板栗为落叶乔木，属山毛榉科植物，主要产区在我国北方，各地均有栽培。9~10月间果实成熟。果外有总苞，通常是两三个果实包围于一个长刺的总苞内。果实含丰富的蛋白质、脂肪、淀粉及多种维生素。

（1）京东板栗产于北京西部燕山山区。良乡镇是其集散地，因而又称良乡板栗。它个小、壳薄易剥、果肉细、含糖量高，在国内外市场上久负盛名。

（2）黑油皮栗产于辽宁省丹东地区。它个头大，平均重10 g以上，果壳色乌而有光泽、果实味醇、甘甜质细。

（3）泰安板栗产于山东省泰安地区。它含糖量高，淀粉含量在70%以上，口感绵软，甘甜香浓。

（4）确山板栗产于河南确山县，皮薄，个头大（每500 g 35粒左右），色泽好，饱满匀实，产量高且稳，曾被评为全国优良品种，有"确栗"之称。

保管板栗最好的方法是在凉爽的地方沙埋。板栗怕风干受热。

第七节 调 料（二）

一、咸鲜味型调料

1. 食盐

作为百味之首的食盐，其呈咸味的主要物质成分是氯化钠。食盐是一种无嗅、透明、白色的颗粒状晶体，在食盐中还含有少量其他物质，如氯化钡、氯化钾、硫酸钙、硫酸镁（苦味）。加碘食盐不耐高温、不耐久存、易挥发、易潮解（湿度超过75%时）、怕强光；加碘食盐具有调味、杀菌、脱水、保鲜等多种作用。除主要成分为氯化钠的加碘食盐外，还有低钠食盐，就是钠元素的比例相对较小，其中的物质成分为氯化钠65%、氯化钾25%、氯化镁10%。在烹饪中，食盐还演化出胡椒盐、花椒盐、大蒜盐、香葱盐、五香盐等不同香型的咸味调料。需要注意的是，食盐的主要作用是提供咸味，不管什么盐都需限量。

2. 酱油

酱油按制作工艺可以分为高盐稀态和低盐固态，方法有本酿法、速酿法和传统酿法，制作原料为豆饼或大豆、麸皮、食盐（10%~18%）、水、酵母、米曲霉菌。原料经过蒸制加热、接种米曲霉菌、制坯发酵、滤汁澄清等工艺流程制成酱油。酱油颜色的形成是酿造过程中的褐变反应或添加的焦糖色。酱油的口味是由食盐的咸味，有机酸（乳酸、醋酸、琥珀酸、乙酰等）的酸味，氨基酸和肽的鲜味，葡萄糖、果糖、糊精、阿拉伯糖和木糖的甜味，醇类化合物的酒香味，酯类、酚类的芳香混合而形成的。酱油按色泽不同有深色酱油、淡色酱油、无色酱油；酱油按口味不同有重味酱油、淡味酱油；酱油按添加的原料不同有虾子酱油、蘑菇酱油、味精酱油；酱油按等级分为一级酱油、二级酱油、三级酱油；酱油按形态特征分为液体酱油、固体酱油。酱油在存放过程中易发霉，液面长白膜，汁液混浊伴有沉淀物出现，这是微生物繁殖的结果，应注意避光密封低温存放。

3. 海鲜酱

色泽为褐红色，其味咸鲜微有甜酸，为广东菜式中常用的酱类调料，适用于海鲜、肉类火锅、烧烤等多种热菜调味。海鲜酱并不是用海鲜原料制成的，而是用大豆、白醋、酸梅、大蒜、淀粉以及其他防腐剂、着色剂、增稠剂配制而成的。海鲜酱开瓶使用后，应低温存放，以防变质。

4. 柱侯酱

柱侯酱因其发明人梁柱侯而得名，色泽棕红，其味咸鲜浓香微有回甜，适用于肉类、禽类烧制、烤制等热菜调味。该调料是用黄豆、面粉、食糖、八角、植物油和猪肉等原料熬制而成的。

5. 辣酱油

辣酱油又名喼汁，最初随西餐一起传入我国。辣酱油是一种复合味型的液体混配调料，具有咸、酸、香、辣、甜、鲜、涩等味感，一般是用水、茴香子、甘草、肉桂、丁香、辣椒、胡椒、香葱、生姜、红枣、砂糖、番茄等原料经过熬制、过滤、澄清、

勾兑等工艺制成。辣酱油液体中一般有沉淀的香料物质,使用时应摇晃汁液后再用。辣酱油的特点是香味浓郁,色泽褐红,适宜烹制异味较重的禽类、肉类、海鲜类热菜,应注意低温密封避光存放。

6. 蚕豆酱

蚕豆酱又称豆酱、豆瓣酱,是以蚕豆为原料制成的酱类调料。

7. 面酱

面酱又称甜面酱、甜味酱、甜酱、面豉,是以面粉为主要原料经过蒸制熟化(淀粉糊化)、接种米曲霉菌,使糊化的淀粉分解为有甜味的糊精、果糖、葡萄糖,同时面粉中的蛋白质经酶的作用分解为鲜味物质氨基酸肽发酵制成的酱类调料。面酱的色泽为红褐色或黄褐色,口味咸甜适中,清鲜宜人。

8. 韭菜花酱

韭菜花酱是最富有北方民间特色的特殊酱类调料,在北京最为盛行,是闻名遐迩北京风味涮羊肉的重要佐料。韭菜花酱是在夏季里选用韭菜花蕾、嫩茎以及食盐、苹果、黄姜、食用油等,经过腌制、研磨、发酵而制成的。制作周期一周左右,成品色泽暗绿,口味咸鲜香辣,香气扑鼻,清香宜人。

9. 腐乳酱

腐乳酱又名豆腐乳、酱豆腐,南方习惯称为南乳。腐乳这种经过发酵而腐朽的食物,在烹调中可以形成独特的香气。腐乳酱一般多选用添加玫瑰红色的酱豆腐或表面为淡黄色的糟腐乳,色泽青绿、气味浓烈的腐乳不宜选用。

10. 蚝油

蚝油又名牡蛎油,是一种特殊的鲜味调料,是用加工牡蛎时的副产品汁液经过浓缩、调味、增稠等工艺制成的。成品特点有咸味和淡味之分,色泽褐红,应稀释调理后使用,适宜热菜的调味,不能用于辣味、酸味、甜味突出的菜肴调味。

11. 虾酱

虾酱又称虾糕,是一种特殊的鲜味调料,一般采用小型的海虾、河虾及加工虾类时的副产品,经过食盐的腌制、发酵、研磨至细等工艺加工而成。成品色泽淡红或灰褐,有浓重的腥鲜气味,形态呈粥糊状,口味咸鲜醇厚、清香淡雅。

12. 虾油

虾油又称卤虾油,是一种特殊的鲜味调料,一般采用小型的海虾、河虾及加工虾类时的副产品,经过食盐的腌制、发酵、熬炼澄清等工艺加工而成。成品颜色淡黄,澄清透明,有浓重的腥鲜气味,口味咸鲜醇厚、清香淡雅。

二、甜酸味型调料

1. 浙江玫瑰米醋

浙江玫瑰米醋又名大红浙醋，是以大米为主要原料，经过蒸煮加热、糖化发酵、酒精发酵、醋酸发酵等传统工艺酿制而成，颜色呈玫瑰红色，汁液澄清透明，醇香回甜，清香浓郁，醋酸含量4%左右。

2. 合成醋

合成醋是用冰醋酸、水、香味剂（柠檬酸）、甜味剂等混合而成，色泽透明，气味芳香，酸味适中，醋酸含量为3%~4%。

3. 柠檬汁

柠檬汁是用新鲜柠檬榨取的汁液，色泽淡黄，酸重回甜，微有苦涩，柠檬芳香浓郁，呈酸味的物质主要有柠檬酸和葡萄酸。

4. 番茄酱

番茄酱是用新鲜成熟的番茄，经过去皮、加热软化、研磨打浆、添加调料、浓缩增稠等工艺制成的。番茄酱中呈酸味的物质主要有苹果酸、琥珀酸、草酸、酒石酸、枸橼酸等有机酸。番茄酱颜色鲜艳红润、酸而回甜、清香浓郁，质感浓稠，易氧化腐败变质，应低温密封储存。

三、苦涩味型调料

陈皮是由柑橘、柠檬等水果的果皮经过干制而成，呈苦味的主要物质是柠檬苷、香茅醛、芳樟醛、苦味素，具有特殊的易挥发芳香气味，能刺激消化液的分泌，具有理气润燥、杀菌等作用。

四、香辛味型调料

1. 豆瓣辣酱

豆瓣辣酱是具有浓郁四川地方风味的特色调料，是以蚕豆、辣椒、面粉、食盐、酒酿、红曲等为原料制成的酱类调料，色泽呈褐红色，口味香辣咸鲜。豆瓣辣酱主要产于四川省的郫县、资中、绵阳地区。豆瓣辣酱还演变出牛肉辣酱、火腿辣酱、海鲜辣酱等。

2. 辣椒油

辣椒油又称红油，有两种传统的制法：一是将辣椒粉放入足量的植物油中慢慢加热熬制后经过滤沉淀制成红色辣油；二是用水将辣椒或辣椒粉慢慢加热熬制成辣汁，经过浓缩脱水后加入植物油即成为辣椒油。辣椒油色泽红润，香辣浓烈。

3. 胡椒

胡椒由于其成熟期的不同有着不同的品种，常见的品种有红胡椒、白胡椒、黑胡椒。红胡椒是由未成熟的果实带着红色果皮干制加工而成；白胡椒是由成熟的果实经过去皮加工干制而成；黑胡椒是由未成熟的果实带着果皮干制加工而成。胡椒中的主要辛辣呈味物质是胡椒碱，它不仅能够生热增辣，还有提鲜增香的作用，因此常用胡椒达到以正压邪的调理目的。

4. 芥末

芥末是由十字花科植物中芥菜型蔬菜的种子经过研磨制成的，有粉末状、糊膏状两种。芥末中的主要呈味物质是芥子油，具有强烈的挥发性、催泪性、刺鼻性和辣味感。芥子油受热容易挥发。

五、香味型调料

1. 桂皮

桂皮又称肉桂，由桂树皮加工而成。习惯上按品质的不同把桂皮分为桶桂、厚肉桂、薄肉桂。桶桂是嫩桂的树皮，色泽土黄，味道醇正香甜；厚肉桂是桂树的厚皮，粗糙味淡色灰；薄肉桂是桂树的薄皮，味较淡。桂皮的味道主要来自桂皮醛、丁香酚等挥发性油类，具有抑臭增香，调理色泽的作用，我国广东、广西、湖北、安徽等地出产。

2. 草果

草果是植物草果的果实，形状椭圆，色泽红润，香气浓郁，芳香微苦的味道主要来自芳樟醇等挥发性油类物质，常与其他香料一同使用，我国广东、广西、云南、贵州等地出产。

3. 香菜

香菜又称芫荽，是植物芫荽的茎叶，植物芳香气味浓郁，味道主要来自蒎烯、香叶醇、芳樟醇等挥发性油类物质，挥发较快，既可作为调料也可作为香辛味的配料使用。

4. 香芹

香芹又称洋芫荽、洋香菜、欧芹，是植物洋芫荽的茎叶，植物芳香气味浓郁，味道主要来自芜荽脑、漾烯、香叶醇、芳樟醇等挥发性油类物质，挥发较快，既可作为调料也可作为香辛味的配料使用。

5. 砂仁

砂仁是姜科豆蔻属植物的果实，外部形状呈圆形，浅褐色，内部包裹着深棕色多棱状小种子。芳香的味道主要来自龙脑、右旋樟脑、芳樟醇等挥发性油类物质，我国广东、广西、云南、贵州等地出产。

6. 五香粉

五香粉是一种由多种香型的香料混合而成的复合调料，具体原料有八角茴香、花椒、小茴香、桂皮、丁香、甘草、黄姜、胡椒、砂仁等。五香粉的香味相互融合，浓郁芳香，颜色较深，适用于异味较重的动物性原料调理滋味。

7. 花椒

四川的花椒称川椒或巴椒，陕西的花椒称秦椒。花椒是芸香植物花椒树的果实，有着浓郁持久的香麻气味，香气主要来自内含的花椒油香烃、水芹香烃、香叶醇等挥发油及川椒素，不饱和有机酸留醇、皂素等。花椒按色泽分为红皮花椒和青皮花椒。花椒具有调香增麻、去腥解腻的作用。花椒油是用花椒和较热的植物油一起熬炼制成。花椒盐是用焙干水分炒出香味的花椒，经过研磨后与食盐、味精等调料一起调制而成。花椒除具有调味作用外，对炭疽白喉杆菌、肺炎双球菌、金黄色葡萄球菌、白色念珠菌等10种革兰氏阳性菌以及大肠痢疾、伤寒、副伤寒杆菌均具有良好的抑制作用。我国四川、陕西、山西、河南等地均有出产，品质以颗粒完整，粒大色正，香麻味浓，籽少无异味者为佳。

8. 黄酒

黄酒又称绍酒、料酒、米酒，属于谷类酿造的低度酒，是传统中餐菜肴调味的必需调料之一。黄酒以糯米、粳米、黍米（黏黄米）等为原料，南方多选用糯米、粳米，北方多选用黍米，经过人工接种发酵酿造而成，酒精含量一般为3%~18%。黄酒色泽透明，有金黄色、红色、淡黄色几种，醇香浓郁、柔和、米香味浓。

9. 香糟

香糟是用谷物酿酒过程中的副产品经加工而成，香糟中醇厚的香味主要来自酯类化合物和乙醇。香糟按色泽分为红糟（含有红曲色素）和白糟。

10. 米糠油

米糠油是以新鲜的米糠（稻糠）为原料精炼加工制成的油脂，我国华南、华东、西南地区出产。米糠油颜色呈淡黄色，澄清透明，清香浓郁，营养价值高，不含胆固醇，富含亚油酸和油酸，不适宜高温长时间加热。

11. 玉米油

玉米油又称玉米胚芽油，是以新鲜的玉米胚、玉米皮为原料精炼加工制成的油脂，我国东北、华北地区出产。玉米油颜色呈深黄色，澄清透明，清香浓郁，营养价值高，不含胆固醇，富含亚油酸、油酸，不适宜高温长时间加热。

12. 椰子油

椰子油是由椰肉精炼加工制成的油脂，我国海南省出产，油色为白色和淡黄色，有浓郁的椰子香味，因为含有较多的饱和脂肪酸故常温下呈固态。椰子油含有较多的月桂酸（属于饱和脂肪酸）、豆蔻酸、棕榈酸、油酸，适宜做甜品的调味品，是人造奶油、起酥油的重要原料，不宜加热使用。

13. 葵花子油

葵花子油是以葵花的种子为原料精炼加工制成的油脂，我国东北、华北出产。葵花子油颜色呈金黄色，澄清透明，气味清新淡雅，营养价值高，不含胆固醇，富含亚油酸和油酸，不适宜高温长时间加热。

14. 棉籽油

棉籽油是以棉籽原料精炼加工制成的油脂，颜色呈深黄色，澄清透明，气味清香，不含胆固醇，富含亚油酸和油酸，适宜高温加热使用。

15. 麻油

麻油又称芝麻油、香油，是用芝麻的种子芝麻仁经过烘焙加热后压榨提炼的植物性油脂。根据加工的方法不同，有冷压、大槽、小磨香油之分，色泽呈棕红色。麻油中有挥发性极其强烈的呈味物质乙酰吡啶、糖醇、酚类等物质，由于挥发特性，适宜凉拌、馅料的调味、热菜盛装前使用。麻油性质稳定不易腐败变质的原因是因为内部含有抗氧化作用的芝麻酚和磷脂。

16. 芹菜籽油

芹菜籽油是以旱芹属植物芹菜的种子经过压榨加工制成的挥发性油，呈淡黄色，挥发性强，有着宜人的芳香气味，储存应注意低温密封。

17. 姜油

姜油是以姜属植物的地下茎经过压榨加工制成的挥发性油，呈淡黄色，挥发性强，有着浓烈的香辣味道，主要成分是姜酮和姜醇，储存应注意低温密封。

18. 蒜油

蒜油是以植物大蒜经过压榨加工制成的挥发性油，呈浅棕色，挥发性强，有着浓烈的香辣味道，主要成分是二丙烯基二硫化物、甲基丙烯基二硫化物，储存应注意低温密封。

19. 葱油

葱油是以植物大葱、洋葱等经过压榨加工制成的挥发性油，呈浅棕色，挥发性强，有着浓烈的香辣味道，主要成分是丙烯硫醚、甲基硫醇、丙基丙烯基二硫，储存时应注意低温密封。

20. 猪油

猪油又称猪脂，是由猪的腹腔和皮下沉积的脂肪经过脱色、脱酸、脱臭等工艺炼制而成。猪脂呈白色，常温下呈半软性膏状，有浓浓的脂香气味，含油酸、棕榈酸和硬脂酸较多，胆固醇含量较高，适宜作为制作面点的起酥油脂。

21. 鸡油

鸡油是由鸡腹腔和皮下沉积的脂肪经过蒸汽加热等工艺炼制而成的，呈淡黄色，常温下为液体，有清新的脂香气味，含亚油酸较多，适宜调色使用。

六、膨松凝固增稠定型调料

1. 海藻胶

海藻胶又称冻粉、琼胶、琼脂、卡拉胶，是用海藻经过充分水解得到的多糖混合物（半乳糖为主），属于植物凝胶。海藻胶的品种有白色粉末状、丝条状和透明片状。储存应注意干燥密封，不宜久存。

2. 淀粉

淀粉是烹调过程中浆糊、芡汁使用最频繁的增稠和定型调料。淀粉按分子结构的不同分为直链淀粉和支链淀粉，二者同时存在于原料之中，由于含量比例的差异表现出不同的特性。支链淀粉含量多的淀粉糊化后黏性大，糊精溶液稳定，适宜增稠；直链淀粉含量多的淀粉加热后，直立性强，适宜上浆挂糊。淀粉按原料品种分为马铃薯（土豆）淀粉、玉米淀粉、绿豆淀粉、甘薯淀粉、木薯淀粉、小麦淀粉、蚕豆淀粉以及藕粉、荸荠粉、大米粉等。马铃薯淀粉由马铃薯经过清洗、去皮、粉碎、浸泡、过滤、脱色、沉淀、干燥等加工环节制作而成。

3. 碳酸钠

碳酸钠又名苏打、碱面、纯碱，是一种弱碱性的固态化学致嫩剂，呈白色粉末状，无嗅，有苦涩的碱味，水解呈强碱性，在加热或遇酸、遇水及潮气的情况下发生分解产生二氧化碳气体。碳酸钠对蛋白质有一定的腐蚀作用，能够使蛋白质的分子结构发生变化，使粗老的肉质纤维吸水膨胀提高含水量形成质嫩的口感，适宜筋质较老的肉类原料腌制使用，但易产生苦涩味并破坏原料中的营养物质。存放时应注意密封避光

低温干燥,防止潮湿水解腐蚀器皿。腌肉使用数量是 5~10 g/kg,用冷水充分溶化后使用效果好,在低温的环境存放时间一般为 1~2 小时。

4. 碳酸氢钠

碳酸氢钠又名小苏打、食粉,是一种弱碱性的固态化学致嫩剂,呈白色粉末状,无嗅,有苦涩的碱味,水解呈弱碱性,在加热或遇酸、遇水及潮气的情况下发生分解产生二氧化碳气体。碳酸氢钠对蛋白质有一定的腐蚀作用,能够使蛋白质的分子结构发生变化,使粗老的肉质纤维吸水膨胀提高含水量形成质嫩的口感,适宜筋质较老的肉类原料腌制使用,但易破坏原料中的营养物质。存放时应注意密封避光低温,防止潮湿水解腐蚀器皿。腌肉使用数量是 10~15 g/kg,用冷水充分溶化后使用效果好,在低温的环境存放时间一般为 1~2 小时。

5. 嫩肉粉

嫩肉粉又名松肉粉,是一种用木瓜蛋白酶与填充物(淀粉)制成的白色粉末,无味无臭。因为木瓜蛋白酶对蛋白质有降解作用,故适宜筋质较老的禽肉类原料腌制使用,使用前用清水溶化,忌与食醋、食盐一起同用。大块的肉类原料用肉叉叉制,其效果更好。腌制后在冷藏的环境下最好存放一定时间后再使用。

第八章

原料加工技术（二）

第一节　鲜活原料加工技术（一）

一、畜类原料的初步加工

1. 牛肚的加工

牛肚一般可以分为四部分，即瘤胃（肚板）、网胃（蜂窝肚、肚葫芦）、瓣胃（百叶或百页）和皱胃（肚蘑菇），此外还有肚领。先清除附在上面的油脂污物，再将牛肚领的黑膜（业内称草芽儿）从边缘开始用手撕掉，牛百叶（页）、蜂窝肚上的黑膜可以用食用碱水刷掉，清洗干净即可。

2. 小牛胸腺的加工

小牛胸腺是长在小牛胸腔位置的一块呈圆形的肉组织，将肉组织的外部筋膜摘掉，用水漂洗干净，煮制成熟，冷却后浸泡在冷水中存放。

3. 牛鞭的加工

将牛鞭外部的筋膜剔掉，剖开尿道管壁，用清水洗净，在水中放入适量白酒、葱、姜，将牛鞭肉煮透，取出撕去尿道的筋膜，用清水洗净。

4. 驼蹄的加工

带皮的驼蹄用火烧去残存的茸毛和表皮，用热水浸泡后刮洗干净，顺着骨节斩切成块即可。

二、水产原料的初步加工

1. 鲥鱼的加工

鲥鱼传统的加工方法是不去鳞，因为在鳞与皮间存有较多的脂肪，为了防止鲜美滋味的流失，需要从腹部、鳃部或脊部将内脏取出，清洗干净，控净水分即可。

2. 鳗鱼的加工

将鳗鱼敲打致死，在鱼的喉部和鱼的肛门处分别横切一刀，挖去鱼鳃，从剖口处插入两根筷子将鱼膛中的内脏绞结在一起抽出，用清水将鱼膛及外表清洗干净。将鳗鱼放入 60~80 ℃的水中浸泡 3 分钟，迅速刮净鱼体上的黏液和黑膜，用清水洗净，控净水分即可。

3. 比目鱼的加工

由于比目鱼的鱼鳞较密、鱼皮粗老，加工时在鱼体的尾部一侧竖切一刀，将鱼皮剖口切开，涂抹少量食盐，使鱼皮上翻。手垫干布从边缘处将鱼皮用力捏住，顺势撕去鱼皮，同法将另一侧鱼皮去掉。挖去鱼鳃，剖开鱼腹取出内脏，用清水将鱼膛及外表清洗干净，控净水分即可。

4. 黄鳝的加工

（1）将活鳝鱼摔打致死，使鳝鱼侧躺，头部挂在钉板的钉头上固定鱼体，捋直鱼身。在鱼头与鱼体连接处用小刀将鱼肉切开。按住鱼体，刀尖顺着鱼脊骨上侧，慢慢将鱼肉与鱼骨剥开直至尾部，然后斩断颈部的脊椎骨，刀尖顺着鱼脊骨下侧慢慢将鱼肉与鱼骨剥开直至尾部，从尾部将鱼骨与鱼肉分离，取出内脏，清洗干净，控净水分即可。

（2）将活鳝鱼用清洁的白布包裹住，放入加有食盐、米醋、料酒、葱、姜的开水锅中，小火焖煮 5~10 分钟至口部张开，鱼肉断生时，取出用凉水冷却。使鳝鱼侧躺，从鱼头与鱼体连接处下刀（用竹片刀），将鱼的腹部与脊部分离。从头部开始刀尖顺着鱼脊骨上侧，慢慢将鱼肉与鱼骨划开直至尾部，刀尖将另一侧的鱼肉划开，将内脏摘除，分别清洗干净，控净水分即可。

5. 大虾的加工

将大虾清洗干净，用剪刀先剪去虾脚、虾须等部位，修整虾尾，剪开虾的脊背，剔除虾的肠线，用刀尖从虾枪的上部破开，挑出头部的沙包。

6. 象拔蚌的加工（生食）

取鲜活象拔蚌去掉硬壳，放入沸水中稍加烫制后取出，去掉外衣，时间不要长，以能剥掉外衣为宜，否则肉质会老硬。去掉象拔蚌的内脏，剥去蚌体和象鼻状肉足的外衣，用刀将蚌体剖开除净杂物，用洁净水洗净，片成薄片贴码在食用冰上即可。

7. 赤贝的加工（生食）

将赤贝的外壳用水洗刷干净，用专用工具将外壳撬开或用破碎法取出贝肉。用刀将肉片剖开，除去鳃瓣杂物，先用盐水搓洗，再用洁净清水洗净，片成薄片或打上花刀码在冰上即可。

8. 牡蛎的加工（生食）

将鲜活的牡蛎放在清水中，将外壳上的污泥刷洗干净。将牡蛎放在按水与盐40∶1的比例兑制的淡盐水中静置，使其吐尽泥沙脏物。用专用工具将外壳撬开，或用沸水稍烫后去掉外壳，取出贝肉，不要弄破牡蛎的腹腔。用盐水清洗掉黏液后，再用洁净水洗净，码放在原壳中即可。

9. 海螺的加工（田螺）

将鲜活的海螺放在清水盆中，将外壳的污泥刷洗干净，静置活养数小时，使其吐尽泥沙脏物。用破碎法取出螺肉（生出肉），先用盐水搓洗掉黏液，然后再用清水洗净。

10. 青蟹的加工

将青蟹清洗干净。用手卡住蟹体的尾部与蟹壳，轻轻用力将蟹壳掀起脱下，清洗干净。斩去爪尖，将蟹螯切下拍裂，清除腹腔中的菊花瓣状蟹鳃，去掉蟹脐和胃，用清水洗净，斩切成块。习惯上把带有橘黄色蟹黄的青蟹称为膏蟹，不带蟹黄的称为肉蟹。

11. 大闸蟹的加工

先用清水浸泡20分钟使其吐尽脏物，再用刷子将大闸蟹体外的泥沙污物洗刷掉，用刀割去尾鳍（脐盖），斩去爪尖。作整只蒸蟹之用时，需用纱绳将蟹先横后竖捆绑住并在蟹的腹部打一个结，即可蒸制。制作醉蟹时，需要沥干水分，放入容器中先用大曲酒将蟹醉昏，随后倒入醉料。切蟹之时，将蟹壳从尾部掀开，清除腹腔中的菊花瓣状蟹鳃，去掉蟹脐和胃，用清水洗净，斩切成块，将蟹螯拍裂。习惯上把橘黄色的蟹黄和洁白色的蟹肉合称为蟹粉。

12. 黄油蟹的加工

黄油蟹是一种非常特殊的蟹类品种。因为蟹油含量较多，活的黄油蟹只能用冰水冻死，洗涤干净，然后将壳朝下原只蒸食，目的是将黄油归纳于壳中。绝对不能掀盖斩块，否则黄油会流失。熟后可斩块上桌。

13. 牛蛙的加工

用剪刀将牛蛙的头部剪掉，从刀口部剪一个豁口，然后撕去外皮，清除内脏，剁去爪尖，洗涤干净即可。

第二节　动物性原料的分割加工

一、肉类分割加工的基本要求

畜肉的组织结构主要包括肌肉组织、脂肪组织、骨骼组织和结缔组织，主要分布在畜类的脊背和四肢。各种组织的比例因畜类品种、饲养方式、动物性别、生长月龄、畜肉部位等而不同。畜肉的部位分割主要是根据肌肉组织的自然分布，将畜肉组织分为不同的部位品种，目的是为了最大限度发挥原料的使用价值，做到物尽其用。肉类分割加工的基本要求是熟悉动物骨骼组织结构，了解肌肉组织的部位分布，落刀准确，行刀稳定，熟悉加工器具的使用方法，能够鉴别原料的品质特征，熟练掌握安全操作技术方法。

二、胴体猪肉的部位分割

习惯上将带皮带骨完整的猪的二分之一体称为二分体或肉片、白条，然后再从腰部分开的为四分之一体，称为四分体。猪肉组织主要是根据肌肉的分布位置和形状特征来划分的，出口品种将颈背肌肉标为1号肉，前腿肌肉标为2号肉，背最长肌肉标为3号肉，后腿肌肉标为4号肉。

1. 颈肉

颈肉又称槽头肉、血脖，位于颈部，特点是肥肉多、肉质老、筋膜较多、肉色红。

2. 夹心肉

夹心肉又称前夹心，位于肋骨的前部两侧上方，特点是肥瘦相间、肉质较老、肉色较红。

3. 胸肉

胸肉又称后夹心，位于肋骨的前部两侧下方，特点是瘦肉较多、肉质较嫩、肉色较红。

4. 上脑
上脑又称上肩肉，位于肩胛骨的上方、颈骨的外部、通脊的前部，特点是瘦肉较多、肉质较嫩、肉色较红。

5. 前蹄膀
前蹄膀又称前肘子，位于前肢下半部，特点是皮筋较多、瘦肉较多、肉质较老、肉色较红。

6. 通脊
通脊又称大排肉、外脊肉、柳肉、脊背肉、枚肉，位于腰椎胸椎之间，在脊骨的两侧，特点是几乎全是瘦肉，肉质较嫩、肉色红润、呈粗大的长条状。

7. 里脊
里脊又称柳眼肉，位于腰椎尾椎之间，在脊骨的两侧，特点是几乎全是瘦肉、肉质细嫩、肉色红润、呈长条形状。

8. 肋肉
肋肉又称肋条肉、硬肋、排骨肉、花肉、五花肉，位于肋骨之上，特点是几乎全是肥瘦肉、层次明显、肉质较嫩、肉色红白相间。

9. 腹肉
腹肉又称腩肉、软肋、奶脯，位于腹部，特点是肥肉较多、瘦肉较少、肉质较老、筋膜较多。

10. 臀肉
臀肉又称后臀尖，位于尾椎的两侧、后腿的上方部，特点是瘦肉较多、肉质较嫩、肉色红润。

11. 坐臀
坐臀又称板肉、二刀肉、盖板，位于后腿上部的后侧，特点是几乎全是瘦肉、肉质较嫩、肉色红润。

12. 弹子肉
弹子肉又称元宝肉，位于后腿上部的外侧，特点是几乎全是瘦肉、肉质较嫩、肉色红润。

13. 后蹄膀
后蹄膀又称后肘子，位于后腿下半部，特点是皮筋较多、瘦肉较多、肉质较老、肉色较红。

三、胴体牛肉的部位分割

在现代化的肉类加工企业中,牛肉加工主要采用低温流水线作业方式,其基本流程为屠宰(方式有刀割颈部和小口径枪击头部)、电刺激(用电刺激方法来提高肉质的柔嫩程度和玫瑰红色)、排放血污(垂挂式放血)、剥皮(人工与机器相结合剥皮)、清除内脏、分别检疫、劈半冲洗秤重、悬挂排酸、分割加工、产品包装加工、急速冷冻加工、低温储存。关于分割牛肉部位的名称,国际上没有一个统一的标准,我国的叫法也不尽相同,其中许多名称来自地方的传统习惯叫法、民族的传统习惯叫法以及外来语的译音。

1. 颈肉
颈肉又称脖肉,位于颈椎部位,特点是筋膜较多、肉质粗老、颜色暗红。

2. 上脑
上脑又称短脑、上肩,位于肩胛部的上侧鞍部,特点是肉质较嫩、瘦肉中分布着较多的肌间脂肪、红白相间。

3. 肩肉
肩肉又称外板,位于肩胛骨部,特点是肉质较嫩、瘦肉较多。

4. 胸肉
胸肉又称上胸肉、胸侧肉、胸口肉,位于肋骨的前部两侧下方,特点是瘦肉较多、筋膜较多。

5. 前腿肉
前腿肉位于前肢,特点是肉质较老、筋膜较多、瘦肉较多。

6. 前腱子
前腱子位于前腿的小腿部位,特点是筋膜韧带较多、肉质较老。

7. 肋脊肉
肋脊肉又称脊背肉、牛排、背肉、鞍部、眼肉,位于腰椎胸椎之间,在脊骨的两侧,特点是瘦肉较多、有脂肪沉积、肉质较嫩、肉色红润。

8. 外脊
外脊又称上腰肉、西冷肉、沙朗、纽约克、牛柳,位于腰椎尾椎之间、脊骨的两侧,几乎全是瘦肉,肉质细嫩、肉色红润、呈长条状。

9. 里脊
里脊又称柳眼肉、菲力、腓力、牛柳眼、腰柳,位于上腰肉下方、腰椎里侧,全是瘦肉，肉质细嫩、肉色红润、呈长条状。

10. 肋肉

肋肉又称肋条肉，位于肋骨之上，特点是肥肉筋膜较多、肉质较老。

11. 腹肉

腹肉又称腩肉，位于腹部，特点是肥肉筋膜较多、肉质较老。

12. 米龙

米龙又称股肉、牛打棒、臀肉，位于尾椎的两侧、外脊的后侧、后腿的上方部，特点是瘦肉较多、肉质细嫩、肉色红润、筋膜较少、肌肉块较大。

13. 仔盖

仔盖又称外侧鹅头、股肉、后腿肉，位于米龙的下侧、大腿上部的后侧、里裆部位，特点是瘦肉多、肉质细嫩、肉色红润、筋膜较少、肌肉块较大。

14. 和尚头

和尚头又称牛淋、肥里股肉、肥腿，位于臀肉的下侧、大腿上部的外侧，特点是瘦肉多、肉质细嫩、肉色红润、筋膜较少、肌肉块圆而大。

15. 黄瓜肉

黄瓜肉又称白板、瓜条肉、股肉，位于米龙的下侧、大腿上部的内侧，连接红钟肉并共同在仔盖与和尚头之间的部位，特点是瘦肉多、肉色红润、筋腱较少、肌肉块细长、肉质老。

16. 红钟肉

红钟肉又称股肉，位于米龙的下侧，呈吊钟形，与黄瓜肉共在仔盖与和尚头之间的部位，特点是肉质较老、纤维粗、斜纹路多。

17. 后腱子

后腱子又称小腿肉、后腿胫肉，位于后腿的小腿部位，特点是筋膜韧带较多、肉质较老。

四、胴体羊肉的部位分割

1. 颈肉

颈肉又称脖肉，位于颈椎部位，特点是筋膜较多、肉质粗老、颜色暗红。

2. 上脑

上脑又称短脑、上肩，位于肩胛部的上侧鞍部，特点是肉质较嫩、瘦肉中分布着较多的肌间脂肪、红白相间。

3. 肩胛肉

肩胛肉又称外板,位于肩胛骨部,特点是肉质较嫩、瘦肉较多。

4. 胸口肉

胸口肉位于肋骨的前部两侧下方,特点是瘦肉较多、筋膜较多。

5. 前腿肉

前腿肉又称哈啦巴,位于前肢,特点是肉质较老、筋膜较多、瘦肉较多。

6. 前腱子

前腱子位于前腿的小腿部位,特点是筋膜韧带较多、肉质较老。

7. 肋脊肉

肋脊肉又称脊背肉、扁担肉、外脊肉、鞍部,位于腰椎与胸椎之间、脊骨的两侧,特点是瘦肉较多、有脂肪沉积、肉质较嫩、肉色红润。

8. 腰脊肉

腰脊肉又称里脊肉、腰柳,位于腰椎与尾椎之间、脊骨的两侧,几乎全是瘦肉,肉质细嫩、肉色红润、呈长条状。

9. 肋肉

肋肉又称肋条肉,位于肋骨之上,特点是肥肉筋膜较多、肉质较老。

10. 腹肉

腹肉又称腩肉,位于腹部,特点是肥肉筋膜较多、肉质较老。

11. 后腿肉

后腿肉又称股肉、后腿肉,包括三岔肉、磨裆、元宝肉、黄瓜条,其中三岔肉又称臀肉,位于尾椎的两侧、脊背的后侧、后腿的上方;三岔肉的下方,位于后腿内侧里裆部位的肉称为磨裆;位于后腿外侧的肉称为元宝肉;两者之间的两条肉称黄瓜条。总的特点是瘦肉多、肉质细嫩、肉色红润、筋膜较少、肌肉块形较大。

12. 后腱子

后腱子又称小腿肉,位于后腿的小腿部位,特点是筋膜韧带较多、肉质较老。

五、鸡肉的分割出肉加工

1. 鸡的肌肉骨骼组织分布

鸡体躯干上的骨骼分布情况,从前至后主要是头骨、颈骨、锁骨、胸骨、龙骨、肋骨、脊骨、尾骨、髋骨。鸡体四肢上的骨骼分布,鸡翅中的骨骼由大到小分别是大翅骨、中翅骨和翅尖骨;鸡腿中骨骼由上至下主要是股骨(大腿骨)、胫骨(小腿骨）、髌骨、牙签骨。

鸡胴体肉组织的分布情况：颈肉附在颈椎骨上，大鸡胸肉附在胸骨、龙骨和肋骨之上，小鸡胸肉附在龙骨上，栗子肉附在脊椎的两侧髋骨之上，大腿肉附在股骨上，小腿肉附在胫骨和牙签骨上。

2. 鸡肉的分割出肉加工

目前市场上分割鸡的品种主要有鸡颈、大鸡胸、小鸡胸、大鸡腿、小鸡腿、整鸡腿、琵琶腿、整鸡翅、翅根、中翅、蝎形鸡胸、去骨鸡腿等。加工时应先将整只的净膛鸡放在案板上，将附在外皮的残毛、污物用刀刃刮去，再进行各部位的分割出肉。

鸡腿的分割方法：在鸡身体的后部找到股骨与髋骨连接处，攥住鸡的大腿用力将股骨和髋骨分开，露出股骨头，用刀尖将关节连接处的结缔组织割断，将整个鸡腿从鸡体上分割下来。

鸡翅与鸡胸的分割方法：在鸡身体的前部找到大翅骨与锁骨连接处，攥住大鸡翅，用刀尖将关节连接处的结缔组织割断，揪着大鸡翅，割断鸡胸与肋骨、锁骨、龙骨之间的筋膜韧带，顺势将整个鸡胸一同剔下，将整个鸡翅和鸡胸从鸡体上分割下来。分割鸡翅与鸡胸，即为带皮鸡胸和整鸡翅，再将大鸡翅按着骨节分割成翅根、中翅和翅尖，将鸡胸上的皮膜清除掉即可。

小鸡胸的分割方法：将小鸡翅与龙骨、锁骨连接处的筋膜揪断或割开，将小鸡胸从锁骨处慢慢地揪下，剔去内部的筋膜即可。

鸡腿的出肉加工方法：将鸡腿外侧朝下，内侧朝上平稳地放在案板上。一手紧紧地捏住胫骨的骨节头，从鸡腿的内侧顺着鸡腿中间的骨骼方向，对着骨骼的一侧准确下刀，用刀尖将整个腿肉划开深至骨骼，用刀刃将骨骼上的筋膜刮开，找到胫骨与股骨相连接的关节，用刀切断。攥住小鸡腿使关节处的股骨头露出，将股骨头上的结缔组织割断，将股骨剔下。将胫骨头处用刀背敲断，揪住胫骨头使胫骨露出，剔掉胫骨、髌骨和牙签骨，切掉胫骨头，撕去皮膜即可。

六、鱼肉的分割出肉加工

鱼的骨骼主要包括头骨、脊骨、肋骨、脊椎骨、尾骨、鳍骨。鱼肉组织的分布主要是背肌附在脊骨、脊椎骨上，腹肌附在肋骨上，尾肌附在尾骨上。

1. 三文鱼的整鱼出肉加工

将初步加工的三文鱼平稳地放在案板上，头向右尾向左，腹向内脊向外，在鱼头与鱼身连接处横切一刀,深至骨骼,斩断鱼头,尾部横切一刀,深至骨骼,刀尖紧贴鱼的脊骨上侧,由前至后将鱼脊肉与脊骨划至分离,一手掀起鱼肉,一手持刀将肉与骨骼连接处的筋膜划断,使鱼肉与脊骨、肋骨、尾骨分离,从鱼体上剔下整块的鱼肉,修整鱼肉。调转鱼体的方向后,从鱼尾处下刀,其他方法相同,剔下另一侧的鱼肉。将鱼肉中残留的硬棘揪出,剔除鱼皮即可。

2. 草鱼的整鱼出肉加工

将初步加工的草鱼平稳地放在案板上,头向右尾向左,腹向内脊向外,切掉鱼头、鱼尾。在鱼身的前部从脊部下刀,沿着脊骨的上侧,将鱼体一侧连骨带肉一同剔下,用刀剔除鱼脊、鱼腹部残留的鱼骨刺,修整鱼肉后即可。调转鱼体的方向后,剔另一侧的方法与前述方法相同。

3. 比目鱼的整鱼出肉加工

将初步加工的比目鱼正面朝上平稳地放在案板上,在鱼体的尾部横切一刀将鱼皮断开,在鱼尾边缘处用刀尖将鱼皮与鱼体剥离分开,涂抹少量的食盐。用干布垫着掀起鱼皮,顺势将鱼皮撕掉。在鱼体的头部与鱼身连接处横切一刀,深至骨骼,再从鱼体的中部沿着侧线由前至后将鱼肉划开,深至骨骼,分别掀起两侧的鱼肉,从而将整块的鱼肉从鱼体上剔下。鱼肉修整后即可。

4. 鳗鱼的整鱼出肉加工

将初步加工的鳗鱼平稳地放在案板上,头向右尾向左,腹向内脊向外,在鱼头与鱼身连接部位横切下刀,沿着脊骨的上侧,将鱼体一侧的鱼肉剔下。将鱼的腹腔展开,摘除内脏并清洗干净。从头身连接处斩断脊椎骨,刀刃紧贴着脊椎骨的内侧,将骨骼除掉,斩断鱼头鱼尾。鱼肉修整后即可。

第三节 干货原料加工技术(二)

一、干货原料涨发加工方法

干货原料涨发加工方法根据涨发原料的媒介不同,概括地说有水发、盐发和碱发、油发等,这些方法并不是孤立的,在实际应用中往往可以相互交替使用。水发、盐发操作相对简易,以下着重介绍碱发和油发。

1. 碱发

碱发就是使用碱水涨发原料，即将适合于碱发的原料，经过水发方法初步加工之后，放入碱性溶液中进一步促使原料涨发的加工方法。使用碱溶液发制的原料，一定要及时用清水清除多余的碱分。由于碱具有强烈的腐蚀作用，尤其对原料中的营养物质、口味、口感破坏性较强，使用时要格外慎重，尽可能少用。碱发主要利用的是碱的电离作用，通过提高原料亲水基的亲水作用，加速原料吸水膨胀。

碱发时，要先将食用碱按一定比例溶于清水，配制成碱溶液，再对干货原料进行浸泡，使其质地达到一定程度的松软，从而达到使用要求。碱发时应根据干货原料的质地确定碱的用量，不能过多。干货原料在放入碱水之前应先用清水浸泡回软，以缓解碱对原料的直接腐蚀。在泡发干货原料时，应根据不同干货原料的质地、厚薄、大小调整涨发的时间。当干货原料泡发好后，应用清水进行多次漂洗，以去除其碱味和苦涩味，从而达到食用要求。

2. 油发

油发是利用食用油作为加热媒介，将适合于油发、胶原蛋白含量充足的原料，在油中加热，使胶原蛋白膨胀从而涨发原料的加工方法。油发的原料在使用前需要用食用碱清除油污，还要及时用清水清除多余的碱分。油发主要是利用蛋白质胶体颗粒受热膨胀的这一理化现象，使原料形体得到极大的膨胀。

二、干货原料涨发加工实例

1. 白果

将去壳的白果放入油中炸或放入冷水中浸泡回软，加入少量的食用碱，然后将白果的外部皮膜刷洗掉，清水洗净。蒸发致透，冷水浸泡存放。涨发出成率为300%。

2. 竹荪

将竹荪中的杂物摘去后，放在足量的清水中浸泡30分钟，清洗干净，用清水浸泡存放。涨发出成率为700%~800%。

3. 猴头蘑

摘去猴头蘑中的杂物，放在足量的清水中浸泡20分钟，用剪刀剪去较硬的老根，清洗干净，加适量的绍酒、鸡汤、姜、葱等，蒸发致透。将汤汁澄清后浸泡存放。涨发出成率为400%~600%。

4. 虫草

将虫草中的明显杂物摘去后，放在足量的清水中浸泡30分钟，清洗干净，放入适量的清汤、绍酒蒸发 10 分钟致透。原汤澄清后浸泡虫草，低温存放。涨发出成率为 600%。

5. 干贝

将干贝放在洁净的容器中，用清水将干贝的外表洗刷干净，浸泡 1 小时至初步回软，撕去坚硬的贝筋，然后放入适量的清汤、绍酒、姜汁蒸制 1 小时，发至酥烂时取出。原汁澄清后浸泡干贝，低温存放。涨发出成率为 300%。

6. 蚝豉

将蚝豉放在洁净的容器中，用清水将蚝豉的外表洗刷干净，浸泡 1 小时至初步回软，然后放入适量的清汤、绍酒、姜汁蒸制 1 小时，发至酥烂时取出。原汁澄清后浸泡蚝豉，低温存放。涨发出成率为 300%。

7. 乌鱼蛋

选用不锈钢或陶质器具，将乌鱼蛋用清水浸泡 6 小时至初步回软，刮洗干净，放入足量的清水中，小火焖煮大约 1 小时至发透为止。取出撕掉外皮，剥离成片状，用清水漂净异味，然后放入清水中浸泡，在低温环境中存放。涨发出成率为 300%。

8. 猪蹄筋

将猪蹄筋表面的灰尘用清洁的干布擦净，放入清洁的食用油中，用 60~90 ℃ 的温油浸泡发至回软，再用 120 ℃ 的热油炸至体形膨起。炸制时要及时翻动猪蹄筋，使之均匀受热，涨发一致。如果猪蹄筋横断面呈均匀的蜂窝状气孔，说明已涨发至透。使用前放入用食用碱与热水兑制的溶液中浸泡 1 小时至回软，将猪蹄筋中的油污洗净，并用清水漂净碱液，用清水浸泡低温存放。涨发出成率为 300%~500%。

9. 牛蹄筋

将牛蹄筋表面的灰尘用清洁水洗净，放入温水锅中泡焖 12 小时，再换用开水煮焖一至两天，随煮随挑出涨发好的牛蹄筋，用水洗净，最后加葱、姜、料酒用原汤蒸一下，即为泡发好。涨发出成率为 200%~300%。

第九章

原料切配加工技术（二）

第一节 刀工美化

一、刀工美化概述

1. 定义

刀工美化是指使用不同的刀法，作用于同一原料，在原料表面剞上一定深度的刀纹，使原料直接或加热后呈现出美丽的形体。

2. 刀工美化的作用

（1）便于烹调原料的烹制加热。

（2）便于调理烹调原料的滋味。

（3）便于食用。

（4）便于美化菜肴的形体。

（5）便于保持烹调原料固有的品质。

二、常用装饰主料花形的加工

经刀工美化的原料呈现出的形状有麦穗形、菊花形、荔枝形、核桃形、兰花形、葡萄形、牡丹花形、十字形、蓑衣形、柳叶形、蝴蝶形、凤尾形等。

1. 麦穗花刀

麦穗花刀主要适用于形体较大、肉质较薄、组织紧密的动物性烹调原料，如鳜鱼、鱿鱼、墨鱼等。

操作方法：先用斜刀刀法将烹调原料的一侧剞成平行的薄片或厚片，深度达到烹调原料的五分之四，或深至表皮层，另一端连着不断；然后用直刀刀法与斜刀纹成交叉状，将薄片或厚片切或丝状或条状，深度相同；再改切成小块状或直接使用。运用麦穗花刀处理的代表菜例有"松鼠鳜鱼""爆炒鱿鱼卷""油爆墨鱼卷"等。

2. 菊花花刀

菊花刀法主要适用于形体较大、肉质较厚的动物性烹调原料，如鳜鱼、青鱼、猪通脊等。

操作方法：将烹调原料的一侧用直刀刀法或斜刀刀法剞成一条条平行的薄片，深度达烹调原料五分之四的厚度，另一端连着不断，或深至表皮；然后用直刀刀法与先剞的刀纹成交叉状，将薄片切成丝、条状；最后把烹调原料分割成小块。运用菊花花刀处理的代表菜例有"菊花松子鱼""菊花青鱼""菊花里脊"等。

3. 荔枝花刀

荔枝花刀主要适用于质地较为紧密、形体较厚的动物性烹调原料，如鱿鱼、墨鱼、猪肚、猪腰子、鸭肫等。

操作方法：先用直刀刀法在烹调原料的一侧剞成一条条平行而较密的刀纹，深度达到烹调原料的五分之四；然后转成交叉角度，用直刀刀法将先剞的纹状薄片切成丝条状；大的烹调原料可再改成小菱形块状或方块状。运用荔枝花刀处理的代表菜例有"荔枝鱿鱼卷""荔枝腰花""荔枝鸭肫"等。

4. 核桃花刀

核桃花刀主要适用于质地较为紧密、形体较厚、水分含量较大的动物性烹调原料，如鸡、鱼、猪里脊等。

操作方法：刀法近似于荔枝花刀，只是刀纹较浅，刀纹与刀纹之间的距离较宽，切成短而粗的条状，形体如核桃大小。运用核桃花刀处理的代表菜例有"果汁鱼球""豉椒炒鸡球""桃仁里脊球"等。

5. 兰花花刀

兰花花刀适用的烹调原料同菊花花刀，加工处理方法也同菊花花刀，只是平行的刀纹之间距离较宽，形体散开后呈长条状。运用兰花花刀处理的代表菜例有"果汁兰花鱼"等。

6. 葡萄花刀

葡萄花刀近似于形体较大的核桃花刀，就是在较大形体的烹调原料上，用十字交叉的刀纹进行花刀处理，整体形状大小如同葡萄枝串。葡萄花刀适用于鱼类原料中的鳜鱼、青鱼等，代表菜例有"葡萄鱼"等。

7. 牡丹花刀

牡丹花刀主要适用于带骨或剔骨的鱼类，如草鱼、鲤鱼等。

操作方法：在鱼的两侧分别用斜刀刀法剞刀，刀纹的间距约为 2.5 cm，一端与鱼体相连；翻开鱼肉，在其中部深剞一刀，深至接近鱼皮。原料经挂糊炸制后便卷曲成一瓣一瓣的牡丹花瓣形状。剔出骨骼的鱼肉（带皮）也可用此方法剞成牡丹花瓣形状。运用牡丹花刀处理的代表菜例有"糖醋黄河鲤鱼""麒麟三夹鱼"等。

8. 十字花刀

十字花刀主要适用于整条的带皮、带骨的鱼类。

操作方法：先用一字刀剞成间隔为 1 cm 的刀纹，深至鱼的骨骼，再成十字交叉剞上同样的刀纹。运用十字花刀处理的代表菜例有"干烧岩鲤""醋椒活鱼"等。

三、常用装饰配料花形的加工

1. 料花的用料和功能

（1）用料。装饰配料花形简称料花，一般用较为脆硬的植物性原料加工，如白萝卜、胡萝卜、玉兰片、黄瓜等。此外，鸡蛋糕也可加工成各种料花。

（2）功能。料花的主要功能是配合主料起装饰美化菜品的作用。同时，对于以动物性原料为主料的菜品，料花又有荤素搭配、平衡膳食、丰富营养的作用。

2. 料花的加工工具和方法

（1）工具。料花的加工工具有刀具和金属模具两类。刀具又可分为常用刀具和各种雕刻刀具，其中金属模具又可分为简易模具和机械型模具两类。上述工具在料花加工中可单独使用，也可交替或混合使用。

（2）方法。可以用工具采用压法、戳法、剔法、削法、切法等方法加工料花。常见的加工方法是先将原料加工成剖面为不同图案的坯状原料，而后，切剞成不同图案的平面形的料花。

3. 料花的种类

（1）几何图案料花，有锯齿形料花、五角星形料花、月亮形料花等。

（2）象形动物料花，有玉兔形、蝙蝠形、金象形、熊猫形等。

（3）象形植物料花，有寿桃型、麦穗型、苹果型料花等。

4. 使用料花注意事项

（1）加工好的料花，要保持新鲜、卫生，不可放置时间过长，以当天加工当天用为宜。

（2）与主料配制要突出主料，不可喧宾夺主。

（3）料花型态、色泽要与主料协调一致，不可杂乱无章。

四、常用装饰点缀花形的加工

1. 概念

将经过加工整理的各种装饰花形的烹饪原料，围摆或镶嵌在餐盘的四周或中心位置的操作技法称为装饰点缀花形的加工与运用。装饰点缀花形简称点缀花。制花是加工，摆放是运用。

2. 点缀花的类别

（1）按点缀花餐盘中菜品本身的类别划分，可分为冷菜点缀和热菜点缀两类。

（2）按点缀花在盘中与菜品主体的关系划分，可分为菜品通用点缀花和专用点缀花两类。前者适用于各种菜品的点缀装饰，如点缀花呈苹果型围边可为"拔丝苹果"菜品点缀；后者则是与菜品主体专题相配合的点缀装饰，如"松鹤延年"点缀花可为寿宴菜品点缀装饰，"椰林"点缀花可为椰汁菜品点缀装饰。

（3）按点缀花在餐盘中摆放的位置划分，有边花、角花、中心花三类。

（4）按点缀花在餐盘中摆放的方法划分，有围边点缀和镶嵌点缀两类。

（5）按点缀花雕刻造型类别划分，有平面雕品点缀花和立体雕品点缀花两类。

3. 点缀花的作用

装饰美化是点缀花的主要作用。

（1）点缀花可起到丰富菜品文化品位的作用。"葡萄鱼"配一串葡萄点缀花，文化意境典雅、趣味宜人。"糖醋鲤鱼"配龙门点缀花，其造型寓意鲤鱼跳龙门。"清炒仙人掌"配以寿桃点缀花，其造型有仙人祝寿之意。

（2）点缀花对于乱刀面为主体的菜品可以起到弥补装饰造型不足或不便的作用。所谓乱刀面，是指较碎散（或细小）而不能整齐排列的原料堆放起来所形成的不规则的表面。如"清炒里脊丝"盘内边上点缀一两枝香芹，再配上用胡萝卜片卷成的喇叭花，整个菜品便鲜艳诱人。

（3）点缀花可起到弥补主菜品造型不丰满或不协调的作用。如"龙井鲍鱼"，因鲍鱼数量不多,放在大器皿中显得不丰满,放在小器皿中则显得小气。为了解决这一矛盾,可在菜品中央放一杯晶莹剔透的香浓龙井茶,茶杯四周整齐排列带汁的雅色鲍鱼,周围再摆放一圈精致的围边点缀花,显得十分清新而雅致。

(4)点缀花可起弥补主菜色泽单调或不足的作用。北京名菜"炒三不沾",其形态为圆饼状,色泽金黄,味道香甜,质地柔软,不沾盘、不沾筷、不沾牙。若在金黄色的菜品上摆放一些红色的金糕(京糕、山楂糕)点缀花,如梅花等,此菜可谓是锦上添花;如果将金糕加工成福、寿、庆、喜等字形,此菜则文化氛围突出,品位高雅。

4. 点缀花原料的选用

点缀花所用原料种类很多,一般以色彩鲜艳、具有可塑性的原料为宜。这些原料可单独加工成不同特色的点缀花,也可用两种或两种以上的原料共同制成不同类型的点缀花。

(1)蔬菜类。常用的蔬菜原料有水萝卜(心里美萝卜)、象牙白萝卜、红黄胡萝卜、黄瓜、香菜、芹菜、青笋、菜心、菜叶、红绿辣椒、番茄等。

(2)水果及其制品类,有樱桃、草莓、柠檬、金糕、果脯等。

(3)蛋制品类,有黄蛋糕(以蛋黄制作)、白蛋糕(用蛋清加工)、吊蛋皮(是指以鸡蛋液用锅、勺、铛在文火上摊吊制成的薄薄的蛋液熟制品,呈圆薄饼状,分吊黄蛋皮、吊白蛋皮、吊金蛋皮以及加色素的红蛋皮、绿蛋皮)等。

(4)熟肉制品类,如火腿、香肠等。

5. 点缀花的制法

(1)常用的刀法,有切、剁、旋、削、雕刻等。

(2)常用的手法,有卷、叠、嵌、串穿、插、摆等。

(3)具体制法

1)平面型点缀花,其内容和方法与配料花基本相同。

2)立体型点缀花,分雕刻法和插花法两种。雕刻法在雕刻章节讲述。插花法是将原料切成薄片,卷或叠制后用牙签插成不同形态的造型点缀花,如月季、牡丹等。

6. 点缀花的摆放方法

(1)非对称点缀摆放法。有局部点缀和半围点缀两种方法。

1)局部点缀摆放法是将点缀花摆放在餐盘边上适当部位的点缀方法。如"大丽花"摆在"糖醋鲤鱼"的鱼头前部。这种点缀花又称为角花。角花可弥补菜品因本身造型导致的不协调状况。局部点缀花多用于整料成品菜肴的装饰,如"八宝葫芦鸭"旁边配上一朵食雕的心里美萝卜牡丹点缀花,可显得雍容华贵。局部点缀花的摆放虽是不对称的,但协调、随意、简洁、明快。

局部点缀花的实例有"月季花""大丽花""剑状瓣菊花""万年青花""玫瑰花"等。

2）半围点缀摆放法是在餐盘的一边将点缀花拼制摆放成半圆状的点缀方法。这种点缀花又称为边花。摆放时不对称，但要协调；要掌握好盛装菜品与点缀花的分量、形态与色彩的搭配。如"水草"点缀应放在"清蒸鱼"的鱼腹下的鱼盘边上，而不是鱼背上方。

半围点缀花的实例有组合燕尾点缀花、水草边花、蛋白喇叭边花、椰树边花、葡萄边花等。

（2）对称点缀摆放法。此法包括单对称点缀、双对称点缀、多对称点缀等法。

1）单对称点缀摆放法是在菜品餐盘的两边同样摆上大小一致、色彩相同、形态对称的点缀花的点缀方法。这种点缀花也称对称角花或对称边花。前者多为立体雕花；后者外观、造型都一样，区别就是角度不同。单对称点缀摆放法特点是协调、对称，如将边花放在鱼盘的两边，将角花放在鱼盘的两端。

单对称点缀花的实例有对称雀尾边花、对称金鱼边花、对称菊花角花、对称孔雀角花等。

2）双对称点缀摆放法就是在菜品餐盘的四方摆上两组对称点缀花的点缀方法。摆放的位置正好在餐盘的东西南北四方，四方点缀花的距离相等。两组点缀花可完全一致，也可不一致，但两组之间的搭配要协调。

3）多边对称点缀摆放法是在菜品餐盘摆上三组或三组以上的对称点缀花的点缀方法。原理同双对称点缀摆放法。实质上，此法属围边摆放中的间隔散摆式，它们之间的距离相等，多用小花、小草、小型象形动物点缀摆放，如红绿樱桃交错围摆。

（3）全围点缀摆放法。此法是常见的点缀摆法，是用不同造型的点缀花将菜品围在其中的点缀方法。这种点缀花又称围花，要求围得整齐、美观。围边花有复杂的花环造型和简单的围法点缀。

全围点缀的实例有向日葵围花、牵牛围花、松叶围花、葫芦围花、鸟羽围花、葱叶兰花围花、小动物象形围花等。

（4）中心点缀花摆放法。此法是将点缀花摆放在菜品中围起来或点缀在菜品中间的顶面上的点缀方法。这种点缀花又称中心花。复杂式的多为食品雕刻，或拼摆成花卉、宝塔、花瓶等。简单式的就是在菜品顶面中心放上一个点缀物，如冷菜"金糕拌梨丝"，最下面的一层是梨丝，上面是金糕丝，再上面为少量白糖，白糖的顶面上可放上一粒樱桃加以点缀。

7. 点缀花运用注意事项

菜肴点缀形式活泼，手段多样。点缀物可以是平面雕品，也可以是立体雕品；可放在盘的外围、中间、两侧或嵌于造型中央。但不论进行怎样的点缀，都不能违背美的造型规律，点缀造型要求和谐素雅。

（1）不宜用有花纹、图案、色泽较深的青花瓷盘、盆，以及红绿万寿无疆或红绿百花等图案的盘、盆，因为在深色的花边上再加点缀围边，难以显示它的效果，且有架床叠屋之感。

（2）不可喧宾夺主。点缀花与菜肴比例要恰当，色要协调、形应相宜、均衡对称，不能喧宾夺主、弄巧成拙。

（3）不可混杂。点缀花要突出菜品主题。

（4）注意卫生。点缀花大部分是生菜、冷菜，制作时原料要洗净、消毒，防止污染主菜。

第二节 配 菜（二）

一、配菜的基本作用

1. 确定菜品的花色品种

丰富多彩的菜肴品种主要是通过变换手法和巧妙配合而实现的，合理的配菜可以形成众多的菜品花色品种。

2. 确定菜品的营养成分

科学的饮食，关键在于对营养科学的重视。不同的原料品种具有不同的营养物质，在配菜阶段就要使菜品中的营养物质能够定性、定量，起到良好互补作用，从而确定菜品的营养价值。

3. 确定菜品的口味特点

菜品的口味是由烹调原料中主料、配料、调料的本味相互作用、相互融合而形成的，每一种原料的滋味都会影响到菜品的总体口味。配菜可使各种原料的口味得到适当的配合，主料的本味不佳可通过配料、调料的作用给以减弱降低，主料的本味良好可通过配料、调料的作用得以衬托保持，主料的本味较弱可通过配料、调料的作用予以加强提高。

4. 确定菜品的基本色泽

菜品质量中的重要因素之一，就是菜品外观的颜色。自然品质的原料有着自然的

色泽,通过原料之间的颜色搭配,可以使得原料之间的固有色相互协调,并产生和谐的美感。

5. 确定原料的外观形态

原料的切割成形以及其他合理的造型手法,可使菜品中的原料形态得到确定,从而使原料的大小、形状、比例等达到协调一致。

6. 确定菜肴的费用成本

配菜的重要工作之一就是要做到精打细算,通过提高原料的使用率,把握各种原料的成本,认真确定每一份菜肴的单位成本,加强成本核算,以降低经营的成本费用。

7. 确定菜肴的盛装器皿

在进行配菜的过程中,要根据原料的具体品种、菜肴成品的基本特征,选择与其形状、大小、色彩相适应的盛装器皿。

8. 确定菜肴的规格档次

不同性质、不同品质、不同档次的原料,在配菜时要注意菜品中原料之间规格档次的相互一致。通过配菜可确定菜品的规格标准。

9. 确定菜肴的分量、数量

配菜一定要有数量标准的观念,要定量配菜。配一份菜品或配一整套菜品,一定要掌握好原料品种的数量,以及原料品种的重量,以免造成不必要的浪费,或缺斤短两欺骗顾客。

二、配菜的方法

1. 单一主料的配菜方法

单一主料的配菜,由于只有一种原料而没有其他辅料的衬托装饰,所以更要注意原料的成形方法,通过巧妙合理的刀工造型使原料的形态美观协调。因此,要讲究刀工和拼摆造型,并且要将调味料与菜品灵活地组合在一起。此类菜例如"扒肉条"等。

2. 主辅原料的配菜方法

在有主料、辅料的情况下,要明确强调主料、辅料之间的关系,绝不能喧宾夺主,要分清主次,要突出主料的地位和作用。在主料与配料的重量比例上最好不要低于二比一。此类菜例如"宫保鸡丁""干烧鱼"等。

3. 混合式的配菜方法

混合式配菜指菜肴主要原料品种为两种或两种以上,而且没有明确的主次关系,原料之间的重量比例基本一致。此类菜例如"烧二冬""扒三白""扒素什锦"等。

三、配菜过程基本造型方法

菜肴造型就是将加工整理后的原料,通过合理巧妙的成形方法和加工手法,塑造出完整统一、和谐美丽的形态。菜肴造型是配菜加工过程中的主要内容,是技术、艺术、文化在配菜加工过程中的完美结合。在配菜过程中经常用的造型方法如下。

1. 包裹法

包裹法是选用韧性较强、适宜加热的食物原料或其他材料作为外皮,将主要原料包裹成一定形态的造型方法。常用的食物原料外皮有江米纸、腐皮、猪网油、鸡蛋皮、清酥面皮、精瘦肉、鸡胸肉、鸡皮、白菜叶等。其他材料有锡纸、玻璃纸、保鲜膜、竹叶、芭蕉叶、荷叶、油纸等。包裹成的形态有圆球状、圆饼状、方形、长方形、圆柱形、三角形、象形等。通过加热定型制成菜品。此类菜例如"玻璃纸包虾""威化海鲜卷""荷叶粉蒸肉""美味叫花鸡""密制盐焗鸡"等。

2. 卷制法

卷制法是将加工成片状的主要原料,直接卷成圈筒状或包卷其他原料后卷成圆筒状,再固定形态的加工方法。固定形态常常采用粘接、捆扎、包卷等方法。此类菜例如"糯米鸡卷""三丝鳜鱼卷""凤尾虾卷""金菇牛肉卷""香肠鸡卷"等。

3. 捆扎法

捆扎法是将加工成条状的原料,用有韧性的原料经过一束束的捆扎处理固定形态的加工方法。用于捆扎的原料主要有雪菜、海带、苔干菜、鸡蛋皮等。此类菜例如"柴把火腿鸭子""玉带鸭子"等。

4. 茸塑法

茸塑法就是将加工成泥茸状的原料,采用挤、团在水中煮制加热定型,或使用模具利用加热制熟、冷凝成形的加工方法。此类菜例如"清汤鱼丸""扒三文鱼糕""脆皮炸鲜奶"等。

5. 叠合法

叠合法是将加工成一定形状的原料,用泥茸状的原料相互粘贴在一起而成为一个完整形态的加工方法。此类菜例如"锅贴虾""罗汉大虾""桃仁香酥鸭""珍珠丸子"等。

6. 穿制法

穿制法是将加工成形的原料,用木竹签或金属签子穿制成串状的加工方法。此类菜例如"蔬菜鸡肉串""金钱叉烧串""煎烹牛肉串"等。

7. 排列法

排列法是将加工成形的原料，按照一定的成形要求均匀整齐地排列定型的加工方法。此类菜例如"金华玉树鸡""麒麟三加鱼""葵花鸭子"等。

8. 扣制法

扣制法是将加工成形的原料，在一个容器内按照一定的成形要求均匀整齐地排列定型，然后反扣在盛器中的加工方法。此类菜例如"梅菜扣肉""干蒸湘莲""虎皮扣肉"等。

9. 填瓤（酿）法

填瓤法就是将一种加工成形的原料，填放在另一种原料的空隙之中。此类菜例如"百花瓤（酿）凉瓜""海皇冬瓜盅""八宝葫芦鸭""八珍豆腐盒""瓤（酿）肉面筋"等。

第十章

菜肴制作工艺基础（二）

第一节　烹调过程中的热传递

一、热量与热源

1. 热量

在温度不同的物体间，热量总是由高温物体向低温物体传递。热量传递是能量转移的一种方式。

2. 烹调工艺中的热源

（1）固体燃料。固体燃料有煤、木炭、石蜡、木柴、焦炭等。

（2）气体燃料。气体燃料有天然气、液化石油气、沼气、煤气等。

（3）液体燃料。液体燃料有煤油、柴油、工业酒精等。

（4）电能。电能有直接用电加热、微波加热、远红外线加热等。

二、热传递与热传递的方式

1. 热传递

热传递又称导热、传热，是物质系统内的热量转移过程，主要通过热传导、对流和热辐射方式来实现。

2. 热传递的方式

热传递的方式有传导传热、对流传热和热辐射传热。

（1）传导传热。传导传热是热传递的一种基本方式，也是固体热传递的主要形式。热从物体温度较高的部分沿着物体传到温度较低的部分。物质分子受热后加速运动，分子之间相互撞击加剧，在碰撞过程中能量较高的分子把部分能量传给能量较低的分子，直至达到能量平衡为止。烹调工艺中将热能通过厨具、器具（锅、勺、铛、石板、铁板等）和其他物料（食盐、沙子、石头等）直接或间接传热给烹饪原料的方法主要就是利用传导传热的方式。不同物质热传导性能也不相同，金属的热传导性能较好，所以常用金属作为烹调工艺的各种加热器具。而石棉则是良好的绝热材料，因此常作为烹调工艺加热装置设备上的防火、防烫、隔热的安全材料。

（2）对流传热。对流传热是靠液体或者气体的流动来传递热的方式。对流传热的原理是，物质分子受热膨胀，能量较高的分子流动到能量较低的分子处，直到达到能量平衡为止。对流传热传递方式仅限于气体和液体这样可以流动的物质。烹调工艺中，将热能通过汽蒸、隔水炖、水煮（焯、氽、涮）、油炸（滑）等的烹调技法作用于烹饪原料的加热方法主要就是利用对流传热的方式。

（3）热辐射传热。物体因自身的温度而以电磁波辐射的形式发射能量，温度越高，热辐射越强，主要是不可见的红外线和较强的可见光。热辐射是以光速把热量从一个物体沿直线直接传给另一个物体。烹调工艺中，直接用火烧烤主要就是利用热辐射传热的方式，如挂炉烤鸭、烧鹅等。

3. 热传递方式之间的关系

热传递的几种方式，在烹制原料的过程中往往是连续性的、滚动式的、同时进行的。

（1）水煮法热传递方式的滚动流程。热源→辐射传热→锅外壁→传导传热→锅内壁→传导传热→锅中冷水→对流传热→锅中热水→对流换热→水中原料→达到预期效果。

（2）对流换热概念。液体（水或油）或气体（蒸汽）在锅中与固体（原料）接触，在加热时，它们之间的热传递关系是热量交换。传热过程不单单有液体或气体本身的对流传热，同时也有液（气）体对固体的传导传热作用。这种传导传热和对流传热同时进行的方式，在物理学热学上称为对流换热，或者称放热和吸热。这种对流换热的方式，在烹调工艺中是经常被利用的。

三、热传递媒介与传热阶段

1. 热传递媒介的概念

热传递媒介又称传热媒介或传热介质,在烹饪工艺中是指从热源至烹饪原料传热过程中的传热介质,其中也包括烹饪原料自身。

2. 传热媒介的类别

(1)以空气为热传递媒介,主要用于对流传热。通过把热传给空气,使之成为热空气,并与冷空气形成对流,在此过程中把热传给烹饪原料。原料多放置于热气上升的位置,如挂炉烤鸭主要是利用空气传热烤制的,在正常条件下,温度最高可达300 ℃,一般也在200 ℃以上,同时具有强烈的热辐射传热。在烹调工艺中,利用空气对流方式烤制原料又分为两种,一种是敞开式,以火焰或热气直接熏烤食物,如烤肉串,涨发中的烤燎工序等;另一种是与火隔离,以封闭的热空气加热食物,如"焖炉烤鸭""烤方""叉烧肉"等。

(2)以蒸汽为热传递媒介,主要是在密封的条件下,以对流的方式进行传热。常压下蒸汽的温度是100 ℃,在密封的状态下,由于蒸汽密度的加大,可使温度上升到100 ℃以上,甚至可达130 ℃。蒸汽有很强的穿透作用,能保持烹调原料的形态口味和营养。在烹调工艺中,蒸、隔水炖法用此方式。

(3)以水为热传递媒介,主要是以对流的方式进行传热。常压下水的最高温度为100 ℃,这也是水的沸点。在烹调工艺中,煮、炖、汆等用此方式。

(4)以油为热传递媒介,主要是以对流的方式进行传热。油是原料中的调料,在调香味的同时,又起着传递媒介的作用。食用油的导热性好,储热性能强,导热迅速,油脂在加热时可将原料紧紧包围起来,形成均匀的温度场,使原料迅速加热成熟。一般食用油的燃点是300 ℃。正常情况下,植物油高温可达170~190 ℃,动物油高温可达190~210 ℃。在烹调工艺中,炸、煎等用此方式。

(5)以其他物质为热传递媒介。在烹调加热过程中,也经常使用某些固体物质作为传热媒介,如盐粒、沙子、石头等,这些固体物质的传热性能不如水、油和蒸汽,储热性能较差,它们只能依靠传导的方式进行传热。在烹调工艺中,盐焗法、盐发干货、石烹等用此方式。各种金属、陶制、木制、竹制的烹调加热器具在烹调过程中也起着热传递媒介的作用,但一般不把它们划在热传递媒介中,而是称它们为烹调加热器具。

3. 烹饪过程中的传热阶段

在烹调工艺中，从热源传热至烹饪原料的全过程中，往往不只是一种传热方式，而是常常相互交织在一起，传热媒介具有多样性，烹饪过程中还有不同的传热阶段。

（1）单一阶段的热传递媒介，指的是从热源传热到烹饪原料，全过程只用一种热传递媒介。如烧烤法，从热源传热至烹饪原料，传热方式主要是通过辐射，热传递媒介是空气。

（2）两个阶段的热传递媒介。第一阶段从热源辐射传热到烹调器具（锅、铛、石板、铁板、竹筒等），这一阶段热传递媒介是空气。第二阶段热能通过烹调器具传热使原料加热，如烤焙花椒、河北水乡风味"锅包鱼"、云南少数民族风味的"竹筒饭""竹筒肉"等，在这一阶段中，烹调器具起了热传递媒介的作用。

（3）三个阶段的热传递媒介。第一阶段同上述方法，空气为该阶段的热传递媒介。第二阶段通过烹调器具（锅、铛等）将热能传导至下一阶段的热传递媒介。第三阶段传热媒介多为蒸汽、水、油、盐粒、沙子、石头等。

第二节　烹调基础汤制作工艺（一）

一、烹调基础汤概述

1. 制汤的意义

汤汁在烹调中用途非常广泛，广义上的汤包括两大类别，一类是指烹调中的成品汤羹，如餐前餐后这一类直接上桌食用的汤；另一类则是作为烹调菜品过程中使用的调味性能汤汁，一般不直接食用。

世界各国的烹调师都十分重视烹调基础汤的制作，而且对汤的质量要求、标准都有具体的规定，它是衡量餐馆、饭店烹饪水平的标准之一。如法国烹调师善制牛骨汤、牛肉汤和海鲜汤等，日本烹调师喜做木鱼花清汤和酱汤等。他们都把是否能调制出鲜美的基础用汤作为衡量一个烹调师是否合格，以及他的技术水平高低的一项重要的考核标准。我国也不例外，而且自古以来各个时代都重视烹调基础汤的制作。俗话"唱戏的腔、厨师的汤"就是说，烹调师手艺高不高，看他能不能调制出味美适口的鲜汤。现在在实践中，虽然有味精、鸡精等增鲜剂，但是味精、鸡精的鲜味不能达到汤汁鲜味醇正浓厚的完美程度，同时也缺乏对菜品原料的渗透和衬托味美的功能。

2. 烹调基础汤的概念

烹调基础汤就是在烹制菜品过程中，作为基础调味原料使用的汤汁。在烹调菜品过程中，将经过加工整理的动物性或植物性的新鲜原料，放入适量的水中，经过一定时间的加热处理，使其富含的蛋白质、脂肪等各种营养物质和鲜味物质充分溶于水中，成为鲜美的浓厚汤汁，这一方法称为制汤。

3. 烹调基础汤的作用

（1）烹调基础汤对于大多数新鲜的烹饪原料，在制作菜品过程中起着调味提鲜的作用，使原料进一步增味，使滋味鲜美的原料更加鲜美。

（2）烹调基础汤对于本身滋味较差的烹饪原料起着增加鲜美滋味的作用。基础汤是山珍海味赖以增味提鲜的重要调味原料，如海参、鱼翅都需要好汤的调理，以助其味。"菜品烹调好，汤是宝中宝"，汤是制作各种菜品不可缺少的鲜味剂。

二、烹调基础汤的种类和用料

1. 烹调基础汤的类别

（1）按汤汁的品质层次划分有普通汤和高级汤（精致汤）两类。

（2）按汤汁的用料划分有动物性原料汤（荤汤）和植物性原料汤（素汤）两类。动物性原料汤有鸡汤、鸭汤、鱼汤、牛肉汤、猪肉汤、海鲜汤等；也有上述原料混合制作的汤汁，如鸡肉与牛肉合制的混合汤、鸡肉与猪肘子合制的混合汤等。植物性原料汤有海带汤、蘑菇汤、黄豆芽汤、豆腐皮汤等。

（3）按汤汁的色泽划分有白汤和清汤两类。其中白汤又有普通白汤和高级白汤之分，清汤又有普通清汤和高级清汤之别。

2. 普通烹调汤用料要求

最简单的普通汤称为毛汤，其用料比较简单随意，不同的餐馆选料有所不同，一般凡属新鲜的动物性原料均可使用。有单用一种原料的，也有混合使用的，如原料有鸡肉、鸡骨、鸭肉、鸭骨、牛肉、牛骨、猪肉、猪骨、鱼肉、鱼骨等；而较为规范的普通汤，是用鸡肉与肘子或鸡肉与牛肉原料制成的。就追求本味而言，以单一原料的汤为最佳制品，如鸡汤等。

三、普通烹调汤的制法

1. 普通清汤制法

（1）制汤原料。准备清水 20 kg、净老母鸡（柴鸡）2.5 kg、鲜猪肘或鲜瘦牛肉 2.5 kg、猪膀骨 2 kg。

（2）制汤过程

1）将老母鸡去掉鸡头，与猪肘、猪膀骨一同用清水洗净，作为汤料备用。

2）锅中放入清水和汤料，用大火将汤迅速烧开，撇尽浮沫，而后改用小火用微开法煮制，加热 3 小时左右，煮至汤汁澄清，汤味鲜醇，捞出汤料，过滤汤汁即可作烹调汤使用。

3）出汤量为 10~15 kg。

4）适用范围。普通清汤适用于一般烧、扒、烩以及汤菜的烹调。

2. 普通白汤（奶汤）的制法

（1）制汤原料。准备清水 20 kg、净老母鸡 2.5 kg、鲜猪排骨 2.5 kg、猪膀骨 2 kg。

（2）制汤过程

1）将老母鸡去掉鸡头，与猪排骨、猪膀骨一同用清水洗净后作为汤料备用。

2）将锅中加入清水和汤料，用大火将汤迅速烧开，撇去浮沫，用大火将汤烧滚呈白色后加盖，用中火煮制近 2 小时至汤味浓香、色泽浓白时捞出汤料，过滤汤汁即可作烹调汤使用。

3）出汤量约为 10 kg。

4）适用范围。普通白汤适用于一般烧、燽、烹炒、白烩以及奶汤菜的烹调。

四、制汤的基本要求

1. 水质要纯净。从营养角度讲，要用开水制汤，因自来水中含有氯，其在消毒杀菌的同时，也会将肉中的维生素 B_1 破坏掉，使肉失去一部分营养素。若用开水，一则卫生，水中的细菌明显减少，二则自来水中的氯已转化为气体蒸发掉，可以保护肉中的维生素 B_1。

2. 煮汤用的容器以铁锅、不锈钢锅、砂锅为好，不宜使用铝锅、铜锅等器具。

3. 汤中不宜加含盐的调味料和火腿、咸肉等，否则会使蛋白质变性凝固影响汤汁质量。

4. 煮汤若用冷水下锅，一定要旺火速开，否则肉中渗出的血沫沉在锅底，会致使锅糊底，使汤味变酸、变苦，蛋白质过分变性，会产生不良气味。

5. 煮汤时间不宜过长，否则会导致氨基酸氧化，使氨基酸进一步变性，汤的风味随之降低。

6. 煮汤最好是当天现制现用，不宜隔日使用，以保持汤质新鲜。

7. 选用营养丰富鲜味充足的原料。

8. 动物性原料一般需要进行水焯热处理加工。

第三节　芡汁增稠处理

一、汁的概念

用于菜品调味，并可直接食用的或者在烹调过程中加入的以调味料为主兑制的液体调料统称为汁，此外业内习惯将原料在加热过程渗出的汁液也称为汁。直接配合菜品食用的汁称佐餐调料汁、调味料汁等。而在烹调过程中加入的配制汁为预备调味汁又称碗汁。汁的突出特点是本身不含淀粉。

二、汁的种类

1. 汁的用途种类

（1）配合菜品调味，可直接食用的佐餐调料汁，按菜品冷热度可分为冷菜调料汁和热菜调料汁两种类型。直接食用的调料汁用于加热后的调味，属辅助调味、补充调味，其调味方式属合成式调味。用于冷菜的调料汁可随冷菜佐食，可蘸食或拌食，如芥末汁、蒜泥汁、红油汁等。用于热菜的调料汁也可随菜品佐食、蘸食，如炸菜可配蒜泥汁、果茶汁、柠檬汁、鱼香汁等，爆炒菜中的"油爆肚仁"可蘸食虾油汁，蒸菜中的"清蒸鳜鱼"可蘸食姜米醋汁等。

（2）用于热菜菜品的预备调味汁，这种汁用于加热中的调味。调味方式也是合成式的调味，以清汁居多，如"芫爆里脊""芫爆鸡丝"用的清汁。

2. 汁的味型种类

汁的味型种类可以归纳为咸鲜汁、咸甜汁、甜酸汁、辛辣汁、麻辣汁、蒜泥汁、姜醋汁、酸香汁、鱼香汁、怪味汁、家常汁、涮肉汁等。

3. 汁的色泽种类

汁的色泽常见的有红色、黄色、绿色、本色（如清汁）、白色、黑色等。

三、芡的概念

1. 芡的定义

在菜品（包括汤羹）的烹调过程中，在汤汁中加入的水淀粉称为芡。此外，水淀粉与调味品在器皿中（碗中）兑制的芡称为未成熟的芡，又称碗芡、碗芡汁、碗汁芡、兑汁芡等。

2. 施（勾）芡的概念

施（勾）芡是指在菜品的烹调过程中，在烹饪原料即将成熟或者已经成熟时，放入芡汁（粉汁），以增加汤汁的黏稠度，提高汤汁对原料的附着力的烹调操作技法。广东俗称打芡，江南有的地区称为着腻。施（勾）芡的原理就是利用淀粉糊化作用产生的透明胶体物质，达到菜品增稠的效果。

3. 芡的三要素

芡的三要素是配芡、施芡和芡型。配芡是条件，施芡是方法，芡型是目的。

四、施（勾）芡的作用

1. 增强菜品汤汁的黏性和浓度，增加菜肴的口味和口感

在旺火短时间的烹制调味过程中，调味品的呈味物质很难渗透到烹饪原料内部，施（勾）芡可使汤汁黏稠度增大而附在原料的外部，食用时能更好地感到菜品鲜美嫩滑的滋味。用烧、扒等小火长时间加热的菜品，烹制过程中形成的汤汁滋味鲜美，经施（勾）芡更加丰富了菜品的口味和口感。

2. 丰富菜品的色泽和形态

经施（勾）芡处理，原料被有黏性且有光泽的糊化层包裹，成形圆润饱满，色泽光洁明亮。

3. 保持菜品的温度

经施（勾）芡处理，烹饪原料的表面被有黏性而透气性差的淀粉糊化层所覆盖，

可降低菜品散发热量的速度,从而可以达到保持菜品温度的作用。

五、芡汁原料的种类

1. 水淀粉(单纯水粉芡)

水淀粉是芡汁的主要原料,它是由水和淀粉调和而成的。其方法是将淀粉充分溶解于水中,不能含有粉粒和杂质,要调和均匀,达到恰当的稀稠度以便于施芡。

2. 兑汁芡

兑汁芡就是把所需用的调料和水淀粉放在器皿中兑制,多放于碗中,属未成熟的芡。兑汁芡也称加调料的水粉芡。兑汁芡多用于炒、爆、熘等旺火速成的烹调方法。其运用方法是,根据菜品的口味、口感要求,将所需用的调料和水淀粉按比例准确地投放在碗中成为兑汁芡。当菜品烹调接近成熟时,适时地将调好的兑汁芡投入锅(勺)中,用拌芡的操作技法快速翻拌起锅,使芡汁均匀地包裹于主料上。

六、芡汁的色泽种类

1. 红色芡汁

红色芡汁中常见的有鲜红色芡汁(如"松鼠鳜鱼"用的芡汁),淡红色芡汁(如古代宫廷菜的"抓炒鱼片""抓炒虾仁""抓炒腰花""抓炒里脊"用的芡汁),枣红色芡汁(如"扒炉鸭"用的芡汁),淡茶色芡汁(如"扒鲍鱼龙须菜""烩乌鱼蛋"用的芡汁),酱红色芡汁(如川菜"京酱肉丝"用的芡汁)等。

2. 黄色芡汁

黄色芡汁常见的有金黄色芡汁(如"咖喱烧鱼""咖喱牛肉""咖喱鸡"的芡汁)和柠檬黄色芡汁(如"柠檬鸡块""柠檬松鼠鳜鱼"的芡汁)等。

3. 绿色芡汁

绿色芡汁多用于绿色菜品,如"翡翠鱼肚""翡翠虾仁"等。

4. 本色芡汁

本色芡汁即无色芡汁,如"绣球干贝""蜜汁三泥"用的芡汁。

5. 白色芡汁

白色芡汁分为两种类型,一类是奶汤色芡汁,其代表菜品有"扒白菜""扒龙须菜""奶汤扒鱼肚"等,另一类为奶白色芡汁,其代表菜品有"滑熘里脊木须""奶扒鱼片""烩银丝"等。

6. 黑色芡汁

黑色芡汁多用于豉汁菜品或黑胡椒汁菜品，如"豉汁鸡球""豉汁烧鳝段"等。

七、芡汁的成品（芡型）种类

芡汁按其稀稠度不同可分为厚芡（浓芡）和薄芡两种类型。按其软硬度不同可分为硬芡和软芡两种类型。按其宽窄度不同可分为宽汁大芡、窄芡、藏芡三种类型。藏芡又可分为两类：其一是菜品标准中本无芡，但为了增加菜品色泽的明亮度以及保持成品不松散，在菜品中适度施以微量芡汁，如"滑炒里脊丝""炒冬笋里脊丝"等；其二是将芡汁藏于原料中，上锅炒制、烩制，如"鸡粥烩鲜莲子""熘黄菜"等。芡汁的成品标准为芡汁均匀，浓度适宜，突出菜品特点。从实践角度及模块式培训教学方法来讲，可将芡汁成品种类划分为以下四个类型。

1. 抱汁芡

抱汁芡又名油爆芡、油爆汁、抱汁，多用于油爆菜、爆炒菜等烹调方法。

抱汁芡成品标准是芡汁量最少、芡汁包裹于原料上，明汁亮芡，菜肴用完盘底无芡汁。代表菜品有"油爆双脆""鸡里蹦""炸烹子蟹"等。

2. 硬流芡

硬流芡又名烧扒芡，多用于烧扒菜等烹调方法。

硬流芡成品标准是芡汁浓度以汤汁和原料能融合在一起为度，明汁亮芡，成品入盘可有少量芡汁滑入盘中，食之柔软滑嫩。代表菜品有"葱烧海参""红松羊肉""扒鲍龙须菜""白扒鱼肚"等。

3. 软流芡

软流芡又名烩熘芡、熘烩芡，多用于烩菜、熘菜等烹调方法。

软流芡成品标准是芡汁与主料交融并呈流态状，明汁亮芡，食之利口。

（1）宽汁软流芡。此芡多用于烩菜，菜品有北京宫廷名菜"烩葛仙米""烩银丝""烩虾仁"等。

（2）少汁软流芡。此芡多用于滑熘、焦熘、醋熘、糖熘等烹调方法。它又分为微汁和汁略多两种，其中汁略多的软流芡适用于水熘，炸后、煮后、蒸后的浇汁熘法。无论哪种熘菜，其汁都呈流态状，但必须挂芡于主料上，芡汁的口感滑爽、明汁亮芡。代表菜品有"焦熘鱼片""醋熘肉片加木须""糖熘卷果""松鼠鳜鱼""蜜汁火腿"等。

4. 米汤芡

米汤芡又名羹烩芡，多用于羹汤菜、烩汤菜。烩菜与烩汤菜是两种不同的烩制烹调方法。软流芡的烩为菜类,米汤芡的烩为汤菜类。

米汤芡成品标准是,以奶汤烹制的米汤芡薄而光亮,以清汤烹制的稀而透明。米汤芡总的特点是芡与原料融为一体,但不浓稠,菜肴的质感滑爽。代表菜品有"烩乌鱼蛋""凤凰粟米羹""西湖牛肉羹""木须汤""酸辣豆腐汤"等。

八、施芡方法

施芡方法指的是芡汁运用中的操作技法。芡汁运用的操作技法主要有三种,即拌芡法、挂芡法、勾芡法。一般来说,少量汤汁用的是拌芡法,中量汤汁用的是挂芡法,多量汤汁用的是勾芡法。

1. 拌芡法

拌芡又称烹(碰)芡。采用这种施芡方法,是为了将芡汁均匀地裹覆于原料上。一般炒、爆、烹等烹调方法用此施芡技法。拌芡有两种方式,一是在原料接近成熟时,将兑汁芡倒入锅中,快速颠翻拌炒、烹(碰)芡于原料,使芡汁裹包于原料上;二是将过油的原料炸好捞出,而后将碗芡下入锅中,不断地推炒,待汁芡黏稠时,再投入主料,烹(碰)芡拌炒,使汁芡裹覆在原料上。

2. 挂芡法

将芡汁比喻为"线",通过操作使芡汁与主料"缝合"在一起,传统上称为"纫纤"(纫芡),现多称挂芡。因挂芡使用广泛,人们常常将挂芡作为芡汁操作方法的总称。挂芡又称淋芡,多用于码放整齐的烧扒菜品。使用这种施芡方法,是为了使原料与汤汁更好地调和。一般采用直接挂水淀粉的方法。在原料将熟时,持锅摇晃,用手勺将芡汁缓缓淋入锅内,使芡汁挂在主料上,待芡汁充分挂住主料变浓时即成。这种挂芡方法要点是纫芡均匀,淋挂得法,不能将水淀粉喷入锅中,而是徐徐淋入,技术要求很高。

3. 勾芡法

因勾芡同挂芡一样,使用广泛,人们也常将勾芡作为芡汁操作方法的总称。但是勾芡也只是施芡的一种操作技法。勾芡的操作技法多用于烩菜、熘菜、汤羹菜和浇汁菜以及打卤面的浇头(食用面条时的调味料碗)和小吃豆腐脑的卤汁。汤汁开后,撇去浮沫,将水淀粉淋入锅中,用手勺向一个方向搅动,芡汁成熟即可。其标准是芡汁均匀,明汁亮芡。浓稠度则根据烹调方法而定,或硬或软,或厚或薄。根据菜品要求或勾成烧扒芡汁,或勾成熘烩芡汁,或勾成羹烩芡汁。勾芡用于浇汁法,其工艺程序

是先勾芡汁，再浇芡汁。

九、芡汁运用基本要求

1. 调制芡汁要均匀适度，淀粉在水中充分溶解后使用

调制芡汁，原料比例要适度，以便于勾芡、挂芡为度。

2. 施芡汁一般应在菜品即将成熟时进行

挂勾芡汁时不能在锅中停留过久，否则芡汁会老化，所以不能过早挂勾芡汁。但熘、爆、炒的操作过程非常迅速，如果在菜品已经成熟时才挂勾芡汁，施芡后还要在旺火上翻拌，势必造成菜品受热时间过长而失去脆嫩的口味，所以挂勾芡汁也不能过迟。一般来说，在菜品即将成熟时即可下芡。而浇汁菜则是在主料成熟装入盘的同时勾制芡汁，而后浇在主料上。

3. 挂勾芡汁时锅中汤汁必须适量

挂勾芡汁时锅中的汤汁必须适量，这样烹制出来的菜品才味美。如果汤汁过多，挂勾芡时，就要把汤汁收一下才好；如果汤太少，还要加水才能勾挂芡汁，这两种方法只是补救方法，严格地讲以汤汁投入量准为最佳方法。因此，在制作菜品的全过程中，每一道工序都要认真对待，投料（包括汤水的投料）一定要准，汤入锅时，就要掌握好投放量。这样，待火候到了挂勾芡时，就可以防止汤多撇汤、汤少加汤的现象出现，其菜品质量就有了保证。

4. 挂勾芡汁一般应在菜品的口味、颜色调准后进行

除了用兑汁芡施芡以外，挂勾芡汁一般应在菜品的口味、颜色调准后进行。如果挂勾芡后再加入调料，就不易溶解渗透入味，起不了调味的作用。在挂勾芡后发现颜色过浅或过深也难以再改变。

5. 挂勾芡汁的菜品的油量不宜过多

油量过多，由于油脂的润滑作用会使芡汁粘裹不上原料。

6. 挂勾芡汁时必须汤清、锅开，水淀粉充分糊化后就起锅

这是挂勾芡汁的关键。在挂勾芡汁时，锅开后要将浮沫撇出，这样可使芡汁不混浊。而后徐徐淋入水淀粉，或挂芡，或勾芡，使水淀粉在开水锅中充分糊化至熟。挂勾芡汁一定要稳、准、快，两手动作要有机地配合。因此，开锅挂芡汁尤为重要，否则汁不明、芡不亮，汁芡发污发浑。此外，挂勾芡汁均匀后就要起锅，这样可保持芡汁形成后的最佳状态，使菜品明汁亮芡，滑润爽口。

十、其他增稠处理方法

除了淀粉可用作菜品的增稠剂以外,在中式烹调工艺中,还有其他增稠剂可对菜品进行增稠处理。

1. 面粉增稠剂

面粉增稠剂的制作方法是用油将面粉炒至金黄色,边炒边加入适量的鸡汤或开水,呈稠浓状即可使用,因为面粉中含有大量的淀粉。

2. 麻酱增稠剂

以麻酱作增稠剂代替淀粉,已演变出许多名菜,如"麻酱海参""麻酱紫鲍"等。其制作技法是将麻酱用油澥开,不可用水。

第四节 调 味(二)

一、调味的意义

调味的意义首先在于丰富菜品的属性。菜品的属性是色、香、味、形、器、质以及营养卫生,而调味则丰富了菜品最本质的属性,即香气、滋味和质地。其次,可以增强菜品的刺激能力,增进食欲。再次,能够增加菜品的内在美。菜品的外在美是色、形、器,而内在美则是香、味、质,调味的意义就在于增加菜品的内在美。最后,可以提高菜品的经济价值。

二、调味的三要素

1. 调味料品是调味的主要条件

调味的物质条件包括调味过程中所用的炊灶器具和以调料为中心的各种原料,即菜品的原料组合。在菜品的主料、配料、调料三大组织结构中,调味的主要物质条件就是调料,只有将调料与主料、配料用调味的手段有机地配合进行加工,才能达到调味的目的。

2. 调味的方法与方式是调味的手段

要想达到调味的预期目的，除了物质条件以外，另一个重要因素就是手段，即调味的方法与方式。按调料投放时序划分，有主料加热前调味、加热中调味和加热后调味三大调味方法。按调味料投放的方式划分，有合成式、递增式和复合式三种调味方式。从理化角度分析，有对流调味、扩散调味、渗透调味和化学分解调味等类型。

3. 味型是调味的目的

味型就是味道的类型，是菜点所要达到的基本标准，是制作菜点调理滋味的目的之一，是食者的需求标准之一，总之是调味预定的标准。

三、常用调味品

1. 常用调味品的作用与鉴别

（1）食盐的特点与作用。食盐为无机物，溶于水，吸湿性强，容易发生潮解或结块现象，以色白、结晶小、疏松、咸味醇正者为佳。食盐在烹调中不仅起到调味定味、提鲜和解腻的作用，还可以利用其渗透压及杀菌的能力对原料进行码味（指原料加热前的调味）、除异味、防腐、腌制等。食盐能增加面筋质的韧性，具有增白作用，能吸水，可增加馅心、茸丸的拉力。食盐广泛用于菜品、面点、小吃等的制作。

（2）白糖的作用与鉴别。白糖是由甜菜和甘蔗糖汁加工提纯后制成的。其甜度适中，色白味正，溶化较快。在烹调中可使菜品甜美，有提鲜、和味及去腥、解腻的作用；制成糖色，可增添菜品色泽；对部分面食制品可起松、嫩、软的作用；此外还有增白作用。在使用保管中，应注意防潮，避免高温，防止白糖溶化或结块。白糖以色白发亮、质微干、味甜、晶粒均匀、不潮、不粘手、不结块、无异味者为佳。

（3）食醋的作用与鉴别。食醋在烹调中主要起着增加鲜美味、香味和酸味的作用，是调制酸辣、鱼香、甜酸、荔枝等味型的重要调料，有去腥解腻、抑制和杀灭细菌以及除异味的功能，能保护维生素C在加热中少受破坏或不受破坏，可溶解植物纤维及鱼肉骨刺，促进食物中的钙质分解而提高钙、磷的吸收率。醋的鉴别标准以酸味醇正、香味浓郁、颜色浓而鲜丽、汁液清亮者为佳。

（4）黄酒的作用与鉴别。黄酒中的醇类物质能与有机酸在加热过程中结合成芳香的酯类化合物而产生诱人的香气。黄酒能去腥解腻，补味增香；还能帮助渗透，杀菌防腐。黄酒的颜色一般为淡黄色、清澈、有透明感。储存时间越长，颜色越深，质量就越好。黄酒应在阴凉通风处保存，并盖好盖。黄酒开瓮后不宜久存。

（5）油的作用与鉴别。油是良好的传热介质，有调味的作用，可使菜品增香、增味，并去腥、去膻。油可使菜品增加色泽，具有保鲜、起酥的作用。油在烹调时可防止原料粘锅或互相粘连。油的品种繁杂，一般可根据油的色泽、透明度、气味、口味来鉴别。如香油（芝麻油）含有芝麻酚，有抗氧化作用，不易酸败，以色泽呈红褐色、香气浓郁者为佳。

（6）葱、姜、蒜的作用。葱、姜、蒜均含有辛辣芳香的物质，并有杀菌、消毒的作用。三者在烹调过程中都有调味的作用，可使菜品除去异味、增补香味、去腥解腻。三者在烹调后均可促进食欲、开胃、健胃。葱、蒜在素菜中属于植物性荤料，在佛教、道教菜品中一般不使用。

（7）淀粉的作用。在烹调工艺中，淀粉分为干淀粉、湿淀粉和水淀粉三种，作用各不相同。干淀粉用于滚粉着衣工艺；湿淀粉用于上浆和挂糊着衣工艺；水淀粉用于挂勾芡汁工艺。淀粉的不同形态均能增强菜品的感观性能，提高菜品的滋味，保持菜品的质感。

2. 调味品的保管

储存调味品的环境温度不宜过高或过低，湿度不宜太潮或太干。有些调味品不宜多接触日光和空气。调味品一般不宜久存。需要事先加工的调味品不要一次加工太多，以免变质浪费。

四、复合味型的种类

复合调料兑制加工时，除了遵循一定的质量标准、一定的口味要求外，应该根据烹调原料的基本性质、调料的基本性质、季节的变化、食者的口味要求，以及产品规格品种等诸多因素进行复合味型的设计，合理地选用适当的调料完成兑制工作。复合味调料兑制应体现出时代气息，敢于推陈出新，兑制出适应性更加广泛的美味。

1. 以甜味为主的味型

以甜味为主的味型有甜酸味型、甜辣味型、甜咸味型、甜鲜味型、甜香味型、果汁味型（茄汁味型）、椰奶味型、甜酱香味型、纯甜味型等。

2. 以咸味为主的味型

以咸味为主的味型有咸甜味型、咸辣味型、咸酸味型、咸鲜味型、咸香味

型、咸苦味型、咸麻味型、酱香味型、葱酱味型、腐乳味型、虾子味型、蟹子味型等。

3. 以酸味为主的味型

以酸味为主的味型有酸甜味型、酸咸味型、酸辣味型、酸鲜味型、酸香味型、酸涩味型、豆汁味型、柠檬味型、青柠味型等。

4. 以辣味为主的味型

以辣味为主的味型有辣甜味型、辣咸味型、辣酸味型、辣香味型、辣鲜味型、芥末味型、红油味型、咖喱味型、姜汁味型、蒜泥味型、麻辣味型等。

5. 以苦味为主的味型

以苦味为主的味型有苦香味型、苦鲜味型等。

6. 以香味为主的味型

以香味为主的味型有香甜味型、香咸味型、香辣味型、香酸味型、葱香味型、蒜香味型、酒香味型、花卉香味型、茶香味型、果香味型、奶香味型等。

7. 以鲜味为主的味型

以鲜味为主的味型有鲜咸味型、鲜香味型、鲜汤味型、鲜果味型等。

8. 其他复合味型

其他复合味型有怪味味型、鱼香味型、家常味型、醋椒味型、芝麻味型、酱爆味型、豉汁味型、柱侯味型、鱼香味型、陈皮味型、五香味型、九香味型、十三香味型、涮肉味型、沙茶味型、臭豆腐味型、椒麻味型等。

五、常用复合调料的兑制

1. 复合调料的意义

在烹调过程中，为了加快菜肴的烹调速度，准确把握菜肴统一的质量标准，提高规范化、标准化、科学化的管理水平，往往进行一次性、大批量、统一标准的复合味型调料的兑制。对于营业性较强的企业以及在举办大型餐饮服务活动时，复合调料的兑制至关重要。

2. 复合调料兑制原则

（1）调料的投放要恰当、适时、有序。

（2）遵循一定的规格调味，突出菜肴的风味特点。

（3）根据烹饪原料的性质兑制调料。

（4）根据季节的变化合理兑制调料。

（5）根据食者的口味要求兑制调料。

3. 复合调料兑制技术

（1）冷菜制作常用调料的兑制

1）咸鲜味型

①盐味汁。用食盐、味精、香油加鲜汤调和而成，主要适用于拌制动植物性原料，如"盐味鸡脯""盐味蚕豆"等。

②酱油汁。由鲜汤加酱油、味精、香油调和而成，色泽呈红黑色，主要适用于拌食或蘸食动物性原料，如"青酱鸡"等。

③虾油汁。虾油汁是由虾籽用香油炸出香味后加入食盐、味精、绍酒、鲜汤煮沸，待晾凉后拌制菜品，主要适用于动物性原料及一些植物性原料，如"虾油冬笋""虾油鸭掌"等。

④蟹油汁。蟹油汁是由蟹黄用油炸出香味后加入食盐、味精、姜末、绍酒、鲜汤煮沸而成，呈浅橘红色，晾凉后拌制菜品，主要适用于动物性原料，如"蟹油鱼片""蟹油白肉"等。

⑤蚝油汁。蚝油汁是由蚝油、食盐、香油加鲜汤煮沸而成，呈咖啡色，晾凉后拌制菜品，主要适用于动物性原料，如"蚝油鸭片""蚝油牛肉"等。

⑥韭味汁。由腌制好的韭菜花斩成蓉后加入味精、香油、食盐、鲜汤调和而成，韭味汁呈浅绿色，主要适用于拌制动植物性原料，如"翡翠羊肉"以及涮肉的调料等。

2）咸辣味型

①青椒汁。将青椒斩成蓉加入食盐、味精、油、鲜汤调和而成，色泽呈绿色，适用于拌制动植物性原料，如"椒味里脊""椒味百叶"等。

②红油汁。由红辣椒、食盐、味精、油、鲜汤调和而成，呈红色，适用于拌制动植物性原料，如"红油笋条""红油鸡块"等。

③胡椒汁。由胡椒粉、食盐、味精、油、蒜泥、鲜汤调和而成，呈白色，主要适用于炝制、拌制水产品，如"鲜辣鱿鱼丝"等。

3）酸辣味型。酸辣汁由辣椒、姜丝、葱丝炒透后加糖、醋、食盐、味精、香油、鲜汤调和而成，呈浅咖啡色，一般适用于炝制、腌制或拌制植物性原料，如"酸辣黄瓜""酸辣白菜"等。

4）酸香味型。姜醋汁由生姜米、醋调和而成，呈浅咖啡色，一般适用于水产品的拌制，如"鲜姜拌蟹茸""姜汁肴肉"等。

5）多味味型

①三味汁。由蒜泥汁、姜汁、青椒汁调和而成，呈浅绿色，用于炝制或拌制动植

物性原料，如"拌肚丝""炝什锦"等。

②麻辣汁。由酱油、醋、糖、食盐、味精、花椒粉、芝麻粉、葱、姜、蒜、辣椒油及香油调和而成，呈红黑色，适用于拌制动植物性原料，如"麻辣鸡丝""麻辣瓜条"等。

③五香汁。由鲜汤煮沸后加入丁香、香菜、花椒、桂皮、陈皮、良姜、山楂等香料以及姜、葱、酱油、食盐、绍酒等制成，一般与加工好的动植物性原料同时浸煮或卤，如"五香牛肉""卤煮豆腐干"等。

④怪味汁。由食盐、酱油、味精、芝麻酱、白糖、醋、香油、红油、花椒粉、熟芝麻、葱末、姜末、糟蛋调和而成。调料的比例以咸、甜、酸、麻辣等味在菜品中均有体现为宜，适用于动植物性原料，如"怪味鱼条""怪味鸭子"等。

6）甜香味型

①糖油汁。由白糖、香油调和而成，一般适用于蔬菜，如"糖油莴笋"等。

②桂花汁。由白糖与桂花酱调和而成，适用于果仁类，如"桂花桃仁"等。

③玫瑰汁。由白糖与玫瑰酱调和而成，适用于各类甜品，如"玫瑰豆沙卷"等。

7）甜酸味型

①糖醋汁。由糖与白醋在锅中熬制溶化而成，晾凉后与主料拌制，适用于动植物性原料，如"糖醋里脊""糖醋白菜卷""糖醋仙人掌"等。

②果汁。果汁可以用各类水果榨汁或用罐装果汁，如苹果、山楂、芒果、红毛丹等或果茶汁、酸枣汁等，可根据原料特点和食者口味增加糖或其他调料。可用单一品种水果汁，也可用多种水果汁制成。主要用于植物性原料，如"橙汁瓜条""果汁藕片"等。

③千岛汁。由奇妙酱、忌廉奶、番茄酱、柠檬汁、酸黄瓜、熟鸡蛋碎搅拌调和而成，适用于蔬菜、水果及水产品，如"千岛虾球""五彩蔬菜沙拉"等。

8）其他味型。蒜泥味由食盐、酱油、味精、白糖、蒜泥、香油调和而成，也可加入红油等调料，适用于动植物性原料的拌制，如"蒜泥白肉""蒜泥荷兰豆"等。

上述各种调味汁均可用于热菜烹制。

（2）热菜制作常用调料的兑制

1）糖醋汁

①江苏风味。由蔗糖、镇江醋、酱油、水、食盐、番茄酱、姜米、蒜米、淀粉、花生油兑制而成。一般制作方法是：炒锅烧热后下入花生油，将姜米、蒜米煸炒出香

味，加入番茄酱、镇江醋、清水、蔗糖熬制溶化，加入少量酱油、食盐，汤汁烧开后用水淀粉勾芡即可。江苏风味糖醋汁色泽淡红、呈半流体状，主要适用于熘的烹调方法，代表菜品有"松鼠鳜鱼""糖醋熘蛋"等。

②山东风味。由白糖、洛口食醋、食盐、淀粉、姜、葱、蒜米、鲜汤、花生油兑制而成。制法与上述江苏风味的糖醋汁基本相同，色泽棕红或褐红，呈半流体，主要适用于熘的烹调方法，代表菜品有"糖醋鲤鱼""糖醋里脊"等。

③广东风味。一般在营业前由冰片糖、白醋（或大红浙醋）、番茄酱、玫瑰露酒、食盐、冰糖蒜蓉、植物油、香叶、辣椒、胡萝卜、大蒜、芹菜、珠葱头、山楂片、辣酱油等提前兑制。制作方法是：将珠葱头、芹菜、胡萝卜用植物油煸炒出香味，加入足量的清水，放入事先加冰糖煮制后的山楂片和香叶、辣椒等用中火熬煮至软烂，滤去渣滓成为蔬菜汁，在蔬菜汁中加入番茄酱、冰片糖、玫瑰露酒、食盐、辣酱油上火熬至融为一体，冷却后加入白醋、蒜蓉即可待用，在成品烹调时再挂勾芡汁。其色泽深红，呈半流体，主要适用于熘的烹调方法，代表菜品有"菠萝咕噜（古老）肉""果汁脆皮鱼"等。

④香港风味。用李派林喼汁、OK汁、冰片糖、柠檬、番茄沙司、腌梅子等兑制。制作方法是：将腌梅子挤烂加柠檬片煮水过滤，而后用加番茄沙司、OK汁、李派林喼汁、冰片糖同煮待用，其色泽橙黄。

糖醋汁大致可分为三类，京、沪、扬州、江浙等地方用醋略重，酸味明显；苏州、无锡等地方则用糖较重，甜味突出；此外，有些地方比例对等。

2）咸鲜茄汁。由蔗糖、白醋、番茄酱、辣酱油、玫瑰露酒（或红葡萄酒）、食盐、花生油、黄油炒面（或油酥面）、芹菜、洋葱、红椒、胡萝卜等兑制。在炒锅中放入少量花生油，放入洋葱、芹菜、胡萝卜、红椒等煸炒出香味，加清水成蔬菜汁待用。炒锅放油，烹入番茄酱炒透，加入玫瑰露酒、辣椒油、蔬菜汁、蔗糖、食盐熬至融合后加入白醋，加入黄油炒面使汤汁黏稠即成。其色泽深红，为半流体状，主要适用于煎、炒、熘等烹调方法，代表菜品有"中式煎牛柳""茄汁焖猪排"等。

3）鱼豉汁（灼汁）。由生抽、老抽、芹菜、香菜根、姜片、鱼露、胡椒粉、食盐、糖、料酒、鸡汤（或鱼汤）、味精等兑制。制作方法是：用鸡汤或鱼汤将香菜根、芹菜、姜片等煮出香味，并充分溶解后过滤，在汤汁中兑入生抽、老抽、鱼露、胡椒粉、食盐、糖、料酒、味精即可，呈红褐色。当其作为调料汁时称为鱼豉汁，主要适用于清蒸、油浸等烹调方法，代表菜品有"油浸石斑鱼""清蒸北极贝"等；当其作为佐餐调味料品时称为灼汁，其代表菜品有"白灼基围虾""高汤灼象拔

蚌"等。

4）柠檬汁。由冰糖、鲜柠檬汁、鲜柠檬、食盐、吉士粉等兑制。制作方法是：用鲜柠檬去皮（可加腌梅子），煮水过滤后加入冰糖、食盐熬制，溶化后兑入用水澥开的吉士粉和鲜柠檬汁即可。其色泽淡黄，呈半流体状，用时挂匀芡汁，适用于煎法、焗法等烹调方法，代表菜品有"西柠煎软鸡""柠檬焗鸽皇"等。

5）黑椒汁。用黑胡椒、蒜蓉、酱油、辣酱油、鸡汤（牛肉汤）、玫瑰露酒（或红酒）、黄油炒面、黄油、食盐兑制。制作方法是：黑胡椒用黄油煸炒出香味，放入蒜蓉，烹入玫瑰露酒，加入酱油、辣酱油、鸡汤、食盐后，用黄油炒面增稠即可。其色泽呈棕色，呈半流体状，主要适用于煎、炒等烹调方法，代表菜品有"黑椒爆牛柳"等。

6）清汁（芡汤，广东称为献汤）。制作方法是：用鸡汤、味精、料酒、胡椒粉、食盐、姜汁、无色酱油等直接兑制即可，适用于炒、爆等多种烹调方法，代表菜品有"鸡丝云翠""碧绿三文鱼"等。

7）香糟汁。用白酒、香糟、白糖、桂花酱、鸡汤、料酒、花椒水、姜汁、味精、食盐兑制。制作方法是：用料酒、白酒将香糟澥开，使之成为稀糊状，兑入鸡汤、白糖、桂花酱、花椒水、姜汁、味精、食盐等调匀静置，过滤沉淀后其汤汁即为香糟汁。香糟汁主要适用于熘、煎、扒等烹调方法，代表菜品有"糟熘鱼片""糟熘三白"等。

8）芥末汁。由芥末糊加入鸡汤兑制，主要适用于煎、焖等烹调方法，其代表菜品有"芥末汁煎鱼柳""芥末鸡腿"等。

9）京都汁。由番茄酱、红酒、镇江米醋（或大红浙醋）、鲜柠檬汁、吉士粉、淡奶、蒜蓉、花生油、OK汁等兑制。制作方法是：用花生油将蒜蓉煸炒出香味，加入番茄酱炒散，烹入红酒、醋，加水、淡奶、鲜柠檬汁大火熬开至融合时，兑入用清水澥开的吉士粉及OK汁即可。京都汁适用于焗等的烹调方法，其代表菜品有"京都焗肉骨""京都香蕉卷"等。

10）川椒汁。由辣椒酱、花椒水、番茄酱、花生酱、白糖、川江酱油、保宁香醋、食盐、玫瑰露酒、蒜蓉、花生油、鸡汤、油炒面等兑制。制作方法是：用花生油将蒜蓉煸炒出香味，加入辣椒酱、番茄酱、花生酱一同炒制，加入玫瑰露酒，兑入鸡汤、白糖、川江酱油、醋、食盐、花椒水、油炒面即可。川椒汁主要适用于炒、爆等烹调方法，其代表菜品有"川汁爆龙虾""川汁鸡片"等。

11）豉汁。由豆豉酱、鸡汤、料酒、榨菜蓉、蒜蓉、泡椒、胡椒粉、白糖等兑制。制作方法是：将豆豉酱与其他调味品一同炒制即可，主要适用于蒸、炒、爆等烹调方法，代表菜品有"豉汁盘龙膳""豉汁蒸澳带"等。

12）咖喱汁（上海风味）。由花生油、葱末、姜末、蒜泥、咖喱粉、香叶等兑制。制作方法是：炒锅烧热后加入花生油，煸入葱末、姜末、蒜泥，制成深黄色后加入咖喱粉，煸炒至透，加入香叶即可。咖喱汁主要适用于烧、焗、焖、煎等烹调方法，代表菜品有"咖喱牛肉""咖喱通心粉"等。

13）姜汁酒。将白酒、姜汁、鸡汤、食盐、味精等烹制融合即成，主要适用于炒、爆等烹调方法，代表菜品有"姜汁螺片""姜汁鱼条"等。

14）怪味汁。将麻酱、酱油、保宁醋、辣椒油、糖、花椒粉、葱花、蒜泥、豆瓣酱充分搅匀后，加熟植物油调制即可，适用于炒、爆等多种烹调方法，代表菜品有"怪味鸡丝""怪味豆腐"等。怪味汁种类较多，其原料可添加不同调味品，如陈皮、咸鱼、糟蛋等。

15）XO酱。由碎干贝（瑶柱）、赤火腿、海米、虾子、干葱蓉、冰糖、味精、野山椒、咸鱼茸、白兰地酒兑制。制作方法是：用碎干贝、虾子加入高级清汤、葱、姜、白兰地酒，入蒸锅或蒸箱蒸烂，赤火腿洗净加汤蒸透，取其精肉斩成茸，炒锅烧热，加入油烹入上述调料拌匀即可。XO酱适用于焖、炒等烹调方法，其代表菜品有"XO酱带子""XO酱炒竹节菜"等。

16）香槟汁。将鲜柠檬汁、雪碧煮水后兑入君度酒、大香槟、砂糖、食盐、少量吉士粉兑制调匀即可，主要适用于佐餐调味，其代表菜品有"香槟骨"等。

17）西汁。用番茄、西芹、苹果、洋葱、胡萝卜、香菜、红椒、八角（大料）、草果、桂皮、甘草、香叶等熬成的汤，兑入番茄沙司、OK汁、辣酱油、醋、牛尾汤、食盐、味精、糖、酱油即可，适用于炒、熘、烧等多种烹调方法，代表菜品有"铁板西汁牛柳"等。

18）青汁。一般用菠菜、芹菜等绿色蔬菜榨成汁加入高级清汤、味精、食盐等调味品调匀即可，主要适用于焖、蒸等烹调方法，其代表菜品有"翡翠鱼丝""青汁鲍鱼"等。

19）果汁。用单一品种或多种水果榨汁加入调味料品制成，适用于炒、熘等多种烹调方法，其代表菜品有"椰味鱼条""果汁凤爪"等。

20）家常汁。由郫县豆瓣、泡椒、酱油、豆豉、料酒、葱、姜、蒜等兑制而成，主要适用于炒、爆、煎等多种烹调方法，代表菜品有"家常豆腐""家常海参"等。

21）麻辣汁。主要是由辣椒、花椒、郫县豆瓣酱及葱、姜、蒜等调味品兑制而成，适用于烧、煮等烹调方法，代表菜品有"水煮肉片""麻辣酥鱼"等。

22）鱼香汁。由辣椒酱、红油、咸鱼、蒜蓉、姜、葱白、鸡肉、鸡蛋、淀粉、味精、料酒、花生油、鱼骨汤兑制而成。制作方法是：将净咸鱼切块，磕入鸡蛋，加入

淀粉、料酒拌匀，炒锅烧热加入花生油，放入蒜蓉、姜、葱炸香后，放入事先炸酥并剁成细末的咸鱼和剁成泥的鸡肉炒匀，再加入辣椒酱、红油、料酒等，加鱼骨汤熬开即可。鱼香汁主要适用于炒、烧等烹调方法，代表菜品有"鱼香肉丝""鱼香茄煲"等。

复合调料的调制方法、使用原料、味型特点等，在各地区、各风味间差别较大，兑制时应根据菜品要求及食者口味，灵活用料，合理兑制。

第十一章

冷菜装盘工艺

第一节 冷菜装盘意义和造型原则

一、冷菜装盘的意义

冷菜装盘是将烹调好的冷菜,进行刀工美化整理而装入盛器的最后一道工序。冷菜按一定的规格和形式要求,经过刀工切配后,整齐美观地码放在盘内,成为冷盘。冷盘中所用的原料一般以干香、脆嫩、鲜醇、多味、无汤、不腻为好,因此运用冷菜烹调方法制出的荤素菜品均可用于冷盘。冷菜装盘是冷盘制作的重要组成部分。冷盘制作包括烹调和拼装两个方面,这两个方面是缺一不可的整体,烹调是装盘的基础,拼装是烹调的表现。

冷盘制作既是一门技术,又是一门艺术。既是技术,就有一定的技术指标和技能要求;说它是艺术,是因为它可以而且能够通过形象的形式,反映社会生活和自然景致,体现作者的意图。如果说音乐是听觉艺术,绘画和雕塑是视觉艺术,那么,冷盘则是一种视觉、嗅觉、味觉和触觉的综合艺术。生活中(包括艺术作品),凡是美好的事物、现象都能引起人们的美感。而冷盘造型一个突出特点就是食用与欣赏的组合艺术,这就使它在烹饪美学中具有特别重要的地位和突出的意义。冷盘,一般是作为开席菜首先进入餐桌与用餐者见面的,它给人以造型、色彩、气味等感性印象,引起人们的认识与判断,使人产生美感,对菜肴做出评价,以致产生不同程度的食欲,故而它的形式组合和色彩搭配如何,对用餐者给整桌筵席的评价有着一定的影响,所以冷菜装盘一向讲究工艺造型。

二、冷菜造型的原则

冷菜造型艺术属于实用美术范畴，它是一种装饰艺术。但是它的内容、形式及其服务手段又与美术方面的装饰艺术不同，它既有一般实用性工艺美术的共同点，又具有由于自身特有材料和特种工艺所形成的特殊性。这种特殊性就是既受时间、空间的限制，又受原材料、工具的制约，因此，冷菜造型的创作应遵循以下原则。

1. 以食用为主，装饰造型为辅

造型菜是一种工艺菜，它不单纯是指象形，还包括在烹制过程中经过艺术加工及组装手段所形成的美味佳肴。工艺冷菜的制作，应该达到形美、味美，使人观之心旷神怡，食之津津有味，从而得到美的享受的根本目的。

2. 形式为内容服务，形式与内容统一

形式为内容服务，形式与内容统一的原则有两层含义。一是在冷拼制作讲究食用价值和以食用为主的前提下，力求做到形式美。视觉先于味觉，冷盘造型给人的美感，似乎是形式上的，但其实形式和内容是有内在联系的。形式是一定内容的外在表现，因此，冷盘的造型美，不单单反映了冷盘的形态、色彩、光泽，同时也不同程度地反映了冷盘的其他方面，诸如成熟度、火候、口味等。二是应提倡从原料出发来考虑造型，即制作冷盘可以规定主料和配料必须自制，促使厨师以原料和口味为内容来构思造型。这样做有利于冷菜造型在食用性和艺术性两方面都有所发展；有利于形式为内容服务，形式与内容的统一；有利于从根本上改变冷盘制作中大量使用外购的现成原材料和罐头制品，致使冷荤加工工艺萎缩，厨师只会切、不会做，或只会拼摆一些中看而不中吃的冷盘的现象。

3. 突出精巧艺术

突出精巧艺术是由冷盘的空间性和时间性这一特点所决定的。一般情况下，人们的宴饮就餐时间为1~2小时，对其冷菜造型花长时间、追求大规模没有必要。而且，它所用的空间也小，伸缩范围只能在菜盘中展开，故应以简洁、明快、生动见长，一般不宜过分精雕细作和搞内容复杂的构图，更反对牵强附会。在创意过程中，要把握形似与神似，使人观赏其形，领略其神，富于意趣，在视觉和心灵上均感到愉悦。

4. 符合食用标准，安全卫生

食用为本，一是味要好，二是质要佳。质佳就是不要为了造型、装饰，去左右摆弄，造成口感和质感上的失败。另外，所选原料要可食，一般不得加入非食物性材料，也不要加入未经烹制不能吃的食物性原料。要使冷拼菜主体造型的每个部位都可食用。

安全卫生是工艺冷拼的基本要求，在制作中不得污染食物，禁止使用非食品原料。拼制时尽量减少与手直接接触的机会，提倡用工具取拿。所选原料不能用有毒或不清洁的液体浸泡保鲜，使用添加剂要严格遵守国家规定，并尽量少用或不用。

第二节　冷菜装盘的基本要求

一、刀工要整齐

冷盘拼摆过程中，最为基础的是要有熟练的刀工技法，因为刀工是决定冷盘造型是否美观的主要因素，娴熟的刀法是创作高质量冷菜拼盘的基本保证。冷菜大多数是先烹调后切配，因此装盘时特别注重整齐、美观，对刀工的要求特别高。切配冷菜原料时，应根据原料的不同性质灵活运用刀工技法，刀工的轻、重、缓、急要有分寸，无论是哪种形态，都应整齐划一，干净利落，形状上符合质量要求，因此除了掌握一般切生料的刀法外，还要掌握好锯切、抖刀切、花刀切和各种雕刻刀法。

二、色彩要和谐

冷菜拼摆中的配色，不可能像作画那样随意调配，只能就食品原料固有的色泽和烹调后的色泽进行搭配，以求得拼盘色调悦目。冷菜装盘在色调上处理得好，不仅有助于形状美，而且又能显示内容丰富多彩。拼摆时一般采用对比强烈的颜色相配，避免使用同色和相近色相拼，无论是一桌席的冷菜，还是一盘冷菜，都应注意这一点。色彩上应艳而不俗，淡而不素。此外还需注意根据季节的变化来配色，冬暖色，夏冷色，春秋花色。正确地运用色彩的规律配色，才能给宾客以色彩和谐、舒适愉快的感觉。

三、装盘要合理

装盘不单指菜肴的形和色，同时也涉及菜肴的味汁，所以装盘时必须考虑到菜肴味汁之间的配合，尤其是拼摆什锦拼盘和花色冷盘更要注意将味重的和味淡的、汁多的和汁少的分开。由于调味手段不同，有需要浇调味汁的，有不需要浇的，而且调味

汁的稠、稀也不同，因而装盘时应注意将需加卤汁的摆在一起，不用卤汁的摆在一起（以块面结合），否则就会"串味"而相互干扰。

四、盛器要协调

盛器的选择应与冷盘类型、款式、原料色泽、数量以及就餐者的习俗相协调、相适应，做到格调雅致，虚实有序。一是盛器的色彩与菜肴的色彩相协调。这应以突出、衬托菜肴造型为原则；同时，盛器的颜色选择还要考虑到就餐者的色彩感情，即要尊重就餐者对某种颜色的忌讳，以赢得认可，从而获得造型的成功。二是盛器的形状与菜肴的形状相适应。盛器的种类较多，形状不一，各有各的用途，在选用时必须根据菜肴的形状来选择相适应的盛器。三是盛器的规格与菜肴的数量相适应。根据冷菜数量的多少来选用合适的盛器，这也是使菜肴呈现最佳形象的重要手段，悦目的空间比例能使菜肴显得高雅而美观，实而不肿，虚而不空。

五、用料要合理

用料要合理，一是指拼摆时要做到硬面和软面很好地结合；二是指装盘时物尽其用。由于原料、原料部位的质地不同或不完全相同，有的可选作刀面料，有的可选作垫底料，要物尽其用；装盘时要做到大料大用，小料小用，边角碎料要充分利用，这样不仅可以减少浪费、降低成本，还可以加大食用量。

第三节　冷菜装盘的步骤和手法

冷盘的形状和色泽经过原料的选择、切配，最后要通过装盘来体现。装盘通常是运用一定的步骤和手法来完成的。

一、装盘的步骤

装盘一般可分为垫底、围边（码边）、盖面三个步骤。

1. 垫底

垫底是根据拼盘的特定要求，将修切原料所剩下的一些形态不太整齐的边角料，堆在盘底，作为盖面的基础，此工序称之为垫底。在刀工处理过程中，不可避免地有些边角碎料，将这些原料铺垫在盘子中间或其他需要的地方，一则可以充分利用原料，减少浪费；二则可以衬托形状，使拼盘丰满好看。垫底的要求是，边角碎料不宜切得过小过碎，否则会影响菜肴的食用；另外边角料又不可过整，过于厚大，否则也会影响菜肴造型。边角料应改刀为细丝或薄片为好。

2. 围边

围边是将修切整齐的条、块、片原料码在垫底的边缘，并要把它围住，使人看不出碎料的破绽。它要求根据拼盘角度的需要，施用不同的刀法加工，以整齐、匀称、平展来体现技艺效果，使其或独立或组合而形成一个完整的表面。

3. 盖面

盖面也称装面、盖刀面，是把原料的最好部分切得整齐、刀面光滑，并均匀地排列起来，用刀铲盖在冷盘的最上面，封严码边料的刀茬，使其浑然一体，整齐美观。它要求手法多样，艺术新颖，尺度恰当。

二、装盘的手法

装盘可分成排、堆、叠、覆、贴、摆、扎、围八种手法。

1. 排

排是将切好的原料，平排或叠排成行置于盘中的一种拼盘手法。在冷菜造型中，这是应用最广泛的一种手法，主要用于组织刀面，用排的手法拼摆出的冷盘要求边齐面平。有的适宜排成锯齿形，有的适宜逐层排，有的适宜配色间隔排；有的需要平展，有的需要弯曲；有的需要大跨度，有的则需要小距离。总之，排列好坏直接影响造型的成败。

2. 堆

堆是将丝、片状的原料堆摆在盘中。堆也可以堆出多种形状，如宝塔形、假山形、三角形等。这种手法简便、自然、适应面广，常常用于垫底。堆摆的形态，给人以丰满、实惠、立体的感觉。另外，在主体造型的衬托部分，也可利用其自然的特点，在一些主体拼盘中，堆积成山、石、花坛等形状。堆一般要求用干制的、黏性的或水分不重的菜肴堆积，否则容易坍塌。

3. 叠

叠是把切好的原料一片片整齐地叠成梯形或瓦片形，通常以薄片为主，切一片叠一片，随切随叠。叠大多使用无骨韧性、脆的原料。叠的手法多用于鱼鳞、鸟羽的拼摆。叠时要求落手轻巧，不要弄塌垫底，也不能碰坏已叠好的原料，覆盖要严密，不能露出垫底。

4. 覆

覆又称扣，是指将冷菜排列在一盛器中或刀面上，再反扣在盘面或菜上。此法有简有繁。简覆，就是覆盖，它是将盘面装好之后，再用质量比较好、价格比较高的原料覆盖其表面，用于菜肴的点缀或表明菜肴的等级。繁覆，就是把原料加工成形，排列在造型模具或扣碗中，浇上卤汁或冻汁，同时进行必要的装饰，待入味成冻后再倒扣入盘中，使其形成美丽的图案，如"水晶鸭掌""梅花凤舌""蚕丝鸡冻"等。

5. 贴

原料用多种刀工处理成不同形状，拼摆在构成大体轮廓的冷盘上，此手法称之为贴。贴的手法大多用于立体造型的花色冷盘，如动、植物的外衣、鸟类的羽毛和它们的眼、鼻等。贴是花色冷盘最基本、最常用的技法，但需要有较高的刀工和雕刻艺术修养才能拼摆出生动活泼、形象逼真的花色冷盘。如"双鹂蹬枝""游龙戏凤"等，都需要用轻盈薄片组成的刀面贴在物象的体表或两侧。贴一般都要求原料片薄而轻盈，以便于在主体上贴附。

6. 摆

摆是花色冷盘造型中一种经常使用的方法，如"松龄鹤寿"中的松树枝干，"喜鹊登梅"的梅枝，蝴蝶的触须，喜鹊的嘴巴和脚爪，还有作为陪衬物的山石花草等，都是采用摆的方法制作的。摆，常用于操作摆放主体附件，手法应根据造型设计的要求选择，不仅要使冷盘形象逼真，还要使主体与陪衬物相协调。

7. 扎

扎是将冷盘原料捆扎起来，使之牢固不松散的一种辅助手法。扎的手法虽然运用不多，但却是某些冷盘制作中必不可少的技法。如普通冷盘中的柴把鸡丝，再如立体花篮冷盘的篮体、帆船的船体等，虽然内部都装满食物，但篮面是倾斜的，船舷是弯曲的很难贴附住，如果用线料捆扎一下，就会使其牢固。常用作线料的有芹菜梗丝、海带丝、蒜薹丝等。

8. 围

围是将切好的原料，按盘子的形状排列成环形，此手法称之为围。在实际应用中，围的手法灵活多样，如围边装饰、附加点缀等。

（1）围边装饰。在主料周围围上一些不同颜色的辅料来衬托主料，称为围边；将主料围成花朵，中间用色彩鲜艳的辅料点缀成花蕊，称为排围。通过围可把冷盘点缀装饰成很多花样，使冷盘增添色彩，工艺效果更加完美。

（2）附加点缀。在冷菜装盘工序完成之后，根据冷盘的具体情况，附加一些绚丽的点缀品，这些点缀品一般是以色彩鲜明的蔬菜、瓜果的小型蔬果雕刻和熟食为主，在具体操作上，应注意以下几个问题。

1）凡是盘面上刀工整齐，形态较美观的，其点缀品以放在盘边为好；如果盘面上的刀工并不整齐好看，其点缀品应放在上面以弥补不足。

2）凡是色泽比较暗淡、不够醒目的冷盘，上面或中间可以放点缀品，以增强明快宜人的感觉。凡是色彩鲜艳的冷盘，可用对比强烈的原料来点缀，并宜放在盘边。

3）点缀品的大小、色彩应同冷盘的式样相统一、相协调。点缀品的使用要整齐、规范，不要一只放盘边，一只放盘面，或一只放得多，一只放得少，盘与盘之间不可各树一帜，以免显得杂乱无章，缺乏整体感。

4）点缀品的摆放式样要与冷盘的规格相吻合，具体有盘边点缀和盘面点缀两种式样。盘边点缀要求摆放时做到等边对称。盘面点缀又称整体衬托，即在盘底直到盘边，用修剪成形的点缀品平铺于盘内作衬托，上面码放主料的一种式样。

5）附加点缀应少而精，不可滥用，切忌画蛇添足或喧宾夺主，一定要突出主体。装入盘中的点缀品要求能够食用，对一些可食性生料要严格消毒，防止食品污染。

以上三个步骤和八种手法，是冷菜装盘的基本步骤和手法。在拼摆中，要合理配合，灵活运用，才能使装盘工艺达到较理想的效果。

第四节　冷菜装盘的类型和式样

一、冷菜装盘的类型

冷菜装盘的类型在某种意义上来说是指冷盘造型的类别。分类方法有多种，如按原料数目分、按形象构成分、按空间形式分、按工艺的难易繁简分等。对冷盘装盘的类型加以概括，可以分为单盘、拼盘、花色冷盘三类。其中单盘和拼盘可以视为普通冷盘。

1. 单盘

单盘只装一种原料，这是最常见、最简单的一种装盘类型。在平时，单盘是一盘独上，所以人们习惯称之为单碟、独碟、独盘。筵席上用单盘多少，以筵席规格的高低而定，一般为偶数。席上如有主盘，则单盘称为围盘或围碟。在席面上，单盘要求盆色、盆味、盆形，讲究堆摆得体，荤素兼备，量少而精。

2. 拼盘

将两种或两种以上的原料，按一定形式装入一盘，即为拼盘，拼盘又称复盘。拼盘在用料上比较丰富、灵活，根据用料品种多少，有双拼、三拼、四拼和什锦全盘等。这类拼盘在形状、色彩、口味和数量的比例上要求安排恰当、装盘整齐、线条清晰，能给人一种整体美。

3. 花色冷盘

花色冷盘是将多种冷菜原料，经过切配，拼摆成具有一定图案的冷盘。花色冷盘是一种工艺冷菜，它是既可食用、又可欣赏的造型艺术，多用于高档筵席。这种冷盘具有主题鲜明、题材多样、构图简练、用料讲究、形象神似、做工细腻等特点。花色冷盘一般不单上，常与单盘或拼盘同上，因放在筵席席面中间，故又称主盘。花色冷盘与看盘不同，看盘是只供观赏的东西，而花色冷盘必须是可食用的菜肴。筵席上有的用食物或萝卜等原料雕刻成花鸟山水，摆在席面中央，以供观赏，可称为看盘。

除此之外，传统冷盘中还有果盘、攒盒、攒盘三种。

（1）果盘是冷菜中水果、干果、蜜果等原料的盛装器具，有高脚果盘、深底果盘和平底果盘。不同的原料采用不同的果盘。

（2）攒盒是带有盖的、盘底略深能盛有一些冷汁的冷菜，通常是由7个、9个组合拼成的攒盒冷菜。

（3）攒盘是中间为1个大盘，围边6个或8个小盘的一种大型组合式冷菜盘。它能分能合，在装盘时必须注意原料、色彩、口味、荤素和形状等的配合，要求菜肴不雷同。有7个盘和9个盘两种组合攒盘。

二、冷菜装盘的式样

冷菜装盘的式样即冷盘的款式，一般有以下十余种。

1. 书形

书形冷菜选用较长的原料，加工成长方片，按刀口等距离排列装盘，形如打开的书页状，故得此名。

2. 三叠水形

三叠水形是冷菜菜肴的一种传统装盘形式。用熟料改成长方片或条，因先用碎料垫底，然后按顺序摆边上的两行，最后在两行中间覆盖一行，两边低、中间高，故称三叠水。要求刀工处理时厚薄均匀，长短一致，并按刀口等距离排列整齐入盘，主要看刀面。

3. 风车形

风车形冷菜是用荤素原料改成厚薄一致的长方片，将色泽和荤素岔开，按刀面等距离整齐地装入圆盘，装盘时原料要外宽内窄，前片搭后片顺时针方向镶摆一圈，圆盘中心可以用其他冷菜堆摆成形。什锦拼盘属于此款式。

4. 馒头形

馒头形又称半球形，是冷菜中常用的一种装盘式样。冷菜原料在盘中形成中间高、周围较低的半球形，因其形状和北方的馒头近似，故名。此款式的具体操作包括垫底、围边、盖面三个步骤，其关键是垫底原料要丰满，围边原料要有一定的宽度和长度。此造型多用于单盘的制作。

5. 合掌形

冷菜原料装入盘后，形成中间高、周围低的形状，中间有一条缝隙，以分开两味菜肴，其形好像两只手掌合在上面似的，因此得名。具体操作同馒头形，一般多用于双拼。

6. 宝塔形

宝塔形是冷菜中最常用、最简单的一种装盘形式。因下大上小、形同宝塔得名。具体操作方法是，先用部分冷菜在圆盘内铺垫成圆形，再将同样的冷菜堆砌向上，越到上面越小，形似宝塔即可。这种款式适用于其他装盘无法造型的一切冷菜原料，如无一定规格形状的丝、丁、片、块、粒等菜肴，其特点是成形快，常用于单盘的造型。

7. 桥梁形

桥梁形是一种比较常用的传统冷菜装盘形式。冷菜装入盘中，形成中间高、两头低的形状，好像一座古式的拱形石桥，因此得名。具体操作方法是，将长短一致的长方块、片或条在盘子内圆中先摆出长方形，然后在此基础上摆成两头渐低、中间渐高的形状，且两侧要齐整垂直。这种款式普遍适用于直伸且长短一致的冷菜原料。

8. 方形

方形是一种传统的冷菜装盘形式。装盘成形后，上下大体呈方形。具体操作为，先将熟料在盘子的正中摆成四方形，然后层层如法上摆，只是每层略微向内收拢一点，使装好后的菜肴不致歪斜垮塌。方形适用于长、宽、厚比较规则，或成直角三角形的冷菜熟料。

9. 菱形

菱形冷菜是装盘成形后相当于两个等腰三角形的对称组合。具体操作为，先将原料在盘子的中间摆成菱形，摆时刀口向外靠齐，四个接头处要自然、拢紧，中间用边角碎料填充,上面再放上其他原料点缀即可。菱形适用于各种丝、条状的挺直原料,此款式稍加变化可拼摆成椭圆形。

10. 立体等腰形

立体等腰形是一种时兴的冷菜装盘形式,断面呈等腰三角形。具体操作为,将冷菜原料改切成长短、粗细大约一致的形状,先用部分冷菜铺垫在盘内呈长方形,再将同样冷菜一层层堆起,每层两边都向内倾斜,最后封顶即成。立体等腰形适用于伸展的直条、粗丝等原料。

11. 螺旋形

螺旋形是一种时兴的冷菜装盘形式,因成形后下大上小,又好似螺纹自下盘旋而上,故得名。具体操作为,将圆形片或连刀条形的冷菜熟料在盘子中间先铺成圆形,之后再一层层顺弧形拼摆而上,最后以一片封顶。螺旋形适用于以柔韧植物性原料制成的冷菜。

12. 扇面形

扇面形是一种经常使用的传统冷菜装盘形式,因成形后上宽下窄,上宽呈一弧形,下窄集中于一点,酷似扇面而得名。具体操作为,先将熟料切成规格一致的长方形片,按刀口等距排列成扇状装入盘中即成。扇面形在冷菜造型中呈现手法很多,可选用单一料成形也可用多种料组合,可作围盘也可作主盘。扇面形适用于比较伸展,而具有一定厚度和长度的无骨冷菜。

13. 花朵形

花朵形是一种时兴的冷菜装盘形式,因成形后酷似一朵美丽的花朵而得名。具体操作为,将原料加工成规格一致的瓦楞块、片、菱形后,由外至内,由下至上堆砌成各种花形。根据菜肴不同味型的需要,花心可由适量的糖粉、火腿茸以及各种松制类荤素菜肴点缀而成。

14. 还原形

还原形即将经过刀工处理的熟料在盘中拼摆成动植物原形的装盘形式,如扒鸡、鹌鹑、鸽子斩开后,仍然在盘中摆成鸡、鸟的形状。这种款式多用于单盘。

15. 花色图案形

花色图案形是用数种荤素冷菜原料拼摆成花卉、鱼鸟、自然风景等图案,因其制作程序比较复杂,所以它是冷菜在形、色等方面工艺要求相当高的一种装盘形式。

第五节　花色冷盘的装盘工艺

花色冷盘是在传统冷盘的基础上发展而成的具有艺术观赏价值的造型菜，它是把食雕造型、绘画艺术与冷菜拼制结合为一体的特殊装盘方法，是我国烹饪工艺的典范，也是冷菜装盘难度较大的一种类型。

一、花色冷盘的表现形式

花色冷盘根据用料情况和表现手法，一般分为平面式、卧式、立体式三种。

1. 平面式

平面式又称堆形，是以食为主，讲究实惠的花色冷盘。这种冷盘偏重于实惠，在注重食用价值的前提下，兼顾形态和色彩的对比，特点是刀工整齐、线条明快、色彩协调、可食性高。一般常以独立的形式出现在席面上，如"梅花拼盘""茶花拼盘"等。

2. 卧式

卧式是在食用的基础上加大了观赏力度的花色冷盘。卧式一般使用多种原料有机组合，追求形态和色彩，拼摆成各种象形图案，特点是画面完整、形态逼真，在宴席中多作主盘，如"比翼双飞""金鱼戏水""喜鹊登梅"等。通常情况下要配备围盘。

3. 立体式

这种冷盘多采用雕刻、堆砌等手法，拼摆成立体模型，特点是造型美观、立体感强、拼摆难度大、既供食用又供欣赏，如"金山拼盘""熊猫戏竹""凤鹊报喜"等。多数情况下需要配备围盘。

二、花色冷盘的制作程序

花色冷盘与普通冷盘相比较，除了质、味、色、形、器五个方面都要体现之外，花色冷盘本身还要具有一定的意境。意境只能通过具象性造型表现出来，如不同的动物、植物、景物、器物等自然界的物象，而普通冷盘的造型则是抽象性的形态，即是不代表任何物象的几何形，这是二者的不同之处。因此，花色冷盘的制作程序较为复

杂,它主要包括构思、构图、选料、刀工、拼摆等一系列制作过程。

1. 构思

花色冷盘的构思就是厨师根据筵席的目的、进餐的规格和对象,对拼摆冷盘的内容和形式进行反复思考反复琢磨的过程,也就是选定题材和提炼、概括表现作品主题的过程。构思是冷盘造型的初步设想,花色冷盘比普通冷盘更注重造型、色彩和拼摆,讲究形象的美观与逼真。为使有限的原料变成一个美丽的图案,既可食用又供欣赏,应从以下四个方面进行构思。

(1)根据筵席的内容构思。筵席的内容是多种多样的,花色冷盘要根据筵席的内容来确定立意和选择题材。立意又称主题,是厨师的创作意图,也就是厨师通过花色冷盘所要表现出来的中心思想。它是厨师思想感情和宴会目的相统一的产物。立意是构思的核心,必须同宴会的场合、内容结合起来,宴会的内容很多,厨师就应根据不同的内容做出不同的立意。题材就是描写的对象、创作的内容,选择题材就是在众多的素材中选择能充分表达立意的材料。选择题材是拼摆花色冷盘的关键。第一,要紧扣立意。因为题材是为立意服务的,它要充分表达立意。第二,要根据各种原材料的性质和特点,合理选择,灵活运用。

(2)根据宾客的不同特点构思。由于人们的饮食习惯、生活爱好和民族、宗教、信仰不同,所以要根据用餐者的特点来构思花色冷盘。

(3)根据人力和时间构思。花色冷盘制作难度较大,要求厨师有较强的基本功,且每一个艺术拼盘都需要较长的制作时间。在花色冷盘构思时,应从实际出发,在技术力量较强、时间允许的情况下可设计较为复杂的。反之,则应从简,不能忽左忽右,影响工作的正常进行。

(4)根据筵席的费用和标准构思。花色冷盘的构思应与筵席的费用和标准相适应。档次高,方方面面的要求也就增高,应做好成本核算,决不能只追求形式美,而不考虑经济效益,或流于形式而不讲究冷盘的艺术性。

2. 构图

构图是指如何把想象中的内容及景、物安排在特定的空间中,以获得最佳布局的计划。简单地说,构图就是设计图案。它主要解决花色冷盘的形体、结构、层次等问题。花色冷盘的装盘工艺是造型艺术,它的特点是在美学观点的指导下进行,又要从属于烹饪,因而在造型方面受到很大的约束。正因为有这样的约束,所以冷盘的构图不同于一般的绘画,而是有它特有的个性。要把冷盘造型的主题思想在盛装器皿中表现出来,要把个别或局部的形象组成完美的艺术整体,这就要求恰当地运用图案的造型规律、图案构成的色彩规律和图案形式美的制作原理,使冷盘造型收到令人满意的艺术效果。

3. 选料

花色冷盘主要用于中高档宴席，其选料十分讲究，选料的原则是根据构图的需要，做到荤素搭配，色彩鲜艳和谐，选料精良，用料合理，物尽其用。制作花色冷盘的原料繁多，有相当数量的冷菜均可供选用。选料是一项基础形态的准备工作，一般应从以下两方面进行。

（1）特定原料形状的加工复制。利用美味可口的冷菜原料构成一定的形象，首先需要一个基础形态，其次需要把握原料的质量。虽然在菜肴原料中可以寻求一些形态和色彩，但有时不能完全满足造型的需要，这时只有采取加工复制的手段来弥补不足。如果没有好的原料，很难拼出高质量的花色拼盘。因此，要精心地准备原料，做到味好、形好、色好、质感好。

（2）原料自然形色的利用。花色冷盘选用的菜肴原料是多种多样的，这些繁多的菜肴原料形态，有些具有便于造型的先天优势，在菜肴应具备食用价值的前提下，尽量选用原料的自然形色则更能诱发人们的食欲，而且没有牵强附会，矫揉造作之感。所以冷菜花盘造型，应尽量考虑因材施艺，除了一些特定的形状必须加工复制外，要尽最大可能利用原料的自然形态和色泽。

4. 刀工

冷菜装盘必须进行刀工处理，而花色冷盘的刀工不像普通拼盘那样仅要求整齐美观、便于食用，而是要符合施艺需要，即使利用原料的自然形或者加工复制形，也要根据形象的需要进行刀工处理。因此在刀工上必须讲究精巧，使用的刀法除了斩、片、切、剞之外，还要采用一些美化刀法。在熟练运用各种刀法的同时，还需要掌握各种原料的性能，才能切出符合规格要求的不同形状的块面。

5. 拼摆

花色冷盘的造型是通过拼摆来实现的，在拼摆的整个过程中，除适用三个步骤八种手法外，还必须注意以下几个问题。

（1）选择盛器。原料备完后，就可选择符合构图要求的盛器。选择时，除考虑色彩外，还要考虑器皿的形状、大小。

（2）安排基础轮廓。当题材、构图、基础形态和选择盛器的准备工作完成之后，即可着手进行具体拼摆。此阶段要根据确定的构图，安排形象的基础轮廓，也就是大体的布局。这实际上是一个垫底过程，要垫得整整齐齐，为盖面拼摆、美化表面和提高花色拼盘的艺术效果打基础。

（3）具体拼摆。当基础轮廓定形之后，即开始盖面拼摆。根据形象的要求，将原

料进行刀工处理,切制成若干种能表现图案形神特征的几何形体的块面。一般是由低到高,从后向前,先主后副。关键是在处理块面与块面的衔接处时要协调和谐、浑然一体,使人看不出丝毫破绽。盖面拼摆时,要求刀面整齐均匀而不呆板,注意原料的排列顺序,色彩搭配及形体自身的自然美,但不宜用过多的色彩,色彩繁杂反而影响美感。在拼摆中,块面的选择和组合是表现花色冷盘图案形神的关键。各种块面的选择和在图案中的组合运用,对表现物象的特征有着重要的作用。如在表现鸟类的动态翅膀时,多选用三角形、牛角形、叶片形或锯齿形等块面,因为这类块面能表现出力量和动态。

（4）补缀。补缀就是在花色冷盘主体部分完成后进行补充和点缀,如花草、树木、大地、山石等。补缀时,一要注意原料的质量,二要注意形体与形体之间的比例,不可喧宾夺主。如"凤戏牡丹"冷盘,点缀的花朵不宜大,也不宜多,否则就会产生比例失调的感觉。补缀时还要注意形体与补缀部件之间的内在联系,要画龙点睛,不能弄巧成拙,如不可在金鱼冷盘上补缀鲜花等。

第十二章

热菜制作工艺（二）

第一节 热菜制作工艺概述

一、烹饪与烹调

1. 烹饪概述

"烹饪"一词，最早出现在古代三千多年前的商周之际，《周易·鼎卦》解释说："鼎，象也，以木巽火亨饪也。"意思是说，鼎是器具，以木为燃料在下面烧，以风助火，进行烹饪。这里的"巽"是指风，"亨"即烹煮的意思，"饪"是熟的意思。

烹饪就是加热制熟食物，俗称做菜做饭。从理论上讲，烹饪是人类为了满足生理和心理需求，把可食用原料用适当的方法，按照不同的文化规范调理加热制成食品的活动。

2. 烹调概述

"烹调"一词最早出现在宋代。在南宋陆游的《剑南诗稿》中的《种菜》诗中，就有"菜把青青间药苗，豉香盐白自烹调"的诗句。其意思是将菜园中采来的青菜和可食的药苗，加上香味浓郁的豆豉和白盐自己动手烹制菜肴。

烹调狭义上是特指制作菜品（包括汤羹）的技术，所以，从事菜品（包括汤羹）制作工作的人称为烹调师；广义上包括菜品、面点、小吃的制作技术。

在古代烹饪与烹调同义，从现代规范角度讲，烹调隶属于烹饪。烹饪类职业包括烹调工种和面点工种。

二、热菜制作工艺的概念

在制作热菜品的全过程中，按照不同风味的要求与食者的需求，有目的、有计划、有步骤地对烹饪原料进行筛选、刀工处理、配制、调味与烹制以及装盘等的工艺称为热菜制作工艺。

第二节 炒、爆、炮、熘

炒、爆、炮、熘，这四种烹调方法的操作方法比较接近。它们的加热时间较短，烹调速度较快，多为抢火候的烹调方法，是常用的但又是较难掌握的烹调方法。

一、炒

炒是最基本的烹调方法之一。它的应用范围最广，分类也最多。除在初级内容中介绍的生炒和熟炒之外，还有清炒、滑炒、干煸炒、干炒、软炒、抓炒和水炒等多种炒法。

1. 清炒

（1）概念。只以一种原料为主料，没有配料或少有配料，突出本色，少汁爽口的炒制烹调方法称为清炒。

（2）操作要点

1）要选用质地软嫩或脆嫩的、鲜味充分的原料为清炒主料（多为生料），无配料（净炒）或少有配料（清炒），现将两者并称为清炒。

2）清炒的原料一般选用去皮、去骨、去筋的原料，需加工成丝、片、条、丁、球等刀口形状。

3）动物性原料可经上浆着衣处理，用油滑法或水焯法作为烹调的第一道工序，植物性原料可直接炒制或用水焯后炒制。

4）清炒菜的成品要求清爽利口，传统清炒无芡汁。根据不同需要可用微芡炒制，业内称此方式为藏芡，即有芡而不见芡的状态。

5）清炒不能放带色的调味品，菜品一定要保持本色，若放配料一定要少，只能起点缀作用。

（3）代表菜品。有北京菜"清炒里脊丝"，广东菜"清炒荷兰豆"，山东菜"炒生鸡丝"，淮扬菜"清炒蝴蝶鳝片""清炒虾仁"等。

 实例　清炒豆苗

主料： 广东豆苗250 g。

调料： 油5 g，料酒3 g，精盐3 g，姜汁2 g。

制法： 将炒锅上火，烧热入油，放入洗净的豆苗，烹入料酒，随即下入姜汁、精盐炒至断生，迅速出锅入盘即可。

特点： 色泽翠绿、嫩脆清香、鲜咸爽口。

2. 滑炒

（1）概念。将经过加工整理的新鲜软嫩原料，用油滑后炒制成微汁、滑爽菜品的烹调方法称为滑炒。

（2）操作要点

1）滑炒所用的主料多为动物性原料，如鸡、鱼、虾和精选的瘦肉等，上述原料都要经过去皮、去骨、去筋处理，其刀口多为丝、片、丁、条的小形状。

2）滑炒菜一般要经过上浆着衣处理，而后是先滑油再炒制。

3）油滑法要热锅温油，恰当掌握火候，油滑的用油量与原料之比例一般为4∶1左右，油滑温度一般为120 ℃左右，油滑成熟度以断生为宜。

4）滑炒成品要求为微汁滑爽，传统滑炒没有芡，成品呈自来芡状，现多以微芡进行滑炒。

（3）代表菜品。有北京菜"滑炒鸡丝"，浙江菜"莼菜炒肉丝"，江苏菜"冬笋鸡丝"，广东菜"碧绿鲜带子""七彩牛肉丝"等。

 实例　七彩牛肉丝

主料： 浆好的牛柳丝200 g。

配料： 胡萝卜丝10 g，冬笋丝10 g，青椒丝10 g，香菇丝10 g，红椒丝10 g，芽菜10 g，味菜丝10 g。

调料： 蒜蓉3 g，料酒1 g，芡汤10 g，油50 g，水淀粉2 g，香油1 g，胡椒粉2 g，蚝油2 g。

制法：

1）将各种配料丝用沸水焯过，牛柳丝用油滑过，滤净油。

2）炒锅熥过蒜蓉后下牛柳丝、七彩丝（配料中的7种丝）、烹入料酒颠炒均匀后，下各种调料及芡汤拌匀，点明油出锅即可。

特点： 营养均衡，滑爽微汁。

3. 干煸炒（干煸）

（1）概念。干煸炒是川菜的独特烹调方法。将经过加工整理的丝状或条状刀口的新鲜柔韧或微老的动植物性原料，投入油锅中进行煸制，将主料煸干水分，经过烹调后使主料口感干香酥脆，呈麻辣味型的烹调方法，简称干煸。干煸的要点是将原料煸干至熟。

（2）操作要点

1）选用质地柔韧或微老，肌肉组织紧密，或纤维结构较紧密的动植物性原料，如牛肉、鱿鱼、冬笋、黄豆芽等。

2）干煸法一般不用腌制，但也可用调味料腌制。

3）不用上浆挂糊着衣处理，不进行汁芡处理，不用过油法，否则不称其为煸。

4）中火煸制，掌握火候，一定要煸干、煸透，做到干而不艮，色泽发黄（金黄或焦黄），再下入配料和调料，见味汁全部被主料吸收后再用大火出锅。

（3）代表菜品。有四川菜"干煸牛肉丝""干煸鱿鱼""干煸冬笋"等。

 实例 干煸牛肉丝

主料： 牛肉丝300 g。

配料： 芹菜丝（或玉兰片丝）100 g。

调料： 花生油（或熟菜油）75 g，豆瓣辣酱10 g，干辣椒丝5 g，辣椒粉5 g，姜米5 g，蒜米10 g，葱丝15 g，料酒20 g，白糖5 g，醋2 g，花椒粉2 g，酱油5 g，味精2 g。

制法： 炒锅上旺火，下油至约150 ℃，放入干辣椒丝炸至棕红色时捞出，放入牛肉丝用中火煸干水分，即烹入小料、酱、料酒，下入其他调料与配料大火煸炒，至将熟时放一些葱丝收干汁出锅即可。

特点： 干、香、酥、脆，质味极佳。

4. 干炒

常见的干炒有四种操作方法，但都不同于干煸法。

一是原料刀工处理后，经过挂糊着衣处理，而后过油制干再炒制的方法，如天津菜"干炒牛肉"等。

二是将经过刀工处理后的原料直接过油,将其炸干再炒制的方法,如北京菜"焦炒格炸"等。

三是将干性原料经加工直接炒制的方法,如广东菜"干炒牛河"等。

四是将原料颠炒至微干(不是煸干水气)的烹调方法,如河北菜"干炒豆腐"等。

 实例 肉丝炒格炸

主料: 格炸 200 g,羊肉丝 50 g。

调料: 酱油 25 g,植物油 75 g,葱丝 10 g,姜米 10 g,蒜米 15 g,米醋 2 g,淀粉 15 g,清汤适量。

制法:

1)将酱油、葱丝、姜米、蒜米、米醋、水淀粉加清汤入碗配成芡汁,格炸切成 1 cm 宽、4.5 cm 长的条。

2)炒锅上火烧热后倒入油,将格炸用温热油炸至即将焦脆时,将上好浆的羊肉丝下入油锅,滑至断生,将肉丝与已成焦脆的格炸倒出沥油。

3)将原料回入原炒锅,倒入碗芡汁,颠翻均匀,淋入明油,出锅入盘即可。

特点: 味美焦酥,鲜香适口。

5. 软炒

(1)概念。将泥茸原料或茸泥制品或加调料的液体原料作为主料,用油炒制或用油滑过后再炒制,使制品质地柔软、鲜嫩的烹调方法称为软炒。

(2)方法。软炒有四种方法。

1)直接用泥茸原料炒制的烹调方法,如北京菜"炒三泥(桃园三结义)"等。

2)用茸泥制品炒制的烹调方法(茸泥制品是指加入调味料的泥茸状原料),如宫廷菜"鸡茸炒牛奶"等。

3)液体原料(如鸡蛋液)加入调味品(如糖、水淀粉等)用文火温油炒制的方法,如北京菜"三不粘"(河南风味称"桂花蛋")。

4)泥茸状原料用汤或水澥制加入调料调拌成粥稠状,再加入适量调味品后进行炒制。此法又有用温油炒制、用温油吊摊成片再炒制、用温油泼滑至片状再炒制三种方法,如不同风味或风格的"炒芙蓉鸡片"。

(3)操作要点

1)必须按顺序调制茸泥制品,其工艺流程是:选料→剁斩原料制成泥茸→过罗→

加汤调制→加入姜汁→调拌均匀后加入食盐再拌匀→加入湿淀粉调匀。

2）用汤或水将泥茸状主料调成粥稠状,过罗后调澥主料,先不要加入调味,也不可用力搅拌,因用力搅拌易使原料变稠而不好过罗,加水或汤也不宜过量,否则影响炒制。

3）有些软炒菜主要原料下锅后,要立即用手勺急速推动,使其全部均匀地受热凝结,以免挂锅边。如果发生挂锅边现象可顺锅边点少许油,再行推炒至主料凝结为止。

4）有些软炒菜的主料炒成棉絮状即可,如炒鲜奶,不可过分推炒,以免脱水变老。

5）软炒菜的用油量要把握准确,量多易腻,量少则易煳锅。

6）有的软炒菜主料下锅前要搅一下,以防因淀粉沉淀而影响质量。

(4) 代表菜品。有北京菜和山东菜的"炒芙蓉鸡片"、广东菜"炒鲜奶"等。

 实例 炒鸡茸银耳

主料： 鸡胸肉 100 g,水发银耳 75 g。

配料： 蛋清 100 g,牛奶 50 g,黄瓜片 50 g,胡萝卜片 50 g。

调料： 淀粉 25 g,味精 5 g,白糖 10 g,料酒 10 g,姜末 5 g,葱末 5 g,花生油 50 g,鸡汤适量。

制法：

1）将鸡胸脯肉斩成茸入碗,加入蛋清、牛奶、淀粉,打匀待用。

2）将水发银耳择洗干净,用鸡汤煨烂入味后捞出待用。

3）将花生油加热至 120 ℃左右时,加入调好的鸡茸液,待浮起后捞出,用开水焯洗去浮油,并倒出余油。

4）将油加热,加入葱末、姜末煸炒,再入鸡茸、银耳、鸡汤、调辅料,煮沸后稍煨片刻收汁、淋芡入明油盛盘即可。

特点： 菜品软嫩,色彩艳丽,清淡爽口。

6. 抓炒

(1) 概念。抓炒原为清朝宫廷菜中的烹调方法。将刀工处理后的主料,经过浆糊着衣处理,用手抓制,过油并用兑汁芡快速炒制,称为抓炒。

(2) 操作要点

1）选用质地鲜嫩或脆嫩、鲜味充足的动物性烹饪原料为主料。

2）刀口形态为较厚的片或块。

3）原料必须经过浆糊着衣处理,糊不能厚,薄薄一层即可,用手抓制,进行过油炸制，以透为度，随之用碗芡与主料一起快速炒制。

4）兑汁烹炒，其芡型为软流芡，芡量较少，以裹抱住主料为度，其味为小糖醋味型。

（3）代表菜品。有清宫菜"四大抓"："抓炒腰花""抓炒虾仁""抓炒里脊""抓炒鱼片"，以及其他派生菜品。

 实例　抓炒鱼片

主料： 净鱼肉（以鳜鱼为好）150 g。

调料： 白糖 15 g，醋 5 g，湿淀粉 100 g，酱油 10 g，料酒 7.5 g，味精 1 g，葱末 2.5 g，姜末 2.5 g，花生油 75 g，精盐 1 g。

制法：

1）将净鱼肉片成 3.3 cm 长、2 cm 宽、1 cm 厚的片，用湿淀粉（85 g）抓匀浆好。

2）炒锅上旺火倒入花生油加热至 130 ℃左右，将浆好的鱼片逐片放入，待鱼片外皮焦黄时即可捞出沥油。

3）将兑好的碗汁（酱油、醋、白糖、料酒、精盐、味精、湿淀粉 15 g、葱末、姜末）与鱼片下入原锅，颠翻均匀，出锅入盘即可。

特点： 外香微脆内嫩软，酸甜适口。

7. 水炒

（1）概念。将原料用开水余焯后，兑汁颠炒的烹调方法，或者用少量开水代替油炒制原料，此法即称为水炒。

（2）操作要点

1）水炒原料为动物性烹饪原料，要上浆。

2）用水直接炒制时，注意掌握火候。

（3）代表菜品。有"水炒肉片""水炒鸡蛋"等。

二、爆

爆是以加工整理好的脆嫩或柔嫩的新鲜烹饪原料为主料（可加入植物性原料为配料），先用油（或水）加热为第一道工序，或先过水后过油进行两次加热，或者直接用油烹制，再用芡汁进行快速烹调的方法。广东与其他一些地区称爆为泡。

爆法主要工艺流程（有四种）：

（1）刀工花刀处理 ──┐
　　 刀 工 处 理 ──┴─→ 水焯 ──→ 油炸 ──→ 爆制
　　　　　　　　　　　　　　└─→ 油滑

（2）刀 工 处 理 ──→ 上浆 ──→ 油炸 ──→ 爆制
　　　　　　　　　　　　　　└─→ 油滑

（3）刀工处理 ──→ 爆制

（4）刀工处理 ──→ 水焯 ──→ 爆制

爆菜的一般要求是主料质地脆嫩或柔嫩，多以动物性原料为主料，可相应配以植物性原料为辅料，加热时间短、急、速、烈，芡汁多为抱汁芡，火候要求非常严格。绝大多数爆菜要水焯、油炸或油滑、爆制一气呵成。根据加热媒介和配料、调料、芡汁等特点，爆可分为油爆、芫爆、酱爆、葱爆、汤爆、水爆等多种方法。

1．油爆

（1）概念。将加工成丁、花刀、片、条等形状的小型原料，经过上浆后油滑，或者水焯后油炸，进而在油锅中旺火速成的烹调方法。

（2）方法。油爆有以下两种方法。

1）主料不上浆，只用沸汤烫一下，捞出放入热油中速炸，而后与配料兑汁芡爆制。

2）主料上浆后用温油滑制，而后入芡汁爆制。

（3）操作要点

1）选用质地细嫩、组织紧密结实或者软中带有一定韧脆性的动物性原料为主料，如肚仁（肚仁是将肚领去外皮与内膜油脂后的成品）、鸡（鸭）胗、鱼肉、鸡胸脯肉、里脊肉等，可选用相应的植物性原料为配料，如玉兰片、核桃等。

2）原料刀口为较小的丁、片、条、段等形态，或加工成花刀的块状刀口，刀工要精细。

3）将主料用沸汤烫过，时间不可长，以免变老，烫后要控净水，主料下油锅快速油炸，油量一般为主料的一倍。

4）主料上浆之后可加些油拌匀，使之便于滑散。

5）芡汁的芡型应以抱汁芡为主，要均匀地包裹主料，芡汁抱紧而明亮，食后盘内无芡汁。

6）不宜使用深色调料，成品色泽清淡和谐，可奶色，也可本色。

7）旺火速成是油爆菜的关键，水焯→过油→烹汁，或过油→烹汁，其步骤一定要连续进行，动作迅速、技术娴熟、快而稳。

（4）代表菜品。有"鸡里蹦""油爆双脆""油爆肚仁""油爆海螺片""油爆鲜带子"等。

实例 油爆肚仁

主料： 羊肚仁 150 g。

调料： 青蒜 50 g，葱白 1.5 g，清汤 5 g，湿淀粉 7.5 g，牛奶 5 g，姜汁 5 g，蒜汁 10 g，精盐 1.5 g，味精 1 g，油 50 g。

制法：

1）将羊肚仁切成 2 cm 长、1.8 cm 宽的块，青蒜切成 1.5 cm 长的短段，葱白切成豆瓣葱，将姜汁、清汤、湿淀粉、牛奶、蒜汁、味精、精盐、葱、青蒜一并放入碗中调成芡汁。

2）将羊肚仁用沸汤烫一下后，用旺火热油炸过，出锅沥油，主料回原锅兑入芡汁颠翻均匀，出锅装盘即可。

2. 芫爆

（1）概念。以脆嫩或柔嫩鲜味充足的原料为主料，以香菜（芫荽）为主要配料（兼为调料），保持菜品本色，无芡清淡的爆制烹调方法称为芫爆。

（2）方法。芫爆有以下三种方法。

1）以刀工处理后的脆嫩原料为主料，水焯过油后一气呵成爆制成菜，如北京风味的"芫爆散丹"等。

2）鲜嫩原料刀工处理后上浆，油滑，而后爆制成菜，如山东风味的"芫爆里脊"等。

3）刀工处理的熟制原料先用水焯，再煨、㸆，而后爆制成菜，如天津清真风味的"芫爆散丹"等。

（3）操作要点

1）选用质地细嫩或脆嫩的动物性原料为主料，以香菜为配料，兼作调料。

2）传统芫爆菜的刀口为条形，也可加工成丝、片等多种刀口。

3）主料上浆处理后用水焯或过油的方式进行第一道工序。

4）主料不上浆的要水焯、过油、爆制连续快速操作。

5）香菜不应过早投入，以出锅前投入为好。

6）有些地区的芫爆风味，不能吃出葱、蒜的味道，而是突出煨、㸆鲜味，如天津风味的"芫爆散丹"。

7）不用芡汁处理，不可加入有色调味品。

（4）代表菜品。有山东风味的"芫爆里脊条（丝）""芫爆鸡条"，北京风味的"芫爆鱿鱼卷"等。

实例 芫爆里脊丝

主料： 猪里脊250 g（可用通脊）。

配料： 香菜50 g。

调料： 葱丝25 g，蒜片5 g，姜丝10 g，醋5 g，料酒10 g，味精2 g，食盐5 g，淀粉25 g，胡椒粉2 g，香油5 g，鸡汤80 g，蛋清50 g，油75 g。

制法：

1）将净里脊切成丝，用蛋清粉浆上浆，拌入少许油。

2）香菜梗切成3 cm长的段。

3）取料酒、食盐、味精、胡椒粉、醋、鸡汤兑成调味汁。

4）炒锅上火，放入油，至油温热至120 ℃左右时下入里脊丝，迅速滑散至熟后捞出沥油。

5）原锅上火，下入葱、姜、蒜略煸，煸出香味后下里脊丝，倒入调味汁，迅速颠翻，随即入香菜，炒匀后淋入香油出锅装盘即可。

特点： 白绿相间，咸鲜香适口。

3. 酱爆

（1）概念。酱爆是将加工炒制好的酱汁抱裹于经过过油或焯煮的鲜嫩主料上的烹调方法，实质上应属炒法范畴。但根据业内惯例，此法放在爆的范畴。酱爆是酱汁抱紧主料，准确地说应是酱抱。

（2）方法。酱爆有以下两种方法。

1）以生料为主料经过上浆、油滑，而后用酱汁包裹主料的烹调方法为酱爆的基本方法。

2）以熟料为主料，用炒酱的方法将酱抱裹在主料上的方法是酱爆的派生方法。

（3）操作要点

1）一般选用质地细嫩新鲜的动物性原料为主料，传统上无配料，现也可加入质地细嫩爽脆的植物性原料为配料。

2）刀口多为丁、条、片、丝状。

3）主料上浆、油滑为酱爆第一道工序；主料经前期热处理水煮后可直接用酱爆炒。

4）要将酱类调料煸炒出香味后再下入主料，不用芡汁处理，以烹制加热过程中形成的自来芡为主。

5）酱爆的关键是炒好酱，酱的数量一般相当于主料的五分之一。炒酱的用油量相当于酱的二分之一,油多酱少则窝油、挂不上主料,油少酱多则易煳锅。油和酱的比例也不是绝对的,可视酱的稀稠而增减油的用量,一般酱稀的用油多些、酱稠用油少些。要把酱炒熟、炒透、炒出香味来,不可有生酱味。

6)注意火候,火大了酱易煳发苦;火小了酱挂不上主料。做到食后盘内只有油而无酱是酱爆菜的特色。

(4)代表菜品。有广东菜"酱爆花枝片"、香港菜"XO酱爆海鲜"、北京菜"酱爆鸡丁"、山东菜"酱爆肉条""酱爆肉丁"等。

 实例 酱爆鸡丁

主料: 鸡脯肉150 g。

调料: 黄酱35 g,鸡蛋清1 g,白糖20 g,湿淀粉7.5 g,姜汁2.5 g,料酒7.5 g,香油2.5 g,油40 g,食盐5 g。

制法:

1)将鸡脯肉切成大小为 0.8 cm^3 的丁,逐渐加入清水、鸡蛋清、食盐、湿淀粉等,拌匀浆好。

2)炒锅上旺火烧热后注入油,放入鸡丁,油滑断生时出锅沥油。

3)原炒锅上中火,用适量油将酱炒透,待出香味时加入白糖,搅匀后迅速加入料酒、姜汁,随下鸡丁,旺火爆制,颠翻均匀,使酱汁裹抱主料后点入明油,出锅装盘即可。

特点: 酱香味浓郁,甜咸适口,抱汁,色泽金红。

4. 葱爆

(1)概念。葱爆是以大葱为主要配料兼调料的一种爆制方法。

(2)方法。葱爆有以下三种方法。

1)主料不上浆、不腌制、直接上炒锅与调料共同爆制。

2)主料不上浆,腌制后上炒锅爆制。

3)原料经上浆、过油后与芡共同爆制,如北京菜"葱爆肉"(过油法)。

葱爆又分带芡葱爆和无芡少汁葱爆两类,多为无芡少汁葱爆。

(3)操作要点

1)选用质地软嫩、新鲜,带有微膻气味的动物性原料,以羊肉为佳。

2)刀口多为片状,也有丁状,如山东风味的"大葱爆羊肉丁"。

3)爆制主料时锅要热,油要宽,油温较高,火力较旺,下料及时,翻拌烹制成熟。

（4）代表菜品。有"葱爆鸭心""葱爆牛肉""葱爆鸡肉"等。

 实例　葱爆羊肉丁（山东）

主料： 羊肉 250 g。

配料： 大葱 250 g。

调料： 鸡蛋清 5 g，酱油 3 g，精盐 2 g，料酒 15 g，味精 1 g，湿淀粉 30 g，香油 5 g，油 50 g。

制法：

1）将羊肉片成 1.2 cm 厚的片，两面交叉剞花刀，再切成 1.2 cm 宽的长条，顶刀切成方丁，放入碗内，加入鸡蛋清、精盐（1 g）、湿淀粉（15 g）搅匀。将大葱一剖为二，改切成 1.2 cm 的段备用。

2）取一空碗，放入精盐（1 g）、酱油、料酒、味精、湿淀粉（15 g）搅匀成汁。

3）炒锅上旺火，放入油、羊肉丁，用铁筷子拨散，再放入葱段搅散迅速捞出，沥油；原锅留少量油，放入羊肉丁、葱段爆炒，兑入芡汁翻炒，淋入明油，颠翻均匀出锅装盘即可。

特点： 羊肉滑嫩，鲜香不膻。

5. 汤爆

（1）概念。汤爆是将加工处理后的脆嫩或柔嫩鲜味充足的动物性原料，用开水或沸汤氽烫捞入碗中，再以鲜汤浇上即成菜品的烹调方法。食用时蘸胡椒粉、香菜末、虾油等调味品。也有汤中有调味品不再随上料碗的。

（2）操作要点

1）选用质地细嫩或软中带韧脆的动物性原料为主料。

2）不需浆糊着衣处理，直接烫制即可。汤要沸热，原料要适量，烫制时间要短，以原料断生为度。

（3）代表菜品。有湖南菜"汤泡鱼生"、北京菜"汤爆双脆"、四川菜"汤泡肚头""汤爆里脊丝"等。

 实例　汤爆肚尖

主料： 猪肚尖 200 g。

配料： 干口蘑（或竹荪）10 g，油菜心 25 g。

调料： 姜片5 g，鸡汤500 g，精盐3 g，料酒5 g，胡椒粉1 g，鸡油10 g。

制法：

1）将净肚尖里面剞成蓑衣形花刀，将泡发好的口蘑片成片并与净油菜心待用。

2）炒锅上旺火，倒入鸡汤，放入口蘑片、姜片、精盐（2 g），待汤烧开后，撇净浮沫，下油菜心，随即把汤倒入大碗，淋上鸡油。

3）将炒锅内注入开水，加入料酒、精盐（1 g），旺火烧开，放入肚片氽一下，迅速捞出装盘，撒上胡椒粉，连同鸡汤一起上桌，将肚片倒入鸡汤内即成。

特点： 色泽白净，口感脆嫩，鲜香清淡。

6. 水爆

（1）概念。水爆是将经过刀工处理的脆嫩的动物性原料，用沸水氽烫捞出入汤盘（微带水汁），另配佐餐料碗、味碟一并上桌的烹调方法。此法为北京菜特殊烹调方法之一。

（2）操作要点

1）选用软中带韧的动物性原料为主料，原料多为羊、牛的胃（肚），以当天进货当天用为宜，冷冻品种不可使用。

2）原料加工的刀口以丝条状为主。

3）不需要着衣处理，直接用沸水烫爆。烫的时间极短，否则会变老。如肚板17秒，肚领20秒等。

4）调料料碗一般为酱油、芝麻酱、醋、辣椒油、酱豆腐。味碟为香菜、葱花等。

（3）代表菜品。有"水爆肚领""水爆肚仁""水爆散丹""水爆百叶""水爆杂样"等。

三、炮

炮是以刀工处理过的动物性原料为主料，以葱为主要配料兼为调料的一类烹调方法。从技术上看，爆与炮是有区别的，爆菜一般（除水爆外）颠翻原料，而炮菜原为用手勺或筷子在铛或炒勺加热时，边调味、边拨动原料使之成熟的方法。现炒勺内也可用颠炒法。清真菜善用此法。

炮一般分为铛炮、家常炮、油炮、新疆炮等多种。

1. 铛炮

（1）概念。将刀工处理后的动物性原料和调料放在炮铛上，用旺火热油并不断地用手勺或筷子将其拌拨，使肉熟、汁少、微干或无汁、微干的烹调方法，称为铛炮。

（2）操作要点

1）选用鲜嫩肥瘦适宜（一般瘦六肥四）的动物性原料，以羊肉中的大三岔最好（大三岔是三岔肉、元宝肉、黄瓜条等部位肉的合称）。

2）传统上的铛炮肉其调味除一般应有的斜葱丝、姜米汁、蒜米汁、酱油、醋外，还有酱豆腐汁、花椒水等。

3）铛炮肉一般用饼铛，但以炮铛炮制为好。炮铛是一块圆形无边、中间稍微凹陷、直径 52.8~72.6 cm、板厚约 1 cm 的熟铁板。

（3）代表菜品。有北京风味的"铛炮肉""炮煳"等。

 实例　炮煳

主料： 羊肉 250 g。

配料： 葱斜丝 100 g，香菜段 50 g。

调料： 姜米 10 g，蒜米 20 g，醋 5 g，酱油 20 g，香油 25 g，卤虾油 25 g。

制法：

1）选净羊大三岔部位，切成 6.6 cm 长的薄片。

2）将铛烧热下香油（也可用炒勺代替），随下羊肉、醋、姜米，拨煸至水气收干时，下入酱油、蒜米、卤虾油继续煸制至干，下入葱斜丝再煸至肉发微煳出香味时，点入醋、蒜，下香菜拨煸均匀出铛即可。

特点： 质地酥柔，虽干不艮，口感微煳发香，咸香不腻。

2. 家常炮

（1）概念。家常炮是以加工好的鲜嫩动物性原料为主料，与葱加上其他调味品，在炒锅中旺火煸制、拌拨（可少翻颠），使之成熟的烹调方法。其成品无芡少汁或无汁。

（2）方法。家常炮有腌制与不腌制两种方法。

1）原料经刀工处理后，直接在炒锅上拨拌煸制调味。

2）原料经刀工处理后进行腌制，而后在炒锅上进行拨拌煸制的烹调方法。

（3）操作要点

1）传统上家常炮多用羊肉制作，选用部位以羊后腿大三岔部位为好，调味品不宜放入白糖、味精，其目的是保持原料本味。

2）家常炮以拨拌煸制为宜，也可用颠锅法，但颠锅次数要少，否则易出汤。

3）调味放醋，可放两遍，先放醋去异味，后放醋增香味。

(4)代表菜品。有"炮羊肉""炮肉加白果(白果:北京对鸡蛋的传统雅称)"。

3. 油炮

油炮又称过油炮,是指主料上浆油滑后与葱及其他调料用旺火拨拌煸制的快速无芡少汁或无汁的烹调方法,如河北清真菜"河间炮肉"等。

有些菜品,如"炮三样""炮两样"和"炮羊肝"等,尽管它们的菜品都冠以"炮"字,但从烹饪工艺分析,它们不应属于"炮法",应属于爆炒菜的范畴。

4. 新疆炮

新疆炮肉是富有浓郁西域特色的新疆风味的炮肉方法。主料多为新疆的肥瘦适宜的羊后腿肉,不上浆,有过油和不过油两种方法。以圆葱为主要配料兼为调料并配以胡萝卜、鲜椒、番茄、香菜等;调料多用干椒、胡椒粉、食盐、醋等,不用酱油;其味型辣酸浓香。

四、熘

熘是将切配后的片、条、丝、丁、块等小型刀口或整形刀口(多为鱼类或禽类)的新鲜原料用过油、蒸制、煮焯等不同的加热方式制成半成品,而后用芡汁粘裹或浇淋芡汁成为菜品的烹调方法。

熘的特点是突出汁芡的应用,其芡汁的宽窄度也因菜品不同而不相同,量最少的汁芡也比炒菜、爆菜的汁"大"一些、"熘"一些(这里的"大"是指汁宽、多;"熘"是指汁芡的浓稠度浓)。

熘按其质感划分有焦熘、滑熘、软熘等;按其味型划分有糖熘、糖醋熘、醋熘、糟熘等;按其汁芡使用划分有锅中熘制、锅外浇淋两法;按其汁芡制作划分有兑汁熘制和炒汁熘制两法。

1. 焦熘

(1)概念。焦熘又称炸熘、脆熘,是先将主料拍粉或挂糊过油炸制酥脆,或外焦里嫩,或外焦里酥等,再用芡汁熘制的一类烹调方法。

(2)方法

1)锅中熘制法。锅中熘制法是将兑好的碗汁芡或者炒好的汁芡在炒锅中与经过炸制的主料一起加热翻颠拌匀制成熘菜的烹调方法,是焦熘的一种方法。此法适用于小型刀口的主料,如"糖醋鱼块""焦熘肉片"等。

2)锅外浇淋法。锅外浇淋法是将炒好的汁芡浇淋在经过炸制后入盘的主料上,此法为焦熘的另一种方法,适用于剖刀处理的整形原料或块形原料,如各种风味的"糖醋鱼""菊花鱼"等。

（3）操作要点

1）多选用质地新鲜、细嫩、无异味的动物性原料为主料。

2）主料多加工成片、块、条等刀口形态，整只、整条、整形的原料使用时需用花刀刀口处理。

3）主料一般需要调料腌制入味。

4）要选用适宜的着衣处理方法，拍粉或挂糊要均匀。

5）制作时要灵活掌握火候，按菜品质感要求，控制炸制成熟度。

6）汤汁要适宜，芡汁黏稠度要适宜，出锅要及时，装盘要美观。

7）焦熘按味型一般有三种：糖醋熘味型、甜熘味型、咸鲜味型。

（4）代表菜品。有北京菜"焦熘鱼片""菊花松子鱼""菠萝咕噜肉"、河北菜"金毛狮子鱼"、安徽菜"葡萄鱼"、江苏菜"松鼠鳜鱼"、香港菜"柠汁脆皮鱼"等。

 实例 菠萝咕噜肉

主料： 猪夹心肉 150 g。

配料： 菠萝 50 g，青椒 20 g，胡萝卜 20 g。

调料： 糖 50 g，辣酱油 5 g，白醋 10 g，食盐 5 g，料酒 20 g，油 50 g，番茄酱 20 g，蒜蓉 10 g，淀粉 100 g。

制法：

1）将猪夹心肉切成菱形块，用料酒、食盐腌制入味，菠萝、青椒、胡萝卜切块，焯煮后待用。

2）将糖、白醋、辣酱油、番茄酱、食盐、水兑制成糖醋汁。

3）将肉块挂水粉糊，下入约140 ℃的温油中，炸至定形、成熟、沥油。

4）原锅留少许底油，下入蒜蓉煸炒出香味后倒入兑好的糖醋汁，用水淀粉勾芡，放入控净炸油的肉块、菠萝、青椒、胡萝卜，迅速翻炒，使糖醋汁包裹住原料即成。

特点： 色泽鲜红，口味甜酸咸香，口感外焦里嫩，芡汁明亮，紧抱原料。

2. 滑熘

（1）概念。滑熘是由滑炒发展而来的，是以刀工处理后的软嫩原料为主料，上浆油滑后熘制，使其成品明汁亮芡、清淡醇厚的烹调方法。

（2）方法

1）按芡汁使用方法分有兑汁法、挂芡法，前者用于小型刀口原料，如"滑熘里脊"等，后者用于较大的片状刀口，如"滑熘鱼片"等。

2）按成品色泽分有本色、奶色、赤色、金黄色、枣红色等多种。

（3）操作要点

1）选用质地细嫩、新鲜、无异味的动物性烹调原料为主料。

2）主料加工成片状，上浆（内有调味）后油滑处理。上浆要均匀适度，油滑过程要灵活掌握火候。

3）兑制芡汁或挂制芡汁都要把握芡汁的浓稠度和数量，要做到明油亮芡。

（4）代表菜品。有天津菜"滑熘鸭肝"、广东菜"蚝油牛仔柳"、山西菜"过油肉"、北京菜"滑熘鱼片"等。

 实例 滑熘里脊市樨

主料： 羊里脊 150 g，鸡蛋 150 g。

调料： 牛奶 100 g，精盐 3 g，料酒 5 g，味精 3 g，淀粉 40 g，直葱丝 10 g，姜米 5 g，蒜米 5 g，鸡油 25 g，花生油 75 g。

制法：

1）将净羊里脊切成稍斜的 3 mm 厚的片，牛奶澥开加入少许精盐，再加入鸡蛋清、淀粉浆好。鸡蛋磕入碗内，抽打均匀。

2）将料酒、精盐、味精、水淀粉、直葱丝、姜米、蒜米放一碗内，调成芡汁。

3）炒勺上火烧热后，倒入花生油，将羊里脊下锅滑至断生，倒出沥油；原勺留底油上火，将鸡蛋摊熟、划开，再将里脊片倒入，放入配好的芡汁，颠炒至汁料裹匀，淋入鸡油，出勺装盘即可。

特点： 色泽淡雅，口感柔软滑嫩。

3. 软熘

（1）概念。软熘是先将原料中的主料经过刀工处理后，用汽蒸或焯煮等方法加热至熟，而后用芡汁熘制的烹调方法。

（2）操作要点

1）选用质地细嫩、滋味鲜美的动物性原料为主料，也可选用软嫩豆腐或菌类为主料。

2）主料可加工成较厚大的片状或块状刀口，也可用加工成茸泥制品，整料形态的原料需要经花刀处理。

3）软熘的第一道工序可采用汽蒸或焯煮热处理。

4）芡汁浓稠度、宽窄度要准确适当；色泽、口味要准确、恰到好处。

（3）代表菜品。有福建菜"软熘鲤鱼"、天津菜"软熘鱼扇"、淮扬菜"软熘鸭心"、浙江菜"软熘鲈鱼"、湖南菜"熘嫩羊丝"、北京菜"软熘虾仁""软熘肝尖"等。

 实例　西湖醋鱼

主料：活草鱼 700 g（1条）。

调料：姜末 1.5 g，白糖 60 g，料酒 2.5 g，酱油 75 g，醋 50 g，湿淀粉 50 g。

制法：

1）将饿了两天的活草鱼宰杀洗净。

2）把鱼身片成两片，连背脊骨的一片称雄片，另一片称雌片，除去牙齿。在雄片上，从颔下 4.5 cm 处开始，每隔 4.5 cm 斜片一刀（刀深约 5 cm），刀口斜向头部（共片 5 刀），片第三刀时，在鱼鳍后切断，使鱼分成两段。再在雌片脊部厚肉处向腹部斜剖一长刀（深 4~5 cm），不要损伤鱼皮。

3）将炒锅上旺火，加入清水 1 000 g，烧沸后将雄片前后两段相继放入锅内，然后，将雌片并排放入，鱼头对齐，皮朝上（水不能淹没鱼头，胸鳍翘起），盖上锅盖。待水再沸时，揭开盖，撇去浮沫，转动炒锅，继续用旺火烧煮约 3 分钟，用筷子轻轻地扎鱼的雄片颔下部，如能扎入，即熟。炒锅内留下 250 g 汤，余汤撇去，放入酱油、料酒和姜末调味后，将鱼捞出，装入盘中，鱼皮朝上，两片沓沓相连，鱼尾段拼接在雄片的切断处。

4）在炒锅内的汤汁中加入白糖、水淀粉、醋，用手勺推搅成浓汁，见滚沸起泡时立即起锅浇在鱼身上即成。

特点：色泽红亮，肉质鲜嫩，酸甜适宜。

4. 糖熘

（1）概念。糖熘是注重突出甜味的一种熘制烹调方法。

（2）操作要点。糖熘制作基本同于焦熘、软熘、滑熘。主要在于熬糖汁，要注意糖汁的甜度、浓稠度、清洁度。

（3）代表菜品。有"糖熘卷果""糖熘格炸"等。

5. 糖醋熘

（1）概念。糖醋熘是注重突出酸甜味的一种熘制烹调方法，制作基本同于焦熘、软熘、滑熘。

（2）操作要点。糖醋熘制作主要在于掌握糖醋的比例，要按地区、风味、菜品等的不同掌握好糖醋汁的口味、浓稠度、清洁度。

（3）代表菜品。有北京菜"丰收玉米鱼"、山东菜"糖醋鱿鱼卷"、广东菜"糖醋花枝片""五彩糖醋丸"等。

6. 醋熘

（1）概念。醋熘是调料中含醋的一种熘制烹调方法。制作方法基本接近或同于焦熘、软熘、滑熘。

（2）操作要点。应注意掌握酸味的程度。酸味的口感有两种，一种是突出酸味，一种是要感到有酸味。因此，不同菜品醋的比例不一样，尤其是要感到有酸味的菜品稍难掌握，如北京清真菜中的"醋熘肉片"等。

（3）代表菜品。有福建菜"醋熘肉卷"、四川菜"醋熘鸡块"、江苏菜"醋熘雀脯"、北京菜"醋熘肉片""醋熘白菜"、东北菜"醋熘大丰收""醋熘鸡丁"、湖北菜"醋熘皮蛋"等。

7. 糟熘

（1）概念。糟熘是调味过程中，注重突出糟的醇厚浓香口味的一种熘制烹调方法。操作方法与滑熘、软熘等方法基本相同。

（2）操作要点。糟熘关键在于酒糟的运用，在调味过程中要加重糟香的口味。

（3）代表菜品。有北京菜"糟熘鸭三白"、山东菜"糟熘牡丹鱼"、浙江菜"糟熘鱼白"、福建菜"蛋糟炒鲜竹蛏"。

 实例 糟熘鱼片

主料：鳜鱼肉 125 g。

配料：水发木耳 15 g。

调料：清汤 100 g，鸡蛋清 25 g，湿淀粉 25 g，香糟汁 20 g，白糖 10 g，姜汁 5 g，精盐 0.5 g，油 75 g。

制法：

1）用凉水将鱼肉泡 2 小时，捞出控去水，片成坡刀片或长方片，用鸡蛋清、湿淀粉 10 g 抓匀浆好；将水发木耳放入开水里烫一下，捞出散放在汤盘中。

2）炒锅上旺火，热后注入油，加热至 120 ℃左右，鱼片逐片投入，滑到断生，出锅沥油。

3）原锅上火，放入清汤、姜汁、精盐和白糖烧开，放鱼片和香糟汁，挂匀水淀粉，待汁变稠，翻勺，淋入少许明油即成。出锅时将鱼片覆盖在木耳上面。

特点：质地软嫩，鲜香适口。

五、爆炒和熘炒

爆炒和熘炒是两种特殊的烹调方法。从烹调工艺角度讲，它们是两种烹调方法的过渡法。爆炒是介于爆和炒两者之间的烹调方法；熘炒是介于熘和炒两者之间的烹调方法。在实践中，各地区对这两种烹调方法的解释不一样。爆炒、熘炒应属于双重烹调方法的范畴。

第三节 炸 和 烹

一、炸

炸是将经过加工整理过的主料在较高温度的多量油中进行加热，使成品达到或焦脆或软嫩或酥香等不同质感的烹调方法。炸法是以油作传热介质的烹调方法，同时在炸制原料的过程中，油又起着调味的作用，就是油对主料去异味、增香味的调味。炸法无汤汁、无芡汁。炸菜成品一般需要附带辅助性配料配食，即佐餐调料（料碗或味碟）。炸菜按菜品质感划分有干炸、软炸、酥炸、脆炸等；按主料着衣划分有清炸、碎屑料着衣炸、浆糊拍粉着衣炸等；按加热方式有过油炸、油淋炸、油浸炸等。按油温划分有高温油炸（热油炸）、中温油炸（温油炸）、低温油炸（冷油炸）三类。

1. 清炸

（1）概念。清炸是将经过刀工处理的主料用调料腌制，一般不拍粉、不挂糊，直接用油加热烹制的烹调方法，或经前期热处理定形后直接炸制。

（2）操作要点

1）选用质地较为细嫩、鲜味充足的动物性原料。

2）原料刀口多为块状，如使用整形原料形体应较小。

3）原料应腌制入味、确定口味，以六七成口味为宜，业内称为"底口""基本口味"。清炸的特点是不拍粉、不挂糊。

4）掌握火候，因为一般主料不挂糊、不拍粉，外面没有保护层，要把这种主料炸至外焦里嫩或鲜嫩可口，就必须根据原料的质地老嫩、形态大小准确掌握火候。形态小的主料要用高温油炸两次或多次。如果主料块小传热快，长时间在高温油中炸制会过多失去主料中的水分，从而导致老而不嫩，因此以重油炸法（又称油隔炸法）为好，这样可以达到外焦里嫩的目的。形态大的主料开始应用高温油，以保持主料形态不变，中途改用温油炸，以使油温逐渐渗入主料体内，出锅前再改用高温油炸，使主料内不含多余的油。形态大的原料根据情况也可用重油炸法。在炸制原料的过程中，根据原料在油中的变化，可用筷子、手勺、漏勺随时翻动，使之受热均匀。

5）清炸菜的成品需附带辅助性调料配食，即佐餐调料（料碗或味碟）。

（3）代表菜品。有北京菜"炸佛手""清炸鸭胗肝""清炸小黄鱼""清炸仔鸡"、山东菜"清炸里脊"、四川菜"清炸猪排"，以及炸薯条、炸花生米、炸小馒头等。

2. 干炸

（1）概念。干炸又称焦炸，与清炸近似，是将原料炸制成干、香、脆质感的烹调方法。

（2）方法

1）着衣炸法有拍粉干炸法和挂糊干炸法。拍粉干炸法是将加工好的主料腌制入味后，拍蘸干淀粉或干面粉而后炸制的方法；挂糊干炸法是将加工好的主料腌制入味后，挂干炸水粉糊炸制的方法。

2）茸泥制品球丸干炸法是将原料加工成茸泥制品，挤成球丸，直接用油炸制的方法。

3）蒸后干炸法是将原料加工成茸泥制品，经过包裹或直接蒸制成熟定形，而后加工成块状再干炸的方法。

4）按炸制次数划分有单次炸法、复次炸法等，因料因菜而异。

（3）操作要点

1）选用质地较为细嫩、鲜味充足的动物性烹饪原料。

2）主料刀口形态多为块状、整料状（如鱼）、圆形（如丸子）。

3）油量、油温要控制好，炸制后的成品应具有外焦里嫩的口感。

4）干炸菜的主料炸制时间应长一些。一般开始时用旺火高温油，属定形炸；中途改用温火或小火，这样才能把主料炸得里外受热均匀，属渗透炸；出锅前还要用高温油炸一下，防止主料含多余的油，属吐油炸。

（4）代表菜品。有淮扬菜"干炸鲥鱼"、广东菜"干炸虾筒"、山东菜"干炸赤鳞鱼"、北京菜"干炸墨鱼卷""干炸里脊"、浙江菜"干炸响铃"等。

3. 软炸

（1）概念。软炸是将加工好的主料挂软炸糊，用油将其炸制成软嫩或软酥质感的烹调方法。

（2）软炸糊的种类

1）经济型水粉软炸糊，用面粉加水和少许小苏打调制而成。此糊特点是经济，成品成熟后放置时间长，其形态不易抽缩，不易凹陷，但营养会受少量破坏。

2）简易型全蛋软炸糊，用蛋液与面粉或淀粉或兼而有之（以7∶3或6∶4的面粉、淀粉比例为宜），加其他调料和料酒、食盐调制而成。其特点是质地软酥、呈金黄色。

3）传统型蛋清软炸糊，用蛋清与面粉或淀粉或兼而有之，加上其他调味料调制而成。其特点是色泽雅白、质地软嫩。

4）典雅型蛋泡软炸糊，蛋泡糊是理想的软炸糊。其特点是典雅华贵，加工技术性强。

（3）操作要点

1）选用质地细嫩新鲜无异味的动植物性烹调原料，原料多加工成条、块、片等刀口形态。

2）动物性原料需用调料腌制入味，植物性原料可直接挂软炸糊炸制。

3）可一次炸制也可重油炸制，挂糊后一般先用温油进行初步炸制，使原料初步定形成熟后再用高温油炸，使原料最后定形成熟并定色，主料在高温油中的停留时间较短，以能减少水分散发而软嫩可口为度。

4）挂糊下料入油时要逐个下入，炸后要掐去尖叉部分，使其外形美观。

5）佐餐调料的摆放方法有三种，一是放在菜品盘内边上，二是撒在菜品表面，三是随菜品另放味碟、料碗。

（4）代表菜品。有北京菜"炸香椿鱼""软炸大虾"、广东菜"软炸时蔬"、浙江菜"软炸鲈鱼柳"、四川菜"软炸鸡块"、北京清真菜"炸卧虎饼""炸羊尾"等。

4. 酥炸

（1）概念。酥炸是将加工好的主料挂酥炸糊炸制，或者将加工好的主料经过蒸、卤之后，直接或挂糊炸制使成品具有酥香质感的烹调方法。

（2）方法

1）着衣炸法。着衣炸法是将加工好的主料挂酥炸糊的炸法。酥炸糊有两种，一种是发粉糊，其制法前文中有详细介绍；另一种是香酥糊，用鸡蛋、面粉（也可加入淀粉）、油、水和其他调味品（食盐、胡椒面等）调制而成，其中油、鸡蛋都有起酥的作用。

2）直接炸制法。主料用调料腌制、汽蒸或卤制等进行前期热处理将其制熟后，再用油直接炸制，或挂糊炸制。

（3）操作要点

1）多以细嫩新鲜的动物性原料为主料，也可用经过蒸、卤等前期热处理制熟的动物性原料为主料。

2）主料的刀口多为条、片、块形态，因用酥炸糊，主料本身具有扩张性，所以主料挂糊要薄厚适当。挂糊太厚则主料扩张过大过厚，挂糊过薄则不易起酥。

3）主料挂糊下油锅炸时，须待糊定形时方可用手勺不停地推动、翻转，以防止炸出成品色泽不均匀，将主料炸透后可分次捞出，最后再在高温油里炸一下。

4）经过汽蒸、卤制熟烂的主料要用漏勺托炸缓缓入锅炸制；或用盘子托炸，就是先在盘子上放适量的酥炸糊，再把主料放于糊上，使主料底面均匀地沾上一层糊，然后用适量酥炸糊涂抹在主料上面，将主料徐徐推入油锅中，炸至深杏黄色，捞出即可。

（4）代表菜品。有北京菜"酥炸鸭筒""酥炸黄鱼"、北京清真菜"香酥羊肉"、江苏菜"香酥鸡"、广东菜"脆皮炸鲜奶""酥炸墨鱼柳""炸凤尾虾"、山东菜"炸脂盖"、四川菜"炸糟米鸡"等。

 实例 香酥鸡

主料： 净老母鸡1只（约重1 kg）。

调料： 料酒50 g，精盐100 g，葱白段25 g，姜片15 g，花椒15 g，桂皮15 g，油150 g。

制法：

1）用碾碎的桂皮、花椒和精盐合成的调味料涂擦于净老母鸡鸡身内外，鸡脯、鸡腿处要多涂一些，然后放入钵内，把擦剩下的调味料撒在鸡身上，腌制2小时左右，然后拌上精盐，放入汤盆中，加料酒、葱白段、姜片，用荷叶或锡纸包好，上笼用旺火蒸至熟透，取出沥去汤汁，挖去鸡眼。

2）炒锅上旺火，注入油加热至165 ℃左右时，将鸡趁热放入，炸至金黄色时，捞出沥油。

3）将鸡头、颈斩下，并将鸡头劈开，鸡颈改段放入盘中，鸡身拍松放在上面（腹朝上），鸡头平放在鸡身的前端（成双片头状）即成。

特点： 色泽金黄，酥香鲜味，食用时可用面酱或花椒盐等佐味，风味别具。

5. 纸包炸

（1）概念。纸包炸是将原料用江米纸、威化纸、玻璃纸等包裹后直接或挂糊后再炸制的一种烹调方法。

（2）操作要点

1）选用质地鲜嫩，无异味的动物性烹饪原料为主料。原料刀口多为片、丝、丁状。

2）包裹主料时要加入适量的香油，否则炸后主料与纸粘连不便食用。

3）包裹要结实，使原料在炸制时不松不散，包制主料时要留一角，便于食用时打开。

（3）代表菜品。广西菜"纸包鸡"，北京菜"灯笼鸡""纸包三样"，江苏菜"蚝油纸包鸡"，广东菜"威化海鲜沙津卷"等。

6. 碎屑料着衣炸

（1）概念。碎屑料着衣炸是将刀工处理过的主料经腌制、拍粉、蘸蛋液、再蘸挂上碎屑料品或粉状物品（如面包屑、面包粉），而后入油锅炸制的烹调方法。碎屑料品常用的原料有面包、馒头、窝头、核桃、花生、腰果、夏威夷果、芝麻、栗子等。这些原料的特点是含水量少，呈固体状，黏性强，炸后可呈脆质感。

（2）操作要点

1）一般选用质地细嫩、鲜味充足的动物性原料为主料，其刀口多为块、片、板等厚大形状，也可先将主料加工成泥茸再加工成球丸或饼状，球丸又可用扦子穿成串状。

2）原料需腌制，先蘸干面粉或干淀粉或兼而有之，拍蘸需均匀，然后托挂鸡蛋液，最后再蘸挂碎屑料品或粉状料品。挂蘸要结实均匀，面包屑蘸在主料上，用手轻轻拍一下，可使面包屑黏附主料更牢固。其工艺流程是刀工处理→腌制→蘸粉→托挂蛋液→挂蘸碎屑料品→炸制。

3）炸制要灵活掌握火候。

（3）代表菜品。有"珍珠炸鸡排""珍珠虾排""吉利鸭排""吉利鲜虾丸""核桃羊排""芝麻鱼排"等。

 实例　吉利鲜虾丸

主料： 虾仁200 g。

配料： 面包（无糖）100 g。

调料： 精盐5 g，蛋清20 g，鸡蛋液50 g，胡椒粉4 g，料酒5 g，面粉50 g，油50 g。

制法：

1）将净虾仁制成泥茸状，加入面粉、蛋清、精盐、胡椒粉、料酒腌制成茸泥制品，面包切成绿豆粒状。

2）将虾茸泥制品挤成球状、蘸干面粉后托鸡蛋液，蘸挂面包粒，用手轻轻压实。

3）炒锅上旺火，注入油加热至120℃左右时将虾球下入，炸至成熟、定形、上色，捞出装盘即成。配椒盐佐食。

特点： 口味咸鲜，口感外酥里嫩。

7. 脆炸

（1）概念。脆炸是指主料与配料加工后一起调味，用皮状的食品原料，如豆腐皮、油皮（腐皮）、网油等包卷裹制后，直接入油锅中炸制或外面挂一层水淀粉糊（或蘸一层干淀粉）再炸制的烹调方法。

（2）操作要点

1）脆炸菜主配料的刀口多为粒、米、丝、小片等形状并调味拌成馅状。

2）用油皮（腐皮）或网油包裹主料时，其封口处要用鸡蛋糊或水粉糊粘牢，以免裂开。

3）炸时先用高温油进行定形炸，再用温油进行渗透炸，最后用高温油进行吐油炸，同时要用手勺根据火候情况翻动包裹成形料，使色泽、成熟度一致，达到外脆里嫩的质感。

4）包裹形态有长方形、方形、椭圆形、半圆形、三角形、串形等。

（3）代表菜品。有山东菜"荠菜鱼卷"、北京菜"炸鹅脖""炸卷肝"、广东菜"脆炸糯米鸡""脆炸鸡翅"、淮扬菜"炸网油鸭卷"和四川菜"腐皮虾卷"等。

8. 油淋炸

（1）概念。油淋炸是将主料先用白卤汤浸煮之后挂一层糖浆（可用蜂蜜或饴糖水），待其表皮风干时，将主料置于漏勺上，用手勺淋热油于主料上，使主料内外至熟的一种特殊炸法。

（2）操作要点

1）淋炸菜主料多为鲜嫩的肉鸡，浸煮时切勿弄破表皮，煮时火力不可大，温开即可。

2）主料挂浆要均匀，要用糖浆反复浇一两次，以免炸时上色不均，风干时要挂在阴凉通风处。

（3）代表菜品。有"脆皮乳鸽""油淋仔鸡"等。

9. 油浸炸

（1）概念。油浸炸是先将主料煮制或蒸制成熟，先浇撒上调料或后浇撒调料，而后用适量高温油浇在原料之上的一种烹调方法。

（2）操作要点

1）用油浸炸法所烹制的菜品多用活鱼为原料，经过煮或蒸之后，主料多带汤水，在浇撒调料时先要沥去汤水。

2）先浇调好的汁，再撒上葱丝、姜丝，而后泼浇热油，一定要泼在葱、姜丝上，最后再上香菜即可。

（3）代表菜品。有"油浸鸡""油浸草鱼"等。

 实例　油浸草鱼

主料： 活草鱼1条（重约1 kg）。

调料： 酱油50 g，料酒10 g，葱20 g，姜20 g，香菜10 g，精盐1 g，味精2 g，白糖1 g，胡椒粉2 g。

制法：

1）将鱼开生至净，鱼身两面剞一字刀口，用精盐、料酒将其腌制，放入鱼盘中（葱白段、姜片放在鱼底下），上锅蒸9分钟左右。

2）将鱼取出，换盘，上放葱丝、姜丝，将鱼豉汁放在鱼身两边（鱼豉汁：酱油、白糖、味精、胡椒粉等调味料品熬制而成）。

3）另用热油浇在鱼身葱、姜上，再放香菜即可。

特点： 清淡、鲜嫩、爽口。

二、烹

在烹调方法中的烹法主要是指旺火热油对原料快速加热，并投入少量汤汁使之成熟的一种烹调方法。烹的关键是掌握烹汁的量和烹汁投入锅中的火候，要做到不多不少，以主料能将汁融进或汁将主料全部包围为好。烹菜有炸烹、清烹、干烹、滑烹、生烹等多种。

1. 炸烹

（1）概念。炸烹一般是将主料加工成片、丝条等形状，经过腌制挂少量的硬糊（也有不挂糊的），用旺火高温油炸熟后，用兑好的汁（一般无淀粉）与主料烹制的烹调方法。

（2）炸烹特点。炸烹分甜酸味型、咸鲜味型两类，要求烹汁量适度，以汁包裹上主料或主料将汁融在一起为度。

（3）代表菜品。有北方菜品的"炸烹大虾"（两类：一类去甲挂糊，一类带甲不挂糊）、"炸烹蹄筋"等。

实例 炸烹大虾

主料： 大虾 300 g。

调料： 味精 3 g，淀粉 60 g，酱油 20 g，料酒 10 g，白汤 3 g，醋 5 g，葱米 7.5 g，姜米 7.5 g，冬笋 25 g，香油 25 g，油 100 g。

制法：

1）洗净大虾，去头、甲、须，用刀从背脊处划开，抽出沙线，再洗一次，剁成段；将冬笋片成片。

2）将料酒、酱油、味精、淀粉、葱米、姜米、冬笋片、白汤少许放一碗内，调成芡汁。

3）炒勺上火，倒入油，加热至 150 ℃ 左右时，将虾段拌匀湿淀粉，放入油内炸透，呈金黄色，倒出沥油。再将虾段回勺上火，用醋烹一下，随即倒入配好的芡汁，颠翻均匀，淋入香油，装盘即可。

特点： 色泽金黄，焦脆鲜嫩，味美适口。

2. 清烹

（1）概念。清烹是只有一种原料为主料，不用辅料烹制菜品的烹调方法。

（2）方法。将主料加工成块或段状，经腌制、拍粉后放入高温油中用重油炸法炸制，然后用兑好的汁与主料在炒锅中颠翻至熟，出勺入盘即可。

（3）特点。可鲜香甜嫩也可咸鲜清淡，色泽金黄。

（4）代表菜品。有"清烹虾段"等。

3. 干烹

干烹是将主料加工腌制挂硬糊，热油炸熟捞出后烹少许汁。干烹与炸烹方法基本相似，不同之处是干烹挂糊比炸烹糊大，烹的汁少，如"干烹鱿鱼丝"等。

4. 滑烹

滑烹就是将主料上浆用油滑过然后烹制的烹调方法，如"滑烹鸡丝"等。

5. 生烹

生烹就是用生的原料作烹料，不过油，直接在旺火上烹制的烹调方法。一般生烹用醋，故又称醋烹，如"烹掐菜""山杞烹银针"等。

此外，还有其他烹，如生烹与滑烹混合的烹，如"鸡丝烹掐菜"等；加入熟料的生烹，如"炉鸭丝烹掐菜"等。

第四节 煎、塌、贴、摊

煎、塌、贴、摊四种烹调方法比较接近,其中除煎有时用旺火之外,一般多用中火和小火。所以,这四种烹调方法同属慢火一类。

一、煎

将锅(勺、铛)上旺火烧热下入少量油,其量多于炒少于炸,然后把加工好的主料放入油中,油面不没过主料的顶面,这种将主料加热至熟的烹调方法称为煎。

煎的操作要点包括以下三点。

(1)主料多加工成扁平形状,以便于煎制。

(2)先将锅(勺、铛)刷洗干净,烧热后下适量的油。油量不宜多,过多不易翻勺;也不宜少,过少不易将主料煎熟。

(3)先煎一面,使之成形,再翻过来煎另一面,使两面成熟度一致、色泽一致,一般煎制呈金黄色。在煎制原料时要不停地晃动炒锅,使原料受热均匀。

煎有干煎、糟煎、酿煎等煎法。煎与其他烹调方法相结合时,又产生了许多分支,有煎烹、煎蒸、煎焖、煎烧(南煎)、煎熘、煎汤等。这些方法都是两种烹调方法的组合。或者说,煎是烹调方法的第一道工序。

1. 干煎

(1)概念。干煎是将原料加工成较厚大的片状,或加工成泥茸、末状后制成圆饼状,经腌制调味、拍粉(或挂糊)或直接放入油锅中煎至两面上色、定形成熟的烹调方法。

(2)操作要点

1)选用质地鲜嫩的动物性原料加工成较为厚大的片状,或加工成泥茸状后再制成扁饼状,也可直接采用整体的小型烹饪原料。

2)原料要用调料腌制,可进行基础调味。

3)制馅调料比例应适当,搅拌要均匀,煎时才不会松散,食时才不会发腻。

4)原料可直接或拍粉或拍粉托蛋液或挂糊后下入锅中煎制。

5）煎时炒锅（或铛）必须先烧热，再用凉油刷一下，然后再下入油和主料，这样才不会煳锅。

6）煎制时锅要热，油要适量，要根据原料的性质灵活掌握火候。一面煎至定形、上色后，再煎制另一面。

（3）代表菜品。有北京菜"黄油煎鳜鱼片"、江苏菜"干煎鳜鱼柳"、山东菜"煎猪排""煎鸡排"和四川菜"干煎虾饼"等。

实例　干煎鳜鱼

主料： 净鳜鱼肉 200 g。

调料： 鸡蛋 25 g，面粉 25 g，料酒 15 g，油 100 g，精盐 1.5 g，味精 1 g，胡椒粉 1 g，葱末 2 g，姜末 2 g。

制法：

1）将净鳜鱼切成坡刀片，用精盐、味精、料酒、胡椒粉、葱末、姜末腌制。

2）炒锅上旺火，注入油刷锅，把腌好的鱼片逐片蘸面粉后再在鸡蛋液中拖一拖即可下锅用油煎制，煎至两面金黄，出锅装盘即成。

特点： 色泽金黄，鲜嫩适口。

2. 煎烹

（1）概念。煎烹是干煎与烹的结合，是原料经过干煎后再烹入调味汁的一种烹调方法。

（2）操作要点

1）基本要求同于干煎。调味汁的口味、色泽、数量要准确，应在原料煎熟后烹入调味汁。

2）成品菜肴要求调味汁全部融入或吸附在原料上，没有多余的汤汁。

（3）代表菜品。有宁夏菜"煎烹羊肉串"、广东菜"煎烹明虾扇"、淮扬菜"煎烹猪肝"、天津菜"煎烹大明虾"、北京菜"煎烹里脊"和寺院菜"煎烹豆腐盒"等。

实例　煎烹牛里脊

主料： 牛里脊 250 g。

配料： 葱头丝 50 g。

调料： 辣酱油 30 g，花生油 50 g，面粉 20 g，料酒 10 g，精盐 5 g，胡椒粉

2 g，味精 2 g。

制法：

1）将牛里脊顶丝切成厚块，用力拍成厚片，用刀尖斩断片中的筋膜，加料酒、胡椒粉、精盐、味精腌制入味。

2）锅（铛）烧热注入油，烧至 120 ℃左右，下入蘸好干面粉的里脊片，逐片煎熟。

3）原锅（铛）留少量底油，下入葱头丝煸炒出香味后倒入煎好的里脊片，烹入辣酱油，翻炒，出锅装盘即成。

特点： 口味咸鲜，口感滑嫩。

3. 煎蒸

（1）概念。煎蒸是煎与蒸的结合，是在煎的基础上，加入适量的汤汁、调料、蒸制成熟入味的烹调方法。

（2）操作要点。煎蒸的操作要点基本同于干煎，适用于原料体形更加厚大的原料。此时只用煎的方法煎至断生，而后加入适量的调味料蒸熟。蒸制与煎制时应灵活掌握火候。

（3）代表菜品。有"煎蒸鳜鱼盒"等。

4. 煎焖

（1）概念。煎焖是煎与焖的结合，是在煎的基础上，加入适量的汤汁、调料后焖制加热的一种烹调方法。广东"湿煎"中的一类与此法相同。

（2）操作要点

1）煎焖的煎其操作要点与干煎基本相同。

2）焖制时应加入适量的汤汁和调料，焖制后要求汤汁浓稠，形成有一定黏度的自来芡，不需芡汁处理。

（3）代表菜品。有"煎焖荷包鱼""煎焖茄盒""香桃软煎鸡""大蒜烧鲇鱼""三鲜脱骨鱼"等。

5. 煎烧（南煎）

（1）概念。煎烧又名南煎，也是广东湿煎的一种，是煎与烧的结合，在煎的基础上，加入适量调味料品后上火烧制的烹调方法。

（2）操作要点。基本方法同于煎，所用原料的形体一般较大。煎烧过程中的汤汁较多，可用芡汁处理。在烧制菜品时可加入香糟进行调味，此法又称糟煎。

（3）代表菜品。有"南煎丸子""煎烧银鲳鱼""糟煎鱼片""糟煎茭白"等。

6. 煎熘

（1）概念。煎熘是煎与熘的结合，是以煎制成熟上色定形为基础，兑入芡汁熘制的一种烹调方法。

（2）操作要点。要求原料的形体大而薄，质地细嫩，鲜味充足。一般加工成较大的片状。经腌制调味后，拍粉托鸡蛋糊，煎制成熟、定形。制芡汁要求口味、色泽、浓稠度准确。

（3）代表菜品。广东菜"西柠煎软鸡""柠汁煎鸭脯"，北京菜"素鸡肝卷"等。

7. 煎汤

（1）概念。煎汤是将主料煎后冲入沸汤，再烧沸的一种烹调方法。煎汤是四川独特的一种烹调方法，主料多以鸡蛋为主，冲汤必须用沸汤，将沸汤冲入煎蛋锅内要用大火将汤再次烧沸，待冲出香味时方可加入调料。

（2）代表菜品。"泡蛋汤（蛋量多些）""煎蛋汤（蛋量少）"。

二、塌

1. 概念

传统的塌是将加工好的主料腌制、蘸面粉、入蛋液后在锅中两面煎制，再在文火上加调味料品熸制，为塌陷软嫩的一个整料成品，无芡微汁的烹调方法。现在第一道工序中的煎也可改为炸制，菜品形状有圆有方。

2. 方法

传统方法的工艺流程是：刀工制成方块或片状→腌制→蘸面粉→入蛋液→在勺中整形两面煎→文火塌熸→旺火收汁。传统方法其色泽有本色或淡茶色。改良法可在传统方法的基础上逐片（或块、条）煎制或炸制，也可用鸡蛋糊法煎制或炸制，然后再塌熸收汁，使成品菜肴便于食用。

3. 操作要点

（1）原料多选用质地鲜嫩的动植物性原料，刀口加工成大小适当的块、片或条等形态。

（2）熸制时使汤汁渗入主料，形成自来芡。

（3）塌菜根据菜品特点及各地风味不同可加配料与特殊调料。

（4）塌菜的火候要求较为复杂，在煎制或炸制过程中，要用旺火定形，中火煎（或炸），旺火吐油出锅。在熸制过程中旺火调汁，中火熸汁，旺火收汁。

（5）在煎（或炸）后再进行熸制时，以换锅法为佳，前者用油锅，后者用汤锅。

（6）传统方法的锅塌多为鲜咸味型，现可派生为多种味型，如"红油锅塌""鱼香锅塌""甜酸锅塌"等。

4. 代表菜品

代表菜品有"锅塌豆腐""锅塌鱼香肉片""锅塌金钱里脊""锅塌海鲜盒""锅塌糖醋鱼""锅塌银鱼"等。

 实例　锅塌鱼片（酸甜辣味型）

主料： 鳜鱼片 150 g。

配料： 红椒丝 25 g，绿椒丝 25 g。

调料： 鸡蛋 100 g，淀粉 20 g，红油 40 g，白糖 40 g，白醋 30 g，精盐 1 g，料酒 1 g，油 70 g，姜汁 3 g，番茄酱 5 g。

制法：

1）用鸡蛋、淀粉、精盐、水调成鸡蛋糊，将鱼片在其中拖过后入油锅中炸至断生，待用。

2）换汤锅加入水、白糖、白醋、姜汁、料酒及炒好的番茄酱，将鱼片放入汤中用文火塌煿，使汤汁渗入鱼片融为一体成自来芡状，旺火翻勺出锅装盘。

3）鱼片装盘后放上红椒丝、青椒丝，用炒锅将红油加热，浇在鱼片上面即成。

特点： 色泽艳丽，质地嫩软，口味甜酸香辣。

三、贴

1. 概念

贴是把几种黏合在一起的原料经挂糊后，下锅只贴一面，使其一面黄脆而另一面鲜嫩的一种烹调方法。贴与煎的不同之处是，贴只煎主料的一面，而煎要煎两面。

2. 操作要点

（1）多选用质地极为细嫩、口味鲜美的动物性原料为主料。加工成茸泥或片状，成品须经切块后食用。

（2）贴菜的主料一般分为多层，制作时只煎一面，要求煎的一面焦脆，另一面鲜嫩。

（3）注意掌握好火候及油温，火力大，油温高，极易煳锅；火力小，油温低，易夹生，熟不透，须焦脆的一面不易焦脆。

（4）加热时要不停地晃动锅，并往主料边撩油，使其受热均匀。

（5）制作时油面不能没过主料。

3. 代表菜品

代表菜品有北京菜"锅贴肉"、山东菜"锅贴鸡签"、四川菜"锅贴鸡塔"、广东菜"果汁锅贴虾""锅贴海鲜盒"和淮扬菜"锅贴金钱鸡"等。

四、摊

1. 概念

摊是将加工好的半流体或糊状的烹饪原料，在炒锅（煎盘、铛）中用微量的油或不用油加热，使其拓展为薄或微厚的片状的烹调方法。

2. 操作要点

（1）摊的用油量少于炒法，或与炒法接近。油温不宜过高，也不宜过低；过高易煳锅，过低则不易定形。

（2）摊菜的成品应为整体状。

（3）摊菜的火候应根据不同风味、不同原料和食者口味灵活掌握。

3. 代表菜品

代表菜品有"摊黄菜"（黄菜是北京对鸡蛋的雅称）和"翡翠鸡蛋""果味摊鸡蛋"等。

第五节　烧、扒、熠、爆

一、烧

1. 概述

（1）烧的概念。在南方许多地方把所有的烹饪活动统称为烧，如烧菜、烧饭等。在历史上传统将烤、炸和煮也称为烧，这些称谓在许多地区仍然使用，如广东菜"烧鹅"实为烤鹅，北京菜的"锅烧鸡"实为炸卤鸡等。烹调方法中的烧，一般是指将前期热处理的原料加入适量的汤汁和调料，先用大火烧开，定味定色后，再改用中、小

火缓慢加热至将要成熟时旺火收汁或挂勾芡汁的烹调方法。

（2）烧的特点

1）以水为主要加热介质。

2）主料多数是经过油炸、煎炒或蒸煮等的半成品（也有直接用鲜料制作的）。

3）在烧制过程中，用中、小火加热，烧的时间随原料老嫩、大小而不同。

4）烧菜的汤汁一般为原料的四分之一左右。

5）烧制菜肴制作后期，转旺火挂芡或不挂芡。

（3）烧的种类。按第一道工序不同有过油烧、过水烧、蒸后烧等。按菜品颜色有红烧、白烧、本色烧、其他颜色烧。按调味品有葱烧、蒜烧、酱烧等。按加热方式有锅烧、干烧、扣烧、酿（瓤）烧、煸烧等。

2．红烧

（1）概念。用烧制的方法将菜肴制成红色（深红、浅红、酱红、枣红、金黄等）的一种烹调方法。

（2）操作要点

1）第一道工序不可上色过重，调料调色也不宜过重，应按菜肴需要调色。

2）放汤汁要适当，汤多则味淡，汤少则主料不易烧透。

3）红烧菜成品将要出锅挂芡时，必须用旺火，使汤开后挂勾芡汁，使其充分糊化，达到明汁亮芡的效果。挂芡用于翻锅法，勾芡用于浇汁法。

（3）代表菜品。有湖南菜"红烧肉"、山东菜"红烧鱼"、北京菜"红烧牛尾""红烧鲍鱼"、浙江菜"梅干菜烧肉"和淮扬菜"红烧水鱼"等。

 实例 红烧牛尾

主料： 牛尾5 kg。

调料： 植物油200 g，料酒50 g，酱油150 g，白糖25 g，面酱25 g，淀粉150 g，精盐3 g，葱段150 g，姜片50 g，蒜片100 g，鸡汤1 000 g，大料3 g，桂皮3 g。

制法：

1）将牛尾按骨节剁成段，用水洗净，放入开水锅中煮透，捞出洗去血水。

2）锅上火，放入植物油烧热，投入大料、葱段、姜片、蒜片煸出香味，下入面酱炒匀，下入料酒、酱油、精盐、桂皮、白糖、清水、牛尾烧开，用微火煮至九成熟时将牛尾捞出，分码在蒸碗内；锅中原汤，捞出佐料，经过沉淀去残渣后，分别浇入牛尾碗内，注入鸡汤上锅蒸烂。

3）将蒸烂的牛尾入炒锅，注入原汤转中火烧制，适当调味后，再上旺火烧开，淋芡翻勺，注入明油出锅即可。

特点： 咸甜浓郁，质香嫩烂。

3. 白烧

（1）概念。白烧又名奶烧，是以奶汤烧制，保持本色或奶白色的烹调方法。

（2）操作要点。多选用质地鲜嫩、色泽洁白的原料。刀口多为较厚大的片。第一道工序多用焯煮方法。制法基本同红烧，不用带色的调味品。

（3）代表菜品。有"浓汁烧鱼肚""鸡汁烧鱿鱼""雪花海参""白汁酿鱼"等。

4. 干烧（大烧）

（1）概念。干烧是将主料长时间用小火烧制，使汤汁渗入主料内或蒸发，成品菜肴只见亮油不见汤汁的一种烧制烹调方法。

（2）操作要点

1）一般选用硬骨鱼纲中的鱼类为主料，多采用整体形状或大块形状。

2）经过油炸加入适量汤汁，大火烧开，撇尽浮沫，调好味色，小火缓慢加热使主料成熟入味，汤汁渗入。成品亮油无汤，不见汁或少见微汁。

3）干烧为四川菜的独特烹调方法，应煎后烧制。现多为过油烧制，关键是不勾芡汁。

（3）代表菜品。有四川菜"干烧岩鲤"、北京菜"干烧冬笋"、山东菜"干烧鲳鱼"、广东菜"干烧牛腩"和淮扬菜"干烧紫鲍"等。

 实例 干烧鲤鱼

主料： 鲤鱼1条（约750 g）。

配料： 猪（或牛）肉末（或丁）50 g。

调料： 郫县豆瓣酱50 g，酱油5 g，料酒30 g，糖30 g，醋30 g，精盐3 g，葱末5 g，姜末5 g，蒜末5 g，青蒜10 g，油100 g。

制法：

1）将净鲤鱼两边剞一字或十字花刀。

2）将鲤鱼用油煎或炸，至微黄挺实后取出。

3）锅上旺火烧热后入油，放入肉末（或丁）煸炒至熟，下入小料、酱，烹入料酒和醋，煸香后注水，下入鱼及一半糖，待烧开，撇净浮沫后入酱油转文火，再放入少量油，用文火㸆制，中途再放小料及另一部分糖。

4）待汤汁渗入主料后上旺火，将鱼盛入盘中，用旺火将汤汁加热，待汤汁收稠，可淋入醋，将汁浇在鱼体上，撒上青蒜段即成。

特点： 口味辣甜咸酸适宜，见油不见汁或微汁。

5. 葱烧

（1）概念。葱烧是以葱为配料兼调料的一种烧制烹调方法。

（2）操作要点。关键在于炒葱，葱要用油充分炒出香味，不要炒煳。灵活掌握火候。其他操作要点同红烧。

（3）代表菜品。有北京菜"葱烧海参"、山东菜"烧蹄筋"、四川菜"葱烧煳辣鸡"和淮扬菜"葱烧肥肠"等。

 实例 葱烧海参

主料： 水发海参 750 g。

配料： 葱白 200 g。

调料： 油 100 g，味精 5 g，料酒 15 g，酱油 25 g，淀粉 40 g，葱段 25 g，姜片 25 g，鸡汤 500 g，精盐 2 g。

制法：

1）将海参洗净切斜长条，用开水焯透，葱白切 6~7 cm 长的段，剞上花刀（为斜一字刀口）。

2）把葱白入放热油中炸成浅黄色，捞出放入盘中，葱油放入碗中。

3）锅上火，放底油烧热，投入葱段、姜片煸出香味，烹入料酒，加入鸡汤、酱油烧开，捞出佐料，放入海参和炸好的葱白，煨煸入味，调入精盐、味精，调好口味，淋入水淀粉勾芡，淋入葱油，翻匀，再淋入葱油，装入盘内，将葱段整齐地码放在海参上即可。

特点： 色泽红亮，质地软嫩，葱香浓郁，味鲜适口。

6. 酱烧

（1）概念。酱烧是注重用酱品（黄酱、面酱、腐乳酱等）烧制菜品的烹调方法。

（2）操作要点

1）选用鱼类、肉禽类为主料，刀口多为较大的块、条等形状或整体。

2）用过油作为第一道工序。

3）炒酱必须炒透，炒出香味，大火烧开定色定味，小火缓缓烧至汤汁浓而黏稠，原料成熟入味后，将汤汁收黏后浇在烹调原料上。有些菜品直接收汁不勾芡，有些收汁后勾芡。

（3）代表菜品。有北京菜"酱汁鱼"、广东菜"柱侯烧鸭子"、淮扬菜"腐乳烧肉"、福建菜"南乳烧肉"和山东菜"酱汁中段"等。

7. 辣烧

（1）概念。辣烧是以辣味原料（主要是辣椒酱）为调料的烧制烹调方法。

（2）操作要点

1）选用质地较老的动植物性原料。

2）原料加工的刀口多为较大的块、条等或整体。

3）辣椒酱一定要用油煸炒出香味，可以用汁芡进行汤汁处理。

（3）代表菜品。有四川菜"家常豆腐"、淮扬菜"辣味烧羊肉"、北京菜"辣味烧牛头"等。

8. 锅烧

锅烧是古代对炸菜的一种称谓，至今许多炸菜仍用此称谓，有些地区锅烧菜肴炸后也用炒制法，原则上属于炸法，但在业内按惯例仍将其归属于烧法。代表菜品有"锅烧鸡""锅烧鸭""锅烧蹄髈""锅烧羊肉"等。

9. 扣烧

将主料经过前期热处理煮、炸后，再进行蒸制，而后用原汤（勾芡或不勾芡）浇在蒸后的主料上，也可直接浇在炸后的主料上。代表菜品有广东菜"梅菜扣肉"、北京菜"京东扣肉"和四川菜"家乡扣肉"等。

二、扒

1. 概述

（1）扒的概念。扒是将经过其他方法加工成熟的主料（整只的鸡鸭、整棵的蔬菜、大块的肉等）加工成条形或长片形，用原来的汤汁或换高级奶汤、高级清汤调好味，然后晃勺、挂芡、大翻勺、出勺而后入盘的一种烹调方法。

（2）扒的操作要点

1）基本上同烧制一致。

2）关键是保持刀面整齐。

3）大翻勺法能保持汤与主料融为一体，扒菜以此法为佳。

4）在量多时可蒸后浇汁或烧焯后勾芡浇汁。

（3）扒的种类。根据颜色分类有红扒、白扒、奶扒以及其他颜色扒。根据调料分类有奶油扒、鸡油扒、蚝油扒、酱汁扒、五香料扒等。根据形态分类有整扒、条扒、什锦扒等。根据原料分类有单一原料扒法和多种原料扒法。根据操作方法分类有锅中挂芡翻勺法、原料入盘后挂芡浇汁法。

（4）扒的特点。注重外形整齐美观，汁的宽窄度比烧菜略小，尤其体现明汁亮芡。

2. 红扒

用扒制的方法将原料制成红色或黄色等菜品的一种烹调方法。代表菜品有"扒肉条""腐乳酱汁扒鸡""扒鸡块"。

3. 白扒与奶扒

不用有色调味品或用奶色调味品（奶汤或牛奶等）的扒制烹调方法，前者称为白扒，后者称为奶扒。代表菜品有"扒三白""奶汁鱼片""奶汁扒凤爪""奶油白菜""白扒鱼肚"等。

 实例　白扒目鱼条

主料： 比目鱼肉 400 g。

调料： 鸡油 100 g，牛奶 150 g，鸡蛋清 50 g，料酒 10 g，味精 3 g，淀粉 40 g，直葱丝 5 g，姜汁 5 g，鸡汤 500 g，精盐 5 g。

制法：

1）将鱼肉切成 5 cm 长、1.7 cm 宽的条，清水洗净，控净水分，加精盐、牛奶拌匀，放入鸡蛋清、淀粉浆好。

2）锅上火，放入清水烧开，将锅移微火，把鱼条逐条下入，上旺火烧开，煮透，捞出放冷水中过凉。

3）锅上火，放入鸡油烧热，下入直葱丝煸炒，加入料酒、姜汁、鸡汤、精盐，放入鱼条煸入味，撇去浮沫，加入牛奶、味精，淋入水淀粉挂勾成浓汁，从四周淋入鸡油，将鱼条翻转过来，装盘即可。

特点： 色泽洁白，醇厚鲜嫩。

三、熠

1. 概念

将加工好的原料放入锅中用少量的汤汁或不放汤汁，在文火上微微烧熠，而后旺火收汁或勾芡使成品呈微汁或无汁状的烹调方法。

2. 操作要点

（1）多选用动物的内脏为主料，也可用蔬菜、豆制品、面筋等作主料。

（2）刀口多为片、块、丁、条等形态。

（3）少量的汤汁或不放汤汁，要根据不同原料、不同风味进行调味，有的用煸油法，有用煨烧后熠法，也有的用倒炝锅法，此外还分硬熠与软熠两种。

（4）在熠的过程中，用文火将原料烧、煸，并有"咕嘟"的响声，其汤汁汤面呈沸而不腾的状态，待原料本身水分排出而调味品渗入原料内部时，再转旺火收汁或勾芡出锅。

（5）其他操作要点基本同烧法，关键是其汁紧且少于烧、扒菜。

3. 代表菜品

代表菜品有天津的"熠鱼脯""熠面筋"、北京的"黄豆熠鲜茄"、四川菜的"麻婆豆腐""泡菜鱼""软烧子鲶""软熠豆瓣鲫鱼"和宫廷菜"熠脊髓脑"等。

四、煀

1. 概念

将加工处理的原料放入锅中加汤汁、配料、调料，用大火烧开再用小火（一般放于火力较弱的偏火眼上）慢烧至熟的一种烹调方法。

2. 操作要点

（1）适用于大块、质地软韧、富含胶质的动物性原料。

（2）煀和烧、焖的操作要点基本相同，所不同的是煀要汁浓。

（3）刀口形态一般为整料或条、块等。

3. 煀的种类

根据煀的第一道工序分有蒸煀、余焯、炸煀、煎煀等。根据制作方法与调味分有干煀、乳煀、奶煀、酱煀等。

4. 代表菜品

代表菜品有四川菜"蟹黄鲍鱼"、北京菜"干煀鸭子"、山东菜"酱煀鱼"、广东菜"南乳煀肉"和淮扬菜"奶油煀菜心"等。

第六节 焖、煨、烩

一、焖

1. 概念

焖是将锅置于微火上，加盖长时间焖制原料的烹调方法。

2. 操作要点

（1）焖菜制作过程中必须加盖，中途不可加汤和调料，熟时再打开盖（或勺帽子），食其原汁原味。

（2）焖菜的汤汁不可多。有些焖菜要不停地晃动锅使主料在锅内运动，防止煳锅、烧煳；也可以在焖制之前在锅底码放一层葱、姜或热竹箅子。

（3）焖菜可以用陶罐、坛子、砂锅、石锅及铁锅（勺）等器皿进行焖制。

（4）多适用于质地较老而柔韧的动植物性原料。其刀口多为块、厚片、条等形态以及整形原料。

（5）焖菜因汤汁较多，应先用大火烧开，再改用小火长时间焖制。汤汁可用芡汁处理，也可用自来芡，将汤汁收浓稠。

3. 焖的种类

根据菜品颜色分类有红焖、黄焖等。红焖色重，多为深红色；黄焖色浅，多为金黄色。根据加热方式与器皿分类有锅（勺）中焖、蒸后浇汁焖等，也有罐焖、坛子焖以及竹筒焖等。

4. 代表菜品

代表菜品有山东菜"黄焖鸡"、四川菜"酒焖鸡翅"、北京菜"油焖大虾""黄焖肉"、淮扬菜"焖松子酥鸡"、北京宫廷菜"坛子肉"和广东菜"金栗焖鸡球"等。

 实例 坛子肉

主料： 猪硬肋肉500 g。

调料： 冰糖15 g，肉桂5 g，姜片10 g，葱段10 g，酱油100 g，清汤适量。

制法：

1）将猪肉切成 1.6 cm³ 左右的块，放入开水锅中煮 5 分钟，捞出用清水洗净。

2）将肉块放入瓷坛子内，加酱油、冰糖、肉桂、葱、姜、清汤（以浸没肉为宜），用盖盖好，在中火上烧开，移至微火上焖约 3 小时，至汤浓肉烂即可。

特点： 色泽红润，肥而不腻，鲜美可口。

二、煨

1. 概念

煨是将加工好的原料用微火长时间加热，使成品软烂带汁的一种烹调方法。煨菜数量较大，多用大锅或筒、锅、勺煨制。

2. 操作要点

（1）多选用质地较老、纤维较多，或结缔组织（筋）较多的动物性原料为主料。

（2）其刀口多为大块、厚片或整体形态。

（3）煨的汤汁为浓汁、无芡。

（4）第一道工序可为煸炸法、炸法、焯煮法等。

3. 煨的种类

根据菜品颜色有红煨、白煨和其他颜色煨法。根据菜品口味有甜咸煨、鲜咸煨、辣咸煨等多种。

4. 代表菜品

代表菜品有湖南菜"红煨牛肉"、四川菜"辣子羊肉"、广东菜"家乡煨大鸭"和山东菜"烧煨面筋条"等。

 实例 煨牛肉

主料： 牛窝骨筋、脊背筋、腱子棒、宫扣等共 5 kg。

调料： 酱油 1 kg，料酒 150 g，大料 25 g，桂皮 25 g，葱段 100 g，姜片 100 g，白糖 150 g，油 450 g。

制法：

1）将牛窝骨筋等洗净，剁切成 3.3 cm³ 的块，放入中高温的油内煸炸呈金黄色，而后放入锅中加入清水用旺火煮开，捞出主料，并弃掉煮后渣滓。

2）将锅内放清水，上火烧开，放入主料、姜片、葱段、桂皮、大料、酱油、白糖、料酒烧开，移微火煨燘至烂（约 5~6 小时，中间需翻动数次），汤汁浓稠即可。

根据主料老嫩度不一，煨时可先将已烂的捞出，待全部煨烂时，再倒入锅中一起略煨即可食用。

特点： 味香肉烂，入口即化，咸甜适口。

三、烩

1. 概念

烩分为烩菜与羹烩。羹烩突出汤汁，烩菜突出主料。烩是汤与主料相等或汤略多于主料的烹调方法。

2. 操作要点

（1）选料严格。烩菜多选用鲜嫩的动植物性原料为主料。

（2）加工精细。生料多加工为丁、丝、片、条等刀口形态，有的需要上浆经温油或煎或滑，而后再用汤烩制。如果用熟料，可刀工处理后直接用汤烩制。

（3）用汤讲究。烩菜要求用汤考究。烩菜分不勾芡（清烩）和勾芡两种。勾好烩芡是关键，汁芡应浓淡适度，不能出现疙瘩和粉块。

（4）烩菜主料不可久煮，汤开后即可勾芡，以保持鲜嫩。

3. 烩的种类

烩的种类有清烩、奶烩、本色烩、生料烩、熟料烩、生熟料烩、炝锅烩和直接用汤烩等。

4. 代表菜品

代表菜品有北京菜"烩乌鱼蛋""烩两鸡丝"、山东菜"烩什锦丁"、四川菜"鸡丝烩鱼肚"、淮扬菜"莼菜烩鸡腰"和天津菜"玉米全烩""鸡丝烩豌豆""奶汤烩银丝"等。

第七节　炖、熬、煮、灼

一、炖

1. 概念

炖分为两大类，一类为隔水炖，另一类为不隔水炖。

（1）隔水炖。隔水加热使原料成熟的方法为隔水炖。原料先要在沸水内烫去腥污，然后放入瓷制或陶制的钵内，加葱、姜、酒等调味品与汤汁（不用有色调味品），用桑皮纸封口，然后放入水锅内炖（锅内的水须低于钵口，以水滚沸时不浸入为度）。这种方法可使原料的鲜香味不走失，富有原料原有的风味，且汤汁澄清。现多为放入炖盅、汽锅等器皿内，加入适量的汤汁，封闭后在蒸汽中加热烹制，其效果与隔水炖相同且所用时间较短。这种方法称为蒸炖法。

（2）不隔水炖。不隔水炖是将加工好的原料放在陶制器皿或铁锅内，加入开水、调味料品，在旺火上烧开后，用小火长时间加热使之成熟的烹调方法。

2．操作要点

（1）多选用新鲜的动植物性原料和食用菌类。

（2）刀口多加工成块状或整料。

（3）一般经过水焯处理。

（4）汤汁宽，加热时间长。

（5）用砂锅炖制时注意火候，应小火烧开。后转大火，而后小火炖制。

3．炖的种类

（1）隔水炖。分为传统式和蒸炖式两种。

（2）不隔水炖。分为砂锅炖、铁锅炖、侉炖、滑炖等。广东称为隔水炖为"煲"。

4．代表菜品

代表菜品有山东菜"侉炖鱼"、江苏菜"炖咸鲜"、淮扬菜"炖酥肉"、云南菜"双冬汽锅鸡"、台湾菜"汉宫姜母鸭"、广东菜"北菇凤爪炖鱼胶"、北京宫廷菜"人参炖乌鸡"、北京菜"清炖鸡"和东北菜"小鸡炖蘑菇""乱炖"等。

 实例 香露炖花胶①（隔水炖）

主料： 水发鱼肚10件，去尖肥大鸡爪10个。

配料： 水发香菇10个。

调料： 玫瑰露酒5 g，精盐6 g，味精8 g，胡椒粉5 g，汤500 g，葱段50 g，姜片50 g。

制法： 将以上原料放入汤窝（砂锅）内盖上盖，包棉纸或锡纸隔水炖2小时后去葱、姜、浮油，分十个炖盅盛好上桌即可。

特点： 清淡、鲜咸、爽口。

---

① 花胶是广东对鱼肚的方言称谓。

二、熬

1. 概念

熬与不隔水炖相似，所不同的是，熬菜先用葱、姜炝锅，再煸主料，然后冲汤或水，汤汁比炖要多，而且不勾芡。

2. 操作要点

熬菜多以素菜为主料，加汤或加水要适量，因为主料经调味加热要外溢一部分水，以免汤汁过多。

3. 代表菜品

代表菜品有北京菜"家常熬鱼"和河北菜"贴饼子熬小鱼"等。

三、煮

1. 概念

煮是以水作为加热介质的一种烹调方法。煮是主料放在宽水中加热，用大火短时间或小火长时间使原料至熟的烹调方法。

2. 操作要点

煮适用于鲜嫩的动植物性原料，多为整料，或为片、条、丝、段等小型刀口状态。煮菜时间长于氽汤菜，可根据不同原料、不同要求灵活掌握。

3. 代表菜品

代表菜品有四川菜"水煮牛肉"、淮扬菜"鸡火煮干丝"、广东菜"鲫鱼豆腐汤"和山东菜"泰安烫豆腐"等。

 实例 鸡火煮干丝

主料： 豆腐干丝（丝为棉丝）500 g。

配料： 熟鸡丝 50 g，净虾仁 50 g，熟鸡胗片 25 g，熟鸡肝片 25 g，熟火腿丝 1 g，冬笋片 3 g。

调料： 虾子 1.5 g，豌豆苗 1 g，精盐 2.5 g，鸡汤 500 g，油 50 g。

制法：

1）将白色豆腐干丝用开水浸烫，竹筷轻轻拨散，换开水，再浸烫一次。捞入碗中。

2）将虾仁用油炒至乳白色而后入碗中。

3）炒锅内倒入鸡汤，放入干丝、鸡丝，将胗、肝、笋片丝放入锅的一边，加入虾子、油，在火上烧煮 15 分钟，汤变浓时入精盐，盖上盖，再煮 5 分钟。将锅离火口，干丝盛入盘中，然后把胗、肝、笋片丝、豌豆苗放在干丝四周。将汤倒入碗中，火腿丝也放在内。

4）在食客面前将盘中料品倒入碗中。

特点： 色彩艳丽，口味鲜美。

四、灼

1. 概念

灼是将原料在开水锅中进行汆烫（飞水）快速捞出入盘，随上灼汁的烹调方法。可在开水锅点入微油，使原料明亮。

2. 代表菜品

代表菜品有"白灼基围虾"等。

第八节 火 锅

一、涮

1. 概念

用火锅把水烧开，食者自己用筷子夹着切成薄片的主料和其他各类刀口的配料，在滚开的汤中摆动至熟，再蘸着调料汁进食的一种烹调方法。

2. 操作要点

（1）涮锅火力要旺，保证锅内的汤汁沸腾，并随时加汤。

（2）涮的调味品要准备齐全。以北京传统风味涮羊肉为例，有九料碗，五味碟，另上九种配料（九种配料是羊肝片、羊腰片、白菜头、细粉丝、鲜豆腐、冻豆腐、油面筋、雪里蕻和杂面条）以及京式风味主食芝麻酱烧饼。

（3）涮锅的主料要精选，片长薄而不碎，刀口均匀，码放整齐。

此外，风味涮羊肉火锅，锅底里有海米、葱、姜等。高档涮羊肉火锅，还可配上

鱼片、鸡片、虾片以及小丸子、小水饺等多种食品。

二、火锅

1. 火锅的种类

根据风味分有东北白肉锅、北京涮肉锅、四川毛肚火锅、广东打边炉、宫廷菊花锅、江浙生片锅、山西泥火锅等。根据器皿分有铜器、陶器、铝器、瓷器火锅等。根据形态分有带烟筒的、不带烟筒的、鸳鸯火锅、多格火锅等。根据燃料分有木炭、天然气、电、酒精火锅等。

2. 代表菜品

代表菜品有北京的"涮羊肉""什锦火锅""酸菜白肉火锅"和四川的"串料麻辣烫""肥牛火锅""海鲜火锅""鱼头火锅"等。

第九节 烤 和 焗

一、烤

1. 烤的概念与特点

烤又称烧烤、烘烤，是将原料经过腌制或加工成半熟制品，放入烤箱或烤炉内，利用辐射的高温，把原料直接烤熟的一种烹调方法。烤适用于鲜嫩的禽畜、野味、鱼类等大块和整形的动物性原料。菜品具有色泽红亮，表皮酥脆，肉质鲜嫩，本味浓重，干香不腻的特点。烧烤制品的菜肴冷食、热食均可。

2. 烤的种类与操作要点

根据烤炉的形式和操作方法不同，又分暗炉烤、烤箱烤和明炉烤三种。

（1）暗炉烤。暗炉烤又称挂炉烤，是将原料挂上烤钩或烤叉，放入炉体内，悬挂在火源的上方，封闭炉门，利用火的辐射热将原料烘烤至熟的一种烹调方法。其优点是温度较稳定，原料受热均匀，烧烤的时间短、速度快，成品质量较高。

暗炉烤的操作要点包括以下几点。

1）原料需涂抹饴糖或其他调味品的，须挂置通风处吹干表皮再烤制。

2）烤制菜肴之前要先把炉温升高，然后再装入原料，炉温的高低，要视所烤原料的性质、多少和炉的容积大小而定。

3）原料入炉之后，要不断地使其转动，以便上色均匀。

（2）烤箱烤。烤箱大都用电，也有用燃气的。烤箱的火力不直接与原料接触，而是隔着一层铁板，所烤食品放在烤盘里。烤箱既能烤制菜品，又能烤制糕点。烤箱烤制的菜肴，味甘美而醇香。

烤箱烤的操作要点包括以下几点。

1）用于烤制的原料要鲜嫩，形体不可过大，否则不易烤透。若所烤制的主料在烤时上色不一，可在深色处贴白菜叶或湿餐纸。

2）最好先用大火给主料上色至八成，再用小火焖烤。若不先上好色，主料自身的油就会外溢，烤制过程上色就不匀，色泽不好。如果所烤主料质地较老，烤制时可在烤盘中多放一些卤汁或汤，连烧带烤才容易熟透。

（3）明炉烤。明炉烤又称明烤、叉烧烤，是将原料放在敞口的火炉或火池上，不断翻动，反复烘烤至熟的一种烹调方法。

明炉烤有三种形式，一种是炉上有铁架，多用于烤制乳猪、全羊等大型主料；另一种是在炉子上面放炙子，适用于形体较小的原料，如烤羊肉串、烤肉；再一种是炉上不架铁架和炙子，而用铁叉叉好直接在火上翻烤。明炉烤多用木炭作燃料。

明炉烤的操作要点包括以下几点。

1）明炉敞口，火力分散，烤制菜肴时要注意随时翻动，用以调节火力的大小。

2）明炉因火力分散，烤制较大型的原料所需时间较长，要保持火力，每次加炭不可过多，以免压住火。开始烤制主料时，再将木炭分散在明炉的四周，使火力均匀，将主料烤熟烤透。

 实例 广东蜜汁叉烧

原料： 肥瘦猪肉 5 kg，食盐 100 g，生抽 500 g，老抽 500 g，柱候酱 25 g、白糖 400 g，汾酒 250 g，麻酱 75 g，红曲 5 g，麦芽糖 2.5 kg。

制法：

1）将猪肉改刀为长 30 cm、截面为 3 cm^2 的长条。红曲加水煮开 10 分钟左右，过罗制成红曲水。

2）取碗放入食盐、白糖、生抽、老抽、汾酒、柱候酱、红曲水、麻酱调和均匀，放入肉条拌匀后腌制 1 小时左右，每隔 20 分钟翻动一次。

3）用叉烧环将肉穿起放入温度 100 ℃的烤炉内烤约 30 分钟，肉呈金红色即成。

4）麦芽糖加水调匀，将肉条浸于糖水溶液内粘匀上色，再回炉烤 2~3 分钟，取出即为成品。

特点： 色泽红润，香甜如蜜。

二、焗

1. 概念

焗是广东菜的烹调方法之一。以盐焗为代表，将包好的主料放入砂锅中，覆以炒熟的食盐，用文火将其煨熟。成品味浓香。近几十年来，逐渐由水焗（水浸法）、气焗（蒸法）、烤焗（隔火烤法）和炒焗等代替。

2. 操作要点

（1）选用质地较鲜嫩的动物性原料。

（2）原料可以是整只的或较大的块，也可以为丁、丝、片、条等形态。

（3）现代的焗，第一道工序多采用过油处理。

（4）焗的调味方法较多，包括蚝油焗、陈皮焗、西汁焗、香葱焗、姜葱焗、西柠焗等。上述焗法都要突出调味料品的香味。

（5）传统方式的盐焗是将生料或半熟的原料经过腌制、晒干后，用薄纸包裹，埋入灼热的盐粒中使之成熟的一种烹调方法。也有不用晒干原料而直接包纸制作的。盐焗主要突出肉香、骨酥，原味鲜美，冷食、热食均宜。

3. 代表菜品

代表菜品有"姜葱焗肉蟹""东江盐焗鸡""陈皮焗凤翼""西汁焗鸡腿"等。

第十节　甜　品　类

一、拔丝

1. 概念

拔丝是把白糖（绵白糖为好）加油或水炒熬到一定火候，然后放入经过油炸的主料,翻颠均匀,食时能拔出细糖丝的一种烹调方法。

2. 操作要点

(1) 一般选用水果类、薯芋类、蛋类以及熟肉类等多种原料。

(2) 刀工多为块形、球形、条形、片形、小整形、茸泥制品等。

(3) 有挂糊法、滚粉法、不着衣法三类主料着衣工艺。

(4) 炒好糖(熬糖)是制作拔丝菜的关键。炒糖有四种方法:油炒、水炒、油水合炒和干炒。这四种炒法所需时间长短不一,但将糖炒得能拔出丝来却是一刹那的事,因此不论采用哪种炒法,都要准确地掌握好火候。糖与主料的比例,以糖相当于主料的三分之一为宜。

1) 油炒法。油炒法是用时最短的一种炒糖方法。可以先将油下锅,也可以糖、油同时下锅。采用油炒法,因糖所含水分有限,火大、时间长就易过火。炒糖用油要适量,油多则糖挂不上主料;油少则糖不易化或易巴锅;一般按重量计算,糖、油的比例以 150 g 糖、5 g 油为合适。

2) 水炒法。水不可过多。水多炒的时间长,若大火推炒,糖水挂于锅边易煳,会妨碍观察炒糖的火候。一般糖和水的比例为 150 g 糖、25 g 水。

3) 油水混合炒法。就是在炒糖时既放油又放水,糖和水、油的比例是 150 g 糖、20 g 水、5 g 油。此法是炒糖中较易掌握的一种方法。

4) 干炒法。就是锅内既不放油也不放水,而是干锅炒糖,比较容易掌握,但糖易巴锅。

以上四法,糖下锅后均要不停地推炒,使糖受热溶化。溶化的糖液先泛起大气泡,而后气泡变小,糖也由稠变稀,糖色由浅黄色变成栗子色即成。

(5) 盛放拔丝菜肴的盘上应抹一层油,以防止糖凉后巴盘。拔丝菜品上桌要随上一碗凉开水,便于食客食用。

3. 代表菜品

代表菜品有"拔丝山药""拔丝莲子""拔丝苹果"等。

二、挂霜

1. 概念

把白糖加少量的水或油熬溶后再放入炸好的主料,拌匀取出冷却后,外面即凝结一层糖霜的烹调方法(也有的在冷却前在白糖中拌滚一下)称为挂霜。

2. 操作要点

操作要点基本上与拔丝相同，但挂霜火候与拔丝不同，挂霜应在糖未拔丝并可以翻砂的火候时下料。挂霜菜的特点是外面洁白似霜，味香甜质脆。有些地区将炸好的主料撒上白糖也叫挂霜。

3. 代表菜品

代表菜品有"挂霜丸子""挂霜苹果""挂霜核桃"等。

三、蜜汁

1. 概念

蜜汁是将糖或蜂蜜加适量的水熬制而成的浓汁，浇在蒸熟或煮熟的主料上的一种烹调方法。

2. 蜜汁的种类

蜜汁的种类较多，除用糖、水和蜂蜜配制的之外，还有用糖、水分别加桂花酱、玫瑰酱、山楂糕（过罗成蓉用糖水澥开）、枣蓉、椰子酱配制的。

3. 操作要点

（1）蜜汁类甜菜的制作方法有两种：一种方法是先将主料放入锅里，再往锅里放入适量的水、糖和蜂蜜，烧开后移至小火上慢慢煮至熟烂，另用一锅加入适量的水、糖和蜂蜜熬成汁，浇于主料之上。另一种方法是将主料蒸熟，然后将蜜汁浇在主料上。

（2）熬制蜜汁不可用铁锅。用铁锅熬汁，汁发暗而不透明，最好用铜锅、铝锅或不锈钢锅等。

4. 代表菜品

代表菜品有"蜜汁火腿""蜜汁三泥""蜜汁山药"等。

 实例　蜜汁山药

主料： 净山药片 400 g。

调料： 白糖 100 g，蜂蜜 25 g，桂花酱 3 g，金糕丁 3 g，油 2 g。

制法：

1）将山药片整齐码放在碗里，放入清水、糖、桂花酱（以咸桂花酱为好）上锅蒸透。出锅后扣入盘中，将渳出的水倒入锅中，加油。

2）锅中下入白糖，旺火烧开撇去浮沫，将蜂蜜放入，勾芡至蜜汁状，浇在盛放山药的盘中，撒上金糕丁即可。

特点： 甜蜜可口。

四、糖水

1. 概念

糖水是将冰糖或绵白糖加水熬成溶液，浇于经过蒸（或煮）的主料上的烹调方法。

2. 操作要点

熬制糖水宜用冰糖。糖和水的比例可根据具体情况而定，一般500 g水可加糖100~150 g。将糖化开之后，应沉淀一段时间，待糖中的杂质下沉，糖水澄清之后，再徐徐倒入另一容器中。糖水中可加少量桂花酱调味。

3. 代表菜品

代表菜品有"糖水红毛丹""糖水葡萄""冰糖莲子""时果西瓜盅""杏仁豆腐"等。

第三部分  中式烹调师高级

第十三章

原料知识（三）

第一节　植物性原料（二）

一、食用菌类

1. 松蘑

松蘑又叫松蕈、松茸，属于担子菌纲伞菌目。多为天然野生品种，生于松林地上，主要产于吉林、台湾、云南、四川、贵州的山区。形态特征：子实体通体颜色为褐色，体形较大，菌盖圆滑光洁为半球状，菌盖边缘内卷，菌褶为白色，菌柄较粗。因富含松菰酸、松皮盐酸，因此滋味异常鲜美。

2. 黄玉蘑

黄玉蘑又叫榆黄蘑、金顶蘑、金顶侧耳，属于担子菌纲伞菌目，有人工培植和天然野生品种。形态特征：子实体通体颜色为淡黄色或草黄色，体形较小，菌盖圆滑光洁，直径为 3~10 cm，菌盖边缘内卷，近漏斗状，菌柄较粗，菌褶菌肉为白色。

3. 猴头蘑

猴头蘑又叫猴头菇，属于担子菌纲多孔菌目，有人工培植的品种和天然野生品种。寄生物种为麻栎、胡桃树、桦树、柞树，主要产于黑龙江、吉林、云南、四川、贵州的山区。形态特征：子实体通体颜色为灰白色，体形较大，呈肉质块状，菌盖生有肉质状的刺针体，圆润光洁为球状，菌柄较粗短。

4. 竹荪

竹荪又叫竹笙，属于担子菌纲鬼笔目，有人工培植的品种和天然野生品种。寄生物种为南竹、平竹、慈竹和苦竹，主要产于云南、四川、贵州的山区。形态特征：子实体通体颜色为白色，体形较大，顶部菌盖呈锥形，颜色为绿色、褐色，菌盖生有圆孔形网状边裙，荪有长裙和短裙之分，菌柄为细孔状圆柱体，菌柄粗长。竹荪质地细嫩，味道鲜美宜人，是食用菌中的珍贵品种，被誉为菌中之花。

5. 鸡油菌

鸡油菌又叫杏菌、黄化菌，属于担子菌纲伞菌目，有人工培植的品种和天然野生品种，主要产于云南、四川、贵州、福建、湖南的山区。形态特征：子实体通体颜色为蛋黄色，体形较小，菌盖与菌柄呈肉质的喇叭状，菌柄较粗。

6. 鸡枞蘑

鸡枞蘑又叫白蚁菇、白蚁菌，属于担子菌纲伞菌目，为天然野生品种，主要产于云南、四川、贵州、福建、湖南的山区。形态特征：体形较大，菌盖顶部呈圆锥状褐色，菌盖边缘呈辐射状开裂，形似羽毛，菌柄呈白色、肉质，较细长。

7. 羊肚菌

羊肚菌属于子囊菌纲盘菌目，为天然野生品种，主要产于云南、四川、贵州、陕西的山区。形态特征：体形较小，菌盖顶部呈椭圆形，菌盖上面有不规则的网状棱纹相互分割成蜂窝状，因像羊的蜂巢胃而得名，菌盖紧紧包裹住菌柄，菌柄呈灰色肉质较粗大，羊肚菌中含有丰富的鲜味物质，是世界上极为珍贵的菌种。

8. 牛肝菌

牛肝菌属于担子菌纲伞菌目，为天然野生品种，主要产于云南、四川、贵州、陕西的山区。形态特征：体形较大，菌盖平滑肥厚硕大肉质，菌盖上面密生许多细小的管孔，菌盖顶部呈褐色，菌肉为白色，菌柄粗大有不规则的网状细纹，呈灰褐色。

9. 金耳

金耳又叫黄木耳，属于担子菌纲银耳目，天然野生品种，主要产于云南、四川、贵州、陕西、西藏、福建高海拔的山区林带。形态特征：形态呈脑状或有不规则皱缩呈肠状，直径为3~14 cm，高2~6 cm，肉质柔软，色泽金黄，透明光滑。金耳是一种珍贵的食用菌品种。

二、野生蔬菜（野菜）

没有污染无毒无害的野菜，其所含物质对人体有提高免疫、补充人体营养、调节代谢等功能，因此提倡合理开发利用野生蔬菜（野菜）资源。

1. 荠菜

荠菜又名菱角菜、东风荠、护生草、地菜、地米菜，属十字花科植物荠菜的全草。其味清香鲜美，是人们喜食的野菜。荠菜营养丰富，氨基酸的含量相当高，还含有胡萝卜素、维生素C、维生素E以及磷、钾、钙、铁、锰等人体所需要的矿物元素。荠菜在我国大部分地区都有分布，每年初春是采集荠菜的最佳季节。荠菜可做羹、汤，也可配以禽、畜肉炒食，还可做馅。

2. 天香菜

天香菜是菊科莴苣属植物台湾莴苣的全草，又名苦丁菜、苦丁。天香菜还指山苦荬、苦苣菜、苦荬菜，都属菊科苦菜系列，它们的性味、营养成分和药效均相似。山苦荬，多年生草本，生长在田间，分布在我国北、东、南各地。苦苣菜，为1~2年草本植物，生长在路边及田野间，虽略带苦味，但其营养价值很高，可当粮充饥。每年3~4月采摘，可制作各种菜肴。

3. 马兰

马兰为菊科多年生草本植物马兰的全草，又名马兰头、鱼秋串、田边菊、蟛蜞菊、毛琪菜、马兰青、路边菊、散血草、泥鳅串。马兰生长在田边、山坡上。以我国南方和西南地区最为常见。春夏秋均可采嫩茎叶作蔬菜食用，一般都采摘马兰尖。其色泽碧绿，茎嫩叶肥，做成菜清香可口，既可炒食或凉拌，也可晒成干菜备用。马兰嫩茎叶含有丰富的营养物质，尤其是矿物质，钙的含量超过牛奶，磷、钾含量超过菠菜，维生素A的含量超过番茄，维生素C的含量超过柑橘类水果。

4. 刺儿菜

刺儿菜又名小蓟、小恶鸡婆、姜姜菜、刀枪菜、刺萝卜，为菊科植物小蓟的全草或根，生长于路旁、沟边、田间、荒丘。尽管刺儿菜的叶缘长满了刺，但因其营养丰富，加之春季采摘并不刺手，煮熟食之也不刺喉，所以是人们爱吃的野菜。刺儿菜含有多种营养物质，口味清鲜，不仅能饱腹，还可入药，是凉血止血的良品。

5. 灰灰菜

灰灰菜为藜科一年生草本植物小藜的全草，又名灰藋、灰条菜、灰苋菜、金锁天。灰灰菜野生于荒地、田间，其味甘鲜，营养丰富，嫩茎叶可凉拌，可炒食，也可煮汤。灰灰菜性味苦凉，有清热、利湿、解毒的功效。常食用灰灰菜，可以解油腻，预防肥胖和血脂高。北方以春季为采集期，南方、西南等地一直可采集到九月份。

6. 蕺菜

蕺菜为三白草科多年生草本植物蕺菜的带根全草，又名鱼腥草、猪鼻孔、狗贴耳、肺形草、蕺耳根、折耳根、秋打尾、臭蕺、臭灵丹。野生蕺菜生长在阴湿地或水沟边，现有人工种植品种。春天采嫩茎芽根，秋天可采食全草。蕺菜的营养在于它的药用价值，研究发现其有抗菌作用，特别是鱼腥草素对卡他球菌、流感杆菌、肺炎双球菌、金色葡萄球菌有明显的抑制作用。

7. 枸杞芽

枸杞芽为茄科蔓生灌木植物枸杞的嫩茎叶，又名枸杞尖、枸杞苗、枸杞菜、枸杞头、大叶枸杞。枸杞生长在沟沿、山坡、田埂或水渠边。春夏季可采集嫩茎叶作野菜。其含有蛋白质、脂肪、碳水化合物、纤维素、矿物质及多种维生素，是野菜中营养价值较高者之一，可炒食、可做汤、可与肉类同煮。因其含有多种氨基酸，故做汤其味甚鲜。

8. 沙田菜

沙田菜为桔梗科多年生草本植物桔梗的嫩叶，又名四叶菜、沙油菜、山铃铛花、桔梗。桔梗野生于山坡草丛中，全国各地均有分布。春天采集嫩茎叶作野菜，其维生素 C 的含量相当丰富，在绿叶类食用野菜中位居前列。胡萝卜素的含量也很高。桔梗叶富含维生素 C，生吃（凉拌菜）维生素 C 不受破坏。与肉同煮，胡萝卜素溶解在汤里，更易于人体吸收。经常食用此菜，有抗衰老的功效。

9. 香蒲菜

香蒲菜为香蒲科多年生草本植物宽叶香蒲或狭叶香蒲或长苞香蒲的全草，又名蒲菜、蒲黄、水蜡烛、甘蒲、蒲煮草。香蒲菜生于池泽中，分布在我国各地，以南方和西南地区常见。春采嫩茎叶，夏采花粉，秋采根，均可做菜吃。嫩茎叶可炒食，根可磨粉制饼，花粉可制糖果，其味都很怡人。

10. 野薄荷

野薄荷为唇形科多年生草本植物薄荷的幼苗和叶，又名水薄荷。薄荷喜生于阴湿的路、沟边，以我国南方和西南地区多见。春天可采嫩茎叶做成凉拌菜，或做汤。做薄荷汤时，叶不宜先下久煮，待汤煮沸后再下鲜叶，2 分钟即起锅。薄荷嫩茎叶有一定的营养成分，人们吃薄荷主要不是为了摄取营养，而是用其芳香清凉之味作为调味品，以增加菜品的清香味。

11. 榆

榆为榆科植物榆树的叶、树皮、果实（榆钱）。榆树为落叶乔木，生于河堤、田埂和路边。我国大部地区有分布，以北方多见。嫩叶可采摘做菜，含有各种营养物质，可煮食、蒸食、做汤。榆树白皮也可食用。春季或8月、9月割下老枝条，立即剥去粗皮，取紧贴木心之白色内皮晒干碾成粉，其内含物与普通面粉相差无几。因其膳食纤维的含量高于普通面粉十几倍，故食用可增加肠胃蠕动，防止便秘。榆钱即榆树的果实榆荚、榆荚仁，因榆荚薄而形如古铜钱故得名。春末采嫩榆钱做菜食，犹如吃嫩豌豆荚、扁豆荚一样。

12. 马牙苋

马牙苋为景天科多年生肉质草本植物凹叶景天的全草，又名马齿苋、半枝莲、豆瓣半枝草、狗牙瓣、酱瓣草、仙人指甲、六月雪。马牙苋生于田野向阳处、山野溪旁岩石上，分布在我国华北、华东、西南等地。夏季采嫩茎叶作野菜，可拌食，也可炖肉。马牙苋含有各种营养物质，其性味酸凉，有清热解毒、止血的功效。

13. 车轮菜

车轮菜为车前草科多年生草本植物车前的嫩叶，又名猪耳草、饭匙草、猪肚草、车轱辘菜、田菠菜、朱甜菜、黄蟆叶、打官司草、车前草。夏季可采嫩叶作野菜，食用方法可同菠菜。三大热能营养素高于菠菜，胡萝卜素的含量略高于胡萝卜。车轮菜性味甘寒，有利尿清热的功效。

14. 景天三七

景天三七为景天科多年生肉质草本植物景天三七的全草，又名细叶费菜、长生景天、土三七、八仙草、吐血草、见血散、活血丹、蝎子草。景天三七野生于山坡、草地或沟边，夏季可采嫩茎叶做菜食用。因其所含营养成分全面，叶肉质，所以人们喜欢用其做凉拌菜，尤其煮面条时加入此菜则比豌豆苗、莴笋叶还鲜。景天三七与中药"三七"的功效极为相似，也可用来止血、活血。

15. 长寿菜

长寿菜为马齿苋科一年生肉质草本植物马齿苋的全草，又名马齿苋、五行草、长命菜、安乐菜、酸苋。长寿菜生于田野、路旁及耕地边，我国大部分地区都有分布。秋季采摘嫩茎叶作为菜食用，可凉拌可煮食。其味自然酸美，不必再放醋。因为含苹果酸、柠檬酸、谷氨酸、天门冬氨基酸、丙氨酸甚多，因而味鲜而略带酸味。

16. 野菊

野菊为菊科多年生草本植物野菊的嫩茎、叶和花，又名野菊花、野山菊、路边菊、野黄菊、鬼仔菊、山九月菊、黄菊仔、苦薏。野菊生长在路边、丘陵、荒地及林缘，全国大部分地区都有野生。秋季可采集嫩茎叶作为菜食用，食用前先焯水去掉野菊的苦味，然后凉拌、素炒、炒肉、煮汤均宜。野菊花也可做成菊花汤，虽不及栽培菊花味甜，而略带苦味，但其清鲜怡人，别具风味。野菊含有各种营养素，特别是富含微量元素锌、硒，可提高人体的免疫功能。

17. 柿叶

柿叶为柿科植物柿的嫩叶或落叶。柿子树属落叶乔木，生在山野、林园，栽培者居多，分布在我国北方，浙江、两广、福建也有分布。秋季可采集嫩叶做菜。可生食、凉拌，也可煮肉汤，或制成柿叶茶泡开水饮用。鲜叶含糖、脂肪，尤其富含维生素C和胡萝卜素。柿叶含黄酮甙、酚类物质、香豆精类和挥发油，有降血脂、软化血管、防止动脉硬化等功效，还可清热解毒，消除浮肿。

18. 香炉草

香炉草为石竹科一年生草本植物麦瓶草的嫩茎叶，又名麦瓶草、米瓦草、梅花瓶。生于田野、路旁、草地或麦田中，我国北方、中原等地有分布。冬春采嫩叶茎做菜，可制作各种菜肴，煮汤、素炒、炒肉、炖鸡均可。香炉草营养丰富、性味甘凉，有很好的养阴止血和养阴清热的作用。

19. 天荞麦

天荞麦为蓼科多年生草本植物天荞麦的根，又名金荞麦、野南荞、野荞麦、花麦、铁花麦、蓝荞头。生于山区草坡、林边土质疏松的阴湿地带，分布在我国东部、中部和南部。冬季可采挖其根，根含蛋白质、糖、纤维素和多种微量元素。鲜根洗净切片烹制菜肴，有一定的营养价值。较多的用法是用根炖肉，食用对冬季生疮毒或咽喉发炎有防治效果。

20. 四季菜

四季菜为菊科多年生草本植物白苞蒿的嫩茎、叶，又名鸭脚艾、鸡甜菜、鸭脚菜、土鳅菜。生于路旁或山坡草地，分布于我国华东、中南、西南和西部各地。秋冬可采嫩茎叶作野菜食用。可凉拌、素炒、煮豆腐等。此菜含香豆精、氨基酸，味道极为鲜美。四季菜味辛甘凉，有清热止咳、活血化瘀的功效。

21. 酢浆草

酢浆草为酢浆草科多年生草本植物酢浆草的全草，又名酸酸草、醋母草、酸斑苋、酸批子、东阳火草、水晶花、蒲瓜酸。生长于荒地、路旁、沟边、庭园，全国各地均有分布。四季均可采食，以秋冬季的茎叶最有营养。在食用茎叶中，酢浆草是磷和维生素C含量佼佼者，所以凉拌、煮汤都有很好的补脑作用。酢浆草性味甘酸无毒，有清热凉血、消肿解毒的功效。

22. 面根藤

面根藤为旋花科多年生蔓生草本植物打碗花的嫩茎叶，又名狗儿蔓、兔儿苗、小旋花、南面根、面根草、常春叶天剑、狗儿秧、秧子根，生长在耕地旁、荒地、路旁、溪边、湖边等潮湿地带。全国大部地区有分布，以南方和西南多见。夏秋可采嫩茎叶做菜，食法有煮汤、炒肉、炖肉。面根藤含有各种营养成分，以矿物质的含量尤为突出，钙、铁以及维生素 B_2 的含量都位居野菜之前列。

第二节 动物性原料（二）

一、猪的品种

根据传统养殖地区的不同，猪的类型可分为东北型、华北型、华中型、华南型、华东型、西南型。根据血统的不同可分为地方型、引进型、改良型。根据瘦肉脂肪的比率可分为瘦肉型、普通型（脂肪型）。瘦肉型的商品猪一般饲养周期为 180 天，体重达 90 kg，瘦肉率为 55% 以上。脂肪型体重达 90 kg，瘦肉率为 45% 以下。瘦肉型的商品猪已渐渐发展成为养殖业的主导品种。

1. 浙江两头乌

浙江两头乌为华东型商品猪种，头部、臀部有黑色斑块，躯干四肢为白色，臀部圆滑丰满，四肢较短，骨细皮薄肉嫩，瘦肉率高，脂肪含量较少，是制作传统金华火腿的主要原料。

2. 湖南宁乡猪

湖宁乡猪为华中型商品猪种，又称三短猪。即耳短、嘴短、腿短，身短背宽，背部、臀部有黑色斑块，腹胸腿部均为白色，肉质肥瘦均匀适度，是传统菜肴烤乳猪的主要原料。

3. 长白猪

长白猪原产于丹麦，是世界上优良瘦肉型猪种。长白猪的形态特征是通体为白色，头小肩短，耳大前伸下垂，嘴筒长直，身腰细长，后躯发达，腰背部宽阔平直。人工饲养 180 天，体重可达 90 kg，饲料转化率高，我国从 20 世纪 60 年代开始引进。

4. 约克夏猪

约克夏猪又叫英国大白猪，原产于英国，是世界上优良的瘦肉型猪种。约克夏猪的形态特征是通体为白色，头颈较长，脊背部宽阔平直，耳较薄直立，身躯较长，腹背四肢肌肉发达，是典型的瘦肉型猪种，瘦肉率高达 66%。

5. 汉普夏猪

汉普夏猪原产于美国,是世界上优良的瘦肉型猪种。汉普夏猪的形态特征是通体绝大部分为黑色,前肢与肩部连接部位有一白色条带,嘴筒长直,弓形脊背,脊背部宽阔平直,身躯较长,腹背四肢肌肉发达,是典型的瘦肉型猪种,瘦肉率高达60%以上,为美国猪胴体瘦肉率最高的品种。

6. 杜洛克猪

杜洛克猪原产于美国,是世界上优良的瘦肉型猪种。杜洛克猪的形态特征是通体为金黄色或棕红色,嘴筒长直,弓形脊背,脊背部宽阔平直,身躯较短,腹背四肢肌肉发达,是典型的瘦肉型猪种,瘦肉率高达60%以上。

7. 香猪

香猪是一种体形微小的微型猪,是我国仅有的珍贵稀有地方猪种。香猪培育有数百年的历史,贵州、江西、湖南出产的香猪闻名于世,远销世界各地。香猪毛黑皮白,早熟易肥,皮薄肉嫩多汁味香,人工饲养5~7周体重可达3~5 kg,成猪体重只有15~38 kg。烹调时不加调料也能够香气四溢,故名香猪,是新型烧烤腌腊制品的上等专用猪种。

二、牛的品种

牛的品种按生物学可以分为黄牛(北方黄牛、中原黄牛、南方黄牛)、水牛(滨州水牛、温州水牛、德昌水牛)、瘤牛、牦牛(青海高原牦牛、九龙牦牛、天主牦牛、麦洼牦牛)。按用途可以分为乳牛、肉牛、役牛、兼用品种。按生长育肥期的不同分为肉牛(成熟期为18~32个月)和小牛(小牛6个月开始断奶,成熟期为6~18个月,多为淘汰的欧士坦小公牛)。比较著名的肉牛品种有海福特、利木辛、夏洛莱、西门塔尔、安古斯、皮法罗、皮尔蒙特、欧士坦、诺曼底、鲁西牛、秦川牛。

1. 鲁西牛

鲁西牛、秦川牛、南阳牛、晋南牛、延边牛同为我国五大良种黄牛。现今作为我国良种肉用牛品种的鲁西牛,已经得到了良好的培育开发,它广泛分布于山东、河北、河南、辽宁等地。鲁西牛体形较大,角短粗,毛色以黄色居多,具有良好的肉用特性。

2. 秦川牛

秦川牛是我国良种肉用牛之一,广泛分布于陕西、山西、河南、四川等地。秦川牛体形庞大，毛色以枣红色居多，鞍部发达，肌肉丰满，具有良好的肉用特性。因生长在八百里秦川而得名。

3. 海福特牛

海福特牛原产于英格兰海福特郡，角短、头短、额宽、颈短粗，毛色暗红，有白色花斑，为小型良种肉牛。

4. 利木辛牛

利木辛牛原产于法国利木赞高原，为大型肉牛品种，头短、额宽、角短、肋圆，背腰较短，前肢肌肉发达，体色为浅黄色或浅红色。

5. 夏洛莱牛

夏洛莱牛原产于法国夏洛莱，为大型肉牛品种，短角，体色为灰白色。

6. 西门塔尔牛

西门塔尔牛原产于瑞士西门塔尔平原，世界著名的大型肉乳兼用品种。西门塔尔牛体大如象，头较长，面部宽阔，角细、向外向上弯曲，体躯较长呈圆筒状，肋骨弓张，胸部、肩部、腰背发达，毛色为黄白或红白，头腹四肢有条状白斑。

7. 安古斯牛

安古斯牛又叫阿伯丁安古斯牛，原产于英国阿伯丁和安古斯，通体为黑色，无角，身材较矮结实，头小而方，体躯宽阔呈圆筒状，肌肉丰满，背腰宽平。

8. 皮法罗牛

皮法罗牛原产于美国加利福尼亚州，有美洲野牛血统，是良好的肉牛品种，瘦肉率高，肉质稍硬，微有膻味。

9. 皮尔蒙特牛

皮尔蒙特牛原产于意大利，由非洲瘤牛与海福特牛培育而成，有短角，体格较大。

10. 欧士坦牛

欧士坦牛原产于荷兰，是奶牛中的最佳品种，年产奶 8 000 kg。雄性牛犊可育肥成为肉牛，小牛肉多是用淘汰的雄性欧士坦（黑白花牛）小牛犊加工的。

11. 诺曼底牛

诺曼底牛原产于法国西北部的诺曼底地区，是奶牛中的优良品种，奶牛年产奶 6 000 kg，雄性牛犊可育肥成为肉牛，小牛肉多是用淘汰的雄性诺曼底（红白花牛）小牛犊加工的。

三、羊的品种

根据用途不同羊可以分为毛皮肉兼用品种和肉用品种。根据饲养月龄不同羊可以分为肥羔羊（4~8个月）、羔羊（8~12个月）、成年羊（12~48个月）、老羊（48个月以上）。

1. 新疆细毛绵羊

新疆细毛绵羊为毛肉兼用品种。公羊角呈螺纹形，母羊无角，鼻梁微有隆起，胸部宽深，背直而阔，腹线平直，后躯丰满，12个月龄的公羊体重90 kg，母羊体重50 kg。

2. 东北细毛绵羊

东北细毛绵羊为毛肉兼用品种，是用高加索羊、斯塔夫诺波羊、美利奴羊、汉斯卡尼羊和新疆细毛羊培育而成。

3. 中国美利奴绵羊

中国美利奴绵羊为毛肉兼用品种，是用澳洲美利奴羊与新疆细毛羊培育而成。

4. 澳洲美利奴绵羊

澳洲美利奴绵羊为毛肉兼用品种，简称澳美羊，身体宽阔，腰背平直，后躯肌肉丰满。

5. 林肯绵羊

林肯绵羊是优良的肉用绵羊品种，原产于英国东部的林肯郡。林肯羊体躯高大，结构匀称，头较长，颈较短，身体宽阔，腰背平直，后躯肌肉丰满，臀部宽大，肋骨弓张，四肢较短，全身为瓣形卷毛，12个月龄公羊体重82 kg，母羊体重50 kg。

6. 罗姆尼绵羊

罗姆尼绵羊又名肯特羊，为优良的肉用绵羊品种，原产于英国东部的肯特郡。

7. 夏洛莱绵羊

夏洛莱绵羊为优良的肉用绵羊品种，原产于法国的夏洛莱地区。

8. 考力代绵羊

考力代绵羊为优良的肉用绵羊品种，主要产于澳大利亚和新西兰。

9. 无角道赛特绵羊

无角道赛特绵羊为优良的肉用绵羊品种，主要产于澳大利亚和新西兰。

10. 萨福克绵羊

萨福克绵羊为优良的肉用绵羊品种，主要产于澳大利亚和新西兰。

11. 哈萨克绵羊

哈萨克绵羊为优质的肉用绵羊品种,广泛分布于新疆草原,体形较大,12 个月龄公羊体重 70 kg,母羊体重 50 kg。

12. 湖羊

湖羊为皮肉兼用绵羊品种,主要分布在我国浙江、江苏地区。无角白毛,体躯较长,四肢较高,成年公羊体重 45 kg,母羊体重 40 kg。

13. 乌珠穆沁羊

乌珠穆沁羊为优质的肉用绵羊品种,广泛分布于内蒙古草原,体形较大,头部颈部为黑色,体躯为白色,12 个月龄公羊体重 74 kg,母羊体重 58 kg。

14. 大尾寒羊

大尾寒羊又名肥尾羊,蒙古绵羊品种,毛色洁白,尾部肥大,下垂到后腿弯处翻卷,形成明显尾沟,长者甚至拖地,12 个月龄公羊体重 70 kg,母羊体重 52 kg。

15. 肥羔羊

肥羔羊是选用世界最好的肉用绵羊品种做父代,用我国最好的品种做母代杂交而成的新型肉用绵羊。成年公羊体重 150 kg、母羊体重 100 kg,习惯上把 12 个月龄内的羊称为羔羊,8 个月内的称为肥羔羊。宰杀前需禁食 24 小时,宰杀后在特定的温度、湿度环境下排酸,促使肉质成熟。这种羊肉品质优良,色泽嫣红的瘦肉和雪白的脂肪构成大理石般的花纹,柔软多汁,味美可口。

16. 成都麻羊

成都麻羊毛色为麻褐色,大多有角,下颌有须,部分颈下有肉铃,四肢粗壮,背部宽平,前躯发达,体躯接近长方形,12 个月龄公羊体重 42 kg、母羊体重 35 kg。

17. 槐山羊

槐山羊主要产于河南周口地区,白色有角或无角,中等体形,12 个月龄公羊体重 30 kg、母羊体重 26 kg。

18. 南江黄羊

南江黄羊又名南江羊,毛为黄色,沿背脊有一条黑色毛带,头粗耳大,前胸深广,四肢发达,形体高大,12 个月龄公羊体重 36 kg、母羊体重 31 kg。

四、其他畜类品种

1. 兔

兔子肉是蛋白质比例较高、脂肪比例较低的肉食。兔子有野生和人工饲养品种。

人工饲养肉用品种，肉质色泽呈浅红色，肌肉纤维细嫩。重达 5~6 kg 的大型肉用品种有青紫蓝兔（法国）、弗朗德兔（比利时）；中型的肉用品种有中国白兔、哈尔滨白兔、内蒙古白兔、新西兰白兔、加利福尼亚兔、荷兰兔、黑熊兔、塞北兔、安阳兔；小型的肉用品种有德国花巨兔、佛罗里达白兔、太行虎皮黄、喜马拉雅兔、日本大耳兔。

2. 驴

我国在肉用驴人工饲养方面得到了很好的开发，已经培育出的优质品种有沁阳驴、广灵驴、晋南驴、德州驴、关中驴、华北驴、西南驴、喀什驴等。

五、禽类品种

目前我国人工饲养的肉用禽类品种主要有鸡、鸭、鹅、鹌鹑、鸽子等，以及肉用珍禽养殖品种珍珠鸡、绿头鸭等。

1. 泰和乌鸡

泰和乌鸡原产于江西泰和武山地区，又称武山鸡、乌骨鸡、丝毛鸡，为我国特种鸡型。复冠紫黑色，白色羽绒，两耳淡绿，腿有飞毛，皮肉骨脂为黑色，体形较小，人工孵化养殖品种较多。

2. 白色来航鸡

白色来航鸡为良种肉蛋兼用鸡型，原产于意大利，体形较大，羽毛洁白。

3. 芦花鸡

芦花鸡为良种肉蛋兼用鸡型，原产于美国，体形较大，羽毛黑白相间。

4. 洛岛红鸡

洛岛红鸡为良种肉用鸡型，原产于美国，体形较大，羽毛深红或褐色。

5. 火鸡

火鸡原产于北美洲，又叫食火鸡，体形硕大。根据火鸡身体羽毛的颜色不同，有白色火鸡（重达 9~16 kg）、青铜色火鸡（重达 9~16 kg）和黑色火鸡（重达 5~8 kg）。火鸡颈部较长，头颈裸露无羽毛，颈部有赭色珊瑚状的皮瘤，胸部和腿部肌肉发达。公火鸡的尾部羽毛发达，张开呈扇形，末端钝齐。欧美人工养殖品种较多，重大节日消费较大，我国也人工孵化养殖。由于肌纤维较长，加热致熟后肉质较为粗老。

6. 珍珠鸡

珍珠鸡又叫珠鸡、几内亚鸡，原产于非洲的肯尼亚、几内亚，为鸟纲鸡形目。珍珠鸡的尾形像孔雀的尾形，头小喙端尖，颈部细短，颈部披有一圈紫蓝色针状羽毛，身躯较大，全身羽毛呈蓝褐色，富有光泽，尾部下垂，鸡爪为黑色，身体布满珍珠大小的白色小点，形如珠衣，故名珍珠鸡。

7. 康贝尔鸭

康贝尔鸭原产于英国，肉蛋兼用型鸭种。羽毛暗褐色，中等体形，成鸭体重 3 kg，胸挺腹垂，颈部细长。

8. 狄高鸭

狄高鸭原产于澳大利亚，肉用型鸭种。羽毛为乳白色，成鸭体重 4 kg，鸭头大而扁长，颈部粗长，背部长宽，胸部宽挺。

9. 绿头鸭

绿头鸭是新兴的瘦肉型鸭种，瘦肉比率较高，因为鸭种从美国引进，又叫美国绿头鸭。体形较大，鸭头毛色发绿，颈部有一圈深色羽毛，身体羽毛呈棕褐色，翅上羽毛呈绿色。

10. 清远鹅

清远鹅主要产于广东清远地区，为优质肉用鹅品种，羽毛为灰黑色，头短，体形较小，体躯短宽，一般体重 4 kg。

11. 朗德鹅

朗德鹅产于法国，灰白色良种肉鹅，成鹅体重 8 kg，可以生产肥大的鹅肝。

12. 莱茵鹅

莱茵鹅产于德国，白色良种肉鹅，成鹅体重 6 kg。

13. 意大利鹅

意大利鹅产于意大利，白色良种肉鹅，成鹅体重 6 kg。

14. 鹌鹑

鹌鹑又名鹑鸡、稻鸡，为鸟纲鸡形目雉科，是鸡形目中最小的一种。鹌鹑头小、喙小、尾短，体形较小。法国肉鹑为灰褐色，人工养殖 45 天，一般平均重量为 250 g。加利福尼亚肉鹑为金黄色或白色，人工养殖 50 天，平均体重 230 g，肉用鹌鹑的胸部肌肉丰满发达，目前已广泛人工孵化养殖。

15. 肉鸽

鸽子是人类最早驯化的鸟类之一，世界著名的肉鸽品种有美国白羽王鸽和银王鸽。肉鸽矮胖，嘴短，鼻瘤细小，头骨圆而隆起，尾短翅小，繁殖力强、生长快，重量约为 1 kg。

16. 乳鸽

乳鸽是特种肉用型鸽子，是用美国的鸽子与我国传统的家鸽杂交培育出的肉用鸽新品种，以广东中山石岐乳鸽最为著名。石岐乳鸽体形较小，繁殖力强，生长快，习惯上把从孵化出壳到生长30天的雏鸽称为乳鸽，重量一般为500 g。

六、鱼类品种

1. 彩虹鲷鱼

彩虹鲷鱼属硬骨鱼纲鲤形目鲡科，又名紫金彩鲷、美洲鲫鱼、福寿鱼、胭脂鱼。罗非鱼对我们来说并不陌生，而彩虹鲷鱼是国外水产专家利用生物工程技术培育出来的一种红色罗非鱼，既可食用又可观赏。因其美丽鲜艳的颜色，外形酷似海中鲷鱼，而获彩虹鲷鱼的美称。体色有彩虹光泽，肉色洁白，肉质细嫩，味道鲜美，食用方便。彩虹鲷鱼食性杂，抗病性强，生长快，养殖适宜的温度是20~32 ℃，喜温怕寒，致死温度为7 ℃，适合在淡咸海水中人工饲养，1997年我国从国外引种驯化，目前我国以南方养殖较多。

2. 塘鳢鱼

塘鳢鱼属硬骨鱼纲塘鳢科，淡水底层中型肉食性珍贵养殖鱼类。塘鳢鱼的形态特征：鱼体近圆桶状，背部宽阔平直，鱼体较长，头尖口大，有尖牙利齿，鳃盖较大，鱼体黄绿色有黑色花斑，腹部较圆，鳞片细小紧密，尾柄粗壮，尾鳍呈圆形，鱼体侧线平直，背臀鳍长与尾鳍相连，鱼体表有黏液。塘鳢鱼的肉质弹性较强，洁白细嫩鲜美，鱼刺较少，出肉率高。

3. 河鳗

河鳗属硬骨鱼纲鳗鲡目鳗鲡科，又名鳗鱼、白鳝、白鳗，江河洄游中型杂食性珍贵经济养殖鱼类，适宜生长的温度为40 ℃。目前我国广东、福建主要采用高密度养殖法养殖欧洲鳗鱼。河鳗的形态特征：鱼体呈圆桶状，背部宽阔平直，鱼体细长，头尖圆细小，鱼体背部青黑色，腹部白色，无角质化的硬鳞，尾部侧扁状，鱼体表有黏液，背臀鳍长至尾尖，无硬棘。河鳗的肉质弹性较强，色泽洁白，细嫩鲜美，无尖细刺和硬皮，出肉率高。

4. 鲇鱼

鲇鱼属硬骨鱼纲鲇科，又名胡子鲇，淡水杂食性珍贵养殖鱼类。鲇鱼的形态特征：鱼体的前部呈圆桶状，背部平直，鱼体细长，头尖圆细小，有两对长须，背鳍较小，臀鳍长与尾鳍相连，鱼体色泽青黑，腹部白色，无角质化的硬鳞，尾部侧扁，尾鳍呈圆形，鱼体表有黏液。鲇鱼的肉质弹性较强，色泽洁白，滑嫩鲜美，无尖细刺和硬皮，出肉率高。

5. 虹鳟鱼

虹鳟鱼属硬骨鱼纲鲑形目鲑科，又名彩虹鱼，由深海虹鳟鱼驯化而成，为淡水中上层中型肉食性珍贵经济养殖鱼类。虹鳟鱼的形态特征：鱼体侧扁，背部隆起，鱼体长35 cm，头圆口大，有尖牙利齿，鳃盖较大，鱼体银黑色有黑色花斑，腹部较圆，鳞片细小紧密，尾柄粗壮，尾鳍呈圆形，鱼体侧线平直，侧线附近有彩虹般的色带。虹鳟鱼对生存环境中的水质极为敏感，要求水清、氧气含量高。虹鳟鱼属于冷水性鱼，水温要求为20 ℃。我国北方的水库中多采用网箱养殖。虹鳟鱼肉质弹性较强，色泽微红，细嫩鲜美，鱼刺较少，出肉率高。

6. 鳐鱼

鳐鱼属软骨鱼纲鳐科，海洋底层中大型鱼类，鳐鱼属于暖水洄游性鱼类。沿海地区人工养殖得到了良好的发展。鳐鱼的形体特征：除一部分体形像鲨鱼外，一般体形呈扁平形，两行鳃裂裸露无鳃盖，鳃和口同位于身体的下方，两眼在身体的上方，背鳍1~2个，鱼鳍呈边裙状，尾鳍棘刺有毒，体表覆盖较厚的鲨层（砂质盾鳞）。由于鳐鱼保持着尚未进化的躯体组织，骨骼呈角质化，因此鱼骨鱼翅中的鳍棘柔软可食。鳐鱼的肉质中含有较多的氨，有浓重的腥臭味，食用前要经过脱氨处理。

7. 金枪鱼

金枪鱼属硬骨鱼纲鲈形目鲭科，又名吞拿鱼（英文译音）、黄马鲛、鲔鱼，为海洋大型经济鱼类，具有暖水洄游习性。金枪鱼的形态特征：鱼体的横断面近椭圆形，鱼体呈纺锤形，体长50~100 cm，重达10~30 kg，鱼头较尖，口大斜裂，牙齿尖利，侧线较平直，脊背部宽厚，鱼体无角质硬鳞，表面为青褐色，有深色斑纹，尾柄较细，尾柄的上下各有数个小脂鳍，臀鳍较小，背鳍较长，鱼的尾鳍呈燕尾形。金枪鱼的肉质呈暗红色，有木纹状的纹路层次，质地坚实。金枪鱼主要产于日本沿海水域，在太平洋北部主要生长在夏威夷群岛海域，生殖洄游到达日本海域。

8. 鲈鱼

鲈鱼属硬骨鱼纲鲈形目鮨科，为我国海洋珍贵中大型经济鱼类，具有暖水洄游习性。鲈鱼的形态特征：鱼体侧扁，长而宽阔，体长30~60 cm，鱼头较大，口大向上翘，牙齿尖利，侧线较平直。鱼体披银灰色硬鳞，背鳍有硬棘，尾柄粗壮。鱼体上有黑色斑点，鱼的尾鳍呈楔形。鲈鱼的肉质色泽洁白，质地坚实，细嫩鲜美。我国的主要产地是辽宁、山东、浙江、福建、广东，捕获季节主要集中在8~10月。

9. 石斑鱼

石斑鱼属硬骨鱼纲鲈形目鮨科，为我国海洋珍贵中大型经济鱼类，具有暖水洄游习性，野生品种多栖息于深海的岩礁珊瑚水域。石斑鱼的形态特征：鱼体侧扁，鱼体

长而宽阔,体长 30~60 cm,鱼头较大而尖,口及鳃裂较大,牙齿尖利,侧线较平直,由于品种的不同,鱼体的颜色有黑色、红色、杂色等,体披较硬的细鳞,背鳍、臀鳍有硬棘,背臀鳍与尾柄相连,尾柄粗壮,鱼体表皮有斑点,鱼的尾鳍呈楔形。石斑鱼的品种有老鼠斑、大杉斑、七星斑、泥斑、黑斑、黄斑、乌丝斑、金钱斑、老虎斑、青斑、红斑、瓜子斑。石斑鱼的肉质色泽洁白,质地坚实,细嫩鲜美。我国已有大量人工网箱养殖品种,主要产地是广东的南澳岛、唐家湾、湛江,捕获季节主要集中在8~11月。

10. 大马哈鱼

大马哈鱼属硬骨鱼纲鲱形目鲑科,又名太平洋鲑鱼、红马哈鱼,为我国海洋中大型珍贵经济鱼类,具有海洋冷水洄游习性。天然大马哈鱼出生在江河之中,生活在高寒水域的海洋里,经过 3~4 年,成熟的大马哈鱼开始结群洄游。大马哈鱼的形态特征:鱼体长,体背宽阔呈纺锤形,体长 40~60 cm,鱼头较大,口大下唇向上翘,口裂较大,牙齿尖利,侧线较平直,鱼体披银灰色硬鳞,尾柄粗壮,生殖期间鱼体色由黄绿色转变为青黑色,上有黑色斑点,鱼的尾鳍呈燕尾形。大马哈鱼的肉质色泽呈淡红色,肌红蛋白比例较高,质地较为坚实,肌间脂肪含量较大,细嫩鲜美。我国的主要产地是黑龙江、乌苏里江,以及太平洋西北部渔场,捕获季节主要集中在 9~10 月。

11. 三文鱼

三文鱼属硬骨鱼纲鲱形目鲑科,又名大西洋鲑鱼、细鳞鲑鱼、银色鲑鱼,现已成为人工孵化网箱养殖的海洋中大型珍贵经济鱼类,挪威人工驯化养殖量较大。被誉为冰海之皇的三文鱼,野生品种具有海洋冷水洄游习性。野生三文鱼出生在江河及河口处,生活在高寒水域的海洋里,一般经过 3~4 年,性成熟的三文鱼开始结群洄游。三文鱼的形态特征:鱼体较长,体背宽阔呈纺锤形,体长 60~100 cm,鱼头较大,口大下唇向上翘,口裂较大,牙齿尖利,侧线较平直,鱼体披细小银灰色硬鳞,尾柄粗壮,青蓝色的鱼体之上有红棕色的小斑点,鱼的尾鳍呈燕尾形。三文鱼的肉质色泽呈淡红色,肌红蛋白比例较高,质地较为坚实,肌间脂肪含量较大,有木纹状纹路,细嫩鲜美。由于三文鱼的品种较多,在世界高寒海域都有分布,市场上除了挪威三文鱼之外还有美国三文鱼、苏格兰三文鱼、加拿大三文鱼等品种。

12. 加吉鱼

加吉鱼属硬骨鱼纲鲈形目鲷科,又名鲷、铜盆鱼,为我国海洋珍贵中大型经济鱼类,具有暖水洄游习性,已有人工养殖品种。加吉鱼的形态特征:鱼体长而宽阔,极为侧扁,体长 30~50 cm,鱼头、鱼眼较大,口大鳃裂较长,牙齿尖利,侧线较平直,由于品种不同鱼体色泽有淡青、银灰、黑色、红色之分,鳞片较大,背鳍、臀鳍有坚硬的棘刺并与尾柄相连，背腹较宽，尾柄粗壮，鱼体上有深色斑点，鱼的尾鳍呈燕尾形。加吉鱼的肉质色泽洁白，侧线部位的肌肉呈红色，质地较为坚实，细腻鲜美。我国的主要产地是山东的青岛、烟台，福建的晋江，广东的南澳岛，捕获季节主要集中在 8~10 月。

13. 鳕鱼

鳕鱼属硬骨鱼纲鲈形目鳕科，又名明太鱼，为我国海洋珍贵中大型经济鱼类，具有冷水洄游习性，挪威和英国有大量人工养殖品种。鳕鱼的形态特征：鱼体横断面呈椭圆形，鱼体长而宽阔，体长 40~60 cm，鱼头、鱼眼较大，口大鳃裂较长，牙齿尖利，鳞片细小，侧线较平直，由于品种不同鱼体色泽有银灰、黑色之分，背鳍臀鳍较对称，背腹较宽，尾柄较细，鱼的尾鳍呈楔形。鳕鱼的肉质色泽洁白，质地坚实，滋味鲜美。我国的主要产地是山东的青岛、烟台，捕获季节主要集中在 9~11 月。

14. 鲱鱼

鲱鱼属硬骨鱼纲鲱形目鲱科，又名青鱼，为海洋珍贵小型经济鱼类，具有冷水洄游习性。鲱鱼的形态特征：鱼体侧扁，鱼体长 20~40 cm，鱼头较小，鱼眼较大，口大鳃裂较长，鳞片细小，侧线较平直，鱼体颜色为青蓝色，背鳍臀鳍较对称，尾柄较细，鱼的尾鳍呈楔形。鲱鱼的肉质色泽洁白，质地坚实，滋味鲜美，一般常用来制作咸鱼制品，适宜烧烤使用。我国的主要产地是山东的青岛、烟台，辽宁的大连，捕获季节主要集中在 10~11 月。

15. 梭鱼

梭鱼属硬骨鱼纲鲈形目鲻科，又名红眼鱼，为我国海洋中小型经济鱼类，具有暖水洄游习性，主要生活在近海江河入海口处和港湾之中。梭鱼的形态特征：鱼的体形近圆筒状，犹如织布的梭，体长 20~40 cm，鱼头尖小扁宽，鱼眼较大呈红色，鱼体宽阔平直，金黄色的鳞片，侧线平直，尾柄较粗，尾鳍呈燕尾形。梭鱼的肉质色泽洁白，质地坚实，滋味鲜美。我国的主要产地是山东的青岛、烟台，辽宁的大连，捕获季节主要集中在 3~5 月和 9~10 月。

七、其他动物水产

1. 龙虾

龙虾为节肢动物门甲壳纲十足目龙虾科龙虾属动物的统称。海洋性龙虾集群生活于海洋泥沙质底部，淡水性龙虾集群生活于河湖沙质的底部。龙虾是我国海洋性和淡水养殖的珍品，具有重要的经济价值和广阔的应用前景。龙虾甲壳厚而坚硬，色泽有

红色、青色，龙虾头胸部粗大，略呈圆筒状，腹部较短小，尾部常曲折于腹下，有刺，触角粗壮而长。龙虾的身长、体重不一，海洋性龙虾体重而身长。淡水龙虾多产于华东地区的微山湖、太湖、洪泽湖、阳澄湖等湖区；海洋性龙虾多产于广东、福建沿海地区的水域中，尤以广东南澳岛的人工养殖品种最为著名。淡水龙虾产期主要集中在4~10月，海洋性龙虾一年四季均有上市。龙虾的品种有海洋性的美洲龙虾（美国波士顿龙虾）、澳洲龙虾（澳洲维多利亚龙虾）、中国龙虾、中国南海锦绣龙虾、日本红龙虾、中国波纹龙虾，淡水性的麦氏红龙虾（小红龙虾）等。

2. 斑纹蟹

斑纹蟹又名花蟹，为节肢动物门甲壳纲十足目爬行亚目短尾派海洋性品种，是我国福建、广东沿海的重要海产珍品，有着较高的经济价值。其形状如同梭子蟹，背上有一个十字斑纹，甲壳光滑，中部及前侧部有红色带状斑纹，主要产于广东、福建的沿海水域，6~8月为捕获旺季。

3. 日本蟹

日本蟹为节肢动物门甲壳纲十足目爬行亚目短尾派海洋性品种，有一定的经济价值。其特征是，形似青蟹，但比青蟹小，螯足较小，足上有很尖的锯齿，贝壳呈青绿色，我国沿海均有出产，6~8月为捕获旺季。

4. 中华绒螯蟹

中华绒螯蟹又名中华螯蟹、清水蟹，由于生长的水域环境不同又叫河蟹、江蟹、湖蟹，为节肢动物门甲壳纲爬行亚目短尾派的淡水品种。中华绒螯蟹是我国水产养殖中的珍贵品种，有着重要的经济价值。其特征是甲壳青绿色近似圆形，足尖细长，长有黄色绒毛。根据生长的环境不同有河蟹、湖蟹、江蟹以及稻田养殖蟹等。以华东地区的长江流域的河湖库区产量最大，品质最优，江苏常熟阳澄湖的清水大闸蟹驰名中外。4~6月、9~11月为捕获旺季，故称"五月团脐十月尖"，4~6月雌蟹膏肥，8~10月雄蟹体壮。此外还有辽河蟹、胜芳蟹、汉川刁汊湖蟹、崇明蟹、赵北口蟹等。

5. 海蚌

海蚌为软体动物门瓣鳃纲蛤蜊科的动物，是我国沿海省区的主要海产品种，有一定的经济价值。贝壳一般呈卵圆形、三角形、四边形，两壳大小相等，壳的颜色随环境不同而不一样，体长在10 cm以上为大蚌，壳顶一般为淡紫色，腹缘为黄褐色，肉呈斧形，色泽淡黄。生活在我国广东、福建、山东、江苏沿海一带的潮间带的泥沙质海底中，福建长乐一带盛产海蚌，俗称西施舌（福建大蚌），产期以夏秋季为旺季。

6. 牡蛎

牡蛎又名海蛎子、蚝、蚵、蛎黄，为软体动物门双壳类瓣腮纲牡蛎科的动物。牡蚝是我国海洋性水产品的名贵品种，有重要的经济价值。形状有三角形、卵圆形、扇形等，色彩由青灰至黄褐，随生长环境而变，壳面粗糙，有层层叠纹，厚而坚硬，下壳（左壳）较大，上壳（右壳）较小。牡蛎肉为椭圆形，蛋黄色，附在左壳之内。我国山东、辽宁、广东、福建等海域沿岸均有出产，目前已广泛采用人工孵化养殖。代表品种有晋江牡蛎、褶牡蛎、大连湾牡蛎、密鳞牡蛎、长牡蛎等。产期以 6~11 月为旺季。

7. 香螺

香螺为软体动物门腹足纲蛾螺科，是我国沿海省区的主要海产品，有一定的经济价值。壳高 13 cm，螺旋部呈塔状，壳顶呈乳头状，螺体中部膨大，基部尖瘦，每一螺层的中部扩张成一个肩部，肩角上具结节突起，壳表粗糙，有细的螺肋，呈棕红色，略带黑色，壳口大，腹足淡黄色。生活在我国黄海、渤海沿岸浅海岩石间，产期为 6~10 月份，香螺为我国特有的品种。

8. 鲍鱼

鲍鱼又名明目鱼、镜面鱼、鳆，为软体动物门腹足纲原始腹足目单壳类鲍科。鲍鱼是我国海洋水产品中的珍贵品种，已大量进行人工孵化养殖，具有重要的经济价值。鲍鱼只有单一坚硬的石灰质硬壳，壳呈耳状，外部色泽深暗，内部有紫色珍珠光泽，壳边有九孔，是呼吸和排泄的通道。每年 7~8 月水温升高，天然鲍鱼向浅海做繁殖性移动，俗称鲍鱼上床，此时腹足肉质丰厚，性腺发达，最为肥美。产地为我国山东、辽宁、福建、广东、海南等省的沿海水域，其中以福建、山东的人工养殖最为成功。产期最为旺盛的季节是 6~9 月，人工室内养殖四季均可上市。

9. 鳖

鳖为爬行纲龟鳖目鳖科鳖属动物，有中华鳖和山瑞鳖两种。其中中华鳖又称为甲鱼、水鱼、团鱼、元鱼、脚鱼，是我国人工孵化养殖的重要动物品种，具有极大的经济价值。鳖吻突尖长，颈长可伸缩于壳下，身体有角质化的裙边和钙化的骨板，背骨板色泽青绿，表面有皮膜，四肢较短，趾间有发达的蹼，尾尖长者为雄，短者为雌，形体近似于圆形，背骨边缘角质化的裙边较为发达。产地为长江流域的江河湖泊库区，湖北、福建、浙江、江苏等地的大量人工孵化养殖是市场的主要来源。产期为每年的 3~5 月、8~10 月，鳖有冬眠期，人工养殖的可四季供给。

10. 蛙

蛙为两栖纲无尾目蛙科动物的总称，品种有中国青蛙、中国林蛙、中国牛蛙等。蛙可用作烹饪原料，是我国两栖纲无尾目中大量采用人工孵化进行养殖的动物品种，有着重要的经济价值。中国青蛙，身体呈青绿色，体有深色斑点，体长 15~20 cm，宽

7 cm左右。中国林蛙,身体呈深褐色,体长10~15 cm,宽5 cm左右,雌性蛙的卵腺是有食疗价值的珍贵原料,俗称哈士蟆油、雪蛤膏,蛙肉也是珍贵的烹饪原料。中国牛蛙,又名石鳞蛙、棘胸蛙、山蛙,是一种体形较大的蛙类,一般体长为20~25 cm,宽10 cm左右,背呈青绿色,有深色斑点,腹面青白、黄白色,趾间全蹼。雄蛙身上有成行的疣状突起。产区为我国广东、福建、湖南、湖北、江苏、广西、吉林。中国青蛙、中国牛蛙多为人工养殖品,尤以江南地区养殖较多。中国林蛙主要产自吉林省的山间林溪之中,产期为5~10月。蛙有冬眠期。人工养殖品种可四季供给。

11. 海蜇

海蜇为腔肠动物门钵水母纲根口水母科海蜇属,是我国海洋性水产品中的重要品种,有着重要的经济价值。海蜇为大型水母,体分伞部和口腕两部分,伞部形状呈半球状,外伞表面光滑,大者直径可达1 m。海蜇随潮汐漂流。我国的渤海、黄海、东海、南海均有出产,浙江、福建产的称为南蜇,质量好,产量大;山东产的称为东蜇;天津北塘及河北秦皇岛产的称为北蜇。每年的4~5月、8~10月为出产旺季。海蜇捕获后用明矾和盐进行压榨脱水处理,除去大部分水分,洗涤干净再用少量食盐腌制存放。其口腕部为蜇头,伞部为蜇皮。

12. 海参

海参为棘皮动物门海参纲动物的统称,是我国海洋性水产品种中的珍品,有着极其重要的经济价值。海参分为两大类:一是刺参类,一是光参类,这是根据参面上的疣状突起的程度而定的,呈尖状的为刺参,呈扁圆状的为光参。海参体呈圆筒形状,口在前端,肛门在后端,身体颜色有黑褐色、浅褐色、黄褐色、橄榄色、白色等。海参生活在海底,以海藻为食,体壁组织十分发达,体内骨骼呈角质化,石灰质的骨板分散在体壁之中,石灰质的骨板有一定的苦涩味。我国的渤海、黄海、东海、南海均有出产,以辽宁的大连、长山群岛,山东的青岛、烟台、荣城,广西的北海、涠洲岛、雷州半岛,南海的西沙群岛出产的质量最好,其代表品种有灰参、白参、乌参、梅花参、黄玉参等。8~10月为采集旺季。

13. 鱿鱼

鱿鱼分有枪乌贼和柔鱼两类,均为软体动物门头足纲枪乌贼科枪乌贼属,是我国海洋性水产品中的珍贵品种,有着极大的经济价值。鱿鱼体稍长,两鳍在两端相合,呈菱形,腕八个,有上升吸盘两列,触腕一对,有上升吸盘四列,吸盘有角质齿环,内壳小,呈角质薄片。我国黄海、渤海、东海均有出产。浙江的舟山群岛为主要产区。

14. 海胆

海胆为棘皮动物门海参纲动物的统称。根据形状的不同有卵圆海胆、长海胆。海胆主要栖息在大陆架浅海水域的岩礁珊瑚处。最有价值的是雌性海胆中的卵黄,名叫海胆春或云丹。我国山东沿海出产较多,5~8月为捕获期。

八、乳类品种

1. 奶油

奶油是加工黄油的中间产物,将鲜奶经过高温杀菌之后,将牛奶通过分离器进行净化处理,经过高速旋转使乳脂与乳汁分离过滤得到奶油。奶油的含水量一般为50%~60%,乳脂含量一般为40%~50%,常温下呈乳白色液体状态,细腻芳香,具有良好的充气特性。根据口味的不同,有淡奶油、甜奶油和酸奶油。短期保存环境温度为4~6 ℃,长期保存环境温度为 -10~-5 ℃。

2. 奶酪

奶酪又叫干酪、乳酪。制作奶酪的过程是将鲜奶经过高温杀菌净化处理之后,添加凝乳素,使蛋白质变性凝固,大部分水分析出,然后在低温环境下存放,在微生物酶的作用下使蛋白质发酵,形成特殊的风味。奶酪中的蛋白质含量一般为30%~50%,脂肪含量6%~10%。奶酪根据质感可分为软奶酪和硬奶酪;根据动物品种可分为牛奶酪、山羊奶酪、绵羊奶酪、马奶酪等;根据颜色不同有白色、黄色、蓝色等品种。保存环境温度为4~6 ℃,相对湿度80%~90%。

第三节　调　料（三）

一、咸味与鲜味调料

1. 鱼露

鱼露又名鱼酱油,是广东、福建沿海地区人们喜爱的传统调料。鱼露是用海产小型杂鱼及鱼类加工过程中的富含蛋白质的副产品为原料,用盐腌制、发酵、过滤、澄清后制成的水解动物蛋白汁液。液体清澈透明,具有淡淡的褐红色或黄色,有浓重的腥鲜气味,口味咸鲜。主要呈味物质有谷氨酸钠、肌苷酸钠、鸟苷酸钠、琥珀酸钠,以及谷氨酸、天门冬氨酸、丙氨酸、甘氨酸等。

2. 沙茶酱

沙茶酱又名沙蒂酱、沙它汁。沙茶酱的名称源于马来西亚、印度尼西亚串烤禽肉鱼虾时喜爱蘸食的串烧汁 SATE 的译音。最初通过侨胞传入我国的东南沿海地区，并随粤菜一起广泛流传各地。沙茶酱是一种以辛辣味型为主的香辣咸鲜甜香复合味型的酱类调料，香辣味道浓重，咸鲜口味适度；色泽有淡红、棕褐品种；质感浓稠，适宜调理异味较重的禽肉类热菜。沙茶酱是由虾米、海鱼干、花生、洋葱、黄姜、大蒜、辣椒、白糖、食盐、肉桂粉、砂姜粉、植物油、水等原料，经油炸、研磨、炒制、炼熬、冷却等环节加工制成的。开瓶后应低温存放以防变质。

3. 蛋黄酱

蛋黄酱又名沙律酱、马乃司、色拉酱、色拉油、沙律汁。蛋黄酱源于西式餐饮。蛋黄酱是一种咸鲜清香复合味型的酱类调料，有流质和半流质两类。基本味型咸酸香鲜味并重，口感黏滑浓厚，色泽有淡黄色、粉红色等，香型多变，适宜蔬菜水果鲜味较重的禽类海鲜冷菜。蛋黄酱由精炼植物油（大豆油、花生油、棕榈油、橄榄油、葵花籽油、米糠油）在蛋黄等稳定剂的作用下，经油脂的乳化作用后添加其他调料（奶油、芥末、柠檬汁、白醋、食盐、杂香草、番茄汁、白胡椒、食糖）兑制而成。保存时注意密封低温存放，高温会使之变质。

4. 豆豉

在我国的饮食文化中有"南方人嗜豉，北方人嗜酱"的说法，豆豉是一种历史最为悠久的发酵调料。制作豆豉选用的原料是大豆品种中的黑豆、黄豆等，经过洗涤、浸泡、蒸煮加热、冷却接种（曲霉菌）、发酵（在酶的作用下分解蛋白质）、灭菌、晾晒等工艺制成。豆豉按口味不同分为咸味豆豉、淡味豆豉、五香豆豉、姜辣豆豉；按水分含量不同分为干豆豉、水豆豉。

5. 强力味精

强力味精又名特鲜味精、超鲜味精，它是味精的第二代产品。强力味精的主要成分是呈鲜味能力极强的核酸类物质核苷酸钠、鸟苷酸钠、肌苷酸钠与普通味精谷氨酸钠按不同的比例混合而成，其鲜味程度是普通味精的几倍或几十倍或百倍以上，不仅能增加鲜味还能强化柔和滋味。鸟苷酸钠、肌苷酸钠是从富含核酸的动物组织中经酶的作用通过水解得到的。使用时应注意，因为其易受原料中活性酶的影响而降低鲜味，因此应在菜肴成熟后再加入。

6. 复合味精

复合味精是味精的第三代产品，它不仅可以增强鲜味，还可以丰富香味。复合味精风味自然，鲜美醇厚，是用香味料（牛油、鸡油、洋葱、大蒜、黄姜、芹菜粉、辣椒粉、丁香粉等)、鲜味料（普通味精、肌苷酸钠、鸟苷酸钠、水解动物蛋白、水解植物蛋白等）与食盐等混合而成的，常见的品种有鸡味味精、鱼味味精、牛肉味味精、虾味味精、蔬菜味味精。复合味精风味各异，功能多样，有在普通味精的基础上中添加营养型强化剂的，如维生素、氨基酸等，有用核苷酸、普通味精与天然食物提取物（畜肉浸出物、禽肉浸出物、鱼虾贝类浸出物、蔬菜浸出物、海藻浸出物等）配制而成的牛肉精、鸡肉精、蔬菜精等。

7. 蟹油

蟹油是一种鲜味调料，富含游离的鲜味物质氨基酸、核苷酸、糖类物质。蟹油是用蟹黄、蟹肉与等量的植物油一同用小火加热经蒸发水气熬制而成的，成品呈淡黄色，鲜香醇厚。保存时需注意低温密封存放。

8. 蟹酱

蟹酱是一种特殊的鲜味调料，一般采用新鲜的海蟹肉或河蟹肉，经过食盐的腌制、发酵、研磨等工艺加工而成。成品颜色淡红，有浓重的腥鲜气味，形态成粥糊状，口味咸鲜醇厚、清香淡雅。

二、甜味与酸味调料

1. 糖浆

糖浆是一种甜味调料，按糖的类型不同可分为淀粉糖浆、果葡糖浆。淀粉糖浆中的主要成分是糊精、果糖、麦芽糖、葡萄糖、低聚糖，是一种浅黄透明黏稠的液体。果葡糖浆的甜度相当于蔗糖的甜度，它是由淀粉在异构酶的作用下加工而成的。果葡糖浆中的主要成分是果糖、葡萄糖，是一种无色透明、甜味醇正的液体，有良好的保湿性、发酵性、渗透性、耐储性、抗蔗糖结晶性。

2. 糖精钠

糖精钠又名糖精，是从煤焦油中提炼出来的苯经碘化、氯化、氧化、氨化、结晶脱水等工艺制成的甜味剂，为白色无臭的颗粒结晶体。其甜度是蔗糖的300~500倍，但无营养价值及热量。食用后除少部分由粪便排出外大部分由尿液排出。由于甜味会逐渐下降，故用糖精钠调制的味汁不宜长时间存放，高温加热会分解味苯甲酸而产生苦涩味，不宜在酸性溶液中使用。我国规定的最大添加使用量为 0.15 g/kg。婴幼儿、病人食物中不宜使用。

3. 甜菊糖

甜菊糖又名甜叶菊苷，是从菊科草本植物甜叶菊的茎叶中提取的物质，是极为重

要的甜味剂。其甜度是蔗糖的 300 倍，热量值只有蔗糖的 1/300，是一种低热量纯天然的食品添加剂。为白色粉末状结晶，无毒无臭，耐酸性、热稳定性强，甜味醇正。

4. 木糖醇

木糖醇是一种广泛使用的单糖甜味剂，是从玉米芯、甘蔗、甜菜中提取的木糖经过氢化制成，为白色粉末结晶状，具有清凉的甜味，甜度略高于蔗糖，溶解度小于蔗糖。由于不能转化为葡萄糖，不影响糖原的合成，故木糖醇的代谢与胰岛素无关，不会增加血糖值，因此是糖尿病人及防止龋齿的理想甜味调料。

5. 甜宝

甜宝中的主要物质是甘草酸盐，其甜度相当于蔗糖的 200 倍，甜味醇正，热值极低，性能稳定。

6. 甜蜜素

甜蜜素又称环己基氨基黄酸钠，呈白色粉末或结晶体，其甜度相当于蔗糖的 30 倍，对光、热、空气均稳定。

7. 蛋白糖

蛋白糖中的主要物质是二肽，由氨基酸分子构成，呈白色粉末状或针状结晶，其甜度相当于蔗糖的 300 倍，其代谢与胰岛素无关，甜味醇正，热值极低，性能稳定，是糖尿病人的理想甜味调料。

8. 异麦芽酮糖

异麦芽酮糖又称帕拉金糖，是一种广泛使用的单糖甜味剂，由白砂糖中提取，经过葡萄糖酶的转化制成，为白色粉末结晶状，甜度高于蔗糖，是良好的甜味剂。

9. 苹果醋

苹果醋以苹果为主要原料，经过榨汁、酒精发酵、醋酸发酵等工艺酿制而成，多用苹果酒业加工的副产品制成。苹果醋中呈酸味的物质主要有苹果酸、柠檬酸、琥珀酸。苹果醋的特点是颜色澄清透明，回甜醇香，水果清香浓郁。

10. 葡萄醋

葡萄醋以葡萄为主要原料，经过榨汁、酒精发酵、醋酸发酵等工艺酿制而成，多用葡萄酒业加工的副产品制成，品种有红酒醋和白酒醋，常用芳香植物调料调理香味。葡萄醋中呈酸味的物质主要有葡萄酸、柠檬酸、琥珀酸。葡萄醋的特点是颜色澄清透明，回甜醇香，水果清香浓郁。

11. 麦芽醋

麦芽醋以大麦为主要原料，经过炒制、蒸煮、糖化发酵、酒精发酵、醋酸发酵等工艺酿制而成，多用威士忌酒业加工的副产品制成，常用芳香植物调料调理香味，特点是颜色澄清透明，醇香清爽，酸味浓郁。

12. 柠檬酸

柠檬酸又名枸橼酸，在植物未成熟的果实中常与酒石酸、苹果酸、草酸等共同存在。柠檬酸最早是从柠檬之中提取的，故叫柠檬酸。目前柠檬酸主要是利用薯类原料经过深层发酵生产出来的。柠檬酸为无色结晶或白色结晶粉末状物质，口味极酸，略有涩味，具有增加风味、调理酸味、调节食物的酸碱度、防腐保鲜等作用，使用量为 5~8 g/kg。

三、辣味与香味调料

1. 泡辣椒

泡辣椒又称鱼辣椒、鱼辣子。传统的泡辣椒是选用鲜红色的鲜辣椒，用食盐、红糖、花椒、黄姜、清水，甚至还可以放入加工干净的鲫鱼一同浸泡腌制数天制成的。成品色泽红润，口味咸辣清鲜。

2. 芥末

芥末是由十字花科植物中芥菜型蔬菜的种子经过研磨制成的，有粉末状、糊膏状。芥末中的主要呈味物质是芥子油，具有强烈的挥发性、催泪性、刺鼻性、辣味感，受热容易挥发。

3. 莳萝

莳萝又称土茴香，是伞形科植物莳萝的种子，清香的气味主要来自茴香脑、茴香醛等挥发性油类物质，适宜鱼虾蟹贝及汤羹、凉拌菜肴的调味。

4. 莨姜

莨姜又称高良姜、砂姜、山柰，是姜科植物山姜的块茎。外皮呈棕褐色，有白色环结，肉质为黄色，芳香气味特殊而浓郁。芳香微苦的味道主要来自樟脑醇、丁香酚、桉油素等挥发性油类物质。莨姜挥发性强，干品粉状，鲜品茸粒状。需用植物油调制作为蘸食调料使用，我国广东、广西等地出产。

5. 薄荷

薄荷是薄荷属唇科植物，嫩茎和叶子含有特殊芳香清凉的气味，清爽宜人的芳香味道主要来自薄荷脑、薄荷酯、薄荷酮等挥发性油类物质。薄荷适用于夏季冷食性的菜肴及羊肉的调味。

6. 咖喱

咖喱是一种由多种香型的香料混合而成的复合调料。制作咖喱的具体原料有八角

茴香、花椒、小茴香、肉豆蔻、辣椒、芫荽、葫芦巴、陈皮、枯茗、丁香、甘草、黄姜、胡椒、砂仁、生姜、大蒜、百里香、芥末、芹菜籽、多果香、月桂等，其核心原料是黄姜。咖喱香味浑厚、辛辣浓烈，颜色呈金黄色，适宜异味较重的动物性原料调味。咖喱的商业品种一般有咖喱粉、咖喱油、油咖喱、咖喱酱等。

7. 黄酒

黄酒中呈香味的物质主要有醇类、糖类、氨基酸、有机酸。黄酒在烹调中主要用于动物性原料的腌制、菜肴味汁的调制。加热中适量使用黄酒作用明显，酒精能够溶解原料中三甲胺、硫化氢、甲硫醇、四氢吡咯等腥臭味物质，在加热过程中一同挥发逸出，并且能够与有机酸化合成具有芳香气味的酯类化合物，形成酯化作用，增加香美味道。过多使用黄酒或使用不当不仅会造成浪费，而且会使菜点形成强烈的苦味、酒臭味。由于黄酒的酒精度数较低，并含有许多酵素，易挥发酸败，储存应注意低温密封。

8. 葡萄酒

目前用果类酿造酒、蒸馏酒、混配酒合理调节丰富美化中餐菜肴的味道，已经成为一种发展趋势。葡萄酒属于果类酿造低度酒，是以葡萄为原料，经过人工接种发酵酿造而成，根据色泽的不同，有红葡萄酒、白葡萄酒之分。红葡萄酒适用于调制红色肉类（牛羊猪肉及鸽子、鹌鹑）菜肴及红色的味汁，白葡萄酒适用于调制白色肉类（鱼虾蟹贝、禽肉）菜肴及白色的味汁。根据总酸度的不同，有干型、甜型之分。葡萄酒的酒精含量一般为12%~15%，果香浓郁柔和，酒中呈香味的物质主要有醇类、糖类（葡萄糖、果糖）、有机酸（酒石酸、苹果酸、柠檬酸、琥珀酸、醋酸）及酯类物质。葡萄酒在烹调中主要用于动物性原料的腌制、菜肴味汁的调制。加热过程中可适量使用，过量使用或使用不当，不仅会造成浪费，而且会使菜点形成强烈的苦涩味、酒臭味，影响菜肴的色泽。葡萄酒的代表品种有许多，我国著名的葡萄酒品牌有张裕、王朝、龙辉等。由于葡萄酒的酒精度数较低，且含有许多酵素，易挥发变质酸败，储存应注意低温密封。

9. 红花油

红花油是以红花的种子为原料精炼加工制成的油脂，我国西北、华北地区出产。红花油颜色呈金黄色，澄清透明，气味清新淡雅，营养价值高，不含胆固醇，富含亚油酸、油酸，不适宜高温长时间加热。

10. 茶油

茶油是以油茶的种子为原料精炼加工制成的油脂，是我国特产的油脂。茶油色泽金黄或浅黄，澄清透明，气味清香，营养价值高，不含胆固醇，富含亚油酸、油酸。

11. 橄榄油

橄榄油是以新鲜的橄榄果实为原料采用冷榨方法加工制成的油脂,地中海沿岸的国家意大利、法国、西班牙、希腊出产较多。橄榄油颜色呈黄绿色,澄清透明,香味清新宜人,营养价值高,不含胆固醇,富含油酸,适宜凉拌调味,不宜加热使用。

12. 棕榈油

棕榈油是以新鲜的棕榈果实为原料采用冷榨方法加工制成的油脂,马来西亚的产量最大。棕榈油颜色呈淡黄色,澄清透明,香味清新宜人,营养价值高,不含胆固醇,富含油酸、棕榈酸和亚麻酸,是人造黄油、奶油、起酥油的重要原料,适宜凉拌调味,不宜长时间加热使用。

13. 核桃油

核桃油是以核桃的果仁为原料采用冷榨方法加工制成的油脂,我国的黑龙江省、吉林省出产。核桃油色泽为黄色或棕黄色,澄清透明,香味清新宜人,营养价值高,不含胆固醇,富含亚油酸,适宜甜品糕点的调味,不宜加热使用。

14. 色拉油

色拉油是以植物油中的大豆油为原料采用高温蒸馏经过脱蜡、脱色、脱臭、脱胶、脱酸(游离脂肪酸)、脱过氧化物等方法加工制成的油脂。色拉油颜色呈淡黄色,澄清透明,气味清新宜人,营养价值高,不含胆固醇,富含油酸和亚油酸,由于大豆含有较多的磷脂(长时间加热易碳化),适宜冷菜的调味,不宜高温长时间加热使用。

15. 月桂油

月桂油是以多香果属植物月桂树的叶子经过蒸馏加工制成的挥发性油。油呈橘黄色,有清香气味,用量一般为 0.02 g/kg。

16. 丁香油

丁香油是番樱桃植物丁香的叶、花、茎、果实经过压榨或蒸馏加工制成的挥发性油。油呈橘黄色,有浓烈的芳香气味,主要成分是丁香酚。

17. 芥子油

芥子油是以十字花科植物芥菜的种子经过压榨加工制成的挥发性油。油呈淡黄色,挥发性强,有着极其强烈的刺鼻气味和浓烈的香辣味道,主要成分是异硫氰酸芳酯,储存应注意低温密封。

18. 玫瑰油

玫瑰油是以蔷薇科植物玫瑰的鲜花经过蒸馏加工制成的挥发性油。油呈淡黄色,有着浓郁的玫瑰芳香气味,主要成分是香茅醇、香叶醇、橙花醇,储存应注意低温密封。

四、膨松、嫩化、凝固、增稠调料

1. 发酵粉

发酵粉又名发粉、泡打粉（英文的译音），是一种复合性弱碱性的固态化学膨松剂，为白色粉末状，无臭有苦涩酸味，是由碳酸氢钠、明矾与填充剂淀粉（起防止潮解失效的作用）混合配制而成。配制比例为碳酸氢钠35%，明矾49%，淀粉16%。碳酸氢钠和明矾在加热的情况下发生分解产生二氧化碳气体，同时酸碱中和增强膨松能力，形成良好的口感。发酵粉在保存时应注意密封避光低温存放，防止潮湿水解腐蚀器皿。在面粉中的使用量是1~3 g/kg。不要用水溶化，应先与面粉混合拌匀再用水和，使用效果才好。

2. 蛋白酶嫩化剂

蛋白酶嫩化剂是一种营养、安全、卫生、健康、经济的肉类嫩化调料。它能够对蛋白质产生降解作用，使肉类结缔组织及纤维中的胶原蛋白和弹性蛋白中的氨基酸与氨基酸分子链发生断裂，从而提高肉类的嫩度。目前应用的蛋白酶嫩化剂主要是从植物中提取的，品种有木瓜蛋白酶、无花果蛋白酶、猕猴桃蛋白酶、生姜蛋白酶。蛋白酶嫩化剂在环境温度30~90 ℃下静置1小时使用。

3. 聚磷酸盐嫩化剂

聚磷酸盐嫩化剂是一种肉类嫩化调料，无味无臭，白色结晶或粉末状，其水解溶液呈碱性。主要作用是使肉类组织中的肌球蛋白凝固，能够提高肉类的持水能力，从而保持肉类原料中的水分，提高肉类组织的柔嫩程度。品种有焦磷酸钠、三聚磷酸钠。使用的条件是在环境温度30~45 ℃下静置1小时。注意密封避光、低温干燥存放。

4. 明胶

明胶是动物的皮、骨骼、软骨、肌膜、韧带等富含胶原蛋白的组织经过充分水解得到的高分子多肽聚合物，属于动物凝胶。明胶的商业品种有白色粉末状和透明胶片状。明胶不溶于冷水中（浸泡可回软），在水中加热到40 ℃迅速吸水软化膨胀形成黏稠的溶液，冷却后形成可塑性的凝胶。使用注意事项：数量达到5%~15%时可以凝固定型（有光泽、有弹性、透明），不宜长时加热熬制（水解降低凝固力），不宜在酸碱性的溶液中使用（酸碱会破坏凝胶性）。储存时注意干燥密封，不宜久存。

5. 鱼鳞胶

鱼鳞胶又称鱼胶粉，是鱼鳞经过充分水解得到的高分子多聚物，属于动物凝胶。鱼鳞胶为白色粉末状，不溶于冷水，在水中加热到40 ℃迅速吸水软化膨胀形成黏稠的溶液，冷却后形成可塑性的凝胶。使用注意事项：数量达到 5%~10% 时可以凝固定型（有光泽、有弹性、透明），不宜在酸碱性的溶液中使用（酸碱会破坏凝胶性）。储存时应注意干燥密封，不宜久存。

6. 羧甲基纤维素钠

羧甲基纤维素钠呈白色纤维状或颗粒状粉末，无味无臭，具有凝固增稠、防止淀粉老化的作用，可用于面条、冰激凌、蛋糕、肉肠制品的加工制作。

7. 蔗糖脂肪酸脂

蔗糖脂肪酸脂又称蔗糖脂，是用蔗糖和脂肪酸制成的酯类物质，为非离子性界面活性乳化剂。其作用是增强面团的柔韧性，防止面点制品老化，可提高糖的溶化程度，增强油的乳化作用，适用于面包、糕点、浓汤、奶油、汤羹、调味酱汁制品的制作。

8. 羟丙基淀粉

羟丙基淀粉呈白色粉末状，无臭无味，水溶液加热糊化形成透明的糊精，具有良好的持水性、冻融稳定性、糊化性、抗老化性的特点，适宜芡汁和调味酱汁的增稠。

9. 羧甲基淀粉钠

羧甲基淀粉钠属于葡萄糖的聚合物，呈白色粉末状，无臭无味，可以直接溶于冷水成为黏稠的溶液，吸水性极强，膨胀力大（体积可增至原体积的 250 倍）。

第四节 原料中的组织成分

一、畜类的物质成分

在烹调中可以利用的畜类动物的组织主要是肌肉组织、脂肪组织、骨骼组织和结缔组织。肌肉组织包括血液组织，因为畜类动物将近 40% 的血液与肌肉成为一体，占畜类动物组织比例的 40%~60%。肌肉组织主要有骨骼肌（横纹肌）、平滑肌和心肌，骨骼肌主要附在动物的骨骼之上，分布在四肢和躯干的脊背和胸腹部；平滑肌主要分布在腹部及内脏。骨骼肌的构成基本单位是肌纤维，由肌纤维组成外部包有肌膜的小肌束，由小肌束组成外部包有肌膜的大肌束，由大肌束组成外部包有肌膜的肌块，由肌块组成外部包有肌膜的肌群。脂肪组织占畜类动物组织比例的 20%~30%，主要分布

在皮下、腹腔、肠壁上、骨骼中以及沉积在肌肉组织中,习惯将腹腔中板状脂肪称为板油、大油;将肠壁上的油脂称为花油、网油;将皮下脂肪称为肥膘油、肥膘。骨骼组织占动物组织比例的15%~20%,主要分布在躯干四肢。结缔组织包括皮肤组织,占动物组织比例的10%~15%,主要分布在四肢,以及骨骼外膜、肌肉外膜。

1. 水

水是畜肉组织中含量最多的物质成分,一般含量为40%~80%,水分含量直接影响着肉质的品质特征。在畜肉组织中水以两种形式存在,一是自由水的形式,相对较少,主要存在于细胞间隙之中,切配、加热解冻等过程容易析出;二是结合水的形式,相对较多,主要是通过氢键的作用与蛋白质成分紧密地结合在一起,在100 ℃以下不易蒸发,在 -20 ℃以上不易结冰,所以肉类原料适宜超低温冷冻储存。肉的保水性,又叫持水性,是指在加工过程中对肉中固有水分以及添加到肉中的水分,所具有的保持能力。其原理是蛋白质分子之间的网状空间结构将水分阻滞,在电解质和酶的作用下,持水性会增强。

2. 糖

糖在畜肉组织中含量很少,不足1%,主要以糖原的形式储存在肌肉和肝脏中,部分则以血糖的形式储存在肌肉组织中。糖原是一种重要的鲜味物质,如果保存不当糖原在酶的作用下会形成乳酸,使肉质酸性增高,产生微弱的酸味。

3. 维生素

畜肉组织中的维生素含量相对较少,不足1%,几乎不含维生素C,在瘦肉中含有一定数量的B族维生素,维生素B_1的含量相对较高,在肝脏中维生素D和维生素A的含量相对较高。

4. 矿物质

畜肉组织中的矿物质含量一般仅有1%,主要是钙、磷、硫、钾、钠、铁、镁、锌等,通常以离子的形式存在于瘦肉中,在骨骼中含有大量的钙、镁离子。

5. 浸出物

浸出物就是畜肉组织中能够溶解于水的物质,主要包括一些非蛋白含氮浸出物、无氮浸出物(包括有机酸),这些物质也是呈鲜味的重要物质。含氮浸出物主要有嘌呤、游离氨基酸、核苷酸类物质、鸟苷酸、肌肽、谷胱甘肽;无氮浸出物有糖原、葡萄糖、琥珀酸、乳酸。

6. 蛋白质

蛋白质的数量占畜肉组织的16%左右,猪肉15%,牛肉18%,羊肉17%。蛋白质主要分布在肌肉组织之中,主要有肌浆中的蛋白质、肌原纤维蛋白质、基质蛋白质。

肌浆中的蛋白质是指从肉组织中渗出的可溶性汁液，主要是肌溶蛋白、肌红蛋白。肌溶蛋白是肌浆中的蛋白质的主要成分，肌红蛋白是血红素与蛋白质结合而成的衍生物色蛋白，是畜肉组织红色的主要成因，与氧结合成鲜红色的氧合肌红蛋白。肌原纤维蛋白质是肌纤维的结构蛋白，是肌肉中的主要蛋白，在骨骼肌中占40%~60%，主要有肌球蛋白、肌动蛋白、肌动球蛋白。基质蛋白质有胶原蛋白、弹性蛋白、网状蛋白，都属于不完全蛋白质，在肌肉中约占2%。胶原蛋白是构成胶原纤维的主要物质，在70 ℃的水中长时间加热才能够转化为明胶，冷却凝结成胶冻，易被消化吸收；弹性蛋白、网状蛋白是构成弹性纤维和网状纤维的主要物质，在160 ℃的水中长时间加热才能够转化为明胶。

7. 脂肪

脂肪占畜肉组织重量的10%~20%，主要分布在畜肉组织的皮下和肌肉之间。所谓的雪花肉就是指脂肪与肌肉相互交杂沉积形成的红白相间的畜肉组织。肌间脂肪是判断现代畜肉组织品质的重要标准。脂肪的含量决定了畜肉组织的口感。在畜类动物的脂肪中主要物质成分是甘油三酯、脂肪酸、磷脂、胆固醇、脂色素、水。脂肪酸中以饱和脂肪酸含量相对较多，牛脂中饱和脂肪酸含量为52%，不饱和脂肪酸含量为48%；猪脂中饱和脂肪酸含量为42%，不饱和脂肪酸含量为58%；乳脂中饱和脂肪酸含量为66%，不饱和脂肪酸含量为34%。

二、禽类的物质成分

在烹调中可以利用的禽类动物的组织主要是肌肉组织、脂肪组织、骨骼组织和结缔组织。肌肉组织的基本组成单位是肌纤维，禽类的肌纤维比畜类的肌纤维要细得多，主要有红肌纤维和白肌纤维，幼小禽类、禽的胸肉中的白肌纤维较多，野禽、飞禽和禽的腿肉中红肌纤维较多。脂肪组织主要分布在皮下、腹腔、肠壁上、骨骼中，没有肌间脂肪的沉积现象。骨骼组织主要分布在躯干四肢。结缔组织包括皮肤组织以及骨骼外膜、肌肉外膜。

1. 水

水是禽肉组织中含量最多的物质成分，一般含量为60%~80%，水分含量直接影响着肉质的品质特征。

2. 糖

糖在禽肉组织中含量很少，不足1%，主要以糖原的形式储存在肌肉和肝脏中，部分则以血糖的形式储存在肌肉组织中。糖原是一种重要的鲜味物质，如果保存不当，

糖原在酶的作用下会形成乳酸，使肉质酸性增高，产生微弱的酸味。

3. 维生素

禽肉组织中的维生素含量相对较少，不足1%，几乎不含维生素C，在瘦肉之中含有一定数量的B族维生素，维生素B_1的含量相对较高，在肝脏中维生素D和维生素A的含量相对较高。

4. 矿物质

禽肉组织中的矿物质含量一般仅有1%，主要是钙、磷、硫、钾、钠、铁、镁、锌等，通常以离子的形式存在于瘦肉中，在骨骼中含有大量的钙、镁离子。

5. 浸出物

浸出物就是禽肉组织中能够溶解于水的物质，主要包括一些非蛋白含氮浸出物、无氮浸出物（包括有机酸），这些物质也是呈鲜味的重要物质。含氮浸出物主要有嘌呤、游离氨基酸、核苷酸类物质、鸟苷酸、肌肽、谷胱甘肽，无氮浸出物有糖原、葡萄糖、琥珀酸、乳酸。

6. 蛋白质

蛋白质的数量占禽肉组织的10%~20%，主要分布在肌肉组织之中。鸡肉的蛋白质含量平均为21%，鸭肉的蛋白质含量平均为16%，鹅肉的蛋白质含量平均为10%，火鸡肉的蛋白质含量平均为18%。

7. 脂肪

脂肪占禽肉组织重量的1%~12%，鸡肉的脂肪含量平均为2%，鸭肉的脂肪含量平均为7%，鹅肉的脂肪含量平均为11%，火鸡肉的脂肪含量平均为1%。脂肪主要分布在禽肉组织的皮下。动物脂肪的主要物质成分是甘油三酯、脂肪酸、磷脂、胆固醇、脂色素、水，脂肪酸中不饱和脂肪酸含量为73%，饱和脂肪酸含量为27%。

三、水产类动物的物质成分

水产类动物在烹调中可以利用的组织主要是肌肉组织、脂肪组织、骨骼组织和结缔组织。肌肉组织的基本组成单位是肌纤维，水产类动物中的肌纤维比畜禽类中的肌纤维要细得多。肌纤维主要有红肌纤维和白肌纤维，冷水性长距离洄游的鱼类红肌纤维较多；暖水性养殖鱼类白肌纤维较多。红肌纤维较多的则血红蛋白含量较高，白肌纤维较多的则白蛋白含量较高。脂肪组织主要分布在皮下、腹腔、肠壁上、骨骼中和肌肉之间。骨骼组织主要分布在水产类动物躯干和外壳中。结缔组织包括皮肤组织，以及骨骼外膜、肌肉外膜。

1. 水

水是水产类动物肉组织中含量最多的物质成分,一般含量为 60%~90%,水分含量直接影响着肉质的品质特征。水分随着加工加热过程,损失 10%~40%,许多营养鲜味物质也随之流出。

2. 糖

糖在水产类动物肉组织中含量很少,平均不足 5%。主要以糖原的形式储存在肌肉和肝脏中,部分则以血糖的形式储存在肌肉组织中。糖原是一种重要的鲜味物质,如果保存不当糖原在酶的作用下会形成乳酸,使肉质酸性增高,产生微弱的酸味。糖含量较高的是河蟹、牡蛎、鲳鱼、海鳗、甲鱼、鲫鱼。

3. 维生素

水产类动物肉组织中的维生素含量相对较少,不足 1%,几乎不含维生素 C。在瘦肉之中含有一定数量的 B 族维生素,维生素 B_1 维生素 B_2 的含量相对较高。在肝脏、卵子中富含维生素 D 和维生素 A,如鳕鱼的肝脏、虾子、鱼卵等,大量食用可导致维生素 A 中毒。

4. 矿物质

水产类动物肉组织中的矿物质含量一般仅有 1%~2%,主要是钙、磷、硫、钾、钠、铁、镁、锌等,通常以离子的形式存在于肉组织中,海洋性水产动物的碘含量很高。

5. 浸出物

浸出物是指水产类动物肉组织中能够溶解于水的物质,主要包括一些非蛋白含氮浸出物、无氮浸出物(包括有机酸),这些物质也是呈鲜味的重要物质。含氮浸出物主要有嘌呤、游离氨基酸、核苷酸类物质、鸟苷酸、肌肽、谷胱甘肽、组氨酸、氧化三甲胺;无氮浸出物有糖原、葡萄糖、琥珀酸、乳酸。其中组氨酸、氧化三甲胺在还原酶的作用下会还原成有毒物质组胺(秋刀鱼素)、三甲胺,死亡时间较长、不新鲜的水产类动物中含有此类物质。

6. 蛋白质

蛋白质的数量占水产类动物肉组织的 10%~25%,属于优质蛋白。

7. 脂肪

脂肪占水产类动物肉组织重量的 1%~3%。脂肪主要分布在鳞间皮下肌肉中,脂肪酸中主要是不饱和脂肪酸,尤以深海冷水性鱼类的脂肪酸含量较高,产卵期间的水产类动物的脂肪含量相对较高。在水产类动物的肝脏,以及虾子、鱼卵、蟹黄、海胆黄、黄鳝、河蟹、蛤蜊、大虾中胆固醇含量较高。

四、蛋类的物质成分

1. 水分
蛋中的水分主要以结合水的形式存在,水分含量一般平均为 48%,其中蛋白中平均为 86%,蛋黄中平均为 12%。

2. 蛋白质
蛋类中含有丰富的优质蛋白质,含量一般平均为 14%,其中蛋白中平均为 12%,蛋黄中平均为 16%。蛋白的蛋白质有卵白蛋白、卵球蛋白、卵黏蛋白,稀蛋白中卵白蛋白相对较多,稠蛋白中卵黏蛋白相对较多。在蛋黄的蛋白质中卵黄磷蛋白和卵黄球蛋白相对较多。酶是一种极为特殊的蛋白质,有氧化酶、脂肪酶、蛋白酶、溶菌酶(蛋白中)。

3. 脂肪
脂肪主要集中在蛋黄中,尤其是鸭蛋、鹅蛋中脂肪含量可高达 29%,在蛋白中却不到 1%。脂肪的成分主要是油酸、亚油酸、软脂酸。蛋类中的磷脂主要是卵磷脂。蛋类胆固醇含量高,主要集中在蛋黄中。

4. 矿物质
矿物质主要集中在蛋黄中,含量不足 1%,但是极有营养价值,磷、钾、钠、镁、铁、硫相对较多。目前,人们通过现代生物工程,已培育出高碘、富硒的蛋品。

5. 维生素
维生素主要有脂溶性维生素 A、维生素 D、维生素 E、维生素 K 和水溶性维生素 B。

6. 色素
色素主要集中在蛋黄中,呈橘黄色的脂溶性色素有胡萝卜素、核黄素,通过调节喂养的饲料可以提高蛋黄的色度。

7. 碳水化合物
碳水化合物在蛋类中的含量不足 1%。

五、乳的物质成分

乳汁是由蛋白质、脂肪、碳水化合物、水、维生素、矿物质等各种营养物质相互融合的混合体,其中水分是重要的溶剂。

1. 水
水是乳汁中的主要成分,占乳汁总量的 80% 以上,是蛋白质、脂肪、碳水化合物、维生素、矿物质等的分散剂。

2. 乳脂

乳脂以微粒的形式与水融为一体，形成稳定的乳浊液，约占乳汁总量的5%。乳脂中的主要成分是脂肪酸，以不饱和脂肪酸形式存在的油酸较多，熔点较低，脂香浓郁，约占乳脂总量的70%，饱和脂肪酸约占30%。相对其他动物脂肪来说，乳脂便于人体的消化吸收利用，含有胆固醇、磷脂等。

3. 乳糖

乳糖是乳的重要物质成分，约占总量的8%。乳糖属于还原性双糖，甜度是蔗糖的五分之一，溶解在乳清之中，形成淡淡的甘甜味。乳糖在乳糖酶的作用下，易发生分解而形成半乳糖和葡萄糖，甚至分解为乳酸，由于某些人体内缺乏乳糖酶，因此导致对乳糖不适应。

4. 乳蛋白

乳蛋白是乳的重要物质成分，是一种优质蛋白，约占乳汁总量的4%。在乳蛋白的总量中，乳酪蛋白含量约占83%，乳清蛋白含量约占4%，乳白蛋白含量约占13%。在电解质钙磷离子、酸、凝乳素的作用下，乳酪蛋白极易发生变性凝固形成乳酪蛋白胶粒而悬浮于乳液的表面。乳中有大量的钙磷离子。

5. 维生素

虽然乳中维生素的含量不足1%，但作用很大，乳品中的维生素含量和种类与动物的喂养饲料和生长环境有直接的关系，维生素 A 和维生素 E 与喂养的饲料有关，维生素 D 与动物体中固醇类物质有关，维生素 B_1 与乳酸中的微生物有关。目前在牛奶中添加一定量的维生素 A 和维生素 D，可调节人体生理机能，以更好地促进矿物质的吸收和利用。

6. 矿物质

虽然乳中矿物质的含量不足1%，但意义重大。因为乳品中的矿物质钙磷多以离子的形式存在，有利于人体的吸收利用，故比蔬菜中的矿物质更有价值，尤其是在钙离子方面，牛奶是人体补充钙质的天然宝库。

7. 活性物质

乳中的活性物质有溶菌酶、乳铁蛋白、乳过氧化物酶、胰蛋白酶抑制肽、免疫球蛋白。活性物质在初乳中含量较高，但不耐高温加热，不耐光照。

第五节 原料在储存过程中的变化

一、植物性原料在储存过程中的变化

新鲜的蔬菜、水果脱离了植株和土壤,虽然结束了生长期,不能再进行生长,但是生命还在延续,仍然是一个具有生命活动的有机体。在储存过程中蔬菜、水果主要会发生呼吸、后熟、萌发、霉变等变化,从而导致品质发生改变。

1. 呼吸

呼吸是植物性原料生命活动中新陈代谢的重要形式。新鲜的蔬菜、水果时时刻刻都在进行着新陈代谢。新陈代谢过程中最为明显的特征是物质能量相互转换,营养物质、碳水化合物在酶的催化和微生物作用下发生变化。碳水化合物中的葡萄糖是呼吸作用的能量基础。根据氧气的作用程度,一般将呼吸分为有氧呼吸和厌氧呼吸。有氧呼吸就是指生命活性细胞在氧气的作用下,通过彻底的分解营养物质,释放出大量的热能,同时产生彻底的产物二氧化碳和水。厌氧呼吸就是指生命活性细胞在没有氧气的作用下,通过不彻底的分解营养物质,释放出大量的热能。厌氧呼吸有两种形式,一种是产生不彻底的产物酒精和水,另一种是形成不彻底产物乳酸。烹饪活动中的发面、泡菜、制酸奶等都是应用乳酸菌分解发酵;在酒类生产过程中,采用的则是酒精发酵。所以蔬菜、水果在存放过程中,当条件具备时就会产生呼吸作用,呼吸产生大量的热能,热能又成为呼吸作用新的条件而促使蔬菜、水果的品质进一步恶化,消耗大量的能量物质,降低了原料中的营养价值,从而改变了原料的自然品质特征。因此做好蔬菜、水果的储存工作十分必要。

2. 后熟

后熟同样是植物性原料生命活动中的新陈代谢活动。对于脱离了植株母体的蔬菜、水果来说,后熟作用主要表现在存放周期中的成熟期和衰败期,具体表现在味道、硬度、颜色指标的变化。硬度的变化指由于蔬菜、水果中的原果胶在存放过程中水解成亲水的果胶,导致口感变脆变软。味道的变化,一是水溶性的鞣质(单宁物质)聚合成为不溶于水的物质,使得涩味大大减低;二是有机酸被金属离子中和,转换为其他的物质,或在呼吸中被消耗,使得酸味大大减低;三是大量的双糖转化为单糖,形成甜美的滋味；四是芳香物质的散发形成宜人的清香。颜色的变化指在后熟过程中叶绿素被分解，导致叶黄素、胡萝卜素的颜色增强，使颜色改变。成熟期有着一定的时间限定，变化相对稳定缓慢，在这个时期内能够充分保证原料的良好自然品质，能最大限度体现出原料的使用价值。在衰败期，植物原料发生急剧变化，原料中固有的自然品质开始下降，严重的呼吸作用导致腐烂变质。在蔬菜存放过程中，使用乙烯、丙烯等包装材料对后熟具有催化作用。现代储存常常采用气调保鲜方法，在密闭的袋装容器或大型的冷库中，排出氧气，充入二氧化碳或氮气。

3. 萌发

萌发现象是指根茎类蔬菜原料终止休眠状态出现新的生命所发生的变化。萌发有发芽和抽薹两种形式，如萝卜、白菜、大蒜、葱头、土豆等。休眠是指植物在不利的环境条件下暂时停止生长，植物休眠适宜的温度是 $0~4$ ℃。新鲜的蔬菜、水果不宜冷冻，因为新鲜的蔬菜、水果中的水分在组织结构中多为自由水，自由水低温冷冻结冰，会形成冰晶发生膨胀，造成相互挤压，使组织细胞膜壁破裂，水分和营养物质流失。休眠期间新陈代谢降低，物质转换少。当萌发出现后，植物原料中的营养物质被大量消耗，从而导致原料中的水分降低，重量变轻，组织变得粗老，良好的味道消失，使用价值降低。

4. 霉变

霉变现象多发生在碳水化合物含量较高的蔬菜、水果之中，主要是因为受到霉菌的污染。霉菌在原料中通过分解碳水化合物进行大量的繁殖，使组织变软，产生酸臭气味，致使原料出现霉斑。

二、动物性原料在储存过程中的变化

对于所有的动物来说，死亡即意味着生命的结束。作为烹饪原料的畜类、禽类、水产类等动物从死亡之时开始，肉类组织主要发生的是僵直、排酸、自溶、腐败现象。

1. 僵直

僵直又叫尸僵，是动物死亡之后在较短的时间内出现的现象，即胴体组织出现僵直变硬。形成僵直的主要原因，一是由于动物死亡氧气供应停止，肉类组织中的分解酶在无氧的情况下将血糖中的部分糖原分解为乳酸，使肉的酸度增高，当酸度升高到肌凝蛋白质的等电点时，导致蛋白质的变性凝固，使肌纤维收缩硬化；二是因为肉类组织中的三磷酸腺苷在无氧状态下迅速减少，导致肌肉纤维收缩，从而使肉类组织处于僵直状态。由于动物种类不同，环境温度不同，僵直期的长短也不一样。处在僵直

状态下的肉类组织的特点是肉质坚硬，弹性差，保水性差，没有自然的鲜美味道，酸度较高，不易加热致熟，营养效价低，因此处于僵直状态的动物肉类组织不宜食用。

2. 排酸

排酸又叫肉的成熟、肉的后熟，已经成为现代肉类生产加工过程中的重要环节。由于僵直的肉类组织的酸性较强，排酸就是将僵直肉类组织中的酸度降低恢复到中性。肉牛经过宰杀、剥皮、净膛、劈半之后就是排酸。牛肉在排酸过程中所处的温度应是 $-4\sim7$ ℃，湿度为60%，将分割成二分体或四分体的牛肉悬挂在封闭、通风、清洁的室内，存放4~7天，经过酸度测试合格后才能够进行分割加工。排酸主要是利用肉类组织新陈代谢过程中酶的活性，将肉类组织中的酸消耗掉，使肉类组织中的酸碱度达到平衡，在酶的作用之下使蛋白质部分水解，形成多肽、二肽和氨基酸（呈鲜味），使三磷酸腺苷转化为黄嘌呤（呈鲜味）。排酸肉的特点是柔软多汁，滋味鲜美，营养效价高，便于加热致熟，颜色美观，安全卫生。

3. 自溶

自溶又叫分解，是腐败变质的前奏。当肉类组织达到成熟之后，如果条件具备，肉类组织将从成熟期进入衰败期，在分解酶的作用下，蛋白质进一步水解为多肽、二肽和氨基酸，使肉类组织的弹性消失而变得柔软松散；同时由于二氧化碳的作用，使肉类组织中的肌红蛋白与氧形成氧肌红蛋白，使鲜艳的红色褪去，导致肉类组织暗淡失色；脂肪分解酶使游离脂肪酸发生分解而生成酸臭气味。因此自溶阶段的肉类组织的品质严重降低，成为腐败的开始。

4. 腐败

腐败是自溶变化从数量积累而引起质变的过程。动物肉类组织由于组织分解酶和细菌的作用，特别是细菌的作用，使得蛋白质氨基酸彻底分解成低分子化合物，如硫化氢、吲哚、硫醇、尸胺等有毒、有恶臭气味的物质；使得脂肪酸转化为醛类、酮类等有强烈刺激性气味的物质。腐败肉质的特点是没有营养价值，含有毒素物质，颜色呈黄绿色，肉质软烂无弹性，有强烈的腥臭气味。

第十四章

原料加工技术（三）

第一节 鲜活原料加工技术（二）

一、畜禽类的加工

1. 牛头的加工

将带皮的整只牛头取下，用火将残存的茸毛和表皮烧燎至煳，用热水浸泡后，刮洗干净，从牛头面部中间将皮肉切开，放在加有葱、姜、白酒的水中，用小火焖煮约3小时，取出冷却后将肉质拆下分别码放整齐。

2. 乳猪坯的加工

将猪皮用刀刮净，将开腹净膛的乳猪仰放在案板上。从腹腔用刀沿脊骨的一侧由头到尾切开，皮肉不要切断，再沿脊骨的另一侧由头到尾切开，剔除脊骨，猪头从下颚切开，去掉猪脑、猪舌，去掉猪尾，去掉腹腔中的油脂，去掉前肩部位两侧的肩胛骨，剔除后腿中的大腿骨，斩去猪蹄，将肉厚的部位片掉，剞上平行的刀纹。将食盐、五香粉、砂糖、烤猪酱等调制均匀，涂抹在猪的内腔进行腌制（切忌涂抹外皮）。将腌制1小时的猪从腔内架上猪板，穿上猪叉固定成形，用清水将猪外皮洗净控去水分，用滚烫的开水烫制猪皮，使猪外皮凝固绷紧，迅速冷却风干表皮。将用麦芽糖、水、玫瑰露酒、大红浙醋兑制的皮水（麦芽糖与水的比例是1∶7）加热溶化，趁热将皮水均匀地刷在猪的外皮之上，将挂有糖皮的猪坯放在低温干燥的地方，使猪皮干燥变硬，控净腹腔水分。

3. 火腿的加工

将陈制的整只火腿放在清水中浸泡6小时，取出，用热的食用碱水溶液将火腿外表刷洗干净，皮朝下、肉朝上放在容器中，加入绍酒、葱、姜蒸制约3小时，取出待

初步冷却后剔掉硬皮、骨骼、油脂，斩掉猪蹄，片去腐肉黄脂，分割成块。

4. 烤鸭坯的加工

一是宰杀，在鸭子头部和颈部连接处，用刀将气管、食管割断，捏住鸭头放尽血液。二是煺毛，在鸭子还没有僵直时，用干拔的方式将鸭翅膀上的部分羽毛以及身体上的部分绒毛及时拔掉，用60~90 ℃的水烫制鸭的全身，先烫制鸭腿，取出后迅速拔掉全部羽毛，剥掉小腿、鸭掌上的硬皮，从小腿关节处斩去鸭子的小腿，切除中翅和翅尖，从鸭子的口中拔除鸭舌。三是净膛，净膛前先充气，从颈部的剖口处插入充气管，一手紧握颈部，一手捋摸鸭身，使鸭子全身充气均匀，将鸭子的食管、气管从剖口处揪出，撕断连接的筋膜，使食管、气管与颈部分离，在鸭子右翼下胸骨与肋骨连接处用刀尖割一个长约6 cm的弧形小口，一个手指插入肛门将肠与肛门绞断，手指从翼下的剖口处伸入腹腔中，将腹腔中的内脏、油脂和食管、气管等一同取出。四是清洗，用清水将鸭膛外皮洗净控去水分即可。五是支架，把小竹管放在鸭的胸脊处，支撑鸭的形体。六是挂钩，用烧鸭挂钩勾住鸭子的两翼或颈部。七是烫皮，用滚烫的开水，将鸭子的腹腔和外皮烫至凝固断生绷紧，迅速冷却风干表皮。八是上皮色（糖皮），将用麦芽糖、水兑制的皮水，均匀地淋浇在鸭子的全身。九是晾皮，将挂有糖皮的鸭坯放在低温干燥的地方，使鸭皮干燥变硬、控净腹腔水分。

二、水产动物的加工

1. 鳖的加工

将鳖的头部斩掉，放净血液（血液的腥味较重）。然后用70~90 ℃的水泡烫3~5分钟，取出迅速刮去鱼体表层皮膜，剁去爪尖。沿背壳的软边切开，从尾部上方开启背壳，斩断连接的骨骼，去掉背壳，摘除内脏油脂，切掉尾尖肛门，整形或斩切成块。用开水烫至除去血污异味，用清水洗净，控净水分。

2. 大龙虾的加工

用手垫上毛巾捏住龙虾的胸部，用一根竹筷从虾的肛门处插入到腹腔中，放尽尿水血液（龙虾的血液呈淡淡的蓝色），然后将头部和胸部用手扭动分离，取下竹筷，用剪刀沿腹部两侧与背壳边缘剪开，用小刀顺虾壳内侧取下虾肉。生吃需用净化水洗净，不能长时间浸泡。片切时可按虾的肌肉群分成背脊肉、腹肌肉，片切的肉不要太薄。龙虾的脑也可生食。

3. 象拔（鼻）蚌的加工（生食）

取鲜活象拔（鼻）蚌放入沸水中稍烫后取出，为的是去掉外衣，时间不要长，以能剥掉外衣为宜，否则肉质会变老硬。去掉外壳和内脏，剥去蚌体和象鼻状肉足的外衣，用刀将蚌体剖开，除净杂物，用净化水洗净，片成薄片贴码在食用冰上。

4. 牡蛎的加工（生食）

将鲜活的牡蛎放在清水中，将外壳的污泥刷洗干净。将牡蛎放在淡盐水（水与食盐的比例为1 000∶25）中静置，使其吐尽泥沙等脏物。用专用工具将外壳撬开，或用沸水稍烫后去掉外壳，取出贝肉，注意不要弄破牡蛎的腹腔，用盐水清洗掉黏液后，再用洁净水洗净，码放在原壳中。

第二节　干货原料涨发实例

一、鱿鱼涨发

将鱿鱼放在足量的清水中浸泡4小时，待初步回软后，放入碱溶液中浸泡8~12小时（食用碱溶液浓度约为10%，火碱溶液浓度约为3%），切忌加热。涨发至透取出，用清水漂去碱液，除去苦涩味，洗干净，用清水浸泡低温存放。涨发出成率为700%~800%。

二、鲍鱼涨发

将整只鲍鱼用清水浸泡12小时至初步回软，将外表边裙刷洗干净。选用不锈钢或陶质器具，放入足量的鸡汤、绍酒、葱、姜，垫上竹箅子，根据体形大小的不同，用小火焖煮4~8小时直至发透、发软。为了更快地涨发鲍鱼，可以在鲍鱼体上剞上均匀的刀纹，或发制中间用竹签在鲍鱼上扎孔。发好的鲍鱼应将汤汁澄清，用原汤浸泡鲍鱼低温存放。涨发出成率为300%~500%。

三、鱼肚涨发

将整片的鱼肚表面的灰尘用清洁的干布擦净，放入清洁的食用油中，用温油浸泡发至回软，大块的可以捞出用刀切成小块，再用热油炸至体形膨起。可以用刀切开鱼

肚观察，如果鱼肚横断面呈均匀的蜂窝状气孔，说明已涨发至透。使用前放入用食用碱与热水兑制的溶液中浸泡1小时至回软，将鱼肚中的油污洗净，并用清水漂净碱液，浸泡鱼肚低温存放。涨发出成率为300%~500%。

四、鱼皮涨发

将鱼皮用清水浸泡12小时至初步回软，用热水泡烫30分钟至表面砂层崩裂时及时褪砂，将外表的砂层刷洗干净。如果初步发制过软，砂质会渗入到皮层，那样会严重影响成品的质量。除去内层的腐肉，用清水漂洗清除腥味（脱胺）。选用不锈钢器皿，放入足量的清水，用小火焖煮鱼皮4~8小时，直至发透，然后用清水洗净，浸泡鱼皮低温存放。涨发出成率为400%~500%。

五、鱼骨涨发

将鱼骨用清水浸泡12小时至初步回软，表面砂层崩裂时，将外表刷洗干净。选用不锈钢器皿，放入足量的清水，用小火焖煮鱼骨4~8小时直至质地回软，取出切成小块，再用小火焖煮鱼骨4~8小时，用清水漂净腥味。浸泡鱼骨低温存放。涨发出成率为500%~600%。

六、干贝涨发

将干贝放在洁净的容器中，用清水将干贝的外表洗刷干净，用清水浸泡1小时至初步回软，撕去坚硬的贝筋，然后放入适量的清汤、绍酒、姜汁蒸制1小时，发至酥烂时取出。原汁澄清后，浸泡干贝低温存放。涨发出成率为300%。

七、海参（灰参）涨发

选用不锈钢或陶质器皿，将灰参用清水浸泡12小时至初步回软，从脊部或腹部剖开，摘取内脏洗涤干净，放入足量的清水中，垫上竹箅，用小火焖煮4~8小时至发透，中间检查数次并及时挑拣出已发透的海参，然后放入清水中浸泡，在低温环境中存放。涨发出成率为500%。

八、海参（乌参）涨发

用金属筷子夹住乌参，在火上烧燎，使其坚硬的石灰质外皮完全碳化，及时用刀具将碳化层刮去，清洗干净。选用不锈钢或陶质器具，将乌参用清水浸泡12小时至初步回软，从脊部或腹部剖开，摘除内脏，洗涤干净，放入足量的清水中，垫上竹箅，用小火焖煮6~8小时至发透，中间检查数次并及时挑拣出已发透的海参，然后放入清水中浸泡，在低温环境中存放。涨发出成率为500%。

九、裙边涨发

选用不锈钢或陶质器皿，将裙边用清水浸泡12小时至初步回软，刮洗干净，放入足量的清水中，小火焖煮大约4小时至发透，然后放入清水中浸泡，在低温环境中存放。涨发出成率为300%。

十、蛤士蟆油涨发

将蛤士蟆油中的杂物摘去后，放在洁白的容器中，用足量的清水浸泡30分钟至初步回软，摘去筋膜杂质，清洗干净，然后放入适量的热水中浸泡发制20分钟，再次整理择洗干净，清水浸泡，低温存放。涨发出成率为500%。

第十五章

菜肴制作工艺基础（三）

第一节　烹调基础汤制作工艺（二）

一、普通基础汤

1. 普通基础汤概述

普通基础汤简称普通汤，其制法是煮制。所有制汤方法均可称煮汤、熬汤、炖汤，而普通汤其本质是突出煮法。普通汤又称为毛汤，因为此汤可以进一步添加原料煮制或提炼成为高级白汤或高级清汤。

2. 普通基础汤制作原理

普通基础汤在制作过程中，主要是利用蛋白质、脂肪等营养物质及鲜味物质在水中长时间加热形成的水解作用，使原料中营养物质及鲜味物质充分水解后溶于水中，形成鲜美醇正的汤汁。水解是指某些物质与水发生反应，在催化剂的作用下，生成两种或者两种以上其他物质的过程。水解作用就是化合物与水反应而起的分解作用。

二、高级基础白汤

1. 高级基础白汤概述

高级烹调基础白汤简称高级白汤、浓汤或高级奶汤。其特点是汤汁色泽乳白，汤味鲜美醇厚，汤质浓稠黏滑。

（1）选料。高级白汤的制作原料主要是老母鸡、鲜鸭、猪肘膀和猪排骨等。清真菜主要选用老母鸡、鲜鸭、瘦牛肉等。此外，还可选用干贝、蹄筋等原料。其选料特点是选取富含蛋白质、脂肪和胶原蛋白的烹饪原料。

（2）制作过程

1）洗净原料。将原料加工整理后用清水洗干净，并将鸡头、鸭头去掉。

2）入锅四种方式。原料与清水同入锅中在旺火上速开；原料直接投入沸水锅中；原料经焯煮后再入水锅中；在普通基础汤中再加入原料进一步煮制。

3）煮制高级白汤。原料入水锅中旺火速开，撇尽汤中浮沫，改用中火保持汤汁翻滚，加盖后再用中火煮制 3~4 小时，根据情况，大火、中火可交替使用，至汤色乳白浓稠时，即可将原料从锅中捞出，最后端锅离火或灭火，将锅中的汤过滤即为高级白汤。

（3）参考配方。配方一：清水 30 kg，老母鸡 6 kg，鲜鸭 2 kg，猪肘膀 2 kg，猪排骨 1 kg。配方二：清水 30 kg，老母鸡 6 kg，鲜鸭 2 kg，瘦牛肉 2 kg。出成品汤 25~30 kg。

2. 高级基础白汤制作原理

煮制白汤又称为翻白汤、翻汤。烹调高级基础白汤的原理除了利用营养物质及鲜味物质的水解作用外，更为重要的是利用了脂肪与水的乳化作用，形成水包油的乳浊液。静置状态下的脂肪与水本不相融，但在机械作用下（旺火加热，水的对流作用使翻腾状态如机械搅动；用手勺搅动也为机械式作用），脂肪与水容易形成水包油的稳定结构。翻滚的白汤可以形成水包油结构，但必须在稳定剂的作用下才能保持乳浊液的平衡稳定。用动植物烹饪原料尤其是富含有磷脂成分的原料，可制成色泽洁白、汤质浓稠、相对稳定的汤汁。

（1）原料中的营养物质在加热中析出并与水结合。白汤制法与煮制方法有关，始终用中火或中火与大火交替使用火力，水分子的对流作用使水的翻动速度加快，撞击力加大，因此，渗透和扩散的作用强，使原料组织中的营养成分基本析出，致使汤味浓厚。

（2）乳浊液的形成。随着不断地加热，水的对流作用使汤翻滚沸腾，脂肪被水分子撞击成许多小油滴而分散于汤中。这时的油以微滴状态分散在水中，形成的混合物又叫作乳浊液。

（3）乳浊液的不稳定性。乳浊液具有不稳定特性，不稳定的乳浊液汤虽然呈白色，但两种液体会很快分层，形成水油分离。此种现象就是我们常说的水是水、油是油，油脂浮在水面上，没有与水交融。因此需要加入稳定剂，才能使乳浊液稳定存在，物质成分融为一体。

（4）稳定剂的形成。原料析出的胶原蛋白在热力的作用下发生水解，生成分子量较小的明胶，由于明胶的分子链上大多数基团是亲水性的，所以能在水中分散成溶胶。由于明胶具有不规则的螺旋状，在沸汤的对流作用下，增加了溶液相对运动的摩擦力，使溶胶具有较高的黏性，这是一种亲水性很强的乳化剂，它与原料析出的磷脂共同起着乳化作用。明胶分子与磷脂分子的非极性基团伸向油滴，将油滴包裹在水中，阻止了油滴之间的聚集。而明胶分子与磷脂分子中大量的亲水基团与水结合，使油稳定地分散在汤水中，形成水包油型的乳浊液，使奶汤稳定，不再发生水、油分层的现象。使汤呈乳白色的过程称为乳化作用，制成的汤色白如奶，鲜香浓郁。

3. 高级基础白汤的用途

一般适用于高级的烧菜、燉菜、奶汤菜以及砂锅菜等的调理。

4. 高级基础白汤制作基本要求

（1）掌握好烹制高级白汤过程中的水解作用和乳化作用这两个原理是制汤成功的关键。

（2）汤开后一定要撇去浮沫，用大火和中火交替使汤保持沸腾翻滚状态，利用水分子的撞击作用和蒸汽的压力作用达到制汤的效果。

（3）水质要纯净，汤料要新鲜，容器工具要清洁。

（4）煮制过程中不可加食盐和含盐原料，以及味道浓重的原料。

（5）煮制时要适时搅动，防止汤料粘糊锅底，使汤味焦煳不能使用。若用冷水下锅一定要旺火速开。

（6）煮制开始要一次加足水，中途不应加水。

（7）煮汤必须当天现制现用，以保持汤质新鲜，不宜隔日使用。

三、高级基础清汤

1. 高级基础清汤概述

高级烹调基础清汤简称高级清汤，又称上汤、顶汤、高汤。其特点是汤汁色泽澄清，汤味鲜美醇厚，汤质清爽利口，鲜香甘洌。

（1）选料。清汤的制作原料主要是老母鸡、猪肘和瘦肉。南方一些地区有加经过焯煮后的火腿的。清真菜选用老母鸡、鸭子和瘦牛肉。这些原料鲜美味足，蛋白质丰富。也可加入干贝。此外，选料以选用单一原料为最佳，传统上只选用老母鸡一种原料。

（2）制作工艺流程。煮制→吊汤→清汤。

（3）标准。汤清澈如水，色纯无杂、无油质，味鲜香甘洌。

(4)制作过程

1)煮制

①洗净原料。将原料加工整理后,用清水洗干净,并将鸡头、鸭头去掉。

②入锅方式。其一是原料与清水同入锅中,在旺火上速开。其二是原料直接投入沸水锅中。其三是原料经焯煮后,再入水锅中。焯煮后煮制,可除去动物性原料的异味。

③煮制方法。原料入锅后,在旺火上速开,将浮沫撇净改用小火慢慢炖煮,以汤水呈冒小气泡状、水微开为度,使原料养分逐步析出,待汤料煮烂捞出,将汤过滤即可,大约煮制3.5小时。

2)吊汤。首先备吊汤料,将净老母鸡腿肉,或加入猪黄瓜条肉,或加入瘦牛肉,用刀剁砸成茸泥状,而后用冷水泡澥即成吊汤料。然后将煮制过滤好的汤倒入净锅中,放入吊汤料,使吊汤料同汤融在一起,上火烧开后改用微火。与此同时,用手勺向一个方向推动,搅起旋涡,使汤中的微粒悬浮物被吸附在吊汤料上,并逐渐浮起,用小眼漏勺将吊汤料拢结在一起,使其成肉饼状或肉团状。吊汤料的作用,一方面是使吊汤料的营养析出融入汤中;另一方面吊汤料逐渐结成料团后捞出,使汤汁变得清鲜。吊汤时间约90分钟。

3)清汤。首先备清汤料,选用老母鸡鸡脯剁砸成茸,用冷水或冷汤泡澥。然后将清汤料放入吊好的清汤中,在小火上清制,用手勺朝着一个方向搅动,随着温度升高,汤中的悬浮微粒物逐渐被吸附在鸡茸上,此时火力一定要把握好,既要使鸡茸溶于汤中并随加热而凝结成团,又不能使汤滚沸而火力过大,待汤色清澈,捞出鸡茸,再过滤成高级清汤。

(5)参考配方。配方一:老母鸡7 kg,鸡腿肉和瘦猪肉茸2 kg,老母鸡鸡脯茸1 kg,清水30 kg。配方二:老母鸡7 kg,鸡腿肉和瘦牛肉茸2 kg,老母鸡鸡脯茸1 kg,清水30 kg。出成品汤25~30 kg。

2. 高级基础清汤制作原理

清汤制作过程中,除了利用营养物质及鲜味物质的水解作用以外,更为重要的是利用了蛋白质胶体的凝固作用和蛋白质胶体微粒(呈茸泥状的蛋白质物质)的吸附作用,清理吸附汤汁中的颗粒物,经过滤使汤汁更加澄清,汤味更加鲜醇浓厚。

(1)煮制高级清汤原理。水解作用和水的对流作用使原料中养分逐渐析出。由于加热过程中汤保持平静状态,沸而不腾,对原料的撞击作用小,胶原蛋白水解明胶起不到乳化作用,溶化的油脂只能浮在汤水的表面,应随时撇出以保持汤水清醇。

(2)吊制高级清汤原理。一是利用蛋白质胶体的凝固作用,因蛋白质在加热中变性而不断凝固，吊汤料、清汤料聚集在一起成饼状或团状，这样可吸附汤中的悬浮颗粒物，使汤汁变清。二是利用蛋白质胶体微粒的吸附作用，由于手勺向一个方向运动，汤呈旋涡状态，促使汤中各种悬浮颗粒物被吊汤料、清汤料上的胶体微粒吸附，从而使汤汁变清。

3. 高级基础清汤的用途

高级基础清汤因其汤料成本高，所以一般适用于制作高级烧菜、扒菜、烩菜、汤菜等。

4. 高级基础清汤的制作基本要求

（1）严格掌握三个制汤程序：煮汤、吊汤、清汤。标准高、质量好的汤，汤料要足。

（2）掌握制作过程中的三个原理：水解作用原理、蛋白质胶体凝固的原理和蛋白质胶体微粒的吸附原理。

（3）在火候使用上一定要大火烧开，小火炖煮，汤呈微开状，以保持清汤色正。

（4）水质要纯净，汤料要新鲜，容器工具要洁净。

（5）制汤过程中不可加入食盐和含盐原料。

（6）煮制汤时要防止汤料中的血沫沉在锅底粘锅糊底，使汤产生烟焦味而不能使用。若冷水下锅，必须旺火速开。

（7）制汤时要一次加足水，不能中途加水。

（8）煮汤时间也不宜过长，时间过长会导致氨基酸氧化和氨基酸之间的交换而产生酰胺键，使汤味变酸从而降低质量。

（9）煮制清汤必须当天现制现用，不宜隔日使用。

四、素汤

素汤是指用植物性原料制作的汤，包括黄豆汤、黄豆芽汤、口蘑汤等，制作方法简单，味道鲜美。

1. 黄豆汤的制作方法

将黄豆拣去杂质，用清水洗净放入盆中，冲入水（春夏季用凉水，秋冬季用温水），水量要宽，入沸水锅中开一开，而后撇去浮沫，改用小火，保持微开，煮3~4小时，端锅离火或灭火，将黄豆捞出，而后将汤过滤即为黄豆汤。

2. 黄豆芽汤的制作方法

将发好的黄豆芽去掉根须，用清水洗净，放入沸水锅中，水量要宽，水开一开后，撇去浮沫，改用小火使汤保持微开，煮3~4小时，将料捞出，离火过滤即为黄豆芽汤。

3. 口蘑汤的制作方法

将涨发好的口蘑放入沸水锅中,将发制口蘑澄出的汤加入锅中,开一开后撇去浮沫,换小火微开,再煮2~3小时,将汤料捞出,离火过滤澄清,即为口蘑汤。

4. 素汤奶汤制法

同荤料火候一样,也是大火烧开,撇去浮沫,转中火,汤呈翻滚状,至原料成熟汤浓稠时过滤即可。其火力是:旺火→中火→旺火。

第二节 调 味(三)

一、味觉

1. 味的定义

味是能引起特殊感觉客观存在的某种呈味物质。

2. 味觉的定义

味觉是某种呈味物质刺激人体味觉感应器官所引起的特殊感知觉。味觉又是一种生理感觉,除了味觉器官味蕾感受味觉外,嗅觉、触觉等感觉器官也能感受到味的存在。

3. 味感产生原理

(1)基本原理。食物中的呈味物质溶于唾液或食品汁液入口后,经舌表面味蕾的味孔进入味管刺激细胞,并经味神经传至大脑中枢神经而产生的一种生理感知觉就是味感,这也是味感产生的基本原理。现在生理科学已经测定人的味觉器官——味蕾可辨别的味有十多种,除了咸、酸、苦、甜以外,味蕾也可感觉到鲜、辣、涩等味。同一呈味的不同物质,其化学分子成分和分子结构都不相同,它们和其他物质组成化合物或溶于溶液中。

(2)综合原理。人们对味的感觉是综合性的,既包括味蕾对味的基本感觉,也包括嗅觉对气味的感觉,还包括咀嚼食品时的触觉感受。

4. 味觉的分类

根据呈味物质的理化性质可分物理味觉和化学味觉。

(1)物理味觉

1)物理味觉的概念。物理味觉是由于食物的物理性质作用于饮食触觉感受器官所

引起的感觉。饮食触觉器官主要有唇部、口腔、咽喉及食道。

2)物理味觉的种类有冷热、软硬、老嫩、滑涩、稀稠、松糯、粘黏、酥脆、焦干等,统称为"口感"。它主要体现的是呈味物质的温度感、稠度感、质地感等。此外,麻味和辣味等刺激触觉器官的疼痛感也属于物理感觉。

(2)化学味觉

1)化学味觉的概念。化学味觉是由化学呈味物质刺激味觉、嗅觉器官所引起的感觉。

2)化学味觉的种类有甜、酸、咸、苦、辣、鲜、香等。它主要体现的是味觉对呈味物质中化学物质的反应。

二、气味

1. 概述

(1)气味的类别。烹饪中的气味可分为香气味和非香气味两大类。香气味有鱼肉香、奶香、酱香、蒸烤香、焦糖香、焙烤制品的干香(如花椒)、发酵制品的酵香、蔬菜的清香、辛香料的辛香和芳香等。非香气味即人们不喜欢的异气味,如腥气味、膻气味、臭气味、酸败气味、焦煳气味等。

(2)嗅感产生的过程及原理。气味物质大多是可溶脂肪的化合物,一般具有挥发性和沸点低的特性。物质中的气体分子微粒(如香气或非香气)进入鼻腔中被鼻黏膜的液体分解,进而刺激鼻神经,再传至大脑中枢神经,即引起嗅觉感应。

(3)影响嗅觉感受能力的因素

1)嗅觉感受能力与生理因素和心理因素有密切的关系。每一个人对气体物质产生的嗅觉灵敏度各不相同,人体的健康和心理状态即心情都制约着感受能力,使其降低或升高,如吃饭香不香,除了与饭菜本身的烹饪水平有关以外,还与人的健康状态和心情有着很大关系。此外,物质气味对人来说,还有一个适应的问题,如常闻花香,久闻不如初闻香浓。气味的适应与不适应,与人对此物质气味的喜欢程度,以及此物质气味本身的浓度也有关系。一般气味物质1~2分钟即可适应,有的需10分钟才能适应,有的则需要更长的时间才能适应。如果人们对某物质气味不喜欢,则会永远不适应。

2)嗅觉感受能力与物质气味的关系主要取决于气味物质的性质。如含有乙醇的酒,具有酒的醇香气,而氨气则具有刺激性的异臭味。自然界的一切物质都具有不同的气味。就食品而言,一般都与食品本身的气味浓度以及环境温度有关。食品加热后,物质气味更加浓郁。如饭菜刚出锅时,香气特别浓烈。然而,气味物质的浓度也不一定越浓越好。如，纯吲哚在极少时可呈茉莉花香的气味，如果浓度稍大一些就会产生不良的臭味。

3）嗅觉阈值。气味物质要达到一定浓度时才能引起嗅觉感应。气味物质刚刚能引起嗅觉感应的最低浓度，在化学上叫作该气味物质的嗅觉阈值。

2. 烹饪中的香气

（1）香气成分。烹饪原料中含有的香气成分很多，科学实验表明，有十万余种。因此香味不宜称为单一味或基本味，应称烹调味为宜。有些香气物质在综合香气中微不足道，甚至人们单感此味还会有不愉快之感，但是综合后的效果却是香的。如，在炸制原料中产生的某些醛类具有刺激的臭味，但与其他香气结合则产生炸制的香气。菜品中若缺少一种香气成分其味就逊色，也是这个道理。

（2）香气形成的原理

1）概述。菜品的香气一方面来源于原料的本身味，另一方面来源于烹调加工过程中产生的香气味（有的原料不经过加工不会散发香气味）。也就是说，食物的香气味或是天然的，或是经过加工产生的，或是兼而有之。一些原料潜含着自然的香气，但必须通过烹调手段使之散发出来，这便是人工香气。人工香气可通过加热法、加味法和混合法来实现。

2）香气前体。有些物质本身无气味，但它们能通过各种生物化学或化学等作用转化或降解成气味物质，这些物质即称为香气的前体物质，简称香气前体。

3）菜品中香气产生的主要途径。菜品中的香气，有生物体内自身的风味酶将香气前体转化而成的；有在烹制加热过程中香气前体分解、转化或相互间反应产生的；有通过微生物的作用将香气前体转化而成的；有通过增香剂或其他方法赋予的。

4）加热产生香气的原理。大多数食物生的时候香气很淡，但一经加热成熟就香气四溢，这主要是由于羰氨反应产生了众多香气。油脂的水解、氧化、分解能生成酚类、低级脂肪酸物质；糖的焦化反应能生成醛、醇、酮等物质，使食物具有焦香味；肽、核酸、氨基酸及含氮化合物的分解与氧化反应也能形成各种香气物质。在加热过程中形成的香气成分综合在一起组成了菜肴各种特有的香气。如，鱼香、肉香……都是通过加热后产生的。有的食物中的香气成分是以结合状态存在于食物中的，通过加热粉碎使香气物质分解而生香。如，蒜、葱、姜、花椒、辣椒等在高温或粉碎时才产生特有的香气。还有的调味品（如黄酒、面酱、食醋、酱油等）是通过微生物的作用使糖类、蛋白质、脂类及某些香味前体产生香味的。产生香味所发生的化学反应与加热时发生的反应其类型基本相同，只是反应条件不同，前者反应条件是微生物分泌催化剂的作用，后者反应条件是加热。在烹调中常用辛香味来增香，如酱肉、酱肘子等就是

通过各种辛香调味料与牛肉、羊肉或肘子在一起烹制，使调料渗入主料中，加上主料本身的香味，从而形成新的特殊的风味。

熏烤菜肴的香味主要是由木材中的纤维素、半纤维素、本质素加热分解产生的气味物质、木材本身的香气物质和香气前体产生的气味物质挥发后，通过烟雾经扩散、渗透、吸附进入菜肴原料中而产生的。为了使熏制菜肴的风味更好，常用带有香气的木屑，并加茶叶、糖等进行熏制，这样使菜肴风味更浓，如樟茶鸭子就是这样熏制的。

作为加热媒介物的油脂也是调味品。经过油炸的原料之所以香，其原理如下：原料在高温环境中发生羰氧反应，油脂分解，含硫化合物和蛋白质、氨基酸、糖类、胡萝卜素等分解成各种低分子化合物，原料本身的香味加上在油中加热，它们之间互相影响、互相渗透，从而产生香味。如干椒用水煮无红色出现，若置于热油中，则油色变红，辣味更香。这说明干椒是脂溶性质的原料，而且它在一定的温度下才会使油变红变香。

烹制一种菜肴时，往往是将多种调料在很短的时间内依次或同时投放进去，这就要考虑到它们在加热中的变化（包括主、辅料加热的时间、程度及其方式，调料投放是否恰到好处，定味后菜肴是否可口等）。这就是加热与调味在菜肴中的综合应用。

烹制菜肴的调味料品有固体、液体两类，又可分为水溶性和脂溶性两种。在调味中也要考虑这些因素。在烹制以液体调料为主体的菜肴时，应考虑因气化而失去的那一部分，否则菜肴的口味就会受到影响。如，糖醋鱼的汁，无论采用事先兑汁或锅中兑汁或跳芡的方法，都应计算醋的耗用量，有时汤汁初尝味道美，而当菜肴定味后却有变异，这就是气化所造成的。另外，利用液体调料气化这一属性可达到去腥的目的。

3. 烹饪中的非香气（异气味）

（1）概述。烹饪中的非香气是指在烹饪过程中产生的人们不喜欢的气味，即异味。关于异味，一般有臭气味、腥气味、膻气味、焦煳味等。但在不同的地区，不同的风味中，人们对于某些异味有时也会喜爱。如臭豆腐中的臭气味，炮煳中的微煳味以及豆汁中的特殊酸味等。

（2）异味的来源

1）原料本身具有的异味物质。河鱼的表面黏液和鱼肉中腥气较大，这种腥味是赖氨酸通过酶的分解而生成的。鱼死后，分解加剧，腥气就更重了。海鱼的气味来自低级胺，具有腐败腥臭味的三甲胺，其前身是氧化三甲胺，它是海鱼的排泄物质，无腥臭味，所以新鲜海产品气味较轻。牛奶的腥味来自以丁酸为主的低脂肪酸。

2）腐败变质会产生异味。因保管不善或原料由于本身因素在存放时发生的腐败变质会产生异味。动物性原料以及菜品的变质，主要是由于所含的蛋白质、脂肪、卵磷脂、氨基酸、尿素等物质在细菌的作用下产生氨、甲胺、硫化氢、吲哚、粪臭素等，以及脂肪氧化产生醛、酮等物质，这些物质的综合即产生人们所不喜欢的异味、臭味。

3）其他因素产生的异味。光的作用、污浊空气、金属离子、日晒等对食品的影响和食物本身的吸附性以及加工不当等都会使食品产生异味。

（3）去异味方法。根据上述各种产生异味的原因，烹调中一方面可以从根本上防止异味的产生，如采用防腐、避光、密封、防氧化以及与异味物质隔离等方法进行处理。另一方面可用调味、加热等方法去解决。常用的去异味方法有三种。

1）中和法去异味。利用碱性物质和酸性物质发生的中和反应，生成无腥味的盐去除腥味物质。如，动物性原料的食物由于细菌作用会产生很多腥味物质，这些腥味物质是蛋白质或氨基酸分解而来的，由于它们大多具有碱性（如胺类氨气、含氮杂环化合物等），在调味时，用醋来中和这些物质可使它们生成醋酸盐而失去或减少腥味，这也是醋去腥的原理。番茄汁、番茄酱含有柠檬酸，也可起中和作用，但效果不如醋酸。

2）利用溶剂去异味。有些沸点低而不是碱性的腥味物质，烹调中常用酒去其异味。酒精是很好的挥发性溶剂，可溶解较多的异味物质，这些异味物质在加热中随酒精一起挥发而去除。乙醇还能与某些挥发性的酸发生酯化反应而生成有香气的酯，还可以与醛发生缩醛反应生成香气物质缩醛。所以酒不仅能除去腥味，还能增香。故烹饪中常用黄酒去腥。酒精能溶解动物性原料中的醛酮等异味物质的含硫有机物，如硫醇、硫醚等，这也是用酒去腥味的原理。

3）利用辛香料去异味

①烹调中的辛香料根据化学成分可分为三类。酰胺类辛香料有胡椒、花椒、辣椒。胡椒的辛香味来自胡椒碱。花椒的辛香味来自山辣素、辣椒黄素。它们的特点是香气轻淡。含硫类辛香料如葱、蒜，主要含丙烯基硫化物。特点是有刺激性的香味，而辣味来自芥子苷等。芳香族类辛香料如桂皮的香气来自桂皮醛；生姜的香气来自生姜醇、生姜酚、姜油酮；大料的香气来自茴香脑和茴香醇；丁香的香气来自丁香酚等。

②用辛香料去异味的原理。葱、姜、蒜、胡椒在烹调中使醛、酮等腥味成分发生氧化反应和缩醛反应，使有机酸发生酯化反应，从而使腥味减弱，同时还能增香。各种辛香料在烹调中进行各种化学反应而去除异味，并增加菜品的香气。

4）加热去异味。腥味物质的沸点比较低，可用加热法去除异味，如鱼类等可用高温油加热去除腥味。

此外，焯煮可除去原料中水溶性的异味物质，如尿素、氨、胺类、低分子有机酸等异味成分。

三、滋味

1. 烹调味

（1）咸味。咸味是舌面味蕾感觉最灵敏的味。一般中性盐都带咸味，以食盐（氯化钠）的呈味最理想。食盐的咸味是由解离的氯离子所显示的，钠离子有微苦的副味。所以食用食盐过多会有苦味。盐是人体氯和钠的主要来源，可调节细胞和血液之间的渗透压平衡及正常的水盐代谢。咸味是烹调中的主味，是构成复合味的基础，绝大多数菜品离不开它。《调疾饮食辩》指出"酸甘辛苦可有可无，咸则日用所不可缺，酸甘辛苦各自成味，咸则能滋五味"。烹调中放适量的盐可突出鲜味，有解腻、去异味、增美味的作用。一般来说，汤菜中放盐的标准应是汤水的0.8%~1.29%，这是咸味的最佳配比，而烧、炖、扒等菜品中的比例约为1.59%。

（2）甜味。舌尖上的味蕾对甜味感觉最灵敏。糖类和多元醇类以及一些人工合成剂（糖精）都有甜味。甜能解腻提鲜，在菜肴中它能缓和辣的刺激感，可增加咸味的鲜醇，一些非甜口的菜品加适量的糖能使菜肴滋味柔和醇美。糖是人体热量主要的来源，也是人体发育必需的物质，它可防止酸中毒。但是糖也不能多吃，过量食用对健康不利，因为糖在人体代谢中必须消耗维生素B_1，吃糖越多维生素B_1消耗越大，而且维生素B_1在食品加工中又易损失。所以食糖过量，人体易缺维生素B_1。此外，食糖过多还会导致动脉硬化而成为心血管病的诱因。

（3）酸味。酸味是舌两边味蕾感觉最灵敏的味。酸味是氢离子刺激味觉神经引起的。因此，凡是在溶液中能解离出氢离子的化合物（如无机酸、醋等）都具有酸味。

（4）苦味。苦味是舌根两边味蕾感觉最灵敏的味。苦味大都含有生物碱和甙类物质，陈皮、白豆蔻、砂仁等都含有苦味。苦味的作用：第一，可改善一些菜肴的风味，夏天或食欲减退时，吃些带苦味的菜肴，可以使人胃口大开；第二，调配得当，能提高菜品的质量，如在酱肉、卤肉中放适量的砂仁、豆蔻等苦味调料，可提高菜肴的风味；第三，苦味多用于药膳；第四，苦味还有除湿和利尿的作用。

（5）辣味。辣味可分热辣味（火辣味）和辛辣味两类。过去认为味蕾感觉不到辣味，现已证明此味味蕾也能感觉得到。热辣味主要作用于口腔，能引起口腔烧灼感，而对鼻腔则没有明显的刺激。产生热辣味的物质有辣椒素和胡椒碱，它们主要存在于小辣椒和胡椒中。辛椒味作用于口腔外，主要成分是蒜素、姜酮等，含有辛辣物质的烹饪调料有葱、姜、蒜、芥末等。

（6）鲜味。食品中鲜味物质主要是氨基酸、肽、核苷酸和琥珀酸等，它们存在于肉类、贝类、鱼类、蘑菇、禽类、竹笋等中。烹调用的鲜味调味品，鲜汤是第一调味品，此外还有味精、蚝油等。

（7）麻味。麻味来自花椒素。花椒素以结合态主要存在于花椒的组织细胞内，只有在高温下才破坏分解，并显示出麻味。但焙炒花椒，不宜过火，否则焦黑发苦味。麻味是刺激舌黏膜而引起的感受，味蕾也能感受到麻味。

（8）涩味。涩味是一些物质使口腔黏膜蛋白质凝固，从而在口腔产生收敛的感受。产生涩味的有单宁、酚类、醛类、草酸以及明矾等。在烹饪中涩味不能给人以愉快感，因此用水焯、沸烫可使部分涩味物质溶化在水中以去除涩味。

2. 影响菜肴质感的因素

原料本身的质地是影响菜肴质感的前提。切配加工是影响菜肴质感的重要环节。火候是影响菜肴质感的关键。

3. 影响菜肴味觉的因素

（1）温度。温度是影响味觉的一大因素，尤其是呈化学物质的味受温度的影响很大。低温时化学味被味觉器官感应的程度较差，高温时由于味蕾被破坏而失去感觉能力，温度在 30~40 ℃之间，味觉感应最为灵敏。因此在制作冷菜时，口味可适当偏重一些，在一些热菜制作时，口味可适当轻淡一些。

（2）溶解度。呈味物质只有被充分溶解后才能被味觉器官味蕾感应。溶解程度的高低直接影响到呈化学物质的味在味觉器官的感应程度。所以，调味时应将调料充分溶解，以达到最大的溶解度，方能更好地调理菜肴的口味。

（3）浓度。呈味物质的品质及其在溶液中的浓度，也直接影响味觉的感应程度。浓度越高，呈味程度越大，浓度越低，呈味程度越小。

（4）生理机能

1）健康状况。健康状况不同的人，味觉的感应程度有很大的区别。健康的人感应味觉的灵敏度高，不健康的人灵敏度低。

2）年龄状况。不同年龄的人，他们的味觉感应程度是不相同的，儿童的味觉灵敏度最高，感应味觉的程度最高；青年人的味觉灵敏度较高，感应味觉的程度较高；老年人的味觉灵敏度较差，感应味觉的程度最小。味觉感应程度随着年龄的增长而逐渐降低。

3）性别。味觉感应程度与性别也有关系。女性的味觉灵敏度较高，感应味觉的程度较高；男性的味觉灵敏度相对较低，感应味觉的程度也较低。

（5）心理。心理活动作用于味觉的因素最为复杂，饮食的环境、饮食的包装、饮食的价格、饮食的服务、饮食的现实值与期望值、印象等都可能作用于人的心理，并通过人的心理活动直接影响味觉的感应程度。

（6）调味的种类、比例、方式、投料次序也是影响菜肴味觉的重要因素。

4．味与味之间的相互影响

呈化学物质的味刺激感觉器官的能力较强。不同呈味物质先后作用于味觉或同时作用于味觉，其影响程度也很大。

（1）味的对比现象。两种不同的化学物质的味，以适当的比例混合，它们同时作用于味觉，其中一种味觉会明显地增强，此种方法称为"提味"。如，多甜味中加入少量咸味，甜味会明显增强；多鲜味中加入少量咸味，鲜味也会明显增强；多香味中加入少量的咸味，香味会明显增强等。

（2）味的抑制现象。两种不同的化学物质的味以适当的比例混合，同时作用于味觉，其中一种味觉会明显地减弱，此种方法称为"撤味"。如，多咸味中加入少量的甜味，咸味明显地减弱；多酸味中加入少量的甜味，酸味明显地减弱；多膻味中加入少量的咸味或辛辣味，膻味明显减弱等。

（3）味的相乘现象。两种相同的味，但呈不同的化学物质，以适当的比例混合后其味倍增。如，东北风味的小鸡炖蘑菇，两种原料中不同的鲜味物质融合在一起比单独制作的味道更加鲜美。

（4）味的转换现象。两种不同的呈化学物质的味，先后作用于味觉，其中先作用于味觉的味会消失。如，先冷菜后热菜，先咸后甜，就是利用味的转换现象调节饮食进餐的节奏感；又如吃完油腻的或辛辣的菜肴后，再吃清淡或香甜的菜肴就可达到味的转换，使人的口味停留在最好的味觉上。

（5）味的疲劳现象。味的疲劳现象又称作味的累积现象。过重的呈化学物质的味或具有强烈刺激性的呈味物质，长时间地作用于味觉器官，会产生味觉疲劳，从而失去味觉感应的灵敏度。因此，在享受美味佳肴的同时，不仅要注意到不同呈味菜肴的味的刺激性，也应注意到味的合理分配。

第三节　烹饪过程中的理化知识

在对烹饪原料进行加工、储存、加热、调理的过程中，烹饪原料中所含的不同物质成分在特定的条件下会产生一系列的理化变化。正确运用基本的理化知识，既可以在烹饪活动中充分利用理化现象，还可以避免理化因素对菜品的不良影响。

一、糖类的变化

1. 淀粉的糊化

淀粉的糊化是烹饪活动中最常应用的变化。淀粉是一种多链高分子化合物,由于分子排列非常紧密,分子间由胶束连接,冷水状态下的水分子很难渗入,在足量的水中加热到60~80℃时,由于胶束的脱落,淀粉颗粒吸水膨胀发生水解,水分子与淀粉颗粒充分结合成较稳定的可溶性的糊状物质,这种现象叫淀粉的糊化。淀粉糊化可以丰富菜肴造型,提高营养效价。糊化可以增强汤汁黏稠度,增加光亮程度,提高透明度,可以保持菜品的温度。淀粉糊化形成的物质是糊精,糊精进一步水解可以生成麦芽糖和葡萄糖,所以甜味有所增强。淀粉糊化的条件是充分加热和水分足量。淀粉的糊化程度根据加热时间和淀粉品种不同而变化,一般情况下,支链淀粉相对含量多的植物块茎类淀粉,其糊化时间相对较短,黏性较强,膨胀力度较强,透明度较高,尤其是经过脱色处理的马铃薯淀粉、甘薯淀粉、木薯淀粉,这类淀粉最适合作菜品的增稠芡汁;直链淀粉相对含量多的植物种子、果实类淀粉,其糊化时间相对较长,黏性较弱,膨胀力度较弱,透明度较低,如小麦淀粉、玉米淀粉、绿豆淀粉、蚕豆淀粉等,这类淀粉最适合菜品的着衣处理。

2. 淀粉的老化

淀粉的老化主要是由于淀粉充分糊化生成的糊精在漫长的冷却状态下,变稠变硬、光泽暗淡,淀粉中凝胶的结合力降低,从而导致糊精黏性降低。适宜淀粉糊精老化的温度是0~10℃,大于60℃、小于-18℃的环境下不易老化。所以面包、凉粉、富含淀粉的食物不宜在0~10℃的环境下存放。急速冷冻的原料、食品可以防止淀粉的老化。

3. 焦糖的褐变

当蔗糖被加热到150~200℃时,蔗糖的分子结构发生聚合、缩合反应而生成稠状的褐色物质,这种现象叫作焦糖的褐变。焦糖褐变所形成的金黄色泽早已被公认为是最佳的传统食品色泽。焦糖色作为一种添加色素使用非常普遍。麦芽糖是烧烤的皮色专用原料,因为它的熔点为100~110℃,耐热的稳定性较强,变色缓慢,在长时间的加热过程中可以缓慢地变成枣红色。

4. 蔗糖的翻砂

蔗糖翻砂又叫蔗糖的重结晶,在120~150℃加热过程中,蔗糖完全溶化为饱和溶液,由于大量水分蒸发而迅速降低温度,从而导致蔗糖分子的重新结晶,形成砂糖物质。

5. 蔗糖的出丝

蔗糖出丝属于美拉德反应，在 150~180 ℃加热过程中，蔗糖完全溶化为饱和溶液，由于大量水分蒸发急剧变化，形成一种无定型的黏性黄褐色液体，从而导致蔗糖分子重新排列，形成丝状的蔗糖物质，冷却后还会产生焦脆感。蔗糖的出丝是一个短暂的变化，把握不住会形成焦糖或翻砂。

6. 淀粉的发酵

其实淀粉是一种很难被酵母菌发酵的物质，但是湿淀粉在无氧的情况下，在某些微生物和杂菌的作用下，碳水化合物会分解为不彻底的物质，并具有酸味，使其黏性作用减低，因而发酵。

7. 果胶的冷凝

水果中的果胶是一种特殊的碳水化合物，主要成分是多聚半乳糖，在水中长时间加热与水形成亲水性的胶体溶液，当溶液冷却后会凝结成有力的透明度高的胶冻。

二、蛋白质的变化

1. 蛋白质的水解

蛋白质是一种由氨基酸组成的高分子化合物，在足量的水中加热或在酶、碱、酸的作用下，蛋白质分子中的肽键被破坏，水解生成低聚肽的多种氨基酸物质。低聚肽的氨基酸能够体现出不同的鲜美滋味，火腿陈放、浓汤熬制、奶酪在酶的作用下发酵，都是蛋白质的水解现象。

2. 蛋白质的凝固

引起蛋白质变性而发生的凝固现象有加热引起的变性凝固，碱性引起的变性凝固，酸性引起的变性凝固，金属离子和酶引起的变性凝固。当蛋白质被加热到 50 ℃时，开始发生变性凝固而具有较强的弹性。制作松花蛋就是利用碱性的作用使蛋白质发生变性凝固。酸奶的浓稠来自酸性的作用，奶酪在酶的作用下的凝固，豆腐由于钙离子与凝固剂的作用而凝固，面条水煮后筋力增强等都属于蛋白质的变性凝固。

3. 蛋白质的凝胶

蛋白质是一种分子量很大的物质，在高分子溶液中的蛋白质对水有着很强的亲和力，能够吸收大量的水分发生凝胶现象。电解质能够使蛋白质表面带上电荷，强化蛋白质的亲水基，从而使蛋白质黏性筋力增强。肉类的上浆打水吃水、面团的醒发回力、鱼胶粉溶液的凝固冻结现象都属于蛋白质的凝胶。

4. 羰氨反应

羰氨反应是一种应用最广泛的理化现象，又称美拉德反应，由法国化学家美拉德研究发现。在脱水的加热过程中，蛋白质分子结构中的羰基与碳水化合物分子结构中的氨基之间发生的反应，即为羰氨反应，酸可以加速其反应程度。加热过程中不仅产生香味还能形成褐红色，引起色泽的褐变。如北京烤鸭、广东烧猪、面包、油条、炸鸡等，烤制面点涂抹蛋液，在表层上形成的褐红色，大多与羰氨反应有关。麦芽糖是一种耐高温的糖类，常用作烧烤的皮色，在皮色中添加适量的大红浙醋和玫瑰露酒还可以强化羰氨反应。

5. 蛋白质胶体的吸附作用

微小的蛋白质胶体颗粒在受热初始阶段具有很大的胶黏性，相互粘连在一起，在制作清汤时往往采用此原理，用蛋清、鸡茸清理汤中的微小杂质。

三、脂肪的变化

1. 油脂的聚合反应

在一定条件下，一种单体物质通过一定的方式相互结合成高（大）分子结构所形成的产物叫聚合物，聚合反应导致油脂在长时间加热过程中黏稠度增大。高温下长时间对油脂进行加热，会使油脂分子间脱水缩合形成分子量较大的醚类化合物，而醚类化合物可分解成酮类、醛类物质和其他形式的毒性较强的高分子聚合物，科学健康的油脂使用温度是180 ℃以下，故炸油不宜重复使用，否则不利于人体健康。

2. 油脂的酸败

油脂酸败是由于油脂及油脂含量高的食物储存不当造成的。在一定的温度、空气、阳光和酶的作用下，会引起油脂的氧化分解，生成低级的脂肪酸以及有刺激味道的醛酮类物质。香油中的芝麻酚是一种抗氧化剂，在烹调油中往往已经添加，以减缓油脂的氧化作用。

3. 油脂的水解

油脂在加热过程中，由于水的作用，发生水解生成甘油和脂肪酸，因而形成醇厚的滋味。

四、维生素的变化

1. 维生素的氧化分解

蔬菜、水果中维生素对氧十分敏感，在储存、加工、烹调过程中极易被氧化而丧失品种活性，失去营养功效，因此经过去皮加工的蔬菜水果要密封短期储存，在锡、

铅、铜、铁、锌等重金属离子以及酶、日光、加热、碱性的作用下容易催化维生素的氧化水解作用。

2. 维生素的沥滤流失

原料中的维生素尤其是水溶性的维生素，很容易通过原料自身的汁液或加工过程中的刀口、清洗、出水、腌制等沥滤出来，造成原料营养素的损失。

五、色泽的变化

1. 叶绿素的脱镁反应

蔬菜、水果中的绿色来自叶绿素，叶绿素与植物细胞中的蛋白质结合成比较稳定的叶绿体。在长时间加热和酸性条件下，叶绿素分子中的镁原子会被氢原子取代，因而失去绿色。发酵酸渍的蔬菜，烹调过程中遇到酸性的柠檬、番茄、食醋等会造成叶绿素脱镁褪色。

2. 叶绿素的水解

叶绿素在瞬间的加热过程中，会水解成比较稳定的呈鲜绿色的叶绿酸盐，使绿色加重，弱碱性冷却条件下稳定性强。

3. 血红素的氧化

血红素是动物肌肉呈现红色的主要物质，有肌红蛋白和血红蛋白，由于加热或长期存放，血红素中的亚铁极易被氧化成高价铁，从而失去鲜艳的红色，变成灰白色。

4. 血红素的发色作用

肌红蛋白很容易与亚硝酸钠盐中的亚硝基结合，生成性质稳定的呈浅玫瑰红色的亚硝基肌红蛋白，不仅稳固了颜色还形成了特殊的风味。在肉类制品加工中根据国家规定的标准可以添加一定数量的亚硝酸钠、硝酸钠。

5. 虾青素的变化

许多虾蟹的外壳中都含有虾青素，它使鲜活原料外部保持特有的青绿色特征，部分虾青素还与肉质蛋白结合成色素蛋白，若加热或长期存放过程中被氧化，会失去鲜艳的青绿色，变成红色的虾红素。

6. 酶促褐变

某些含鞣酸较多的蔬菜、水果，尤其是块茎蔬菜经过去皮加工处理后，在酚酶的作用下，酚类物质会被氧化成黑褐色的物质，鞣酸与铁离子生成黑褐色的鞣酸铁化合物。

六、其他变化

1. 中和反应

中和反应就是利用酸与碱发生中和生成盐和水的反应，如用食用碱中和老酵面肥发酵面团产生的酸性。

2. 酯化反应

酸与醇在加热的条件下可以化合成具有芳香气味的酯类化合物和水，这种反应叫酯化反应。如有机酸中的醋酸、柠檬酸、葡萄酸、苹果酸以及氨基酸、脂肪酸等与食用酒精中的乙醇化合成芳香的酯类化合物，烹制加热过程用酒就是酯化反应的应用。

3. 沉淀反应

两种物质相互结合后生成难于溶解的物质叫沉淀反应，如植物中的草酸、鞣酸与食物中游离的钙离子、铁离子结合成难于溶解的草酸钙、鞣酸铁物质。这类物质影响人体组织对钙离子的吸收利用。

第十六章

食品雕刻与烹饪实用美术

第一节 食品雕刻

一、食品雕刻概述

食品雕刻是一项独特的技术，具有一定的工艺美术实用价值，它是菜点造型、成品盛装、台面装饰点缀方面的应用性造型艺术。食品雕刻大体分为面食塑型（面塑）和果蔬雕刻，这里重点讲述的是果蔬雕刻。果蔬雕刻早在南宋时期就已经兴起，到了清代果蔬雕刻广泛流传。最初的果蔬雕刻仅限于表现花卉。随着历史的发展，这门烹饪技艺不断得到充实与提高，到了近代，随着中外文化的交流以及西餐的传入，我国的果蔬雕刻技术在继承传统的基础上，又大胆地吸收了西餐宴席菜肴的装点技术，得到了进一步的发展与创新。目前雕刻的内容主要包括花卉、鸟兽、鱼虫、人物，以及大型饮食服务活动中所展示的冰雕、黄油雕等。

二、果蔬雕刻的种类

食品雕刻主要是在冷菜、热菜、面点等成品中起到点缀、烘托作用，以及在花式冷盘与花式热菜中起到补充作用（用食雕品代替盛器，盛装菜肴）。果蔬雕刻的基本表现形式大致可分为立体雕刻、平面雕刻、刻画、镂刻和拼摆。

1. 立体雕刻

立体雕刻也叫整雕，它相当于造型艺术上的圆雕，就是在一个整体的原料上，用不同的手法和刀法雕刻出完整的立体形象。这种刻法难度大，需要具备一定的美学知识、烹饪刀法基础和雕刻技巧。

2. 平面雕刻

平面雕刻是指把原料切成不同的薄片，再根据一定的构思，刻出平面图像，而后摆放在器皿中。

3. 刻画

刻画又叫浮雕，是利用各种瓜果的表皮与内质色彩不同这一特点，在原料表皮上刻出线条纹样和图案，组成画面，表现平面形象。

4. 镂刻

镂刻又叫透雕，就是将瓜果的内瓤掏空，利用其外层皮肉，在它的外表皮面画出需要表现的平面形象或图案，设定好适合纹样，再用镂空透刻的方法加以表现，如我国传统的"西瓜灯"等。

5. 拼摆

拼摆是利用原材料的质地、色泽，根据一定的构思，进行恰当的安排布局，在盘子里拼摆出所需要的各种形象图案。

三、果蔬雕刻的基本技法

食品雕刻和其他艺术创作一样，需要有一定的构思设计，并按照一定的步骤进行，才能创作出主题突出、形态优美逼真的优秀作品。要完成一件好的果蔬雕刻作品，必须经过构思、选料、成形、加工、组装、润饰等过程，要掌握精熟的切、削、刻、旋、挖、戳等用刀技法，这样才能创作出精美的食雕艺术品。用于创作的原材料品种很多，一般来讲，各类蔬菜瓜果只要新鲜不变质，有一定的可塑性，色泽鲜艳，均可用于雕刻，常用的蔬菜有各种萝卜、红菜头、倭瓜、冬瓜、番茄、黄瓜等，水果有苹果、木瓜、芒果、西瓜、猕猴桃等。原料的肉质色泽要相异，有鲜明的对比度，这样才能保证雕刻制品形象鲜明、突出主题、艺术效果良好。

进行果蔬雕刻应该精通和掌握各类花卉的雕刻方法、应用手法以及各种花坛的组装。

1. 牡丹花的雕刻

牡丹花在我国是象征着富贵、吉祥、幸福的花卉，是大型花坛中的主要雕品。雕刻牡丹花所使用的原料，多以心里美萝卜（或红菜头、红萝卜、南瓜、胡萝卜等）为

主，工具有刨刀、切刀、直头平面刻刀、弧形口戳刀等。

第一步：先将心里美萝卜（或红菜头）去皮，用刨刀将萝卜削成倒圆锥状的坯体，并削去锥体的尖部。

第二步：准确地在坯体的外层分出5个花瓣的位置。

第三步：在每一个被确定的花瓣位置上，用直头平面刻刀，将坯体由上至下削掉一片比花瓣稍微小一圈的薄片（叫去料），使坯体形成5个面。

第四步：用弧形口戳刀，沿着每个面的上半部边缘，每隔5 mm左右戳一刀（呈U字形），深度为1.5 mm左右，将花瓣刻好后，上边缘呈稀齿轮状形态。

第五步：用直头平面刻刀，沿着花瓣的顶端处下刀，而后从上往下进刀至接近底部停刀，使其形成一薄片，花瓣形成。

第六步：重复上一步方法，刻出外层的5个花瓣（注意：由第2个花瓣开始，每个花瓣根部前沿，要由前一瓣根部的后沿伸出），并以此类推，使得各相邻的花瓣两边缘互相重叠。

第七步：用直头平面刻刀，将倒圆锥状坯的凹凸削平（打圆），再按上述方法刻出花瓣数层（一般大约3或4层为好），刻时要特别注意，使相邻两层花瓣的位置互相错开，不要一边倒。

第八步：刻好4层花瓣以后，将花瓣中心的圆柱由根部去掉，使其形成一个圆窟窿。

第九步：取一个胡萝卜，将其削成长2.5 mm、直径2.5 mm的圆柱形，将圆柱顶端削成半圆球形，用弧形口戳刀，将半球部位分刻成花蕊。

第十步：将刻好的花蕊用牙签嵌入花冠中圆窟窿内，而后用清水润湿一下即成。

2. 仙鹤的雕刻

仙鹤是花坛中常用的吉祥鸟之一，它象征着友谊、延年益寿等，常与梅花、竹子、松树同时出现，名为"松鹤延年"。制作原料主要有大白萝卜（象牙白）、胡萝卜、茄子、大樱桃、相思豆等。所用工具有切刀、直头平面刻刀、弧形口戳刀、斜口戳刀等。

第一步：先确定仙鹤与松树的位置，用直头平面刻刀简单地勾勒一下仙鹤与松树的轮廓，而后由上至下削刻出鹤的颈、身轮廓。

第二步：将鹤的颈、身简单地修削一下，一直延伸至鹤腿。在削刻仙鹤颈、身时，不要将余料全部去掉，特别需注意的是鹤腹中部剩余部分一定要留下，主要是起支撑仙鹤的身体、减轻鹤腿压力的作用。

第三步：将鹤腹、侧身边上的余料，用弧形口戳刀与直头平面刻刀分别刻出松枝、树干与松针。

第四步：在雕刻树干与松枝时要注意鹤与树之间要协调，松树要削刻得自然弯曲。

第五步：刻鹤翅，选长形白萝卜，用切刀将其左右切出两大片，而后对叠在一起，用直头平面刻刀削刻成对称的鹤翅。

第六步：将两个翅膀的坯体，用弧形口戳刀、斜口戳刀分别按顺序依次削戳（每戳一层翅羽，要用直头平面刻刀在羽毛的下方薄薄地去一层料），这样重复4或5层（前3层要短小，后两层要长大一些）。

第七步：取一个胡萝卜，将表皮去掉，削切成长4 cm的长条，再将长条削刻成一头粗一头尖细的锥形体，由锥形体细的一头用直头平面刻刀切入划向粗的一头切开，呈嘴形。

第八步：取一个茄子，将其薄薄地去一层完整的皮，而后用直头平面刻刀将其切刻成相连的长条，长条的尾端稍尖。

第九步：取一粒大樱桃，削刻成小圆块用牙签插在鹤头顶上。再将鹤头的两侧用弧形口戳刀戳出两个小圆洞，在每个小圆洞中装上一粒相思豆。

第十步：取小竹签将鹤嘴插在头的前端，再将两个翅膀固定在鹤背上，最后在鹤的后部插上用茄子削刻的尾毛，形成鹤尾。整体再用清水润湿一下，一件"松鹤延年"的作品就完成了。

本教材只是简单介绍常用的花鸟雕刻技法，此外，还有许多较为复杂的、难度大的品种，如龙、凤、人物、黄油雕、冰雕等。如黄油雕，它的最大的优点就是易存放，观赏时间较长，形体细腻，色调好。其雕塑成的大型艺术品，是装点和美化大型国宴、冷餐会的最佳品种，但其制作难度较大，工艺水平较高，要求的技术能力强。一件好的黄油雕作品，必须经由构思、绘图、制坯、龙骨、上油、烘烤、打磨、装饰修整等多道工序才能完成。

第二节　图案的造型规律

一、图案造型的基础

冷菜的图案都是由不同的块面原料构成的。块面是指生制和熟制的冷菜原料经过刀工处理后，成为各种不同形状的规则或不规则的几何形体。这些几何形体是构成冷菜图案的最小单位，不论是单盘、拼盘，还是花色冷盘，它们的结构基本上都是由各种各样的几何形体所组成的。这些几何形体就是图案造型的基础。从食品造型的性质来看，不是所有的烹饪原料都能成为几何形体的造型原料。根据造型的特殊要求，一般选用整块、纤维密而长、韧性强的原料，如肉类的酱制品、卷制品、糕类以及根、茎、果等菜类。这些原料有的块形大，便于成形；有的纤维长，不易散碎；有的韧性强，利于造型。烹饪活动中，对各种几何形体图案的掌握是制作、拼摆图案造型的关键。

1. 规则几何形体的造型

规则几何形体是根据装盘图案造型的要求，将食品原料经刀工切割制成的。它以正方体、圆柱体和圆锥体为主，再由这些规则几何形体转变为更多、更丰富的规则几何形体。如正方形可以转变为长方形、三角形、菱形等各种形体。圆柱体可以转变成为半球形、椭圆形、扇面形等形体。圆锥体则可以转变成梯形、圆柱形等形体。

2. 不规则几何形体的造型

不规则的几何形体是一种自由多变、没有固定形状的形体，如齿轮形、柳叶形、牛角形、凤尾形、桃片形、各种鸟羽翎形、各类花卉的花瓣形等形体。

3. 规则几何形体的组合造型

规则几何形体的组合造型是把同类或不同类的食品原料加工成同一种规格的几何形体，然后进行反复重叠、旋转移动等手法的处理，创造出富有规律性的图案。

（1）反复重叠手法。反复重叠是由同一规则的几何形体反复多次叠合在一起而形成的，如立体等腰形、桥梁形、菱形等单盘。

（2）旋转移动手法。旋转移动是由同一规则的几何形体，按照一定的方向、距离、角度有规律地旋转、移动而形成的。因此，旋转移动又称叠围式。这种图案的造型简洁、流畅、富有动感。在规则几何形体组合造型中，虽然多数是由规则几何形体组合而成，但也有一些是由不规则几何形体和不同形状的规则几何形体相结合组合而成的，它们的组合也能创造出规则的几何形体图案，如三叠水形、馒头形、扇面形等单盘。

4. 不规则几何形体的组合造型

不规则几何形体的组合造型是由不规则几何形体进行对称、放射、渐变、对比等手法的处理，创造出不规则的几何形体图案。这类图案不仅流畅、大方、生动，同时还融自然图案为一体，使其形式典雅，内容丰富，审美意识更突出。

（1）对称手法。对称手法即对称式，是将形状相似、数量相等的几何形体按照对称构图法则，有规律地摆入盘中，使其图案的造型完全对称。这种手法既适合单盘，也适用于双拼、三拼、四拼等冷盘。

（2）放射手法。放射手法是将同一类型的几何形体由小到大，从中心向四周放射，按其放射的方向呈直线排列而成。这种手法在双拼冷盘中又称排围式。

（3）渐变手法。渐变手法在花卉拼摆中用得较多，它是将花瓣形的不规则几何形体按花卉的自然生长状态、由大到小或由外至内、由下向上进行组合而成，如各种花朵式冷盘。

（4）对比手法。对比手法是将同一类型的不规则几何形体，按其大小、色彩的不同进行对比组合。

以上各种手法之间还可以灵活地交叉运用。只要掌握其规律，就能创造出变化无穷的菜肴造型图案。

5. 不同几何形体的组合造型

不同几何形体的组合造型，是指将规则和不规则的几何形体进行自由组合的造型。这种造型，更加丰富了造型图案的内容，如双拼、三拼、四拼、什锦大拼盘的图案造型。这类图案造型在块面的组合上，是以规则和不规则的几何形体为基础，通过不同手法的灵活运用，创造出多种形式的图案，这些图案经过不同原料色彩的搭配，内容就更丰富，更富有自己的风格和特点。

二、图案造型的表现技法

1. 点堆法

点堆法就是把类似圆点的烹调好的食品，按其大小不同，根据图案的要求，堆放在所需要的图案上。点堆法多运用于宝塔形的图案造型。

2. 块面平放法

块面平放法就是将成形的块面，根据图案的要求，放入盘中成形。块面平放法多运用于花朵形的图案造型。

3. 块面旋转移动法

块面旋转移动法就是将成形的块面，按设想的图案，通过块面的旋转移动成形。块面旋转移动法多运用于扇面形、叠围式的图案造型。

4. 块面堆码法

块面堆码法就是将成形的各种块面（如片、丁、丝、条、块等），按图案的形象需要，将块面堆码成形。块面堆码法多运用于宝塔形、螺旋形、半球形、山石、树木等图案造型。

5. 茸塑法

茸塑法就是将茸状的食品原料，用捏造的方法，直接将图案所需的形状捏成形，

然后制熟的一种技法，多运用于以卷制品、鱼糕、肉糕等为图案造型原料的冷盘。

6. 自然成形法

自然成形法就是将自然界中一些只需要去皮就能食用的食品原料，略经刀工处理，制成图案造型，如用番茄、洋葱的自然形态切割成花朵形。

三、图案的自然形体造型

图案的自然形体造型，是以几何形体和几何形体的组合造型的规则为基础，把自然界的物象作为拼装的对象，通过对自然物象的观察、分析，运用图案的变形手法创造出一种既可食用又形象生动的新图案。在食品造型中，自然形体造型通常以夸张、添加、简练、寓意和抽象手法为主要表现形式。

1. 夸张手法

夸张手法在图案的自然形体造型中表现主题最为突出，它是图案形体造型的重要处理手法，能增强艺术感染力，使被表现的物象典型化。

（1）局部夸张。局部夸张是抓住物象有代表性的局部特征给予变形夸张，使其主题和特点突出，以增加感染力。如"孔雀开屏"冷盘就是一例典型的局部夸张手法菜肴：孔雀的头部完全采用写实的手法，很逼真地把自然界中的孔雀头部表现在冷菜造型中，使人一目了然；孔雀的尾部则是用夸张的手法，去掉了孔雀尾部的羽毛，代之以简单的块面，并加以适当的夸张，使其形象生动突出，富有强烈的艺术感。

（2）整体夸张。整体夸张就是把要刻画的整个自然形态进行整体加工，使整体形象完整、鲜明。"蝴蝶戏牡丹"是一例采用整体夸张手法的菜肴，它将自然界中轻盈飞舞的蝴蝶形象，用各种不同色彩的冷菜加工成可以食用的块面，有规律地摆入盘中，使其成为蝴蝶图案。这种图案同美术图案及自然形态有很大的差别。它以自然形态为基础，结合美术图案的变化特点，把蝴蝶的双翅、后翅、双须进行了整体夸大。

（3）透视夸张。透视夸张是一种能使整体图案具有一定透视效果和空间感受的夸张手法。它不仅能使自然形体图案增强方向感和动势的感觉，而且还能使图案具有国画的意境。"雄鸡歌月夜"是一例典型的透视夸张图案菜肴。此图案国画的意境浓厚，透视感和层次感清晰，是一例既可食用又兼具审美价值的菜肴。从图案的设计来看，在一个晴朗的夜晚，虽不见空中明月，但可以从绿色透明的冻汁中感受到明月当空，雄鸡立于枝头的情景，作者在这里借用了图画的表现手法，大胆设想和夸张，在抓住了大自然某一物象的前提下，着力表现大自然的美好，从而把食者带入一个美好、优雅的环境之中，领略自然和生活的乐趣。

（4）限制夸张。限制夸张是在限制的范围内求得形式的变化。关于对图案的限制，食品造型的本身就是一种限制。因为食品图案的造型只能在有限尺寸的圆盘或腰圆盘中进行。所以，食品图案造型首先就受到了盘子这一空间的限制。但是为了获得食品图案整体和完美的艺术效果，在有限的空间条件下，我们可以根据图案的设计要求，再一次对图案画面进行限制，以便得到更完美的效果。如冷盘"月"，此图案是采用限制夸张的手法，把自然中的竹、山、月三者有机地组合在一起，并采用中国园林建筑中借景的手法，用形如拱门的外围形状，把明月照竹间的画景限制其中，然后在画面上加上朵朵的云彩，使整个画面动中有静、静中有动，最后用竹苑二字附于拱门之上，可谓妙趣横生，十分雅致。夸张不是对物象的简单放大，而是在不失自然物象精神面貌的原则下，将物象的外形、神态、习性加以适度的夸大和强调，使其本质特征更为突出、动人，更具典型性。

2. 添加手法

添加手法就是把自然界中有联系的不同形象以及各种形象有代表性的特征，合乎情理地结合在一起。添加手法可以丰富艺术想象，在一种形象上附加上其他有联系的装饰，使图案形象更加丰富、更符合理想，但不能生搬硬套，不能牵强附会，如仙鹤与松树、鸳鸯与睡莲、喜鹊与梅花、蝴蝶与牡丹等。这类图案形象丰富饱满，具有浪漫的色彩，在我国传统图案中经常运用。

3. 简练手法

简练手法也叫省略法、简化法。为了把形象刻画得更典型、更集中、更精美，而去掉烦琐部分，用简练概括的手法，把自然物象中有碍整体美观的繁杂的形象和不便于刀工处理的枝节部分除去，以减少层次。在不失其自然物象特征的前提下，使自然物象更加集中、精练、突出、完美。这种手法在自然形体的图案造型中运用得很多，如各种鸟类的羽毛造型基本上是采用这种方法。

4. 寓意手法

寓意手法是一种寓以理想表达美好愿望，通过大胆巧妙的构思，反映时代精神面貌的象征性手法。所以，寓意手法又称象征手法。如在花色冷盘中，用鸳鸯象征夫妻的恩爱，用白鹤青松象征人的高寿，用龙象征中华，用鸽、熊猫象征和平友谊，用百花象征春意盎然，用圆月象征中秋节等。这种手法的构思在不脱离人们欣赏习惯的前提下，可以大胆地想象，赋予浪漫的色彩，以达到理想的境地。

5. 抽象手法

抽象手法所表现的图案多用于食品图案的点缀和修饰之中，它能融情景为一体，

使整体图案更加完美。它是借助自然界中某一有代表性的物象为背景,经过提炼、概括的方法,将形态抽象、全面地反映出来,并使人容易了解和认识。抽象手法表现的图案形式多变,形态各异,各有自己的特征,使人一目了然,通俗易辨,如常见的金鱼、云彩、树叶、梅花、蝴蝶、兰花等。

第三节 食品造型图案的制作原理

一、变化与统一

变化与统一是图案形式美的重要原理之一,是对立统一规律在图案中的具体反映和应用。所谓变化,是指将性质相异的东西并置在一起,造成显著的对比感觉,其特点是生动活泼、有动感,但处理不好,又容易杂乱。所谓统一,是指将性质相同或类似的东西并置在一起,造成一种一致的或具有一致趋势的感觉,它比较严肃、庄重、有静感,但处理不当,也容易单调、死板。在食品造型中,最忌呆板、单调。图案造型既不能呆板、单调,又不能支离破碎,各个局部的变化必须服从一个整体。变化就是指烹饪图案造型各个组成部分的区别。一是原料的变化,二是形象的变化。统一是这些组成部分的内在联系,统一是一种协调关系,它可以使图案调和稳重,有条不紊,但过分统一则容易呆板、生硬、单调和乏味。总之,图案造型要在统一中求变化,变化中求统一,从而达到统一与变化的完美结合。

二、对称与平衡

对称与平衡是保持图案外观上的重量均衡,是达到形式安定的一种构图法则。这种法则在图案的构成中应用较为广泛。所谓对称,也叫均齐,就是以盛器的中心线或中心点为轴,在其左右、上下或周围配置等形、等量的食品原料组合形体使其互相对称。对称又分绝对对称、相对对称、逆对称、多面对称数种。同形、同量、同色的互相对称的组合形体叫绝对对称;不同形、不同色,但量相同或相近的组合形体叫相对对称;形相同而方向相反的组合形体叫逆对称;在中心点四周配置三个以上相同组合形体的叫多面对称。所谓平衡,是指组合形体以盛器的中心线为轴或支点两侧的等量不等形的平衡关系。造型图案的平衡现象主要有两种：一是静态的平衡；二是动态的平衡。平衡和对称形式相比，较为生动活泼和富于变化，很难掌握恰当。因为平衡仅是一种感觉，主要依靠经验来把握，而不能用数理的方法来计算。平衡式的构图，应掌握好重心，否则便违反力学原理而失去常态。

三、条理与反复

条理与反复是冷盘图案组织的重要原则，它能使造型图案显示出整齐美。在自然界和人类社会生活中，可作为图案造型素材的对象虽然很多，但这些素材大都是杂乱无秩序的，必须经过作者的一番整理、提炼、加工，把这些纷繁复杂的素材加以概括、归纳，使其条理化、层次分明，成为秩序井然的素材，才能更好地表现出图案造型的装饰美，这就需要运用条理与反复这一法则来指导图案造型。条理，即把复杂纷繁的自然图形组织成有条理的、带装饰性的图案形象，甚至达到程式化的高度，它可使自然物形显示出事物自身的整齐美。反复，是一个基本单位有序的连续再现，是将一个基本纹样作左右或上下的连续重复，以及向四周的连续重复排列的构图形式，是一种简洁鲜明的节奏形式。

四、尺度比例

尺度是一种标准，是指事物整体及其各部分应有的度量数值，形象地说则是"增一分则太长，减一分则太短"。比例是某种数理关系，是指事物整体与部分以及部分与部分之间的数量关系。菜肴造型是在特定的盘子里，因此尺度比例尤为重要。菜肴造型的尺度比例，主要是从"似"的角度，强调造型形象模拟客观事物的艺术真实性，但是这不是唯一的表达形式。为了更有力地表现造型形象，有时需要刻意地去破坏事物固有的比例关系，追求"不似而似之"的艺术效果。

五、节奏与韵律

节奏是一种有规律的周期性变化的运动形式。生活中万物的形象都有这种变化，如高低起伏的变化，虚实疏密的变化，来回反复的变化，曲直转折的变化。这种变化有一定的规律和秩序，给人以美的感受。从形式上分，它又有等距离、渐变几种形式，如渐大、渐小、渐长、渐短、渐曲、渐直、渐高、渐低、渐明、渐暗等韵律，它在节

奏的基础上对情调产生一定的作用，使其有强弱起伏、缓急行停的优美的情调。韵律是从节奏中体现出来的，两者是不能分割的统一体。食品造型的图案必须具有节奏和韵律感，应该避免那种杂乱、臃肿、空旷、平淡的构图现象。食品造型的几何形构图方法可分为向心律、离心律、回旋律几种韵律。向心律就是向着圆形或椭圆形的中心，有节奏地从外往里排列，其陪衬物应摆放在中心。离心律就是以圆形或椭圆形的圆心为中心，由里向外有节奏地放射，陪衬物应摆放在外圈。回旋律就是从外缘开始向内做旋转上升的构图方法。

六、对比与调和

对比与调和是在设计食品造型图案时，常用来表现形式美的基本法则之一。对比是把两种不同的形、色、线等摆放在一起，即指形状的圆、方、大、小和色彩的明暗、深浅以及线条的粗细、曲直等的互补。常见的对比有方圆、曲直、长短、粗细、凸凹等形的对比；有细腻与粗糙、透明与不透明等质的对比；有动和静、刚和柔、活泼和严肃等感觉的对比等。通过对比产生明快而生动的审美效果。调和，是把同一或类似的形、色、线等组织在一起，广义上是指适合、舒适、完整等概念。如"喜鹊登枝"，把喜鹊置于梅树上是很合适的。同样道理，把鸳鸯戏水的图案运用在结婚宴席上是妥帖的，但若将此用在祝寿宴席上就不适合了。

第四节　图案构成的色彩规律

色彩是菜肴属性不可缺少的重要组成部分，是图案构成的主要因素之一，色彩给予人们的感受，与心理学有着密切的联系。心理学上认为影响视觉器官的刺激物就是色彩。在菜肴图案造型中，色彩的性质、运用和搭配均有其自身的规律，这同其他美术图案的色彩既有联系又有区别。其联系在于它是以色彩学的原理为基础，用色彩搭配的规律来指导食品图案造型构成的；其区别在于它不是各种有色颜料的调和，而是自然界各种食用原料的固有色、加工色和复合色的色彩组合。因此，食品造型的色彩构成有其自身规律，应掌握烹饪工艺的色彩性质和变化规律，以便在制作和拼摆中更好地认识色彩，运用色彩。

一、色彩的一般现象

色彩是由于光的作用而产生的。光由七色光谱所组成，即赤、橙、黄、绿、青、蓝、紫。这七种色光是自然界最基本的色，通常称为标准色。光照射在物体上，被物体吸收并反射出剩余部分，就形成了人们肉眼所见的色彩。

二、色彩的种类

色彩的种类主要有彩色和无彩色两大类，彩色指红、黄、蓝等，无彩色指黑、白、灰等。

1. 三原色

颜色的种类虽然很多，但是最基本的颜色是红、黄、蓝。这三种颜色是能够调和出其他色的基本色。如红加黄可调成橙色，黄加蓝可调成绿，三色相加成黑浊色，但其他颜色却不能调合成红、黄、蓝，因此，我们把红、黄、蓝三色称为三原色。

2. 间色

三原色中任何两色按一定比例调和即称间色，间色亦称第二色。如红加黄成橙色，黄加蓝成绿色，蓝加红成紫色。

3. 复色

复色又叫再间色，是由两个间色或一个原色和黑浊色混合而成的第三色，如橙加绿成黄灰色，绿加紫成青褐色等。由于黑色实际上含有一定比例的红、黄、蓝，所以如在黑色中加入某种原色，同样可以得到黄灰、青褐、红褐等复色。

4. 纯色

七色光谱的各种色相称为纯色，其他色则为非纯色。

5. 同类色

色相比较接近的各种颜色称为同类色，如红、紫、橙红等。在一种颜色中加入不同量的黑、白色所产生的深、浅不同的色相亦称同类色，如深红、浅红，墨绿、浅绿等。

6. 调和色

色圈上任意一色和它相邻近的色彩相互调和成的色称为调和色，如红与橙、红与紫等。色彩明度相近的颜色相互调和成的色，色彩纯度相近的颜色相互调和成的色，分属冷暖调子的色彩相互调和成的色也都称调和色，如淡红与淡蓝、暗红与暗蓝、红色与绿色等。

三、色彩的三要素

1. 色相

色相就是色彩的相貌，它使色彩与色彩之间产生质的区别，通常以色彩的名称来体现，如赤、橙、黄、蓝等。色相的数目是多不胜数的，但由于视觉的关系，可以辨得出的却不多。在色彩学上，把标准色和它们的中间色，编成了一个能够清楚地表明色相的色环。色环也称色轮（见图16-1），按顺序排列，两端闭合。中间色即无数种过渡色，如红橙、黄橙、黄绿、蓝绿、蓝紫、紫红等。色相是色彩最根本的和最重要的属性。

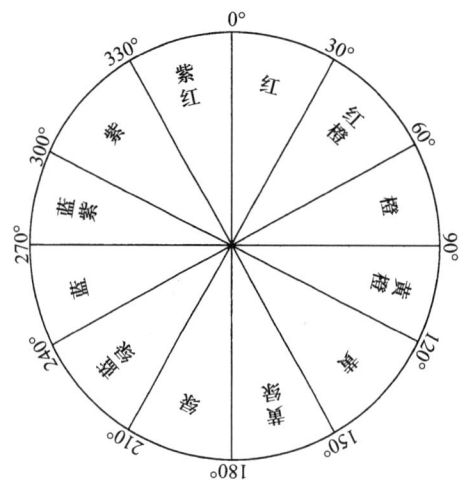

图16-1 色轮图

2. 明度

明度又称光度、亮度、明暗度，指色彩本身因光照强度不同而产生的明暗程度。同一色在强光照射下明度就强，在弱光照射下明度就低。通常将正常强度的柔和光照射下的色相，称为该色相的正色，而将那些光度高于正色的，称为该色相的明调，反之，则为暗调。黑、白是明度的两极，白色是所有颜色中最亮的颜色，黑色是最暗的极点，灰色由黑白相伴和而居于中性。其余各色相，习惯上将接近光谱红端区的光度较高的各色称为明色，将接近光谱紫端区的光度较低的各色称为暗色。

3. 纯度

纯度又称饱和度、鲜艳度，是指色相本身的纯净程度。分布在色环上的原色或系列间色，都是具有高纯度的色。如果将上述各色与黑、白、灰或补色相混合，其纯度会逐渐降低，直至鲜艳的色彩逐渐消失。

四、物体的基本色彩

1. 光源色

光源色是指光源本身的色彩，其本身比较稳定，笼罩着我们所要描绘的一切对象，是构成物体基本色彩的决定性因素，没有光源，便没有物体色。光源色的变化势必导致在照耀下的物体色的变化，同时会产生不同的心理感应。

2. 固有色

固有色是指物体本身的色彩。每一种物体都有区别于他种物体的颜色，在通常情况下，这种颜色是比较稳定的。外界条件的变化会引起物体颜色的变化，这种常见的现象并未动摇人们固有色的观念。在自然界，每一种物体都有一定的吸收和反射光线的特性，其颜色感觉，是由它所能反射出的色光所决定的，从这种意义上说，固有色应该说是物体在特定条件下的呈色状态，以及这种呈色状态在人们头脑中的固化。

3. 环境色

环境色是指烹饪原料与所处的环境彼此之间的互相影响和反射。环境色可影响或改变物体颜色在人们视觉上的经验感受。

五、色彩的性质

色性是人们通过颜色所产生的感受与联想，它是一种心理和生理反应。不同的色彩往往给人不同的感受，因而色彩有冷色、暖色、中性色的区别，这里我们把色彩的冷、暖倾向称为色性，即色彩的性质。所谓冷色，是指黑、白、蓝等色彩，给人寒冷沉静的感觉；暖色是指红、黄、橙等色彩，给人温暖热烈的感觉；中性色则指介于冷色和暖色之间的一些色彩，如绿色、紫色等。冷暖色有时也是相对而言的，如，朱红是暖色，而把它与红色放在一起，朱红则显得相对冷一些。

六、色彩的情感与味觉

食品造型色彩的不同安排、组合，不仅表现在给人以情感上的愉悦，而且它还能使色彩的情感和联想向味觉方向转移，这就造成了菜肴有软硬、酸甜、苦涩、清淡等不同的味觉感受和兴奋、忧郁、活泼、朴素、明暗等色彩情绪。如，当人们看到红色的时候，就会联想起火腿、香肠、叉烧肉、樱桃的美味可口；看到黄色的时候就自然想到橘子、菠萝的滋润甘甜；看到绿色的时候就感受到绿色菜肴的清淡爽口。这一切都是色彩给人的味觉感受。

红色：感觉味浓、干香、酥脆、甜美、活泼、兴奋、艳丽、温暖、成熟，象征喜庆、健康、热烈、吉祥。

绿色：感觉清新、爽口、柔嫩、新鲜、深远、安静、兴旺，象征春天、希望、新生、和平、安全。

黄色：感觉酸甜、香甜、脆嫩、亲切、温暖、成熟，象征光明、愉快、权威、丰硕。

白色：感觉清淡、软嫩、洁净、脆爽、朴素、雅洁，象征光明、纯洁、高尚、和平。

黑色：感觉味浓、味长、干香、阴郁、刚健，象征严肃、坚实、庄重。

褐色：感觉干香、味长、朴实，象征健康、稳定、刚劲。

紫色：感觉鲜香、幽雅、高贵，象征庄重、娇艳、爱情、优越。

七、食品原料的色彩

食品原料的色彩是指在自然光线和无色灯光下，食品原料经刀工和烹调处理后所制成的菜肴的色彩。从其整个制作过程看，食品色彩包括三方面的内容，即原料的固有色、原料的加工色、原料的复合色。

1. 食品原料的固有色

食品原料在自然光线和无色灯光下，由于光的作用自身呈现出不同的颜色，我们把这种没有经过任何加工处理的原料自身的色彩称为食品原料的固有色或自然色。食品原料的色彩是不可能绝对统一的，就拿红色来讲，它有深红、浅红，有的红中偏黄，有的红中偏灰，有的红中偏紫，这些都是原料本身的性质和结构所决定的。如植物性的原料基本上是红中偏黄或偏紫，动物性的原料多是红中偏灰。所以我们不可能将原料的色彩绝对地归结于哪一类，而只能根据视觉所感受到的原料色彩，按同类色的概念归类。

2. 原料的加工色

食品原料的加工色是指原料经过初步加热处理后，在不加任何无色或有色调味品的前提下，原料自身的性质发生生理化反应，使其固有色发生变化而产生的颜色。任何原料经过初步热处理，其色彩都会相应地发生变化，主要表现在明暗度的深浅和色相的差异上。如绿色的原料经过热处理色泽一般加深，明暗度有差异，即由绿色变成油绿、墨绿等。再如无色透明的虾类经过初步热处理后，色彩变红，其色相之间产生了明显的差异。初步热处理的过程中焯水、过油和蒸制对原料固有色彩有着直接的影响。加工色是菜肴最基本的色彩，经过初步热处理后的食品原料，在调味烹制过程中其大部分原料的加工色不会再有大的变化。由于烹调加工处理对多数食品原料的加工色影响不大，因此我们将食品原料初步热处理的过程也称作食品原料定色的过程。食品原料经定色，菜肴所构成的基本色相就很清楚了，所以掌握食品原料的加工色，对弄清食品原料的固有色和加工色、生料与熟料之间的色彩差异有着重要的作用。

3. 食品原料的复合色

食品原料的复合色和色彩学的复合色在概念上有本质的区别，它不是两种间色的调配，而是各种有色调味品根据菜肴味型的需要按照一定的量进行调和。构成菜肴复合色彩的主要因素是各种有色调味品和各种烹调方法在菜肴烹制过程中的使用，它们对菜肴色彩的变化与合成有直接的作用。如卤牛肉，其调味味型多是五香咸鲜味，卤时要加入酱油、糖、食盐、料酒、香料等有色或无色调味品，使经过卤制后的牛肉鲜香可口，回味无穷，其色彩由血红变化成深铁灰，再加有色调味品生成茶红褐色，这就是烹调方法和有色调味品的作用。在菜肴制作过程中，有色调味品和食品原料的固有色、加工色之间是相互影响的，在一定程度上它可以改变食品原料的基本色相而产生新的菜肴复合色彩。在复合色中，各种有色调味品是形成复合色的主要因素。当食品原料经过热处理后，原料的固有色或加工色对复合色虽有一定的影响，但总体来看影响不大。如鸡经过油炸后，表面呈微黄，当加入酱油和白糖烧燴后，其色彩才变得红亮。同时各种有色调味品的用量比例，也直接关系到菜肴的色感和明度，因此要想把烹饪原料加工成理想的色彩，就必须在烹制中精用各种有色调味品。

八、食品原料色彩的选择与应用

应物象形，随类赋彩。不同色彩的食品往往给人以不同的感受。因而色彩有冷、暖的区别。冷色能给人清淡、凉爽、沉静的感觉；暖色能给人温暖、明朗、热烈的感觉。了解了各种颜色对人们的心理影响之后，在食品造型的构图中，就要注意各种原料色彩的选择与应用。

1. 色彩定调

食品色彩和食品造型一样，要有主次。分主次就是要确定菜肴的冷与暖，这是配色时首先应考虑的。冷暖不同的色彩可以使画面构成各种各样的色调，但基本色调却只能是倾向于暖色的暖调子，或倾向于冷色的冷调子，或倾向于中性的中性色调，这

三种基本色调是必须掌握的。

2. 确定底色

确定底色就是在构图时，根据色的对比，选择适当的盛器。食品造型图案的形美、色美离不开盛器的烘托。因此，选择好盛器对食品造型来说也是十分重要的。食品造型所用盘子的色彩（如油画的底色），能统一和规定整个画面的基调。若选用的形体色彩不艳丽，如松鹤、飞鸽等，就不宜选用全白色盘子，最好选用青花底或深色底的瓷盘。若选用的形体色彩鲜艳，如凤凰、孔雀等，则应该选用全白色盘子，这样才能使画面突出，清晰明朗。否则，盘子的色彩会破坏整个画面的色调。

3. 对比色的应用

色彩应用中的对比是指将不同的色互相映衬，使各自的特点更鲜明、更突出，给人更强烈、更醒目的感受。在图案的造型中，对比色的应用极为广泛，各种食品的色彩对比，直接关系到图案的真实性和菜肴的味觉感受。色彩往往不是单独存在的，而是几种色彩同时并存，才显得色彩鲜艳夺目。食品造型图案不是绘画图案，它必须以烹饪原料的色彩为对比色，通过食品原料色彩的对比和调和，使食品原料色彩与色彩之间产生区别和联系，以达到图案造型鲜明、生动的效果。对比色虽然鲜明、强烈，但如果处理不当也容易产生杂乱眩目的后果。

在实际应用中，经常采用的对比色应用有冷、暖色调的对比，色相的对比，明暗的对比，面积的对比等数种方法。

（1）冷、暖色调的对比是一种生理和心理感受，它根据食品原料的色相来决定。冷、暖色调之分是相对的，在同类色的食品原料中，其色相的纯度越高，给人的感觉越暖或越冷。如红樱桃和番茄、过油后的菜叶和焯水后的菜叶，把这两种原料分别进行对比，红樱桃比番茄给人的色彩感受要暖一些，过油后的菜叶比焯水后的菜叶给人的感受要冷一些。同时，冷、暖色调还能给人后退和前进的感觉。因此，冷、暖色调的对比使用，可增加菜肴的色感和冷、热程度，为菜肴带来生气，从而使人的视觉对图案产生空间感受，增强图案的立体效果。

（2）色相的对比是将两种食品的色彩进行直接对比使图案产生美的效果。色相的对比主要有同类色的色相对比、邻近色的色相对比和对比色的色相对比等。

1）同类色的色相对比是指同一类色彩的两种原料，色相的差异在15°左右的较弱对比。如红樱桃与番茄、黄瓜皮与菠菜叶、发菜与香菇等，这种对比能给人单纯、柔和、文静、甜美的感受。

2）邻近色的色相对比是指不同类色彩的两种食品原料，色相差异在45°左右，如红甜椒与紫甘蓝。这种对比给人味厚、高雅的感觉。

3）对比色的色相对比是不同色彩的两种冷菜，色相差异在130°左右的对比。对比色的色相对比是食品图案造型中最普遍、最经常应用的一种。如"荷塘小景"冷盘，作品中有花、叶、石等，各自使用不同的色相原料体现，糖腌番茄为花，炝莴笋片和酸辣黄瓜为叶，卤口条、盐水虾、蛋卷等分别为山石。

在各种原料色相的对比中，色相的差别越大，对比就越强，色相的差别越小，对比就越弱（色相度数参见图16-1色轮图）。

（3）明暗的对比是指食品原料经过加工处理后，原料色彩的光度和色度的对比。它包括同类和不同类食品色彩明暗度的差别对比。如在同类色中，焯水的青椒和过油的青椒，色彩的明暗差别很大。在不同类色的食品原料中，黑白对比是基本的对比。黑白对比能给人以醒目和清晰之感，是一种应用比较广泛的色彩对比。如"双喜迎宾"冷拼，采用黑色原料拌发菜堆码喜鹊头部，白色原料盐水鸡脯肉摆码鹊身，异常醒目地出现在餐桌上，这种对比效果能给人留下难忘的印象。

（4）面积的对比是指图案造型中，同类色和不同类色或多种色彩的食品造型的色域面积的对比。图案通过色域面积的对比，使图案的造型产生视觉上的错觉，增加图案的立体空间感受。如"万绿丛中一点红"，绿色的画面有一点红色，它会使绿色变得更宽广、更碧绿，给人的感觉也会更加鲜艳夺目、自然真实。

九、色彩的配合

图案的造型中，色彩的配合尤为重要。各种有色原料的配合，不同于绘画中各种颜料的调色，而是将各种烹制好的有色食品原料，根据自然界中植物、动物、景物和人们理想中的图案形象，依照其形象的色彩，用食用性的原料来表现图案的一种食品造型方法。在图案造型中，常见的色彩配合方法有以下几种。

1. 同类色相配合

同类色相配合又称顺色配，就是将同类色的食品原料，按其色彩的纯度不同相配合，使图案的色彩产生较为柔和的过渡效果，如在鸟类的翅膀拼摆中，为了突出羽毛层次，经常使用此种方法配色。同类色相配合有紫色、正红、橘红、浅红的配色，也有橙黄、土黄、淡黄的配色，还有纯白、黄白、青白的配色等。

2. 邻近色相配合

邻近色相配合，一般根据七色光谱的相邻顺序来依次配合，像色轮图中的红与橙、橙与黄、黄与绿、绿与蓝，因为它们之间的色相与明度能使图案的色彩产生明显的过渡。在蝴蝶类的图案拼摆中经常使用这种方法，使图案的色彩艳丽、多彩、

自然。

3. 对比色相配合

对比色相配合又称对色配和差色配，它是根据食品色相之间所产生的明显色度差异进行色彩的配合，如红色与绿色、黄色与紫色、黑色与白色等。这类色彩的配合使图案的形象鲜明突出，相互之间通过不同色相的对比，产生明显的衬托感。如在孔雀和凤凰的尾部拼摆中，经常运用这种方法，使尾部的形象更逼真、生动。

4. 明暗色相配合

明暗色相配合是根据食品原料色彩的明暗度来配合。明度高的原料在图案中能使所表现的部分更加突出。明度低即暗的原料能使图案产生稳定感和增强空间的效果。所以，明度高的色彩，如白、黄、橙、绿要用暗色衬托，明度低的色彩，如正红、火红、墨绿、绿、紫、黑要用明色衬托，如在花篮的拼摆中，这种色彩配合的方法就尤为重要，明色的表现能突出满篮的形象，暗色的使用能使花篮底部更平稳。

5. 色域面积大小相配合

色域面积大小的配合是根据食品原料的不同色彩，用大小不同的色域面积来配合，使之产生明显的立体感受。在以琼脂或皮冻垫底的江河湖海的图案造型中，经常使用这种方法，它通过底部琼脂和皮冻的色彩同其他冷菜小面积的色彩对比，使冷盘图案产生深远的感觉。

十、食用色素的使用

食用色素是以食品着色为目的一种食品添加剂。工艺菜肴的图案制作中常用的色素有天然色素和合成色素两种。食用天然色素主要是从动植物组织中提取出来的，植物性色素有胡萝卜素、叶绿素、姜黄素、红曲红、辣椒红、红花黄、焦糖色等，动物性色素有虫胶色素等。合成色素主要有苋菜红、胭脂红、柠檬黄和靛蓝等。天然色素既包括从动、植物体内提炼出来的色素，也包括烹饪原料的固有色，如绿菜汁、番茄酱、蛋黄、蛋白、虾脑等。天然色素是冷菜配色最自然、最理想、最安全的色彩。天然色素的特点是不易渗化融合，安全性强。合成色素易互相渗化，所以能调配出比较丰富的色彩，但使用要适量，过量会危害人体健康，必须按国家规定的使用范围和剂量使用，其他合成色素一律严禁使用。利用合成色素着色，其色相（色调）应与烹饪原料的固有色相似，不能过重。